생각과 사람들

세 뇌

Brainwashed

무모한 신경과학의 매력적인 유혹

사텔 & 스콧 O. 릴리언펠트 지음 ┃ 제효영 옮김

세 뇌

BRAINWASHED
무모한 신경과학의 매력적인 유혹

샐 리 사 텔 & 스 콧 O. 릴 리 언 펠 트 지 음 I 제 효 영 옮 김

도서출판
생각과 사람들

[CONTENTS]

뇌 과학의 시대,
마음을 빼앗기다

이런 헤드라인 본 적 있을 것이다. '사랑에 빠진 뇌의 모습.' 혹은 신을 생각할 때, 혹은 남을 부러워할 때, 행복할 때 뇌의 모습. 보통 이런 기사에는 오색찬란한 뇌 사진이 함께 실려 있어서 참 그럴듯해 보인다. 불교 승려가 명상할 때, 마약 중독자가 코카인 생각이 절실할 때, 대학교 2학년생이 코카콜라와 펩시 중 무엇을 선택할지 고민할 때 등을 포착한 이 뇌 사진들은 인간 행동의 신경학적 근원에 대해 들먹이는 걸 참 좋아한다. 버니 메이도프(Bernie Madoff)가 빚은 금융계 대혼란[1], 아이폰에 대한 맹종에 가까운 헌신, 성적으로 무분별한 정치인들의 행동, 지구온난화 사태를 일축하는 보수론자들의 태도, 심지어 셀프태닝에 대한 집착도 그렇게 파악하려고 한다.[1]

대학에서도 뇌는 인기가 꽤 좋다. 주요 대학이라면 어디든, 연구실, 의대는 물론이고 법대, 경영대, 경제학부, 철학과에서도 신경과학의 영향력을 느낄 수 있다. 최근 몇 년 동안에는 다른 분야와 신경과학이 결합된 새로운 학문 영역도 등장했다. 신경

---

[1] 헤지펀드 투자 전문가이자 전 나스닥 증권거래소 의장인 메이도프는 고수익을 미끼로 투자자들을 끌어들여, 투자자의 수익을 다른 투자자의 원금으로 지급하는 대규모 다단계 금융 사기를 벌였다. (역주)

법학, 신경경제학, 신경철학, 신경마케팅, 신경재무학 등이 그 예다. 여기에 신경미학(neuroaesthetics), 신경역사학(neruohistory), 신경문학(neuroliterature), 신경음악학(neuromusicology), 신경정치학(neuropolitics), 신경신학(neurotheology)도 추가되었다. 여기서 그치지 않는다. 여기만은 절대 침범하지 않으리라 생각되는 영문학과에서도 뇌 이야기가 들린다. 피험자가 제인오스틴 소설을 읽는 동안 뇌 영상을 촬영하여 문학의 영향력을 깊게 탐구하는 식이다. 정신분석, 포스트모더니즘에 로맨스를 결합하느라 지친 영문학에 신선한 공기를 불어넣으려는 절박한 시도가 아니겠는가.[2]

　　뇌에 대한 관심이 뜨거운 것은 분명하다. 한때는 신경과학자, 신경과 전문의들이 거의 독차지했던 이 뇌라는 영역은 이제 대세 대열에 합류했다. 새로이 등장한 문화계 산물이기도 한 뇌는 회화, 조각, 태피스트리(tapestry)로도 묘사되어 박물관이며 갤러리에 전시된다. 한 과학계 권위자는 이런 의견을 밝혔다. "워홀이 지금도 살아 있다면, 대뇌피질만을 주제로 한 실크스크린 시리즈를 제작할 것이다. 마릴린 먼로 옆에는 편도체가 매달려 있을지도 모른다."[3]

　　인간성, 그 가장 깊은 곳에 숨겨진 수수께끼를 뇌 연구를 통해 풀 수 있을지 모른다는 기대는 수세기 동안 많은 학자와 과학자들을 사로잡았다. 그러나 뇌가 대중의 상상력에 이처럼 활발히 등장한 것은 전례 없는 일이다. 이러한 열광을 불러일으킨 주된 원동력은 바로 기능적 자기공명영상(fMRI)으로 불리는 뇌 영상이다. 탄생한 지 겨우 20여 년밖에 안 된 이 fMRI 장비는 뇌 활성을 측정한 뒤 일간 신문 과학 뉴스에서 뇌 영상의 상징적인 사진으로 등장하는,

그 선명한 색상의 사진으로 변환한다.

　　신경영상학은 마음의 생물학적 특성을 탐구하는 도구로서 뇌 과학에 강력한 문화적 색채를 불어넣었다. 한 과학자가 언급했 듯, 이제 뇌 영상은 "보어의 원자 모형이 차지하던 과학의 상징 자리 를 대체하고 있다[4]." 뇌를 해독할 수 있으리라는 기대감으로, 커튼 너머 다른 사람의 정신적 삶을 들여다보는 일에 관심 있는 사람들 대부분이 뇌 영상에 끌리는 것도 어쩌면 당연해 보인다. 정치인들 은 유권자들 마음을 바꾸고 싶어 하고, 마케팅 분야는 소비자가 진 짜 사고 싶어 하는 것이 무엇인지 생각을 읽고 싶어 한다. 법률을 집 행하는 사람들은 절대 틀리지 않는 거짓말 탐지기를 원하고, 중독을 연구하는 사람들은 유혹의 원동력이 무엇인지 알고 싶고, 심리학자 나 정신과 전문의들은 정신 질환의 원인을 찾고자 하고, 피고 측 변 호인은 자신의 의뢰인이 악의적인 의도가 없었다고, 혹은 심지어 자 유의지조차 없었다는 사실을 증명하고자 한다.

　　그런데 문제는 뇌 영상이 이런 일에 소용이 없다는 것이다. 최소한 아직까지는 그렇다.

　　작가 톰 울프(Tom Wolfe)는 fMRI가 처음 도입되고 고작 몇 년 지난 뒤인 1996년에 쓴 fMRI에 대한 글에서 특유의 예지 능력을 발 휘했다. "21세기의 그 눈부신 시작을 미리 일어나 맞이하고 싶은 사 람이라면 여기(fMRI)에 주목해야 한다."[5]

　　이런 집착은 왜 생긴 걸까? 그 첫 번째 이유는, 당연한 얘기겠 지만 영상을 촬영하는 대상이 뇌이기 때문이다. 뇌는 우주에서 존재한다고 알려진 그 어떤 구조물보다도 복잡한 구조를 가진 자연의 걸작으로, 뇌에 부여된 인지 기능은 이를 모방하려고 만든 실리콘 기기의 성능을 월등히 앞서는 수준이다. 뇌를 구성하는 800억 개 가량의 뇌세포 혹은 뉴런은 그 각각이 다른 뉴런 수천 개와 의사소통한다. 우리의 두 귀 사이에 살포시 자리한 이 3파운드(약 1.36kg) 무게의 우주에는 은하수 별들보다 더 많은 연결 지점이 있다[6]. 이 거대한 신경 조직이 어떻게 개개인마다 주관적인 감정을 불러일으킬까? 이 의문은 과학계, 철학계 최대 미스터리 중 하나다.

이 신비로운 세계를 사진, 즉 뇌 영상에 담긴 단순한 사실과 결합하자 강력한 조합이 탄생했다. 인간의 모든 감각 중 가장 발달한 것이 시각이다. 여기에는 진화론적으로 합당한 이유가 있다. 인류의 조상들은 중대한 위협 요소를 시각으로 파악했다. 먹을 것을 찾을 때도 마찬가지였다. 그리고 시각 덕분에 생존이 유리해졌으니, 세상은 우리가 인지하는 그 자체라 믿는 역행성 편향(reflexive bias)이 생긴 것도 자연스러워 보인다. 심리학자, 철학자들은 이러한 오류를 소박실재론(naive realism, 素朴實在論: 물질적 대상으로 이루어진 세계는 주관에 대해 독립되었다고 생각하는 상식적 신념을 그대로 긍정하는 사고법)[2]이라 칭한다. 우리 인지력의 신뢰성에 대한 이 초점 잃은 믿음은 역사상 가장 유명한 틀린 이론 두 가지가 탄생한 밑거름이 되었다. 지구가 편평하다는 이론, 그리고 태양이 지구 주위를 돈다는 이론이다. 사람들은 수천 년 동안 하늘을 보고 느낀 그 인상을 그대로 믿으며 살았

---

2) 물질적 대상으로 이루어진 세계가 우리의 감각으로 인지되는 그대로 실재한다고 믿는 학설. (역주)

다. 그 와중에도 갈릴레오는 많은 사실을 깨달은 인물이었다. 우리의 눈이 우리를 속일 수 있다는 것을 안 것이다. 그는 1632년 《대화(Dialogues)》'에서 코페르니쿠스가 주창한 태양 중심설은 "감각을 침범"했다고, 즉 우리의 눈이 말해주는 모든 것에 위배된다고 밝혔다.[7]

뇌 영상 또한 보이는 것이 전부 사실은 아니다. 적어도 대중매체가 뇌 영상에 대해 묘사하는 그대로라고는 볼 수 없다. 뇌 영상을 통해 확인하려는 대상도 알려진 것과는 다르다. 뇌 영상은 활발히 활동 중인 뇌를 실시간으로 촬영한 사진이 아니다. 과학자들이라고 해서 뇌의 '내부'를 쓱 들여다보면서 뭐가 있나, 확인할 수는 없다. 화려한 색깔로 물든 뇌 영상은 가장 활발히 활동 중인 뇌의 특정 부위를 나타낸다. 피험자가 어떤 글귀를 읽거나, 얼굴들이 등장하는 사진을 보는 등 어떤 자극을 받아 반응을 할 때, 증가한 산소 소비량을 측정하여 찾을 수 있다. 피험자가 특정 활동을 하는 동안 발생한 산소량의 변화를, 뇌 영상 촬영 장비에 포함된 강력한 컴퓨터가 우리에게 친숙한 갖가지 사탕 빛깔 얼룩 형태로 변환하여 특히 활성화된 뇌 부위를 보여준다. 뇌 영상의 각종 방해 요소는 잘 알려져 있지만, 과학자들이 뇌 영상에서 붉게 타오르는 부위를 들여다보고 피험자의 마음에 무슨 일이 벌어지고 있는지 확실한 결론을 내리기가 굉장히 어렵다는 점이 바로 가장 큰 문제이다[8].

신경 영상(neuroimaging)은 신생 과학이다. 사실 유아기를 겨우 벗어난 수준이라 할 수 있다. 이제 막 날기 시작한 이 같은 분야에서는 실제 사실의 반감기가 특히 더 짧을 수 있다. 연구로 도출된 결과를 확고한 지식으로 여긴다면 어리석은 일이다. 아직 의미도 채 제대로 파악되지 않은 기술을 활용하여 도출된 결과라면 더욱 어처구니없는 일이다. 훌륭한 과학자라면 누구나, 해결해야 할 의문점, 다듬어야 할 이론, 완벽하게 만들어야 할 기술이 항상 존재한다는 사실을 알고 있다. 그럼에도 불구하고 패기를 앞세운 열망 앞에서 과학적 겸손함은 힘없이 무너질 수 있다. 그리고 이런 상황에서는 구경거리를 찾아 헤매던 대중매체가 가장 가까운 자리를 차지하는 경우가 많다.

　몇 년 전 미국에서 2008년 대통령 선거 기간이 가까워진 시기에 캘리포니아 대학교 로스앤젤레스 캠퍼스(UCLA)에서는 신경과학자들로 구성된 연구팀이 대통령으로 누구를 뽑을지 마음을 정하지 못한, 부동표 유권자들의 수수께끼를 풀어보기로 했다. 이들은 유권자들에게 대선 후보자들의 사진과 비디오 영상을 보여주면서 뇌 영상을 촬영해 그 반응을 살폈다. 연구팀은 뇌 활성 사진을 말로 표현되지 않은 유권자의 입장으로 해석했고, 여기에 워싱턴 FKF 연구소(FKF Applied Research)라는 회사의 정치 고문 3명이 제시한 의견이 덧붙여져 〈뉴욕타임스〉 특집 기사로 실렸다. "여러분의 뇌는 정치에 이렇게 반응한다.[9]"라는 제목이었다. 이 기사에서 독자들은 피험자들이 힐러리 클린턴, 미트 롬니, 존 에드워드 등 대선 후보자들의 사진을 보았을 때 뇌에서 '밝게 빛난' 부위를 표시한, 주황색, 형광 노란색 점들이 찍힌 뇌 사진을 볼 수 있었다. 연구팀은 뇌의 활성 패턴으로 볼 때 "일부 유권자들의 생각이 크게 바뀔 수 있다"고 주장했다. 게다가 이 실험에서 전체 후보 중 두 명은 부동표 유권자들의

'마음을 얻는 데' 사실상 실패한 것으로 나타났다. 그렇게나 인기가 없다던 정치인은 누구였을까? 바로 대통령 선거 최종 후보가 된 두 사람, 존 매케인과 버락 오바마였다.

영국 유니버시티 칼리지 런던 신경과학자들이 2008년 발표한 그들의 연구 결과인 "증오와 신경의 상관관계"가 크게 보도되었다. 연구진은 피험자들에게 헤어진 연인, 직장 내 라이벌, 비난 받는 정치인 등 싫어하는 사람의 사진과 싫거나 좋은 감정을 느끼지 않는 사람들의 사진을 가져오라고 요청했다. 그리고 피험자들의 반응을 비교했다. 즉 싫어하는 사람의 얼굴을 보고 나타난 뇌 활성 패턴과 별 감정 없는 사람을 보았을 때 나타나는 패턴을 비교한 것이다. 그 결과, 연구진은 강렬한 증오의 감정은 신경학적으로 상관관계가 있는 것으로 드러났다고 주장했다. 당연한 수순이겠지만 대부분의 언론이 이 연구 결과에 매혹되었고 이런 머리기사가 여기저기 등장했다. "뇌의 '증오 회로' 발견되다."

연구진의 한 사람인 세미르 제키(Semir Zeki)는 언론을 통해 뇌 영상이 법정에서도 사용될 날이 올 수 있다고 밝혔다. 예를 들어 살인 용의자가 피해자에게 극심한 증오를 느끼는지 파악할 수 있다는 이야기다[10]. 그런 날이 그리 빨리 올 것 같지는 않다. 이 연구에서 자신이 싫어하는 사람의 사진을 볼 때 뇌의 특정 부위가 더욱 활성화된다는 점이 밝혀진 것은 사실이다. 짐작컨대 피험자들은 그 사진을 보면서 피험자들은 사진 속 대상에게 경멸의 감정을 느꼈으리라. 문제는 뇌 영상에서 밝게 빛나는 부위는 증오만이 아니라, 다른 여러 감정 때문에 활성화될 수도 있다는 점이다. 뇌에서 증오라는

감정을 대변하며 서로 연결되어 있는 특정 영역은 아직까지 발견된
적이 없다.

　　대학 홍보부서들이야말로 세상을 놀라게 할 연구 결과라며
언론을 극진히 배려한 보도문을 발표하는 것으로 악명 높다. 피험
자들이 신을 생각할 때 환해지는 뇌 영역이 이곳이라던가("뇌의 종교 영
역 발견되다!"), 연구진이 사랑을 관장하는 부위를 발견했다던가("뇌에서
사랑이 발견되다") 하는 식이다. 신경과학자들은 가끔 이런 연구들을 "색
깔 방울학3) (blobology)"이라 폄하한다. 피험자가 X를 경험하거나 Y라
는 과제를 수행할 때 활성화되는 뇌 영역을 내세운 연구들을 가리켜
우스갯소리로 붙인 이름이다. 다시 한 번 강조하건대, 비전문가들은
fMRI나 기타 뇌 영상 기술로는 생각이나 감정을 읽어낼 수 없다는
사실을 너무도 쉽게 망각한다. 위와 같은 연구에서는 한 사람이 생
각하고, 느끼고, 무언가를 읽고, 셈하는 동안 더욱 활성화되는 뇌 영
역을 뇌 산소량을 측정한 결과로 보여준다. 하지만 이러한 패턴을
보고 정치 선거 후보자에 대해 어떻게 생각하는지, 혹은 세금을 내
는 것에 대해 어떻게 느끼는지, 사랑의 혹독한 괴로움을 어떻게 겪
고 있는지 자신 있게 결론 내린다면 굉장히 위험하고 성급한 판단이
다11.

　　대중적인 뇌 과학은 표적을 손쉽게 고른다는 사실은 우리
도 잘 알고 있다. 그럼에도 불구하고 이 분야를 자꾸만 언급하는
까닭은, 대중매체의 보도가 위와 같은 연구 결과들에 편중되어 왔

---

3) 블로볼로지는 작은 방울, 색깔 부분을 나타내는 영어 단어 'blob'과 학문을 의미하는 단어 '-ology'를 결합해
　만든 단어이다. (역주)

고 그 내용이 뇌 영상이 알려주는 정보가 무엇인지에 관한 대중의 인식을 형성했기 때문이다. 노련한 과학 기자들은 뇌 영상이 마음을 움직이는 상태 그대로 포착할 수 있다고 주장하는 글을 읽을 때면 당혹스러워한다. 그리고 진지한 과학 작가라면 신경과학 연구의 우수성을 정확하게 서술하고자 그에 따르는 고통을 감수한다. 사실 불만의 목소리는 이미 회오리처럼 커져가고 있다. 뉴로매니아(neuromania), 거만한 신경학(neurohubris), 신경학 사기꾼(neurohype) 혹은 영국에서는 가짜 신경학(neurobollocks)이라는 단어는 비난의 화살로 탄생한 별칭 중 몇 가지에 불과하다. 심지어 이 가운데 일부는 좌절감에 휩싸인 신경과학자가 직접 만들었다. 하지만 대학마다 행여나 질세라 언론의 관심을 끌기 위해 보도 자료로 격전이 벌어진 현실에서, 결국 연구 결과는 명랑한 제목을 달고("심리학계, 남성은 비키니 입은 여성을 물체로 본다고 밝혀") 사실을 지나치게 단순화시킨다[12].

　　이렇듯 아무 생각 없는 신경과학에서 비롯된 문제를 신경과학 그 자체의 문제로 볼 수는 없다. 신경과학은 현대 과학의 위대한 지적인 업적 중 하나이다. 신경과학에서 사용하는 도구 또한 주목할 만하다. 뇌 영상도 엄청나게 중요하고 또 매력적인 목표가 있다. 바로 형체가 없는 마음과 형체가 있는 뇌 사이에 존재하는 간격을 설명해줄 수 있는 교량 역할을 하는 것이다. 하지만 이 두 영역의 관계는 복잡하기 그지없고 제대로 파악되지도 않았다. 그러니 언론이나 열정이 지나친 일부 과학자들은 부풀려서 광고하고, 신경 분야 사업가들은 현재 밝혀진 증거로 보장할 수 있는 수준을 훨씬 뛰어넘은 결론에 도달해도 별 도리가 없을 만큼 아주 취약하다. 신경학 회의론자인 영국의 스티븐 풀(Steven Poole)은 그러한 행위를 일종의 발작적인 '조기 추정'이라고 칭한다.[13] 백문이 불여일견이지만 뇌 영상의 경우, 보이는 대로 그 의미까지 반드시 이해할 수 있는 건 아니다.

신경과학이 오용된 사례 중에는 재미있기도 하고 전혀 해될 것이 없는 경우도 있다. 가령, 새로이 등장한 신경경영학 분야의 서적들 가운데《과학적인 리더십(Your Brain and Business: The Neuroscience of Great Leaders)》에서는 잔뜩 긴장하고 사는 CEO들에게 "근심을 관장하는 뇌 영역은 전두엽 피질과 전측 대상피질 등 생각의 영역과 연결되어 있음을 유념하라"고 조언한다. 이러한 유행이 자녀 양육법이나 교육 시장에도 침투한 것이 어쩌면 자연스러운 일일지도 모른다. 부모들, 교사들은 "브레인 체육관", "뇌 교육", "뇌를 기반으로 한 양육법" 등에 쉽사리 속아 넘어간다. 근거 없는 수십 가지 뇌 교육 기법을 일일이 열거하지 않아도 알 것이다. 이렇듯 번지르르해 보이는 사업들은 사실 대부분 신경과학 분야에서 발견된 결과에서 알게 된 유익한 조언들을 그럴 듯하게 꾸미거나 재포장했을 뿐이다. 실상 교육 프로그램 자체에 더해진 가치는 전혀 없다. 한 인지 심리학자는 이렇게 비꼬았다. "자신의 생각을 다른 사람에게 납득시킬 수 없다고요? 신경 접두사(Neuro-Prefix)를 사용해보세요. 당신의 주장이 힘을 얻습니다. 효과 없으면 환불됩니다."[14]

실제 세상에서 일어난 걱정거리들은 해결 안 된 상태로 남아 있는데 뇌 영상에 관한 자료만 너무 많이 들여다본다면 문제가 될 수 있다. 법을 생각해보라. 한 사람이 범죄를 저질렀다면, 그 죄는 누구의 책임일까? 가해자일까, 그 가해자의 뇌일까? 물론 이 둘 중 하나를 택하라는 것 자체가 잘못이다. 생물학 공부를 조금이라도 했다면, "나의 뇌"와 "나"를 구분하는 자체가 잘못된 전제임을 알 수 있다. 그래도 만약 행동의 생물학적인 뿌리를 확인할 수 있다면, 그 것도 뇌 영상을 통해 흥미진진한 색깔 방울의 형태로 포착할 수 있다면, 비전문가들로서는 엄격한 조사를 받는 용의자의 행동이 "생물학적"이고 따라서 "고착된 행동", 즉 비자발적이고 통제 불가능한 행동임에 틀림없다고 너무나 쉽게 추측할 수 있다. 예상할 수 있는 일이겠지만 실제로 형사 사건 전문 변호인들이 뇌 영상을 활용하는 사례가 늘고 있다. 의뢰인이 살인을 저지르게끔 "만든" 생물학적 결함을 보여줄 수 있다는 전제가 깔린 노력이다.

　　일부 신경과학자들은 미래에 형사법이 극적으로 변할 날이 올지도 모른다며 기대한다. 그 중 한 사람인 데이비드 이글먼(David Eagleman)은 "언젠가는 나쁜 행동의 유형 중 많은 부분에서 그 행동의 뿌리가 된 생물학적 근거를 찾을 것이고, 옳지 않은 의사결정도 현재 우리가 당뇨병이나 폐 질환의 발생 과정을 고민하듯 생각하게 되는" 때가 오기를 바란다고 밝혔다.[15] 정말 그런 날이 오면, 그는 "피고가 사건을 책임져야 할 대상이 아니라고 판단하는 배심원이 더 많아질 것"이라 예측했다.[16] 과연 이것이 신경과학 분야 자료로 도출할 수 있는 올바른 결론일까? 행동 하나하나가 정말 뇌 활성과 연관이 있고 그 활성을 확인할 수 있다 가정하더라도, 문제 행동에 대해 '날 탓하지 마. 내 뇌가 그런 거야.'라는 범죄 이론을 떠올리며 그 죄를 탕감할 수 있는 그런 날이 온다는 의미일까? 심오하고도 중요한

이 의문들에 대한 견해는 결국 뇌와 마음의 관계를 어떻게 이해하느
냐에 따라 결정된다.

　　뇌가 없이는 마음도 존재할 수 없다. 필자들을 포함한 현대
과학자 거의 대부분은 "심신 일원론자"이다. 즉 마음과 뇌는 똑같
은 '물질'로 구성되었다고 믿는다. 공포로 인한 전율부터 고향을 그
리워하게 하는 다정한 감정까지 주관적인 경험은 모두 뇌에서 일어
난 물리적인 변화에 상응한다. 목을 베는 행위가 이 점을 쉽게 증명
해준다. 기능을 하는 뇌가 사라지면, 마음도 존재하지 않는다. 하지
만 뉴런과 뇌 회로의 활동을 통해 마음이 생성되지만, 생성된 결과
물 그 자체가 마음과 동일하다고 볼 수는 없다. 이 사실에 신비롭다
거나 해괴하게 느낄 만한 요소는 하나도 없고 몸과 마음의 "이원론",
즉 마음과 뇌가 서로 다른 신체 물질로 구성되어 있다는 미심쩍은
주장을 옹호하는 것도 결코 아니다. 그저 세포 수준에 적용되는 물
리적 법칙을 활용하여 심리적 수준에서 나타나는 활동을 완전하게
예측할 수는 없다는 의미다. 한 가지 비유를 해보자면, 여러분이 무
기 화학자를 찾아가 지금 읽고 있는 이 책의 현재 페이지를 건네주
고 화학자가 잉크의 정확한 분자 조성을 분석한다고 해서 여기에 있
는 내용을 이해할 수는 없다. 화학적 분석은 그 분석 수준과 상관없
이 여러분이 이 글의 단어를 이해하는 데 전혀 도움이 되지 않으며
심지어 주변 다른 단어들의 뜻과 접목시켜 문맥상 어떤 의미를 갖는
지는 더더군다나 이해할 수 없다.
　　과학자들은 구조적으로 복잡한 뇌를 조금이라도 더 파악하

고자 노력해 왔다. 덕분에 누구도 접근하지 못했던 기관이던 뇌에서 뉴런, 뇌에 포함된 단백질, 유전자 등 구성 요소가 성공적으로 밝혀졌다. 이 정보들을 토대로 가장 기본적인 구성 요소에서 상위 요소로 연결시키는 연구를 통해, 이제 인간의 사고와 행동 방식의 많은 부분에 대해 설명할 수 있게 되었다. 계층화된 이 구조에서 가장 하위 단계에 뇌와 뇌 세포를 구성하는 신경생물학적 요소가 자리 한다[17]. 유전자는 뉴런의 발달을 관리하고, 뉴런이 모여 뇌 회로를 이룬다. 그 상위 단계는 정보 처리, 계산, 신경망의 동적 활성으로 구성된다. 중간층에는 사고, 감정, 인지, 지식, 의도와 같은 의식적인 정신이 자리한다. 그리고 우리의 생각과 감정, 행동이 구성되는 데 강력한 역할을 하는 사회적, 문화적 해석은 이 계층구조 맨 위에 위치한다.

　　그런데 뇌를 기본으로 전제한 설명에 지나치게 많은 중요성을 부여하고 심리적 혹은 사회적 요소에 충분한 관심을 기울이지 않으면 문제가 발생한다. 어디든 제멋대로 뻗어 나가는 도시 구조와 고층 빌딩의 유리 엘리베이터가 하늘로 향하는 모습을 보았을 때 사람마다 받는 인상이 모두 다르듯, 인간의 행동에 대한 통찰도 분석 수준에 따라 다른 결과가 도출될 수 있다[18].

　　뇌를 중심으로 한 접근법에서 핵심은, 특정한 목적을 달성하는 과정에서 어떤 설명은 다른 수준의 분석보다 유익하다는 점을 인지하는 것이다. 무엇보다 이 원칙은 치료법을 고려할 때 지극히 중요한 요소이다. 알츠하이머병 치료제를 개발하려고 노력 중인 과학자는 병의 원인인 아밀로이드판과 신경섬유의 엉킴 형성을 막을 수 있는 물질을 개발하려 할 것이고, 따라서 뇌 구성요소 중 하위 단계를 붙들고 낑낑댈 것이다. 반면 괴로움에 휩싸인 부부를 돕는 결혼 상담 전문가는 심리학적 수준을 분석해야 한다. 만약 이 상담 전문가가 어떤 부부의 문제를 이해해야겠다며 두 사람의 뇌를 fMRI로 촬영한다면 정말 아무짝에도 쓸모없는 분석이 된다. 가장 도움이 될 만한 부부의 생각, 감정, 서로에 대한 행동에는 정작 관심을 두지 않으니까.

이런 주제를 논하다 보면 다시 뇌 영상과 뇌에서 도출된 다른 데이터들을 고민하게 된다. 그런 정보들에서 우리는 사람들의 생각과 감정에 대해, 그리고 그들의 사회적 상황은 어떤 영향을 주고 있는지에 대해 무엇을 추론할 수 있을까? 이 의문은 어떤 면에서 뇌와 마음이 동일한지에 대한 오래된 논쟁에 다시 불씨를 지핀다. 심리학적인 요소를 신경과 관련지어 완전히 이해하는 것이 정말 가능할까? 철학자들이 '어려운 문제'라고도 칭하는 이 고민은 과학계의 모든 의문 중에서도 가장 까다로운 수수께끼라 할 수 있다. 무엇이 그 해답에 가까울까? 신경생물학과 정신적 삶에 관한 용어가 아주 유사해지면 결국 공통된 용어로 수렴될까?[19]

많은 이들이 그렇게 되리라 믿는다. 신경과학자 샘 해리스(Sam Harris)에 따르면 뇌에 대한 탐구가 결국에는 마음을, 그리고 인간의 본성을 속속들이 설명해줄 것이다. 그는 신경과학이 궁극적으로 인간의 가치를 좌우하게 되며 그래야 마땅하다고 말한다. 영국의 신경과학자인 세미르 제키(Semir Zeki)와 법학자 올리버 굿이너프(Oliver Goodenough)는 불과 수십 년 뒤면 "뇌의 판단 체계와 뇌가 갈등에 어떻게 반응하는지에 관한 정보가 충분히 파악되고 이는 곧 국제사회의 정치적, 경제적 갈등을 해소하는 핵심 도구가 될 수 있으므로, '천년 왕국[4]'이 도래할 것"이라 예견했다. 신경과학자이자 위대한 인물로 손꼽히는 마이클 가자니가(Michael Gazzaniga)도 "뇌가 기본이 되는 삶의 철학"을 희망한다. 윤리학은 "우리의 뇌에 구성 요소로 포함되어 있으며, 이 사실을 더욱 의식하면서 그에 따라 살아간다면 수많은 고통, 전쟁, 갈등을 없앨 수 있다"는 전제에서 비롯된 생각이다.[20]

그런 의미에서 신경과학자들을 "정신의 대사제이자 보편적인 인간 행동을 설명하는 자[21]"로 보는 사람들도 있다는 사실은 그리 놀랍지 않다. 정말 언젠가는 정부 관료 자리를 신경과학자가 대신하게 될까? 신경과학자들의 예측은 세부 내용은 부족하면서 야심은 가득하다. 이들은 뇌 과학이 인간의 가치를 어떻게 결정하게 될지, 세계 평화는 어떻게 달성될 수 있을지에 대해서는 이야기하지 않는다. 게다가 일부 전문가들은 신경과학을 새로운 유전학이라 말한다. 거의 모든 인간의 행동을 설명하고 예견하기 위해 채택된, 대단히 중요한 역할을 담당하는 최신식 설명 방식이라는 것이다. B. F. 스키너(B. F. Skinner)는 유전자 결정론이 등장하기 이전에 인간의 행동을 보상과 벌로 설명하려는 급진적 행동주의를 주창했다. 그에 앞서 19세기 말과 20세기에는 인간을 무의식적인 갈등과 동력의 산물로 보는 프로이트주의가 사실로 받아들여졌다. 모두 인간 행동의

---

4) 그리스도교도들이 믿는 사상 또는 신앙의 일종으로, 예수 그리스도가 재림하여 1,000년간 지상에 왕국을 건설하고 통치하는 기간을 뜻한다. (역주)

원인이 우리의 생각과 같지 않다는 점을 제시하는 주장이다. 그렇다면 이제 인간 행동에 대한 거대 담론의 자리를 신경 결정주의가 차지하려고 만반의 태세를 갖춘 건 아닐까?

정신과 전문의와 심리학자인 우리 두 필자는 대중적 신경과학의 급부상을 복잡한 심정으로 지켜보았다. 일반인들이 뇌 과학에 큰 관심을 보인다는 사실 자체는 기분 좋은 일이며, 신경생리학 분야에서 새로운 결과가 밝혀질 조짐이 보이는 것 또한 흥미진진하다. 하지만 과학계 감시 활동을 펼치고 있는 '뉴로스켑틱(Neuroskeptic)[5]'이 밝혔듯이, 너무도 많은 언론매체가 복합적인 행동에 대해 안이한 태도로, 지나치게 기계적으로 설명한 "저속한 신경과학"의 내용들로 가득 채워지는 현실은 정말 실망스럽다. 필자 두 사람 모두 현대 신경 영상 기술이 막 세상에 등장했던 당시 수련 과정에 있었다. 주요 기술 중 맨 처음 등장한 기능적 영상기술(양전자 단층 촬영 장치, PET)은 1980년대 중반에 모습을 드러냈다. 그로부터 채 10년도 지나지 않아 fMRI라는 신통방통한 장치가 등장하더니 곧 심리학, 정신분석학 연구에서 중요한 장비로 사용되기 시작했다. 실제로 심리학 교육 프로그램을 운영하는 많은 곳에서 영상 기술은 대학원생이 갖추어야 할 필수 역량이 되었고 이 분야는 연방 정부의 연구 지원금을 확보할 가능성도 높았다. 교수로 채용될 가능성도, 손꼽히는 유명 학술지에 논문이 게재될 확률도 높아졌다. 많은 대학

---

5) 과학계 연구 결과에 대한 전문가 의견을 게시하는 블로그 (역주)

의 심리학과에서는 이제 새 교직원을 뽑을 때 뇌 영상에 관한 전문 기술을 선발 요건으로 지정한다.[22]

뇌는 과학의 최후 개척지라고들 한다. 필자인 우리도 이에 동의한다. 그러나 뇌를 기본으로 한 해석이 인간의 행동을 설명하는 과정에서 다른 그 어떤 접근방식보다 우월하다는 인식이 확고히 자리한 것 같다. 인간의 경험과 행동은 뇌에서 두드러지게 나타나는, 혹은 심지어 뇌에서만 가능한 인지를 통해 가장 잘 설명할 수 있다고 보는 관점[23]인데, 우리는 이를 "신경 중심주의"라 칭한다. 커다란 인기에 힘입어 유리한 자리를 선점한 뇌 연구는 인간의 동기, 생각, 감정, 행동 연구에 비해 더욱 "과학적인" 분야로 비춰진다. 특히 뇌 영상은 숨겨진 영역을 눈으로 볼 수 있게 함으로써 신경 중심주의에서 굉장히 요긴한 요소로 활용된다.

중독에 대해 한 번 생각해보자. 신경과학자 데이빗 린든(David Linden)은 "기쁨의 생물학적 기반을 이해하면 중독의 윤리적, 법적 측면에 대해 근본적으로 다시 생각하게 된다."고 밝혔다.[24] 중독 전문가들 사이에서는 유명한 논리이지만, 우리는 그다지 이치에 맞지 않다고 생각한다. 형사 사법제도에서 중독을 다루는 방식에 있어서는 개혁이 필요한 이유가 충분할 수 있지만, 중독의 생물학적 특성은 그 대상이 아니다. 왜일까? 중독이 신경생물학적 변화와 연관되어 있다고 해서 중독을 개인이 선택할 수 없는 문제라고 입증할 수는 없기 때문이다. 미국의 영화배우 로버트 다우니 주니어(Robert Downey Jr.)만 봐도 그렇다. 그는 한때 약물 과용으로 언론에 자주 오르내렸다. "총알이 장전된 총을 입에 물고 손가락은 방아쇠에 걸고 있는 기분이었는데, 전 총의 그 금속 맛이 참 좋다고 생각했어요." 그는 이렇게 말한 적도 있었다. 그가 끔찍한 결과로 치닫는 일은 그저 시간 문제로 보였다. 하지만 다우니는 재활 시설에 들어갔고 새로운 인생을 살기로 결심했다. 그는 왜 약물을 복용했을까? 그리고 왜 약을 끊고 깨끗하고 멀쩡한 정신으로 살겠다는 결심을 했을까? 그의 뇌를 검사해본다고 해서, 얼마나 정교하게 뇌를 탐색할 수 있는지는 몰라도 그 답은 알 수 없으며 아마 앞으로도 결코 그럴 일은 없을 것이다. 신경 중심주의의 가장 큰 문제는 심리학적 해석과 중독 상태를 유지하게 만드는 환경적 요인, 즉 가정의 혼란스러운 상황, 스트레스, 마약을 손쉽게 이용할 수 있는 상황 등의 중요성을 평가 절하한다는 점이다.

이 책에서 우리는 신경과학의 밝은 미래에 관한 확고한 추정에 대해 몇 가지 견해를 제시하려고 한다. 각 장에서는 뇌 영상이[때에 따라 뇌전도 검사(EEG) 등 뇌파 측정 기술도 포함된다] 연구소와 의료 기관을 벗어나 마케팅 분야, 마약 치료 클리닉, 법정으로 옮겨 가게 된 이야기를 해볼 예정이다.

1장에서는 fMRI에 대한 기본적인 사항을 알아보는 것으로 시작한다. 뇌 구조의 기본원리를 살펴보고 영상 촬영은 어떻게 구성되는지, 연구 설계가 얼마나 간단히 이루어지는지 알아본다. 더불어 뇌 영상을 도입하면서 발생할 수 있는 결과의 해석 문제에 대해서도 살펴본다. 우리의 주요 목표 중 하나는 뇌가 믿기지 않을 정도로 복잡하다는 사실을 독자들에게 제대로 전달하고 생각, 욕구, 의도, 감정 등 정신적 산물을 뇌에서 얻은 정보로 추론하려는 시도가 어떤 의미인지 밝히는 것이다.

2장에서는 신경마케팅에 대해 알아본다. 신경마케팅의 근간이 되는 개념은 소비자가 자신이 정말 좋아하고 구매할 계획이 있는 상품이 무엇인지 정확하게 모르면서 자신의 의사를 밝힌다고 보는 것이다. 그래서 〈포춘(Fortune)〉지 선정 500대 기업 등에 자문을 제공하는 신경마케팅 전문가들은 제품이나 상업 광고, 영화 예고편 같은 자극에 대한 소비자의 즉각적인 반응을 측정할 수 있다면, 기업이 가장 설득력 있는 광고와 판매 촉진 운동을 계획할 수 있으리라 믿는다.

3장에서는 중독에서 나타나는 병적인 욕구의 생물학적 특성을 다룬다. 실제로 과학계와 일부 의료 분야에서는 중독이 "뇌 질환"이라는 개념이 지배적이다. 기계처럼 단순화시킨 이 신경 중심적인 생각은 중독을 유발하는 수많은 기타 요인들을 잊게 만드는 매력적인 구석이 있다. 그러나 중독을 성공적으로 치료하고 회복 상태를 유지하기 위해서는 중독의 생물학적 측면 외에도 더욱 광범위한 특성을 반드시 이해해야 한다.

나머지 장에서는 법조계에서 신경과학이 오래 전부터 발휘해 온 영향력을 집중 조명한다. 4장에서는 뇌를 기반으로 한 거짓말 탐지기를 살펴본다. 신경마케팅과 마찬가지로 이 분야 역시 원대한 기업가 정신이 생기를 불어넣었다. 상업 회사인 노 라이 MRI(No Lie MRI)의 경우 보안업체, 고용주, 의심 많은 배우자인 고객들에게 "거짓말과 뇌에 저장된 다른 정보를 편향되지 않고 감지하는 방법"을 제공한다고 주장한다. 노 라이 MRI와 경쟁업체인 세포스(Cephos) 모두 법정에 증거를 몇 차례 제출하기도 했다. 우리는 범죄 상황에 큰 위험을 무릅쓰고 이러한 기술을 적용하는 것이 과학적으로 정당한지 평가해볼 예정이다. 더불어 조만간 듣게 될지도 모르는, "뇌 조사 영장이 발부되었습니다." 같은 소름끼치는 말을 과연 시민들이 담담히 들을 각오가 되어 있는지도 확인해볼 것이다.

5장에서는 판사와 배심원 앞에 신경과학을 제시하는 신경법(neurolaw)에 대해 알아본다. 특정 사건에서 신경생물학적 특성을 고려하고는 사람들이 등장하고 있는 가운데 신경과학자인 데이빗 이글먼(David Eagleman)과 샘 해리스(Sam Harris) 등은 "범죄의 책임을 생물학적 특성으로 돌리는" 일이 일반화되기를 희망한다. 한 피고인의 범죄에 대해 뇌를 토대로 해석하고 이것을 피고가 져야 할 책임의 의미와 관련짓는 일은 결코 쉬운 일이 아니다.[25]

6장에서는 한 가지 중대한 물음에 대해 고민해본다. 신경과학은 개인이 가진 선택의 자유에 어떤 영향을 줄까? 일반적으로 우리는 스스로가 자유로운 존재이며 자신의 운명을 변화시키고 좋은 것이든 나쁜 것이든 스스로가 한 행동에 대해 칭찬이나 비난을 받을 권한을 지니고 있다고 생각한다. 그러나 여러 저명한 학자들이 이 생각은 틀렸다고 주장한다. 생물학자 로버트 사폴스키(Robert Sapolsky)는 "뇌에 관한 지식이 늘어나면서 자유 의지, 죄책감의 개념이 달라지고, 궁극적으로는 형사사법제도의 가장 기본적인 전제마저 크게 의심스러워진다."고 주장한다.[26] 뇌의 작용 방식을 이해할 수 있게 된다면, 인간을 비난이나 칭찬을 받는 윤리적 존재라고 보는 견해를 완전히 새롭게 바꾸어야만 할까? 함께 살펴보겠지만, 이러한 추정을 의심할 수밖에 없는 이유가 무궁무진하다.

　마지막으로 끝맺는 말에서는 이 책에서 다루어진 내용과 핵심적인 의문, 즉 신경과학이 인간 행동에 대해 말해줄 수 있는 부분과 말해줄 수 없는 부분이 무엇인지에 대해 다시 한 번 정리한다. 뇌 영상 장치는 일상생활 속 다양한 의사결정을 비롯해 중독, 정신 질환과 신경의 연관성을 상세히 설명해줄 수 있는 엄청난 잠재력이 있다. 그러나 전도유망한 이 새로운 기술이 인간의 행동을 설명하기 위한 뇌 분석 외에 다른 영역으로 중심을 달리 해서는 안 될 것이다. 뇌 연구가 전성기에 달한 현 시점은 분명 커다란 기대감에 부푼 시기이다. 동시에 몰지각한 신경과학이 우리로 하여금 신경과학은 법조계, 의료계, 마케팅 분야를 발전시키고 심지어 사회 정책에도 정보를 제공할 수 있다는 과대평가를 하도록 만드는 시기이기도 하다. 아무 것도 모르는 대중매체, 말만 번드르르한 기업가들, 때로는 열정이 지나친 신경과학자들까지 나서서 뇌 영상으로 우리 마음을 들여다볼 수 있다고 과장하고, 뇌 생리학을 인간 행동을 이해할 수 있는 가장 값지고 본질적인 해석 방식이라며 추켜세운다. 그러면서 화려하지만 충분히 발달하지 않은 이 과학 기술을 상업적 용도나 범죄 수사에 서둘러 활용하려 든다.[27]

　뇌에 관한 지식이 발전하면 우리 스스로를 더욱 기계처럼 생각하게 되는 일이 지극히 자연스러운 현상임을 인정한다. 하지만 이 관점이 지나치면 수년 내에 맞이할지도 모르는 까다로운 문화적 과제, 즉 개인적, 법적, 시민적 차원에서 자유라는 개념과 뇌 과학의

발달을 어떻게 조화시키느냐 하는 문제를 해결하는 데 걸림돌이 될
수 있다.

　신경생물학의 영역은 뇌와 신체가 원인으로 작용하는 영역
중 하나이다. 마음의 영역인 심리학은 사람과 사람이 가진 동기가
작용하는 영역이다. 우리가 어떤 행동을 하는 이유를 완전히 이해
하고 인간이 겪는 고통을 완화하려면 이 두 영역을 모두 고려해야
한다. 뇌와 마음은 경험을 설명하는 서로 다른 개념적 틀이라 할 수
있다. 그리고 이 둘을 구분하기 위해서는 인간의 본성, 개인의 책임,
윤리적 행동에 대한 생각에 중대한 영향이 발생한다는 점에서, 이를
학문적 주제로 보기는 어렵다.

Brainwashed

The Seductive Appeal of Mindless Neuroscience

아흐마디네자드를 본 당신의 뇌:
뇌 영상이란 무엇인가?

2008년 봄, 서문에서 부동표 유권자에 대해 연구를 한 것으로 소개된 FKF 응용연구소의 정치 컨설턴트, 신경과학자들은 비슷한 연구를 다시 실시했다. 이번 뇌 가이드투어 대상은 〈아틀란틱(Atlantic)〉 기자 제프리 골드버그(Jeffrey Goldberg)의 뇌였다. 시작은 이랬다. 골드버그가 유월절[6]을 맞아 가족들과 저녁 식사를 하던 중, "마니슈비츠[7] 와인 몇 잔에 용기를 얻어 사상적으로 모순되는 여러 정치적 입장을 밝혔다." 과학적인 면에서는 참 운 좋게도 하필 그날 식사 자리에 정치 컨설턴트이자 FKF 연구소의 공동 창립자인 빌 냅(Bill Knapp)이 함께 있었다. 빌은 골드버그에게 그 혼란스러움의 근원을 알고 싶다면, 뇌 영상을 촬영해서 "신경학적으로 당신이 진보주의 쪽인지 아니면 보수주의 쪽인지" 확인해보라고 제안했다. 골드버그가 이해하기로는, 연구진이 유명한 정치인들 사진을 연달아 보여주면서 그의 뇌가 어떻게 반응하는지 측정해서 그의 "실제 정치적 성

---

6) 유대인 명절의 하나. 세계에서 가장 오래된 명절이자 이집트를 탈출한 것을 기념하는 유대인 최대 명절이다. (역주)
7) 미국 코서(유대교 율법에 정해진 방식에 따라 만든 제품) 제품 브랜드 중 하나로 특히 와인 제품이 유명하다. (역주)

향과 경향"을 파악해보자는 의미였다. 표적 집단 검사를 실시할 때 결과의 신뢰도를 떨어뜨릴 수 있는 일반적인 요인인 억제 통제[8])가 나타나지 않도록 한 장치이다[1].

　　그리하여 골드버그는 연구소를 방문했다. 그리고 천장을 보고 반듯하게 누워서 유선형 MRI(자기공명영상) 장치의 큰 입 속으로 들어갔다. 미세한 움직임도 결과에 영향을 줄 수 있으니 시체처럼 꼼짝 말고 누워 있어야 한다고 했다. 소음이 쏟아져 나오는 헤드폰을 쓰고 있었지만, 골드버그는 최첨단 fMRI(기능적 자기공명영상)[9]) 장치가 뇌를 정밀 촬영할 때 발생하는 자기(magnet)의 움직임을 들을 수 있었다. 자주 비유되듯, 미끄럼방지용 금속 징이 박힌 골프화가 건조기 속에서 이리저리 회전하는 모습이 상상되는 소리였다. 이어 탱, 하는 높은 금속성 소음이 길게 이어졌다[2]. 연구진이 골드버그의 머리에 씌운 비디오 안경에서는 존 매케인(John McCain), 에디 팔코(Edie Falco), 골다 메이어(Golda Meir)[10]), 버락 오바마(Barack Obama), 야세르 아라파트(Yasser Arafat)[11]), 브루스 스프링스틴(Bruce Springsteen)[12]), 조지 부시(George W. Bush), 그리고 이란 대통령인 마흐무드 아흐마디네자드(Mahmoud Ahmadinejad) 등 문화계, 정치계 유명 인사 수십 명의 사진과 짤막한 영상이 지나갔다. 별 볼일 없는 사람이었다면 맹렬히 공격

---

8) 억제 통제란 선택을 해야 하는 상황에서 충동적으로 반응하기 보다는 몇 가지 가능성을 비교하고 각 결과의 평가가 완료될 때까지 행동을 연기하는 능력을 말한다. (역주)

9) MRI는 수소 분자의 밀도 차이에서 비롯되는 신호로 얻은 구조 영상이고 fMRI는 뇌 기능에 따른 산소 공급의 차이로 인한 신호 차이를 지도화한 영상이다. (역주)

10) 이스라엘의 첫 여성 총리. (역주)

11) 팔레스타인 자치정부의 초대 수반. (역주)

12) 미국의 가수 겸 작곡가. (역주)

해오는 그 사진과 영상들에 잔뜩 겁먹고 말았으리라. 하지만 중동 지역 종군기자 출신인 골드버그였기에 그 기계 속에서 내리 한 시간 동안 이어진 검사를 꿋꿋이 이겨냈다. 머리를 땅땅 때리는 것 같은 두통 속에서도 그의 유머 감각은 살아있었다. "폐쇄 공포증을 절로 불러일으키는 그 자기장 터널 속에 가만히 누워 눈알 바로 1인치 앞에서 힐러리 클린턴이 의료보건 정책에 대해 이야기하는 모습을 본 경험이란, 음, 일생에 꼭 한 번은 겪어봐야 할 일이지." 그는 이렇게 비꼬았다.

fMRI는 골드버그의 뇌가 특정 정당의 편이 아니라는 판결을 내렸다. 부동표 유권자들에 대한 연구에서처럼 그의 뇌도 힐러리 클린턴을 보았을 때 애증이 엇갈리는 반응을 보였다는 설명이었다. 연구진 중 한 명인 신경과학자 마르코 야코보니(Marco Iacoboni)는 골드 버그의 배외측 전전두엽, 즉 즉흥적인 반응의 억제와 관련된 부위가 많이 활성화된 걸로 볼 때, 그가 클린턴에 대해 "원치 않는 감정을 애써 누르려" 노력했을 가능성이 있다는 추측을 내놓았다. 또 에디 팔코를 보고는 보상이 기대될 때 활성화되는 뇌 부위인 배측 선조가 강력한 반응을 보였으므로 골드버그가 그녀를 사랑하는 것으로 드러났다. 〈소프라노스[13]〉 팬임을 인정한 골드버그는 "그걸 알자고 수백 만 달러짜리 장치가 필요한 건 아니었다."고 말했다.

그런데 아흐마디네자드에 대한 반응은 골드버그 자신도 놀라울 따름이었다. 이 이란 지도자를 보고도 골드버그의 배측 선조

---

13) 에디 팔코가 출연한 미국 드라마. (역주)

가 활성화된 것이다. "보상이라니!" 야코보니는 소리쳤다. "이 부분은 당신이 설명해야 할 거요." 어째서 아흐마디네자드가 즐거운 생각을 자극했는지 골드버그 자신은 짐작도 할 수 없었지만, 야코보니의 동료인 정신과 전문의 조슈아 프리드만(Joshua Freedman)은 이렇게 추정했다. "골드버그는 유대인들이 자신들을 해치려는 사람들을 참고 견뎌야 했고 그런 자들의 시도는 결국 실패로 돌아갔다는 믿음을 갖고 있었을 겁니다. 그래서 아흐마디네자드도 결국에는 실패할 거란 생각을 하면서 기쁜 감정이 생긴 것이죠." 그리고 잠깐 뜸을 들이더니 말을 이었다. "아니면 정말 시아파 교도던가요."

골드버그는 자신의 모험을 "무의미한 정밀 촬영"으로 이름 붙이고, 그토록 엄격한 분석 절차를 거쳐야 하는지 의문을 제기했다. "어디까지가 진정한 과학이고 어디까지가 21세기 골상학[14]인지 모르겠다." 이런 의혹을 가진 사람이 골드버그가 처음은 아니다. 실망스러움을 감추지 못한 전문가들은 fMRI 영상을 극성스럽게 해석하는 실태를 "신(新) 골상학"이라 명명했다. 두개골의 튀어나온 부분과 들어간 부분을 "읽어서" 한 사람의 성격 특성과 재능을 확인하려다 오래 전 이미 설득력을 잃은 골상학의 방식에 빗댄 이름이다[3]. 그래도 아직 많은 사람들이 이러한 비유는 부당하다고 본다. 골상학과 달리 뇌 영상은 뇌와 마음의 관계를 어느 정도 밝혀낸 것이 사실이므로 기술적으로 경이로운 업적이라는 주장이다. 하지만 뇌에 '불이 들어온' 부분이 한 사람의 생각과 감정에 대해 과연 무엇을 정

---

14) 얼굴과 머리의 골격을 토대로 사람의 성격, 운명 등을 추정하는 학문. (역주)

확히 말해줄 수 있을까?

이 질문에서부터 오래전부터 제기된 커다란 의문이 시작된다. 바로 뇌의 작용이 우리의 마음에 대해 무엇을 이야기해줄 수 있느냐다. 이 궁금증을 신경과학의 최첨단 기술이자 대중 매체와 궁합이 가장 잘 맞는 fMRI를 통해 해결하려는 시도가 이루어지면서 뇌 활성(작용 기전)을 해석하는 과학자들의 능력에 따라 한 사람이 무엇을 생각하는지, 무엇을 느끼는지(의미)가 결정되기 시작했다. 물론 과학자들이 fMRI로 누군가의 생각을 "읽어낼" 수는 없다. 그저 어떤 생각이나 감정과 연관이 있다고 알려진 특정 뇌 영역에서 활성이 증가했다고 말할 수 있을 뿐이다. 그러니 뇌 영상의 그 화려한 색깔 방울과 "신경학적인 상관관계"가 있다는 표현이 더욱 적절하다. 과학자들이 이 상관관계를 통해 누군가의 생각과 감정을 얼마나 정확하게 추론하는지에 따라 법정을 비롯한 다른 분야에서 뇌 영상의 가치가 결정된다. 100여 년 전부터 훨씬 원초적인 기술을 동원해 이 어려운 과제를 해결하려는 시도가 시작되었다.

뇌 영상의 시초는 1895년 독일의 물리학자 빌헬름 콘라드 뢴트겐(William Conrad Roentgen)이 발명한 X선 촬영 기법으로 거슬러 올라간다. 그 유명한 X선의 최초 결과물은 뢴트겐이 부인의 왼손을 촬영하여 얻은, 네 번째 손가락에 결혼 반지가 선명한 손가락뼈 다섯 개의 사진이었다. 이전까지 볼 수 없던 부분을 눈으로 확인할 수 있도록 탈바꿈한 뢴트겐의 이 성과는 유럽과 북미 양쪽 대륙 모두에서 폭발적인 반향을 일으켰다. 시카고, 뉴욕, 파리의 백화점들은 고객들이 직접 손의 뼈 모양을 볼 수 있도록 X선 슬롯머신을 설치했다. 자기 손을 보고 정신이 혼미해진 고객들도 가끔 발생했다. 파리 출신 의사 히폴리테 페르디낭 바라딕(Hippolyte-Ferdinand Baraduc)은 심지어 X선을 이용하여 자신의 생각과 감정도 사진으로 보여줄 수 있다고 주장했다. 자신이 찍은 사진은 "심령 사진(psychicons)" 혹은 마음의 형상이라고 이름붙였다. 그러나 X선으로는 마음은 고사하고 뇌에 대해 아무 것도 확인할 수 없었다. X선이 두꺼운 두개골을 쉽사리 통과하지 못하기 때문이다[4].

　　20세기에 들어서면서 과학자들은 뇌실 조영술을 개발했다. 뇌척수액이 흐르는 빈 공간인 뇌실에 공기를 불어넣어 내부 압력을 높임으로써 안팎의 밀도차를 극대화시키는 방법이다. 1970년대 초반에는 컴퓨터 단층 촬영(CT 또는 CAT) 기법이 개발되어 신경방사선 학자들은 뇌실 주변의 백질과 회백질을 구분할 수 있게 되었다. 고밀도 X선을 이용하여 단면 영상을 여러 장 촬영하고 이를 토대로 뇌의 3차원 영상을 구축하는 기술이다. 10년 후에는 방사선 촬영기술 분야에 구조적 MRI(자기공명영상)가 등장하여 뇌의 해부학적 구조를 더욱 정밀하게 볼 수 있게 되었다. 이 구조적 MRI로 종양, 혈전, 혈관 기형 등 정적인 문제를 감지할 수 있다. MRI와 CT 촬영 결과를 종합하면 고정된 형태의 값진 해부학적 정보를 얻을 수 있지만 뇌 기능은 여전히 어둠에 가려져 파악할 수가 없다[5].

　　양전자 방출 단층 촬영(PET)이 개발되면서 이러한 한계가 극복되기 시작했다. PET는 3차원 기능적 영상의 초창기 기술 중 하나이다. 구조적 기술과 달리 PET를 비롯한 기능적 촬영 기술은 신경과학자들이 작용 중인 뇌의 영상을 볼 수 있게 해주었다. 1980년 대에 도입된 PET는 방사성 추적자(분자)를 이용하여 뇌의 신진대사 나 뇌혈관의 혈류를 측정한다. 뇌세포가 활성화되면 포도당이나 산 소 형태의 에너지를 더 많이 필요로 한다는 것이 이 기술의 기본 원 리이다. 일반적으로 방사성 동위원소 표식이 포함된 소량의 포도당 이 추적자 역할을 하는데, 피험자에게 이 포도당 분자를 혈관에 직 접 주입하거나 호흡을 통해 마시도록 한다. 포도당은 체내에서 활 성이 가장 활발한 뇌세포를 향해 이동한 뒤 에너지(양전자)를 방출하 고, 이를 감지하여 PET 영상에서 밝게 빛나는 "핫 스팟"으로 표시한 다. PET도 피험자가 어떤 자극을 받거나 과제를 수행할 때 뇌가 어 떤 상태인지 조사하기 위한 용도로 활용할 수 있지만, 신경과학자들 은 동일한 목적을 달성할 때 fMRI를 더 선호한다. 시간적, 공간적 해 상도가 더 높고 방사성물질을 사용하지 않는다는 장점 때문이다.[6]

기능적 MRI는 우리가 느끼고, 생각하고, 인지하고, 행동하는 등 뇌 덕분에 할 수 있는 모든 기능이 뇌의 산소 소비량 및 국지적인 혈류의 변화와 연결, 혹은 연관되어 있다는 사실을 활용한 기술이 다. 일반적으로 사진을 보거나 수학 문제를 푸는 등 특정 과제를 수 행하면서 그에 따라 뇌가 반응을 하면 뇌의 특정 영역에 산소를 가 진(산소가 공급된) 혈액을 더 많이 소비되고 또 더 많이 공급된다. 혈류 증가와 이로 인한 산소량 증가는 곧 뉴런의 활성이 증한 상태로 해 석된다. 활성이 "증가"되었다고 표현하는 이유는, 살아 있는 뇌는 항 상 활성화된 상태이기 때문이다. 즉 평상시에도 혈액이 늘 순환하 고 산소도 끊임없이 소비된다. 아무런 활성이 없는 뇌는 오직 죽은 뇌뿐이다.

그러므로 혈액의 산소 농도 측정이 뇌 활성을 감지하는 핵심이다. fMRI 장치 내부에는 힘이 어마어마한 대형 자석이 설치되어 있어서 뇌의 특정 영역으로 흘러가는 혈액 흐름을 측정할 수 있다. 이 혈액에는 더 많은 산소가 포함되어 있기 때문에 이미 뉴런에 산소를 공급한 혈액과는 자기적 성질에 차이가 있다. 뇌 조직의 어떤 작은 범위에서 산소를 포함한 혈액과 산소가 고갈된, 즉 산소가 제거된 혈액의 상대적 농도를 측정하면 '혈중 산소치 의존(blood oxygen level dependent, 줄여서 BOLD) 신호'로 알려진 결과를 얻을 수 있다. 특정 부위에서 산소 포화도가 높은 혈액 대비 포화도가 낮은 혈액의 비율이 높을수록 에너지 소비량도 더 높다고 해석된다.[7]

이와 관련 연구가 피험자들에게 어떤 과제를 수행하도록 요청하고 뇌 활성을 측정하는 간단한 방식으로 진행되지는 않는다. 뇌 활성은 피험자가 다른 사람의 얼굴을 보고 반응하는 등의 어떤 과제를 수행하고 있는 동안 나타나는 뇌 활성을 측정한 뒤, 그 결과를 피험자가 최대한 아무 생각 없이 눈을 감고 앉아 있을 때 촬영한 결과와 비교한다. 책을 큰 소리로 읽을 때 관여하는 뇌 영역을 확인하기 위한 연구를 설계한다고 가정해보자. 연구진은 피험자들에게 화면에 나타나는 글자를 속으로 조용히 읽어보라고 요청하고 다시 큰 소리로 읽어보도록 한다. 이 두 가지 과제는 뇌에서 한 가지를 제외하고는 정신적 처리과정이 모두 동일할 것으로 짐작된다. 글자를 속으로 읽을 때 뇌에서 발생한 신호를 큰 소리로 읽을 때 발생한 신호에서 "빼면(감산하면)" 서로 겹치지 않는 부분이 남고, 표면상으로는 바로 이 부위가 말하기와 관련이 있다. 반면 주의 집중, 시각, 글자에 대한 정신적 처리 등 글을 크게 읽을 때나 속으로 읽을 때 공통적으로 필요한 다른 기능에 관여하는 뇌 부위의 신호는 모두 상쇄되어 최종 뇌 영상에는 어둡게 나타난다고 추정된다.

실험이 진행되는 동안 영상 기록을 담당하는 컴퓨터에 BOLD 데이터가 모이고 이것이 합쳐져 복셀(voxels)로 불리는 3차원 화소를 구성한다. 복셀[15]은 "부피(volume)"와 "픽셀(pixel)"의 합성어다. 일반적으로 뇌는 약 3입방 밀리미터당 5만 복셀을 나타낸다. 위에서 설명한 감산 단계는 두 신호를 모두 복셀로 표현한 후 실시된다. 그런 다음 통제된 조건과 실험 조건에서 각 복셀의 활성에 얼마나 큰 격차가 나타났는지 고려하여 각 복셀마다 색깔을 부여한다. 컴퓨터는 이에 따라 특정 조건에서 다른 조건에 비해 더 많이 활성화된 뇌 영역을 강조한 영상으로 표현한다. 관례상 자극을 받은 상태와 휴지 상태(혹은 서로 다른 자극을 받은 두 상태)의 활성 차이를 보여주는 감산 결과가 우연히 발생한 결과가 아님을 나타내기 위해 색의 명암을 달리한다. 즉 색깔이 밝은 부위일수록 연구자가 감산 후 확인된 격차에 대해 갖는 신뢰도가 크다는 것을 의미한다. 그래서 노란색과 같은 밝은 색깔로 표시된 부위는 뇌 활성이 우연히 발생했을 가능성이 1000분의 1밖에 되지 않는다는 뜻이며 보라색 같은 어두운 색깔은 그러한 확률이 더 높다는 뜻, 즉 활성의 차이가 데이터의 불규칙적인 변동으로 생긴 결과일 가능성이 높다는 의미이다.

---

15) 3차원 공간에서 한 점을 정의하는 그래픽 정보의 단위. (역주)

마지막으로 컴퓨터를 통해 배경 간섭 신호(background noise)를 걸러내고, 데이터를 사람의 뇌 형태로 된 3차원 모형에 표시할 준비를 한다. 우리가 잡지나 텔레비전에서 보는 뇌 영상은 이렇게 마련된 최종 결과물이며 특정인 한 사람의 뇌 활성을 나타낸 경우는 드물다. 보통 한 연구에 참가한 피험자 전체의 결과 평균을 하나의 영상으로 나타내는 경우가 대부분이다. 서문에서도 밝혔듯이, 뇌 영상과 사진이 비슷하다는 추정은 잘못된 생각이다. 사진은 실제 순간과 공간을 상으로 포착한 결과이지만 기능적 뇌 영상은 뇌 혈류의 자기적 특성에서 얻은 정보를 토대로 구축된 영상이다. 살아 있는 뇌가 한창 어떤 작용을 하고 있는 중일 때 그 표면을 보려고 두개골 절반을 제거한다 해도 생각하고, 느끼고, 행동하는 동안 뇌 여러 부위에서 그렇게 다채로운 색깔의 빛이 점등되는 장면을 볼 수는 없다. 더구나 또 한 가지 충격적인 사실은, 뇌 영상이 즉각 포착된 결과와는 거리가 멀다는 점이다. 오히려 BOLD 신호의 통계학적 차이를 토대로 뇌의 국지적인 활성화 상태를 표현한 결과라는 설명이 가장 정확하다.

뇌와 마음의 연결고리를 발견하고 이해하려는 탐구는 수세기 동안 이어져왔고 그 가장 최근의 노력이 기능적 뇌 영상이라 할 수 있다. 예로부터 마음은 영혼의 생각하는 영역으로 여겨졌다. 그러나 실체가 없고 사후에도 존재한다고 믿어 온 영혼과는 달리 마음은 형체가 없다거나 으스스하다고 여겨지지 않는다. 뇌로 인해 마음이 존재하고, 뇌가 죽으면 마음도 사라진다. 뇌가 마음을 만든다는 개념을 맨 처음 받아들인 인물은 기원전 400여 년에 살았던 그리스의 의사 히포크라테스(Hippocrates)로 추정된다. 그는 머리에 외상을 입은 사람들을 관찰하다 "뇌에서, 오직 뇌에서만 우리의 기쁨, 즐거움, 웃음, 장난이 생겨나고 슬픔, 고통, 비탄, 눈물도 생겨난다… 우리를 미치게 만들거나 헛소리를 하게 만드는 것도 다름 아닌 뇌이다."라고 결론지었다. 기원전 300년경 에피쿠로스학파도 인간의 영혼은 육체의 죽음 이후에는 존재하지 않는다고 믿었다. 그러나 이러한 유물론적 견해는 히포크라테스와 동시대를 살았던 플라톤의 이원론에 밀려 수세기 동안 빛을 보지 못했다.⁸

플라톤은 마음을 영혼이라고 칭하며 부도덕하다고 믿었다. 그는 이 영혼은 한 사람의 신체 한 부위인 뇌와 평행 상태로 떠 있으면서 지각과 움직임을 제어한다고 보았다. 플라톤이 말하는 마음은 이성, 기개, 욕구라는 요소로 구성되며 육체가 생기기 전부터 존재하고 죽은 후에도 살아남는다.¹⁶⁾ 이 플라톤식 이원론은 5세기가량 이어지다가 서기 200년경 유명한 로마 의사 갈레노스가 그 뒤를 이었다. 갈레노스는 기억, 지성, 상상과 같은 능력은 이성적인 영혼이며 뇌실 내부에서 소용돌이친다고 보았다. 이 같은 견해는 이원론을 굳게 믿던 초기 목사들에게 환영받았다. 중세의 유물론-이원론 갈등은 이후 몇 세기 동안 휴면 상태로 머무르다가 17세기 프랑스 계몽운동이 벌어지면서 다시 불거졌다. 이 시기에 위대한 수학자이자 철학자인 르네 데카르트(Rene Descartes)는 새로운 이원론을 제기했

---

16) 플라톤의 '영혼 삼분설', '영혼 불멸설'로도 알려져 있다. (역주)

다. 데카르트는 감정, 기억, 감각 인지는 물질로서의 뇌가 하는 기능이라는 생각을 최초로 발전시켰다. 최초로 발견했다는 표현이 더 정확하다. 그러나 그는 물질인 뇌와 구분되는 무형의 마음 혹은 이성적인 영혼이 존재하며, 여기에서 언어, 수학, 의식, 의지, 의심, 이해가 가능하다고 보았다. 특히 데카르트는 송과선[9]이라는 뇌 중심의 작은 핵심 조직을 통해 마음과 뇌가 서로 연결되었다고 믿은 것으로 잘 알려져 있다.

　　18세기, 19세기를 거치면서 해부학자, 생리학자들이 뇌와 추상적 요소인 생각, 감정, 행동의 연관성을 명확히 하고자 서로 협력하기 시작했다. 19세기가 끝날 무렵에는 과학자, 의사, 심리학자 대부분이 물질인 뇌로부터 현상학적인 마음이 생겨난다는 데 동의했다. 그러나 뇌의 화학적, 전기적 작용이 어떻게 감정을 발생시키는지에 대해서는 여전히 혼란스러웠다. 이 문제는 마음과 뇌의 문제(혹은 심신 문제)로 알려진다. 미국 심리학의 창시자인 윌리엄 제임스(William James)는 이 문제를 해결하려면 "과거에 이루지 못한 과학적 발전이 있어야 한다."고 밝혔다. 제임스는 환자들의 자가 보고를 토대로 정신적 삶에 관한 자신만의 권위 있는 과학을 구축했다. 그는 환자들이 밝힌 자기 성찰을 바탕으로 감정, 인지, 상상, 기억에 관한 이론을 확립했다.[10]

　　폴 블룸(Paul Bloom)[17])도 강조했듯이, 관련 자료를 보면 오늘날에도 대부분의 사람들이 몸과 마음의 이원론을 맹신한다. 이들은

---

17) 발달심리학, 언어심리학 분야의 세계적인 권위자. (역주)

거의 마음에 초점을 맞추며 뇌의 작용과는 아예 별도로 생각하는 경우도 있다. 이런 무조건적인 이원론은 뇌 영상 연구가 왜 그토록 언론의 관심을 얻는지 설명하는 데에는 도움이 될지도 모르겠다. 뇌 영상 연구가 제시하는 결과는 많은 이들에게 놀라움을 선사하며 심지어 매혹적이기까지 하다. ("와우, 우울증이 사실은 뇌 속에 있다는 말이지? 사랑도 그렇고?") 블룸은 이렇게 설명했다. "우리는 직관적으로 자기 자신을 신체와 분리하여 생각하기 때문에, 우리의 뇌가 생각이라는 활동을 할 때 어떤 작용을 하는지 눈으로 확인하는 자체가 놀라울뿐더러 끝없는 흥미를 불러일으킨다."[11]

19세기 연구 대부분은 인간의 뇌에 대해 더 많은 통찰을 얻으려고 조잡한 실험에 의존했다. 과학자, 신경학자, 그리고 뇌와 신경 질환을 치료하는 의사들은 과학적인 접근법을 적용하고 싶어 안달난 나머지 동물의 뇌 일부를 수술로 파괴하거나 불활성화시키는 방법을 택했다. 토끼, 비둘기, 고양이 등에 그와 같은 수술을 실시한 후 동물이 어떻게 움직이고 자극에 어떻게 반응하는지 관찰했다. 또한 감각 인지와 운동 조절에 관여하는 뇌 부위를 확인하려고 비슷한 방법으로 동물의 뇌 특정 부위에 전류를 직접 흘려 넣었다. 그러나 사람을 대상으로 한 연구는 이보다 덜 침습적인 방법을 사용했다. 살아있는 사람에게는 실험을 하지 못하게 하는 요건이 마련되어 있었다. 그래서 신경학자, 해부 학자들은 뇌 손상, 종양, 감염, 뇌졸중으로 사망한 사람의 뇌를 절개하여 해부학적 특징과 감정, 지적 능력, 행동이라는 다른 영역의 관계에 대해 상당한 통찰을 얻을 수 있었다.[12]

가장 잘 알려진 뇌 손상 사례는 아마도 피니어스 게이지 (Phineas Gage)의 이야기일 것이다. 미국 버몬트 주에서 철도 관리 감독관으로 일했던 게이지는 1848년, 기다란 철재 봉이 왼쪽 뺨을 위로 관통하여 두개골 바깥으로 뚫고 나온 소름끼치는 사고를 겪었다. 이 사고로 그는 좌측 전전두엽피질 대부분을 잃었다. 기적적으로 목숨은 건졌지만, 침착하고 냉정했던 게이지는 불경스러운 욕을 퍼붓고, 떠벌리고 다니고, 공격적인 성격으로 돌변했다. 게이지의 사례는 충동 조절과 사회적 판단을 한꺼번에 조절하는 신경 처리 기능 중 상당 부분을 차지하는 중심 영역, 혹은 중심 지점이 전두엽이라는 사실을 입증하는 데 중요한 역할을 했고 이후 보다 체계적인 연구가 실시되어 그 사실은 더욱 힘을 얻게 되었다[13].

골상학은 인간의 행동을 뇌와 관련지어 밝힌 최초의 주요 이론 중 하나로 1800년대 유럽과 미국 전역에 확산되었다. 독일과 오스트리아의 존경받는 해부학자 프란츠 요제프 갈(Franz Joseph Gall)이 수립한 이 골상학은 뇌 기능과 인간 행동의 과학적 체계를 구축하고자 노력했다. 갈은 마음이 뇌의 내부에 완전히 들어가 있다고 믿었다. 골상학자들은 두개골의 튀어나온 부분과 움푹 들어간 부분이 한 사람의 재치, 호기심, 자비심과 같은 수십 가지 형질을 결정한다고 보고, 이 특징을 면밀히 조사함으로써 성격을 "읽어"냈다. 갈은 더 많이 발달된 기관일수록 두개골 아래에서 밖으로 밀어내는 힘을 가하기 때문에 머리 표면에 튀어나온 부분이 형성된다고 생각했다. 반면 두개골에서 안쪽으로 들어간 자국은 가장 취약한 기관을 나타내며, 이런 부분은 정상적으로 성장하지는 못했지만 운동을 통해 마치 근육처럼 발달시킬 수 있다고 보았다. 그래서 많은 사람들은 골상학자들을 찾아와 자신이 가진 천부적인 재능이 무엇인지 물어보았으며, 뇌의 형태와 가장 잘 맞는 직업의 종류, 인생의 동반자에 대해서도 조언을 얻었다.[14]

갈은 1805년부터 1807년까지 유럽 전역을 돌며 국가, 대학, 과학계 지도자들 앞에서 성황리에 강연을 했다. 프로이센 국왕으로부터는 "영혼의 작업장을 볼 수 있는 길을 발견하다."라는 문구가 각인된 기념 메달까지 받았다. 그러나 갈과 동시대에 살았던 과학계 인사들은 그의 업적에 그렇게 넋을 잃지 않았다. 골상학의 예측 수준은 낮았고, 같은 사람이라도 머리를 누가 조사하느냐에 따라 성격에 대해 각기 다른 결론을 내놓는 일도 있었다.[15]

마크 트웨인(Mark Twain)도 바로 그런 일을 겪었다. 유머가 넘치는(그리고 골상학에 회의적이던) 이 위대한 미국의 작가는 1870년대 초, 런던에서 당시 유명한 골상학자이던 로렌도 파울러(Lorenzo Fowler)에게 머리 검사를 받았다. 트웨인은 자서전에서 이 방문기를 "파울러의 기술을 직접 테스트해볼 수 있었던 좋은 기회"였다고 밝혔다. 트웨인은 일부러 가명을 쓰고 자신의 존재를 밝히지 않았다. 그는 자신의 두개골에 구멍이 하나 있는데, 이것은 "유머 감각이 아예 없다는 것을 나타낸다."는 파울러의 설명을 듣고 "깜짝 놀랐다. 나는 크게 상처받고, 굴욕감을 느꼈으며 분개했다."라고 말했다. 그로부터 3개월 뒤, 트웨인은 파울러가 자신을 분명 잊었으리라 확신하고 다시 한 번 그를 찾아갔다. 이번에는 유명 작가인 자신의 이름을 밝히고서 말이다. 그랬더니 짜잔, "그 구멍은 사라지고 그 자리에 높이가 3만 1,000피트[18] 정도 되는 에베레스트 산이 생긴 모양이다. 그 사람 말인즉슨, 유머 감각을 나타내는 돌출부가 이토록 높게 튀어나온 모습을 본 건 난생 처음이란다!"[16]

개개인의 정해진 형질을 뇌의 해부학적 특징과 연계시킨다는 골상학의 계획은 보기 좋게 실패했지만, 특정 유형의 정신적 현상은 뇌에서 일어난다고 본 기본 개념은 넓은 측면에서 틀리지 않았으며 오늘날 임상에서 행해지는 몇 가지 중요한 실무에도 영향을 주었다. 신경외과 의사들은 종양, 혈전을 제거하거나 간질과 관련된 조직을 없애고자 할 때 fMRI로 환자 뇌의 언어 및 운동 관련 부위를 지도로 작성한다. 수술 중에 기능적으로 중요한 이러한 부위가 손상될 위험을 최소화하기 위해서다. 뇌 지도화는 심각한 만성 우울증에 시달리는 환자나 강박 장애 환자의 치료에서도 뇌 활성에 문제가 있는 일부 주요 부위를 집어내는 데 매우 유용하게 사용되어 왔다. 이를 통해 뇌 심부 자극술이라는 수술을 실시할 때 치료용 전극으로 자극을 주어야 할 최적 위치를 파악할 수 있다. 그 밖에도 뇌졸중으로 인한 손상 확인, 알츠하이머병, 간질 진행 상황 파악, 뇌 발달 수준을 결정할 때에도 뇌 지도화가 이용된다. 과학자들은 언젠가 fMRI를 통해 의사들이 혼수상태가 된 환자의 의식 수준을 정확히 측정하여 치료에 도움이 될 수 있기를 희망하고 있다.[17]

---

18) 약 9,448미터 (역주)

뇌의 특정 부위가 정해진 정신적 기능에만 영향을 준다는 생각은 분명 직감적으로 마음을 끄는 구석이 있지만, 실제로 그런 경우는 거의 없다. 뇌의 각 영역별로 일어나는 정신적 활동을 지도로 깔끔하게 나타낼 수는 없다. 예를 들어 브로카 영역(Broca's area)은 한때 언어를 생산하는 유일한 뇌 중심 영역으로 알려졌지만, 나중에 이곳에서 독점한 기능이 아니라는 사실이 밝혀졌다. 브로카 영역은 언어를 처리하는 모든 과정의 중심점 혹은 집합 영역이라고 보는 것이 더 정확하다. 음성 이해도 마찬가지로 딱 한 곳에서만 담당하지 않는다. 이 기능 역시 뇌 다양한 지역을 가로지르는 각종 연결에 의존한다. 신경과학자들은 대뇌 피질 중 일부는 특정한 기능, 가령 얼굴, 장소, 신체 부위를 인지하고, 정신적 상태의 원인을 다른 사람에게서 찾고("마음 이론"), 시각적으로 제시된 단어를 처리하는 기능이 특히 고도로 발달했다고 본다. 그러나 실제 뇌는 복합 용도로 개발된 토지와 같다. 더 나아가 뇌가 손상을 입으면 그 부위가 담당했던 기능을 다른 부위가 대신 맡도록 뇌 스스로 재구성되는 경우도 있다. 특히 생애 초기에 뇌 손상을 입은 경우 이와 같은 현상이 나타난다. 예를 들어 맹인의 "시각 피질"은 촉각을 인지하는 기능을 하며 점자 등을 읽을 때 활용된다.[18]

편도체만 해도 얼마나 다양한 기능을 수행하는지 생각해보라. 편도체는 측두엽 내부에 위치해 있는 작은 구조로, 양쪽 눈과 귀를 각각 관통하는 직선이 서로 교차하는 지점에 하나씩 존재한다. 언론 보도에서 이 편도체는 공포라는 감정 상태와 거의 동의어처럼 사용되고 있다. 하지만 편도체가 처리하는 일은 공포보다 훨씬 더 많다. "공포를 느끼는 상태가 되면, 편도체에 불이 켜집니다." 뇌 영상 전문가 러셀 폴드랙(Russell Poldrack)의 설명이다. "하지만 공포를 느낄 때마다 편도체가 활성화된다는 뜻은 아닙니다. 여러 가지 각기 다른 상황마다 뇌의 거의 모든 영역에 불이 들어오니까요." 실제로 편도체는 행복, 분노 심지어 성적 흥분을 느낄 때 더욱 더 활성화된다. 최소한 여성에서는 그렇다. (2007년 부동표 유권자 연구에서 미트 롬니 사진을 보고 편도체에 불이 들어온 여성 피험자들은 아마도 그에게서 두려움보다는 매력을 느꼈으리라.)19

또한 편도체는 예기치 못한 일, 참신한 일, 익숙하지 않은 일, 흥미진진한 일에 대한 반응도 매개한다. 남성들이 페라리 360모데나(Ferrari 360 Modena) 사진을 볼 때 편도체 활성이 증가하는 것도 이런 기능 때문으로 생각된다. 편도체는 위협적인 표정을 짓고 있는 사람의 얼굴에도 반응하지만 친근한 표정의 낯선 얼굴에도 반응한다. 만약 예측 가능한 무서운 얼굴과 예측할 수 없는 행복한 얼굴이 제시되면 편도체는 행복한 얼굴에 더 강력히 반응한다. 더불어 편도체는 어떤 순간에서든 자극과 개개인의 관련성을 표현하는 역할도 한다. 예를 들어 한 연구에서는 잔뜩 굶주린 피험자들이 그렇지 않은 피험자들에 비해 음식 사진을 보았을 때 편도체가 더욱 강한 반응을 보이는 것으로 나타났다.20

일반적으로 연구자가 신경 활성이라는 결과를 얻고 거기서부터 거꾸로 거슬러 올라가 피험자의 경험에서 활성의 이유를 찾는 일이 흔한데, 위와 같은 예시는 이 같은 역추론(reverse inference)의 복잡한 문제점을 보여준다.21 뇌의 특정 구조가 단일 과제만 수행하는 경우는 드물고, 따라서 뇌의 한 영역과 특정한 정신적 상태의 일대일 대응은 사실상 불가능하다는 것이 역추론의 문제점이다. 한 마디로 뇌 활성을 보고 정신적 기능을 유창하게 추측할 수는 없다. 마흐무드 아흐마디네자드의 사진을 본 제프리 골드버그는 뇌의 배측 선조에 메노라[19]처럼 환하게 불이 들어왔고 이를 본 몇몇 연구진은 생각했으리라. "음, 배측 선조는 보상을 처리하는 영역으로 알려져 있지 않은가. 이 피험자는 배측 선조가 활성화되었으니 그 독재자에게 긍정적인 감정을 느끼는 거야." 하지만 이런 해석은 배측 선조의 기능이 즐거운 경험을 처리하는 일만 국한될 때 가능하며, 실제로는 사실이 아니다. 참신한 느낌 또한 배측 선조를 자극할 수 있다.

공정을 기하기 위해 좀 더 정확히 말하자면, 이러한 연구 이야기가 여기에서 끝나기만 하면 역추론도 전혀 문제될 것이 없다. 그러나 역추론이라는 접근 방식이 차후 체계적인 실험으로 이어질 수 있는 풍성한 가설을 생산하는 소중한 시작점이 되는 경우가 빈번하다. 참 안타깝게도 대중매체의 관심을 끄는 연구들은 역추론 방식에만 의존하여 슬쩍 결론을 내린다. 같은 맥락에서 앞서 부동표 유권자 연구에서도 연구진은 대선 후보 중 존 에드워드(John Edwards)가 투표 대상을 정하지 못한 일부 피험자에게 역겨운 감정을 불러일으켰다고 결론 내렸다. 어째서 이런 결론이 나왔을까? 그의 사진을 본 피험자들의 뇌 섬엽(insula)에서 활성이 증가했기 때문이다. 섬엽은 측두엽과 전두엽의 교차 지점 아래에 있는 크기가 자두만한 피

---

19) 유대인들이 전통 의식인 하누카 축제에 사용하는 여러 갈래로 된 큰 촛대. 보통 7갈래로 되어 있다. (역주)

질이다. 이 부분이 속에서 올라오는 역겨움을 매개하는 기능을 맡고 있는 건 사실이지만 그 밖에도 훨씬 더 많은 기능을 수행한다. 뇌섬엽은 해부학적으로 최소 열 가지의 하위구조로 구성되는 데 그 각각은 여러 개의 뉴런으로 이루어져 신뢰, 급작스러운 상황에서의 간파 능력, 연민, 불확실한 기분, 혐오감, 불신과 같은 다양한 경험을 관장한다. 또한 연구를 통해 좌반구의 섬엽은 여성의 오르가즘 수준과 연관된 것으로 알려져 있다(뇌의 많은 부분이 그러하듯 섬엽도 한 쌍으로 구성되며 각 반구에 하나씩 위치해 있다). 가장 놀라운 점은 섬엽이 신체 감각의 인지를 돕는다는 사실이다. 즉 통증, 배고픔, 목마름, 온도와 같은 본능적인 상태를 통합 관리하면서 감정의 의식적인 경험에 영향을 준다.[22]

　자, 그렇다면 미트 롬니를 본 부동표 유권자들 중 편도체가 활성화된 사람은 과연 불안감을 느낀 걸까, 아니면 참신하다는 기분이 든 걸까? 이도 저도 아닌 다른 기분을 느낀 걸까? 존 에드워드를 보고 섬엽에 불이 들어온 부동표 유권자들은 그에게 매력을 느낀 걸까, 역겨움을 느낀 걸까? 또 제프리 골드버그는 이스라엘을 옹호하는 사람일까, 아니면 시아파 비밀 교도일까? 기자인 다니엘 잉버그(Daniel Engber)가 신경 전문가들이라 이름 붙인 권위자들은 이러한 복잡성에도 쉽게 겸손해지지 않는다. 이들은 뇌 영상을 최신식 로르샤흐 잉크 반점 검사[20]의 일종이라 여긴다. 그러나 상당히 모호한 형태의 결과에 대해 자신이 보고 싶은 내용으로 해석해서는 안 된

---

20) 스위스 정신과 의사 헤르만 로르샤흐가 1921년 개발한 성격 검사법. 좌우 대칭 모양의 잉크 얼룩이 그려진 카드 10장을 피험자에게 제시하여 성격을 파악하는 검사법이다. (역주)

다. 훌륭한 이론의 기본적인 검증 요건인 왜곡 가능성, 즉 검사나 관찰을 통해 가설이 틀린 내용으로 입증될 수 있는 가능성을 심각하게 위반하는 행위이기 때문이다.[23]

　　신문 헤드라인에서 "뇌 영상에 따르면…"이라 주장하는 기사를 보면 독자들은 어느 정도 회의적인 생각을 가질 필요가 있다. 그래야 하는 이유는 몇 가지가 있다.

　　첫 번째로 뇌 영상으로 연구자가 X 부위는 Y라는 기능을 "유발했다"고 결론내릴 수 있는 경우는 매우 드물다. fMRI 하나만으로 증명할 수 없는 결론이다. 기껏해야 상관관계만 나타낼 수 있을 뿐이다. 즉 한 사람이 특정 과제에 참여할 때 뇌의 특정 부위가 활성화되었다고 표현할 수는 있지만, 뇌의 어떤 영역이 특정한 심리학적 반응이나 행동을 유발했다고 할 수는 없다. 예를 들어 10대 청소년들 중 일부는 폭력적인 비디오 게임을 할 때 뇌에서 공격성과 관련된 부위에 활성이 증가했다. 그렇다고 이 결과 하나만 가지고 폭력적인 영상이 폭력적인 행동을 유발한다고 결론내릴 수는 없다. 이와 같은 추론은 근거 없는 주장일 뿐이다. 그리고 10대는 폭력성이 높은 사실이 확인된 연령대이므로 그런 게임을 즐길 가능성도 있다.[24] 또 폭력적인 게임을 하는 등 자녀가 하는 활동에 부모가 전반적으로 관심이 없는 가정은 십대들에게 온갖 종류의 못된 짓을 하라고 자리를 깔아준다고 봐야 한다. 더불어 평소에는 얌전하다가 그와 같은 게임만 하면 자극을 받는 아이들도 염두에 두어야 하지 않을까?

　　두 번째 이유는 fMRI 실험 대부분에 적용되는 감산(빼기) 방식이 각 연구에서 어떤 의문을 밝히려 할 때 반드시 적절한 방법은 아니라는 점이다. 앞서 언급한 내용을 다시 떠올려보면, 감산은 두 가지 정신적 과제가 딱 한 가지 인지적 과정만 제외하고 모든 조건이 동일하다는 전제에서 실시된다. 그러나 한 가지로 보이는 정신 작용도 수많은 하위 작용들로 구성된 경우가 대부분이다. 간단한 산수 문제를 푼다고 생각해보자. 먼저 피험자는 제시된 숫자를 시각적으로 인지해야 한다. 그리고 그 숫자의 수적 크기를 이해해야 한다. 그런 다음 올바른 답이 나오도록 계산한다. 이러한 작용이 뇌의 한 곳에서만 수행되지는 않으므로, 연구자는 피험자가 거치는 각 단계와 상관관계가 있는 뇌의 작용별로 이 연구를 "분해"해야 한다.[25]

　　수학 문제 푸는 실험을 분해하는 일도 꽤 복잡해 보이는 데, 이보다 훨씬 복합적인 정신 작용, 이를테면 태도나 감정에 관한 실험을 분해하는 건 얼마나 어려울지 상상이나 되는가? 복잡한 뇌의 활성을 부동표 유권자 실험을 실시한 연구진처럼 간단히 해석하는 일이 과연 가능할까? 그 유권자들이 힐러리 클린턴을 보는 동안 "원치 않는 감정을 억누르려 애썼다"고 말할 수 있는 근거가 정말 충분할까? 이 정도면 충분히 미심쩍을 수밖에 없다.

　　세 번째 이유는 뇌 영상이 뇌의 해부학적 특징과 기능에 관한 지식을 넓히는 데 분명 공헌했지만, 뇌 영상이 자주 적용하는 연구들에서는 뇌에 관한 잘못된 개념, 즉 뇌는 생각하고 느끼는 각각의 기능을 조절하는 개별 모듈의 저장고라는 개념을 더 강화하는 경향이 있다는 점이다. 이 개념은 당연히 사실이 아니다. 정신 기능이 뇌 어느 한 곳에서만 일어나는 경우는 드물기 때문에, "X를 관장하는 뇌 부위"를 제시하는 연구들은 보통 우리를 헷갈리게 만든다. 뇌의 수많은 부위는 특수한 신경 회로에 연계되어 서로 와자지껄 대화를 나누면서 생각과 감정을 함께 처리한다. 뇌에는 정적인 상태가 거의 존재하지 않는다. 경험과 학습이 있을 때마다 매 순간순간 내부 연결 강도를 수도 없이 바뀌가며 쉼 없이 반응한다. 신경과학자들은 이제 뇌를 끊임없이 변화하는 생태계로 생각한다. 섬처럼 간격을 두고 깜빡이는 신호가 모이는 곳이 아닌, 우리의 생각, 감정, 의도가 샘솟을 때마다 전기화학적 에너지가 타닥타닥 소리를 내며 발생하는 그런 곳으로 말이다.

　　연구자들이 부동표 유권자 연구에서 사용된 뇌의 국지적인 지도 제작 방식에서 점차 벗어나 패턴 분석으로 불리는 fMRI 기술을 수용하는 이유도 이처럼 복잡하게 상호 연결된 뇌의 특성을 고려하기 때문이다. 해독(해석)으로도 불리는 이 패턴 분석에서는 뇌의 광범위한 상호연결 상태를 수학적으로 조사한다. 연구자는 먼저 뇌의 "올바른" 반응에 관한 데이터를 수집한다. 가령 공포의 경우 피험자가 정말 겁에 질리도록 만드는 대상을 보도록 한 후 관찰된 결과가 이 데이터이다. 컴퓨터 프로그램을 피험자가 어떤 대상이 보고 있는지 파악하도록 "훈련"시켜두면, 연구자는 피험자의 뇌 전반에서 일어난 활성을 분석하여 그가 보고 있는 대상을 추론할 수 있다. 즉 미트 롬니의 사진이 불안감을 유발했다고 추론하는 대신, 연구자는 불안을 유발한다는 사실이 이미 파악된 대상(거미, 뱀, 피하 주사기 등의 사진)으로 인해 발생한 뇌 활성 패턴을 먼저 수집하고 이후 롬니 사

진을 보았을 때 나타난 뇌 활성 패턴과 비교해 두 결과가 통계학적으로 일치하는지 분석한다.[26]

뇌 영상을 해석할 때 네 번째로 유념해야 할 사항은 실험 설계의 중요성이다. 연구자가 실험을 설계하는 방식은 피험자의 반응에 커다란 영향력을 행사할 수 있다. 10대 청소년과 성인이 정서적 정보를 어떻게 처리하는지 비교한 여러 실험에서 이 점은 뚜렷하게 나타난다. 1999년 하버드 대학교에서 실시한 fMRI 연구에서는 평범한 10대 청소년들을 대상으로 겁에 질린 얼굴이 나온 흑백 사진을 여러 장 제시했다. 피험자들은 4장에 1장 꼴로 감정을 잘못 이해했다. 겁이 난 얼굴을 분노, 놀람, 혼란스러운 감정으로 해석하거나 심지어 행복하다고 본 경우도 있었다. 그런데 사진 속 인물들의 감정을 공포로 올바르게 파악했는지 여부와 상관없이, 피험자 모두 편도체가 상당 수준 활성화된 것으로 나타났다. 뒤이어 성인들을 대상으로 실시된 연구에서는 공포의 감정을 파악하는 데 오류가 거의 나타나지 않았다. 연구진 가운데 한 명은 이런 의견을 밝혔다. "직감적인 반응을 억제하려고 시도한다는… 관점에서 중요한 의미가 있는 결과라고 생각합니다."[27] 따라서 10대들이 본래 사회적 상황에서 다른 사람의 감정을 해석하는 능력이 부족하고, 그러므로 성인보다 충동적 공격성을 나타내는 경향이 더 많다고 본 다른 연구 결과와 일치한다고 밝혔다. 나중에 5장에서 우리는 피고 측 변호인들이 이런 종류의 연구 결과를 활용하여, 10대는 살인에 대한 형사법상 책임을 성인보다 덜 져야 한다는 주장을 어떻게 펼치는지 살펴볼 예정이다.

그런데 사실 십대들이 다른 사람의 공포를 감지하는 능력도 그리 나쁘지는 않다는 사실이 드러났다. 하버드의 그 첫 번째 연구에 참여했던 애비게일 베어드(Abigail Baird)는 새로운 사진을 가지고 추가 연구를 실시하여 다른 결과를 얻었다. 그녀는 B급 호러 영화에나 나올법한 어색한 표정의 (첫 번째 연구 두 건에서 사용된) 케케묵은 흑백 사진을 비슷한 연령대가 등장하는 컬러 사진으로 교체했다. 그러자 10대들이 올바른 반응을 한 비율이 100퍼센트에 가까웠다. "간단히 말해 아이들은 또래로 보이는 사람이 나온 컬러 사진에 더욱 주의를 집중한 것이죠." 베어드는 이렇게 결론지었다. "신경을 쓰니 판단도 제대로 내릴 수 있었어요."[28] 10대 피험자들의 반응이 달라지도록 만든 새로운 자극 요소가 무엇이든 간에, 핵심은 위 연구에서 사진처럼 공포의 감정 자체와 무관해 보이는 아주 사소한 요소도 아이들이 얼굴 표정에서 공포를 알아보는 능력에 완전히 다른 영향을 줄 수 있다는 사실이다.

　　다섯 번째 이유는 fMRI가 간접적인 방식이라는 점이다. 많은 사람들이 믿고 있는 것과 달리 뇌 영상 그 자체로는 뇌세포의 작용을 측정할 수 없다. 대부분의 신경과학자들이 BOLD 신호를 뇌 활성 변화를 확인할 수 있는 합당한 대안으로 여기지만, 혈류와 신경의 활성에 직접적인 연관성은 없다. 예를 들어 뉴런이 활성화된 후 그 뉴런의 부위에 산소 포화도가 높은 혈액이 증가하기까지 최소 2~5초의 시간 간격이 발생한다. 그러므로 뇌에서 일어난 정신 작용에 관한 정보는 실제 이 정보를 생산한 신경 활성과 동시에 발생하지 않고, 따라서 신경 활동이 빠르게 변화할 경우 감지되지 않을 가능성이 있다. 이렇게 소실되는 데이터를 보충하기 위해 연구자들은 뇌파 검사(electroencephalography, EEG)를 이용한다. 이 검사는 뇌 표면에서 매우 빠른 속도로 일어나는 전기적 활성을 감지하여 대략 4000분의 1초마다 데이터를 생성한다(1000분의 1초는 1초를 1000단위로 나눈 것 중 한 단위). 그러므로 단일 뇌 영상을 fMRI보다 수천 배는 더 빠른 속도로 기록할 수 있다.[29]

신경 활성을 감지했다고 해서 활발히 작용하는 특정 영역에 정확히 무슨 일이 벌어졌는지 항상 알 수 있는 것은 아니다. 뇌세포 혹은 뉴런이 활성화되면 가늘고 길게 연속된 섬유 조직인 엑손(axon)을 따라 전기적 자극(충격)이 전달된다. 이 자극이 엑손 끝에 도달하면, 엑손과 다른 뉴런 사이 아주 작은 틈인 시냅스[21]로 일종의 화학적 메신저인 신경 전달 물질이 방출되어 이 물질과 닿는 뉴런의 작용에 영향을 준다. 먼저 활성화된 뉴런에서 방출한 화학적 메시지를 다른 뉴런이 전달받으면 자극을 받아 활성화되는 경우가 많다. 하지만 일부 시냅스는 이와 같은 흥분성 특징이 있어 특정 뇌 영역의 활성을 증가시키는 데 반해, 활성을 낮추는 억제성 시냅스도 있다. 그러므로 뇌 어느 곳이든 억제성 뉴런이 존재하는 부위는 활성을 자극하지 않고 억제시키는 중인 데도 최종 뇌 영상에서는 환하게 '점등'된 것으로 나타날 수 있다.

마찬가지로 활성이 나타나야 하는 영역이 뇌 영상에서는 어둡게 나올 수 있다. 복셀이 3입방 밀리미터 단위이긴 하지만 이 보다 작은 규모로 일어나는 활성을 포착하기에는 공간 해상도 단위가

---

21) 신경 접합부라고도 불린다. (역주)

너무 크기 때문이다. 뉴런 몇 개가 아주 작은 규모로 모인 영역에서
도 그 크기와 무관하게 중요한 기능이 수행된다. 이런 작은 결합 단
위는 최종 뇌 영상에서 나타날 수도 있지만 나타나지 않을 가능성도
있다. 더 나아가 활성도를 토대로 판단할 경우 특정 뇌 영역이 어떤
과제에 실제로는 관여하는 데도 덜 활성화되어 나타날 수 있다. 심
지어 그 영역이 그 과제를 수행하는 데 있어 굉장히 중요한 역할을
담당하는 데도 불구하고 활성도가 낮게 보일 수 있는데, 이는 뇌가
반복적으로 혹은 자동으로 과제를 보다 효율적으로 수행하면서 나
올 수 있는 결과이다. 이와 같은 어떤 사람은 "연습-억제" 효과로 인
해 과제를 수행하는 데 필요한 혈중 산소의 양이 그 과제를 한 번도
수행한 적이 없는 사람에 비해 줄어든다. 따라서 특정 과제에 대한
다양한 영역의 상대적 기여도를 판단할 경우 이 연습 효과를 반드시
유념해야 한다.[30]

　　마지막으로 배경 간섭 신호로부터 의미 있는 정보를 뽑아내
려면, 분석가들은 뇌 영상의 최종 데이터가 복셀에 "도달"하기도 전
에 통계학적 접근법을 적용해야만 한다. 뇌 영상 전문가 할 패슬러
(Hal Pashler)가 정리했듯, "[절차상] 지독히도 복잡한 이 단계는 의도치 않
게 짓궂은 장난을 할 수 있는 커다란 기회"와 같다. 물론 이 장난은
의도된 것이 아니다. 분석 방법이 끊임없이 진화하는 현실에서 연구
소마다 다양한 방법이 사용될 수 있다는 사실도 이 문제에 어느 정
도 원인 제공을 했으리라. 빠르게 성장 중인 분야라면 표준화가 충
분히 이루어지지 않은 문제를 충분히 예견할 수 있지만, 이는 다른
사람이 연구를 재연하거나 여러 연구소가 협력할 때, 혹은 다른 연

구진의 결과를 기반으로 새로운 연구를 수행하는 데 영향을 준다.[31]

또 다른 문제인 통계학적 오류는 뇌 영상 기술 자체의 문제는 아니다. 연구자가 BOLD 신호를 가지고 동시에 수많은 통계학적 검사를 돌리다 보면 정말 우연하게도 '통계학적으로 유의한' 결과가 몇 가지 튀어나온다. 이러한 결과는 피험자가 특정 과제를 수행할 때 뇌의 어떤 영역이 더욱 활성화된다는 잘못된 의견으로 이어진다. 사실 뇌의 그 영역은 과제 수행 시 아예 참여하지도 않았는데도 이런 결과가 도출될 수 있다. 신경과학자 크레이그 베넷(Craig Bennett)은 이 점을 더욱 극적으로 보여주고자 뇌 영상으로부터 (말 그대로) 수상한 결과가 어떤 식으로 생산될 수 있는지 입증해보기로 마음먹었다. 베넷이 이끄는 연구팀은 죽은 대서양 연어 한 마리를 상점에서 구입하고 아주 협조적인 이 실험 대상을 뇌 영상 촬영 장치에 올렸다. 그리고 다양한 사회적 상황에 놓여 있는 사람들의 사진을 연어에게 보여준 다음, 사람들이 어떤 감정 상태로 보이는지 연어의 뇌에 물어보았다. 베넷의 연구팀은 생각했던 결과를 얻을 수 있었다. 연어 뇌의 아주 작은 한 영역에서 과제를 수행하는 동안 번쩍, 불이 들어왔다. 물론 이 외딴 활성 신호는 통계학적 오류이다. 베넷과 동료 연구진이 차감 계산을 수차례 거듭한 것만으로 통계학적으로 유의한 결과가 몇 가지 나왔다. 그럴싸해 보이지만 완전히 잘못된 결과였다.[32] ("사람들이 웃고 나서는 생각하게 만든" 점이 인정되어) 2012년 이그노벨상[22])을 수상한 이 연어 "연구"는 데이터 분석 과정에서 내리는 결

---

22) 노벨상을 패러디하여 1991년 미국의 한 과학 잡지가 만든 상으로, 실제 논문으로 발표된 업적 중 재미있고 엉뚱한 연구에 상을 준다. (역주)

정들이 fMRI 결과의 신뢰도에 영향을 미칠 수 있다는 사실을 보여 준다.

거짓 양성 문제는 표준 통계 검정을 이용하면 비교적 쉽게 바로잡을 수 있다. 하지만 다른 문제들도 많다. 동료 신경과학자 한 사람이 "폭탄 발언처럼 충격적인" 연구라고 표현한 매사추세츠 공과대학(MIT) 대학원생 에드워드 불(Edward Vul)의 연구에 따르면, 뇌 영상 연구에서 데이터를 연구자 몇 명이 분석하느냐에 따라 굉장히 심각한 문제가 발생할 수 있다.[33] 불은 정신적인 상태와 뇌 다양한 영역의 활성화 사이에 "불가능해 보일만큼 높은" 연관성이 있다고 추론된 결과들을 보고 의아하게 생각했다. 예를 들어 2005년 한 연구에서는 화를 표출하는 연설을 듣고 불안감을 나타내면 충동 조절에 관여하는 것으로 알려진 뇌 뒷부분 우측 설상엽이 활성화되며 그 연관성은 거의 완벽에 가까운 0.96(최고점은 1.0)으로 나타났다고 주장했으나, 불은 이 결과가 의심스러웠다. 2006년에 실시된 다른 연구에서는 배우자의 감정적인 부정행위에 대해 피험자가 자가 보고한 질투심과 뇌 섬엽의 활성화가 0.88의 상관관계를 보였다고 밝혔으나 불은 이 결과 역시 믿기 힘들었다.

불과 그를 도운 할 패슬러는 최초 발표된 논문들을 면밀히 들여다본 결과, 이들 연구진이 편향된 표본에서 얻은 결과를 토대로 추론했다는 사실을 알아냈다. 자극과 뇌 활성의 상관관계를 조사할 때 보통 연구자는 넓은 그물을 친다. 이를 통해 우선 활성이 가장 높게 나타나는 작은 영역을 파악할 수 있다. 범위를 좁혀 보다 작은 영역을 집중 분석하면서 연구자는 특정한 심리 상태와 뇌 활성의 상관관계를 계산한다. 이 과정에서 연구자는 데이터 가운데 우연히 변동이 발생한 부분을 무심코 이용하고, 따라서 차후 동일한 연구를 수행하면 동일한 결과가 도출될 가능성이 거의 없다.[34]

불이 제기한 비판은 상당 부분 기술적인 요소에 관한 것이지만, 그 기본 요지는 쉽게 이해할 수 있다. 굉장히 많은 데이터를 조사하게 되면, 즉 수만 복셀에 해당되는 데이터를 가지고 통계학적으로 유의한 연관성이 없는지 조사를 하다보면 그 연관성에 대한 분석만 많이 하게 되고, 뭔가 "괜찮은" 결과를 찾았다고 확신할 수 있다. (이런 실수를 피하기 위해서는 최초 분석과 완전히 분리된 방식으로 두 번째 분석이 실시되어야 한다.) 이와 같은 오류는 "순환 분석(circular analysis) 문제", "비독립성 문제" 혹은 "이중 참조(double dipping)" 등 다양한 표현으로 알려져 있다[23].

이건 불가사의한 문제가 아니다. 상관관계의 수준에 따라 향후 연구를 진행할 사람들은 연구 설계 방식을 결정할 수 있으며 반드시 확인해야할 점, 그리고 해서는 안 되는 점을 알 수 있다. 불의 연구진이 발표한 논문은 학계에서 폭발적인 반응을 얻었지만 비판의 대상이 된 일부 연구자들은 맞대응에 나섰다. 보복, 반증, 반증에 대한 반박이 인터넷 상에서 확산되었다.[35] 그래도 결국에는 대부분의 과학자들이 불이 찾아낸 통계학적 문제가 우려할만한 내용이며 앞으로 이 분야가 발전해나가는 과정에서 분명 경고가 된다는 점에

---

23) 용어는 다양하지만 모두 데이터를 분석할 때 분석 중인 데이터 중 일부를 세부적으로 이중 분석하는 오류를 의미한다. 전체 데이터 중 찾으려는 결과에 맞는 데이터만 남기고 다른 데이터는 삭제하거나, 데이터를 제외시키는 기준을 찾으려는 결과에 유리하게 설정하는 등의 오류가 포함된다. (역주)

동의했다.

기능적 뇌 영상은 인간의 뇌와 행동의 관련성에 관한 초기 연구에서 중추적인 역할을 한다. 이 기술의 장점과 한계를 제대로 파악하기 위해서는 반드시 명심해야 할 세 가지가 있다. 첫째, 뇌 영상의 원리에 관한 정보는 아무리 가벼운 내용이라도 소박실재론이 전제가 되지 않도록 주의해야 한다. 이 책 서문에서 인지에 관한 상식 이론으로 다루었던 이 소박실재론은 철학자들이 정의했듯이, 대부분의 사람들에게 적용되는 이론으로 자신의 감각을 통해 인지하는 세상을 액면 그대로 받아들이는 직관을 말한다. 뇌 영상은 소박실재론이라는 안경을 쓰고 바라볼 때 우리가 얼마나 철저히 그 뜻을 오인할 수 있는지 잘 보여준다. 뇌 영상은 뇌의 작용을 실시간으로, 있는 그대로 나타낸 스냅 사진이 아니며, 뇌 활성을 고도의 가공을 거쳐 표현한 결과물임을 기억해야 한다.[36]

몬트리올 대학교의 에릭 라신(Eric Racine)은 뇌 영상을 행동의 필연적인 결과로 추정하는 견해를 "신경 현실주의(neurorealism)"라고 명명했다. 소박실재론의 사촌 격인 신경 현실주의는 뇌 영상이 행동에 관한 다른 형태의 데이터에 비해 본질적으로 더욱 "현실적"이라 생각하거나 더 유효하다고 보는 잘못된 견해를 의미한다. 신경경제학자인 폴 잭(Paul Zak)은 신뢰의 신경생물학적 특성에 관한 자신의 연구에서 다음과 같이 설명했다. "뇌 영상은 나로 하여금 '윤리', '사랑', '연민'과 같은 단어를 감상적이지 않은 방식으로도 포용할 수 있게 해주었다. 현실적으로 와 닿도록 말이다." 우리는 남들에게 자기 이야기 하는 것을 좋아하지만, 그 내용이 다 진짜가 아닌 이유도 마찬가지 원리이다. 전쟁의 심리학적 영향에 관한 논의에서 한 연구자는 외상 후 스트레스 장애가 (우리는 몰랐지만) "진짜 장애" 임을 뇌 영상으로 알 수 있다고 설명했다. 필자들은 "신경 논리주의 (neurologism)"의 입장에서 뇌 영상이 아니어도 이미 우리가 다 알고 있는 내용임을 나타내고자 "신경 중복성(neuroredundancy)"이라는 용어도 만들었다.[37]

두 번째로 고려해야 할 핵심 사항은 실험 설계이다. 연구자가 피험자에게 제시하는 과제는 피험자가 사랑하는 사람의 사진을 보여주든, 겁에 질린 사람의 사진을 제시하면서 흑백 사진과 컬러 사진의 차이를 미처 고려하지 못한 것이든 최종 뇌 영상 결과에 나타나는 신경학적 상관관계에 커다란 영향을 줄 수 있다. 자칫 사소해 보이는 실험 상황의 특성도 뇌 영상 결과에는 엄청난 차이를 만들 수 있다. 영상 연구 결과의 해석에 있어서는 실험 정황이 전부라 할 수 있다.

셋째, 뇌 활성에 대해 딱 들어맞는 심리학적 설명이 도출된 연구를 접했다면 적당한 경계심을 잃지 말아야 한다. 연구자가 "피험자들의 뇌 A 영역은 후보자 C와 D보다 B를 보았을 때 활성이 증가했다"고 정확한 해석을 밝히는 것과, "A 영역이 활성화된 것은 유권자들이 다른 후보들보다 B 후보를 선호한다는 의미"라거나 심지어 "A 영역의 활성화는 유권자들이 다른 후보자들보다 B 후보를 선호한다는 것을 의미하는데 이는 B 후보가 더 섹시하다고(혹은 친밀하다고, 매력적이라고, 더 똑똑해 보인다고 등등) 생각하기 때문"이라며 부주의한 결론을 내리는 것에는 엄청난 차이가 있다.

　이와 같은 경고를 유념한다면 뇌 영상의 가능성에 관한 섣부른 열정을 누르는 데 도움이 될 것이다. fMRI, PET와 기타 뇌 영상기술은 1980년대와 1990년대에 많은 기대감 속에 널리 통용되기 시작했다. 수많은 과학자들이, 분명 위와 같은 경고에는 크게 주의를 기울이지 않고서, 정신 질환, 중독, 감정, 성격을 이해하는 데 혁명이 찾아올 것이라며 자신 있게 예견했다. 미국 전(前) 대통령 조지 부시(George H. W. Bush)가 1990년 7월 17일, "뇌의 10년[24]"을 선언하면서 이 분야의 과학적 잠재력은 끝이 없어보였다. 신경과학, 심리학, 정신의학 분야, 그리고 상황을 감지한 많은 사람들은 새로운 패러다임을 맞을 준비를 마쳤다.[38]

　이들 분야에서 가장 존경받는 사람들은 점차 확장된 전망을 내놓았다. 클린턴 대통령으로부터 미국 국가 과학상을 수상한 정신과 의사 낸시 안드레아센(Nancy Andreasen)은 저서 《뇌의 붕괴-정신의학의 생물학적 혁명(The Broken Brain-The Biological Revolution in Psychiatry)》에서 "정신 질환에 사용되는 영상 기술과 기타 실험 검사들은 점차 개선되고 정확도가 높아져 향후 의료 실무에서 기본 요소가 될 전망이며, 그 결과 진단의 정확성이 개선되고 병인 조사에도 도움이 될 것"이라고 예견했다.[39] 2년 뒤에는 당시 국립 정신건강연구소 소장이던 허버트 파데스(Herbert Pardes)가 "신경과학은 새로운 정보뿐만 아니

---

24) 당시 부시 대통령이 발표한 포고문에 명시된 말로, 20세기 마지막 10년인 1990~1999년을 '뇌의 10년'으로 선포하고 뇌 연구의 중요성을 알리고 관련 연구자들을 격려했다. (역주)

라 매우 놀라운 기술과 접근 방식도 제공하고 있다… 뇌 연구는 임
상에 갖가지 방식으로 영향을 줄 것이고, 앞으로 10년에서 20년간
엄청난 변화가 있으리라 예상된다."고 밝혔다.[40]

현재 국립정신건강연구소의 소장인 정신의학자 토마스 인셀
(Thomas Insel)[25]의 생각을 20년도 더 된 허버트 파데스의 견해와 비교
해보면 많은 것을 이해할 수 있다. 인셀은 2009년, 지난 20년간 신경
과학의 발달이 정신 질환 발생률을 감소시켰거나 환자의 수명에 어
떤 영향을 주었다는 증거는 확인되지 않았다는 논문을 발표하여 많
은 사람들을 진지한 고민에 빠뜨렸다.[41] 뇌 영상 기술이 정신 질환
의 원인 규명과 치료에 있어 아직 괄목할만한 영향을 주지 못한다는
사실은 우리의 예측에 다시금 겸손함을 떠올리게 만든다.

하지만 모든 분야에서 이런 겸손함이 드러나는 건 아닌 것 같
다. 최근 미국 전역에서 성황 중인 에이멘 클리닉(Amen Clinics)도 최근
들어 우려되는 축에 속한다. 이곳에서는 환자들에게 우울증, 불안,
주의력 결핍 과잉행동 장애를 뇌 영상으로 진단하고 치료할 수 있다
고 약속한다. 설립자인 정신의학자 대니얼 에이멘(Daniel Amen)은 도
서 출판, 텔레비전 쇼, 영양 보충 제품 판매사업 등을 영위하는 자신
의 거대 회사를 관리 감독하고 있다. 에이멘 클리닉에서 즐겨 사용
하는 영상 촬영 기술은 단일광자 방출 단층 촬영(single photon emission
computed tomography, SPECT)으로, 혈류를 측정하는 핵의학 영상법이

---

25) 2002년 가을부터 2014년 4월 현재까지 소장직을 맡고 있다. (역주)

다. 이 클리닉에서 진단비로 청구하는 금액은 3,000달러[26] 이상으로, 〈워싱턴 포스트(Washington Post)〉에 따르면 2011년 올린 수익이 약 2,000만 달러[27]에 달한다. 정신의학계와 심리학계가 현 시점에서는 정신 질환 진단에 뇌 영상을 이용할 수 없다는 점에 거의 의견일치를 보이는 상황임에도 불구하고, 에이멘 클리닉은 미국정신의학회의 한 심포지엄도 밝혔듯 "복합 질환에 영상을 활용하지 않는 행위는 이제 곧 의료 과실이 될 것"이라 주장한다.[42]

이와 달리 뇌 영상 전문가들은 그런 값비싼 주장을 펼치는 법이 없다. 이들은 생물학적 표식으로부터 정신 상태를 추정할 때의 개념적 한계를 너무나 잘 알고 있다. fMRI에 대해서는 놀라운 기술이지만 아직은 비교적 미숙하고 발전해야 하며, 인지 신경과학 혹은 정서 신경과학 연구실에서 그 가능성이 가장 잘 입증되어 있다는 사실을 기꺼이 인정한다.[43] 뇌 영상이 실험 범위를 벗어나 법, 상업 분야 등 사회적으로 중요한 영역까지 진출할 때 위험이 발생한다. 이와 같은 분야에서는 결과의 해석에 훨씬 더 많은 신중을 기해야 함에도 불구하고 뇌 영상이 마음에 관한 정보를 제공할 수 있다는 허황된 주장을 당해내지 못하는 경우가 많다.

다음으로 살펴볼 신경 마케팅이라는 갓 생겨난 분야만큼 뇌과학과 과장 광고의 만남을 제대로 확인할 수 있는 사례는 없으리라. 능수능란한 신경 사업가들은 소비자 구매 행동의 숨겨진 비밀

---

26) 약 312만 원 (역주)

27) 약 208억 2,000만 원 (역주)

을 풀어준다고 약속하며 뇌 영상과 다른 기술을 기업 고객들에게 판매한다. 소비자 행동에 관한 통찰 범위를 확대시키는 데 뇌 과학을 이용하는 일은 한 가지 활용에 불과하다. 실제로 점점 더 많은 학계 핵심 인사들이 이와 같은 목표를 위해 진지하게 도전 중이다. 하지만 가장 뻔뻔한 형태의 신경 마케팅은 뇌를 이용한 사기 행각이나 마찬가지다.

2

신경마케팅의 상승세,
그 중심에 선 쇼핑학자

　"헛소리라고는 찾아볼 수 없는 궁극의 영역입니다." 이는 전 세계를 무대로 활동 중인 덴마크 출신 브랜드 관리 전문가 마틴 린드스트롬(Martin Lindstrom)이 인간의 뇌를 두고 한 말이다. "자극이 있으면, 가장 진정한 우리 자신은 의식적인 사고보다 훨씬 더 깊은 수준으로 반응합니다." 그는 자신의 글에서 우리의 구매 결정 중 무려 90 퍼센트가 바로 그러한 단계에서 일어난다고 추정했다. 그 결과 "자신이 무엇을 선호하는지 설명할 수도 없고 무엇을 사게 될지도 절대 정확하게 말할 수 없죠." 2008년 비즈니스 분야 베스트셀러 서적인 《쇼핑학 - 우리는 왜 쇼핑하는가(Biology: Truth and Lies About Why We Buy)28)》의 저자이자 〈타임(Time)〉지 선정 "100대 과학자 및 사상가"에 포함된 린드스트롬은 마케팅 담당자들에게 또 하나의 구매 고객이라 할 수 있는 중개업자를 없애고 스스로 뇌에 이런 질문을 직접 던져보라고 조언한다. "당신이라면 우리 제품을 구매할 것인가?" 표적 집단이니 설문지니 하는 건 잊어버려라. 가슴 깊숙이 자리한 욕

---

28) 2010년 세종서적 출간 (역주)

구, 그곳으로 이어주는 통로는 바로 뇌니까[1].

　　린드스트롬은 신경 마케팅 전문가로 알려진 일명 '매드맨(Mad Men)[29]'이라는 신흥 세대에 속한 유명인이다. 신경 마케팅에 종사하는 사람들은 fMRI나 뇌파 기술 등 신경과학 기술을 적용하여 소비자가 광고와 제품에 나타내는 즉각적인 반응을 파악한다. 이 모든 노력은 광고계의 오래된, 그러나 여전히 답을 찾기 힘든 다음 질문을 해결하기 위한 것이다. 소비자가 원하는 것은 무엇인가? 무엇이 소비자를 구매하게 만드는가? 소비자가 내 물건을 사게 하려면 어떻게 해야 하나? "광고에 들인 돈 중에 절반은 아무 소용없이 허비한 돈이에요. 문제는 어느 쪽 절반이 그랬는지 모른다는 겁니다." 미국 대호황시대[30]의 백화점 왕으로 불리는 존 워너메이커(John Wanamaker)가 남긴 유명한 말이다. 그의 탄식은 오늘날까지도 공감을 일으킨다. 미국 상업계가 매년 광고에 들이는 돈은 수십 억 달러로 2011년에만 1,140억 달러[31]였다. 그럼에도 불구하고 전체 신제품의 80퍼센트는 출시 6개월 이내에 실패하거나 예견된 수익에 턱없이 부족한 성과를 거두는 데 그친다고 마케팅 전문가들은 말한다.[2]

　　구글, 페이스북, 모토로라, 유니레버, 디즈니 같은 기업은 이러한 역경을 이겨내고자 신경 마케팅 전문가를 고용하고 있다.

---

29) 2007년부터 2014년 현재까지 방영 중인 미국 드라마 제목. 1960년대 광고업계가 배경으로, 제목인 매드맨은 남성을 뜻하는 Men의 앞 글자와 광고를 뜻하는 Advertising의 약자 AD를 합쳐 '광고인'을 의미한다. (역주)

30) '도금시대' 혹은 미국의 황금기, 전성기로도 불린다. 미국 역사에서 남북전쟁이 끝나고 자본주의가 급속히 발전한 1873년 이후 30여 년간의 시대를 가리킨다. (역주)

31) 약 118조 6,740억 원 (역주)

이 전략은 성공을 거두었을까? 알아내기 쉽지 않다. 신경 마케팅은 논란이 많은 분야라 상황을 입증할 만한 기록이 전무하다. 이들과 일하는 공급업체 대다수가 과대광고에 크게 의존한다. "쇼핑학자"(필자들은 이 용어를 마케팅 종사자들 중 위젯 광고32) 판매에 신경과학이 얼마나 유용한지 자주 과장하는 사람들을 가리킬 때 사용한다) 중에 미국 업체 뉴로포커스(NeuroFocus) 대표인 A. K. 프라딥(A. K. Pradeep)이라는 사람이 있는데, 그는 기업 고객들에게 "무의식적인 마음에 판매할 수 있는 비법"을 제공할 수 있다고 말한다. FKF 응용연구소(이 책 서문에 등장했던, 그 악명 높은 부동표 유권자 연구를 지원한 곳)는 "과학적으로 타당하고, 경험을 통해 정확성이 높은 뇌 영상 기법"을 자사의 장점으로 내세운다. 비전문가들의 눈에 신경 마케팅은 욕구의 생리학적 핵심을 파헤칠 수 있을 것처럼 보인다. 영국의 신경 마케팅 회사 뉴로코(Neuroco)는 소비자의 선택이 "불가피한 생물학적 과정"이라고 주장한다.[3]

대중매체도 신비스러움을 조장하는 데 자주 한몫한다. "여러분의 머릿속을 캐내어 마음 깊은 곳에서 원하던 제품을 제시해 여러분을 깜짝 놀라게 만들 것입니다." 2011년 비즈니스 잡지 〈패스트 컴퍼니(Fast Company)〉의 한 기사에서 야단스레 늘어놓은 설명이다. 기자들이 신경 마케팅을 처음 보도하기 시작한 시기는 2004년쯤으로, 소비자의 "머릿속 구매 버튼"이라는 표현이 즐겨 사용됐다. 이후 이 버튼과는 별도로 뇌의 구매 센터가 있다는 버전으로 이어져, 현재 코치, 자문, 워크숍 지도자 등 신경 마케팅을 부흥시키는 작은

---

32) 위젯 광고는 인터넷 광고의 일종으로, 웹사이트 안에 또 다른 웹사이트가 있다는 개념이다. 블로그, 웹사이트 등에 설치되어 재미있고 다양한 콘텐츠를 보여준다. (역주)

군단들이 형성되는 데 힘을 불어넣고 있다. 한 예로 세일즈 브레인 (SalesBrain)이라는 회사는 마케팅 종사자들에게 자사의 역량을 이렇게 소개한다. "의사결정에 관여하는 뇌 영역, '원시 뇌(Reptilian Brain)'에 끼치는 영향을 극대화할 수 있는 방법을 알려 드립니다… [세미나에 참석하시면] 판매와 설득에 검증된 과학을 어떻게 활용할 수 있는지에 관한 명료하고 간단한 방법을 얻을 수 있습니다."[4]

이와 같은 주장은 명망 있는 학술지 〈네이처 뉴로사이언스 (Nature Neuroscience)〉가 2004년 "뇌 사기?"라는 제목으로 논설을 발표한 계기가 되었다. "또 하나의 새로운 유행에 지나지 않는 신경 마케팅은 과학자, 마케팅 고문 등이 과학으로 기업 고객의 눈을 멀게 만드는 데 활용되고 있다." 좀 더 친절한 논평에서조차, 신경 마케팅을 활용하는 사람들이 사용하는 복잡한 방법과 연구 절차에 대한 분명하고 세부적인 자료가 없는 상황이므로 이러한 마케팅이 얼마나 엄격하게 실시되는지, 그 가치는 어느 정도인지 판단하기 어렵다는 입장이 나와 있다. 그래도 존경받는 유수의 과학자들이 다양한 신경 마케팅 업체의 자문단에 합류했다는 사실(심지어 노벨 의학상 수상자를 보유하고 있다고 자랑하는 업체도 있다)은 신경 마케팅 업계의 미래를 조금은 밝게 내다볼 수 있는 요소이다.[5]

통상 수집되는 수치에 따르면 신경 마케팅은 아직까지 광고 세계에 그리 깊숙이 침투하지는 못했다. 2011년 약 700명의 마케팅 전문가를 대상으로 실시한 조사 결과 고객과의 업무에 뇌 영상이나 뇌파 분석을 활용한다고 밝힌 응답자는 6퍼센트에 그쳤다. 그래도 업계 주요 간행물인 〈애드버타이징 에이지(Advertising Age)〉는 신경 마케팅을 이용하는 유명 상품 몇 가지를 언급하며 "얼리 어댑터[33]들이 효과를 보고 있다는 사실을 보여준다."고 추정하였다. 정말 효과를 보고 있는 회사들이 있을지는 모르겠지만 그 근거는 거의 다 비밀에 부쳐져 있다. 신경 마케팅 업체들은 고객과의 계약 조건을 지키기 위해, 그리고 자신들만의 독점적인 방식과 수학적 알고리즘을 보호하기 위해 조사 결과를 발표하지 않는다. 이로 인해 유명 기업들의 마케팅 관련 의사결정에 정말로 신경과학이 영향을 주었는지에 관한 세부적인 사례 연구는 거의 찾아보기 힘들고, 공개적으로 검토할 수 있는 자료도 부족하다. 신경 마케팅에 관한 유명 블로그 운영자인 로저 둘리(Roger Dooley)도 이 부분을 인정한다. "전문가 검토 논문들이 발표되기 전까지는, 신경 마케팅에서 가짜 과학의 냄새가 난다는 이야기가 늘 따라다닐 것이다."[6]

이 가짜 과학의 냄새야말로 뇌 영상과 기타 뇌를 기반으로 한 기술을 실험실, 진료실에서 벗어나 활용하려는 숱한 노력에 공통적인 걸림돌로 작용하고 있다. 이런 점에서 신경 마케팅은 인기 좋은 신경과학을 과대광고에 이용하려는, 훨씬 더 광범위한 흐름의 축소판이라 할 수 있다. 최악의 경우 신경 마케팅은 역추론, 신경 중심주의, 신경 중복성과 같은 해석의 오류에 빠져 그냥 사람들에게 직접 물어보면 더 간단히 확인할 수 있는 내용을 입증하려고 뇌 과학을 활용할 수도 있다. 이런 경우 참으로 부당하게도 뇌 영상이 오명을 뒤집어쓰게 된다. 또 이윤이 걸린 일인 경우, 뇌 과학을 아무렇게나

---

33) early adopter: 신제품을 남보다 빨리 구입하여 사용하는 소비자라는 뜻으로 더 많이 사용되나, 여기서는 신경 마케팅을 일찍 활용한 기업들을 가리킨다. (역주)

활용하는 한계 기준도 더욱 낮아진다.

예를 들어 린드스트롬은 애플(Apple) 제품 이용자의 뇌에서 헌신적인 기독교인이 종교적 존재, 상징을 바라볼 때와 동일한 신경 패턴이 나타났다고 주장하여 여러 헤드라인을 장식했다. (그가 기업 고객들에게 "여러분의 브랜드를 종교와 같이 생각하라."고 자주 조언한 건 그저 우연일까?) 이후 린드스트롬은 아이폰 이용자들은 자신의 휴대전화와 "사랑에 빠졌다"고 주장했다. 사랑을 할 때처럼 뇌 섬엽이 활성화되었다는 것이다. 섬엽이 다른 감정도 매개하는 역할을 한다는 사실은 별로 신경 쓰지 않는다. 게다가 신경 마케팅 전문가들은 신경 중심주의자들의 열띤 응원에 너무나 쉽게 정신을 빼앗긴다. 인지 심리학자들 사이에서는 인식 범위 밖에서 일어나는 즉각적인 감정 반응이 우리의 의사결정 중 많은 부분에 영향을 준다는 사실에 거의 의견 일치가 이루어졌지만, 신경 마케팅에서는 종종 이 결론을 과도하게 해석한다. 그 결과 신경 반응이 의식적인 반응에 비해 본질적으로 더욱 정확하고 소비자 행동을 더 확실히 예측할 수 있다는, 논란의 여지가 있는 결론을 다짜고짜 이해시키려고 덤벼든다.[7]

20세기에 들어서면서 사업가들은 소비자 마음의 비밀을 풀기 위해 심리 전문가들의 조언을 구했다. 1920년대에는 영향력 있는 미국 심리학자 존 왓슨(John B. Watson)이 광고의 기본적인 학습 이론을 제시했다. 소비자는 보상을 받을 수 있을 때 물건을 구입한다는 이론이다. 왓슨은 이 같은 욕구를 충족시킬 수 있는 확실한 방법은 소비자가 자신에 대해 생각하는 이미지(자아상)와 그에 수반되는

감정 및 문화적 연계성에 호소해야 한다고 업체들에게 조언했다.[8]

　　행동학자인 왓슨은 마음을 "블랙박스"에 비유한 것으로 유명하다. 내부 작용은 그의 관심 밖이었고 오로지 행동으로 나타나는 결과에만 흥미를 두었다. 그러나 소비자는 비논리적인 면이 강하고 판매자는 이 점을 활용할 필요가 있다는 생각은 사라지지 않았다. 멜빈 코플런드(Melvin Copeland)는 1924년 교과서 《머천다이징 원론(Principles of Merchandising)》에서 구매 행동은 논리적 의지와 비논리적 충동 두 가지 모두로 이루어진다고 밝혔다. "동기의 기원은 인간의 본능에서 찾을 수 있으며 감정은 충동적인, 혹은 비합리적인 행동을 유도한다."고 그는 설명했다.

　　우리의 행동, 욕구, 환상 대부분에 숨겨진 의미가 담겨 있다는 생각은 마케팅 분야에서 프로이트 이론이 들어서기에 꼭 알맞은 자리를 만들어주었다. 소비자 마음에 관한 정신역학 모델이 1930년대까지 표면화되었고, 비엔나 출신으로 1938년 미국에 당도한 야심 찬 망명자 어네스트 디히터(Ernest Dichter)도 이를 구체화했다.[9] "각자가 행동하는 방식에 대해 설명하려고 할 때, 자신을 얼마나 똑똑하다고 생각하는지와 상관없이 스스로에 대해 얼마나 오해하는 경우가 많은지 안다면 놀랄 것입니다." 디히터는 관찰 결과를 이렇게 밝혔다. 그는 "동기 조사(motivational research)"로 불리는 체계를 수립했다. 이 조사에서는 훈련된 조사자가 피험자를 대상으로 로르샤흐 잉크반점 검사를 실시하고 특정 제품에 대한 자유 연상을 "심층" 인터뷰로 파악한 후, 프로이트 정신 분석 이론의 주제인 갈등, 성, 공격성에 관한 피험자의 이야기를 조사했다. 디히터가 가장 유명해진 계기는 제너럴 밀스(General Mills)에 반드시 달걀을 넣어서 만들어야 하는 케이크 믹스 제품을 개발하도록 조언하여 실제로 베티 크로커(Betty Crocker) 믹스가 탄생한 일화 덕분이리라. 주부들이 믹스 제품을 이용하여 요리를 좀 수월하게 하면서 느끼는 무의식적인 죄책감을 완화시키는 한편, 달걀로 상징되는 생식력을 남편에게 제공한다는 의미가 담긴 제품이었다.[10]

2차 세계대전이 끝나고 어두웠던 우울증의 시대가 마감되자 긴축 재정을 유지하던 각 가정은 시장의 풍요로운 분위기에 굴복했다. 메디슨가[34]도 소비자의 마음을 조종하는 일에 누구 못지않게 관심을 가졌지만, 프로이트 이론을 통해 소비자 행동을 예측할 수 있다는 환상은 점점 더 깨지고 있었다. 1960년대 중반이 되자 광고 업체 대다수가 분석을 이용한 접근은 단념하기로 결정했다. 너무나 비과학적이라는 결론과 함께, 한때 돌풍을 일으켰던 주장들도 실현되지는 못한 것을 확인했기 때문이다.[11]

미국 광고계는 이미 보다 직설적이고 간단한 접근법으로 돌아서는 중이었다. 소비자의 숨겨진 동기를 밝히려는 시도 대신, 소비자에게 제품에 대한 생각과 구매할 의향이 있는지 묻는 단순한 방식을 택했다. 소수의 소비자 그룹을 대상으로 한 인터뷰('표적 집단(포커스 그룹)'이라는 개념은 1970년대 후반까지 알려지지 않았다)는 기존의 인터뷰 방식에 여론 조사를 접목한 형태였다. 이 소비자 그룹의 구성원은 보통 열 명 남짓으로 대부분은 주부였다. 그룹 구성원들은 전문 진행

---

34) 미국 뉴욕 맨해튼의 광고 거리 명. 월스트리트가 증권, 주식이라는 이미지를 떠올리게 하듯 메디슨가는 실제 이 거리를 뜻하기보다는 '광고업계'라는 의미를 담고 있다. (역주)

자와 함께 특정 제품, 광고, 라디오 광고나 상업 광고 등을 좋아하는 이유에 대해 자유롭게, 그러나 포괄적인 토론을 벌였다. 업체 간부들은 조사 참가자의 열정 혹은 무관심을 토대로 제품의 생사를 결정하고, 제품을 수정하거나 향후 생산량을 줄이는 등의 조정 대책을 마련했다.[12]

표적 집단 조사는 선거 정치와 여론 조사에서 여전히 유용한 도구로 활용되고 있으나, 악명 높은 단점이 몇 가지 있다. 가령 설득력 있는 참가자 한 명이 그룹의 다른 구성원들 생각을 동요시키거나 이들을 위협하는 경우가 있다. 또 참가자들이 진짜 자신의 생각보다 조사 진행자가 듣고 싶어 하는 말을 하거나, 구성원들과 잘 어울리려고 진심어린 반응을 스스로 억제하는 일도 종종 있다.

하지만 이보다 심각한 문제는 과연 그룹 구성원들이 정보원으로서 적절한가 하는 점이다. "참가자들이 밝힌 구입 의도와 실제 구매 행동의 연관성이 굉장히 미약한 경우가 많기 때문에, 이들 그룹을 활용하는 것은 기본적으로 시간 낭비였죠." 하버드 대학교 경영대학원 명예교수로 한때 이와 같은 소비자 그룹을 활용한 적이 있는 제럴드 잘트먼(Gerald Zaltman)의 설명이다. 일반적인 참가자들은 자신이 무엇을 좋아하는지는 알지만 왜 그것을 좋아하는지는 알지 못한다. 혹은 더욱 결정적인 특징은, 자신이 그 특정 제품을 구매할 것인지 여부도 알지 못한다. 디흐터를 비롯한 초기 소비자 심리학자들이 인지한 바에 따르면 이것은 의사 결정이 광범위한 요소로 구성되며 그중 많은 부분이 과거 경험 혹은 개인적, 문화적인 영향이라서 각각 고려하기에는 너무 오랜 시간이 소요되는 요소들이기 때문

이다.[13]

　이러한 통찰을 토대로 광고업계는 실험실로 눈을 돌려 광고에 대한 소비자의 심리적 반응을 측정하고자 시도했다. 1960년대 초에는 연구진들이 동공 측정기를 이용해 실험을 하거나 동공의 자연스러운 팽창을 측정하여 제품 포장 디자인이나 인쇄물 광고에 대한 관심도를 알아내려고 했다. (당연한 소리지만 동공은 흥미뿐만 아니라 불안, 스트레스 때문에도 팽창될 수 있다.) 또 광고를 보았을 때 사람들의 정서적 반응을 나타내는 지표로써 피부 전도 반응과 손바닥에 땀이 얼마나 났는지도 측정하고 인쇄물이나 TV 화면에서 사람들의 시선이 어떻게 움직이는지 파악하기 위해 시선 추적 조사도 실시했다. 1970년대가 되자 연구자들이 최초로 뇌파 전위 기록 장치(EEG)를 이용하기 시작했다. 이 장치는 두피에 부착한 전극으로 감지되는 뇌의 전기적 활성을 측정하여 마케팅이라는 자극이 주어졌을 때 나타나는 좌뇌와 우뇌의 활성을 조사했다. 그로부터 10년 후에는 정상 상태 정신 기능 분포도(steady state topography) (뇌파 측정기의 사촌으로, 신경 처리 속도에 대한 감도가 높다)가 추가되어 광고가 소비자의 특정 브랜드 선호도 변화와 연관된 경우 장기 기억으로도 암호화되어 남는지 확인하는 데 활용되었다.[14]

　지난 20년 동안에는 뇌파 측정 기술(주로 EEG)이 개량되고 뇌 영상 기술이 출현하면서, 소비자 마음에 생물학적으로 다가서려는 움직임이 되살아났다. "신경 마케팅의 아버지"로도 불리는 잘트먼은 1980년대에는 초창기 연구 내용 중 몇 가지를 PET 영상으로, 또 10년 후에는 fMRI로 뇌 영상을 촬영했다. 잘트먼과 그 연구진은 하

버드 경영대학원에서 연구소 '시장의 마음(Mind of the Market)'을 운영
하면서, 광고와 제품을 피험자들에게 보여주고 감정, 선호도, 기억
과 연관된 뇌 패턴이 발생하도록 유도했다. 한 연구에서는 피험자
를 두 그룹으로 나누어 절반에게는 광고를 상세히 스케치한 만화 형
태로 보여주고 나머지 절반에게는 잡지에 실린 완성된 광고를 보여
주었다. 이 두 그룹의 뇌 활성을 비교한 결과, 연구진은 업체 고객들
이 굳이 비싼 돈 들여가며 아티스트에게 광고 제작을 맡길 필요가
없다고 제안했다. 1999년에는 영국 신경과학자 젬마 캘버트(Gemma
Calvert)가 잉글랜드 옥스퍼드에 뉴로센스(Neurosense)를 설립했다. 소비
자 심리학에 뇌 영상을 적용한 최초의 회사였다. 미국에서는 2002
년 애틀랜타에서 브라이트하우스 뉴로스트레티지 그룹(BrightHouse
Neurostrategies Group)이 설립됐다.[15] 브라이트하우스의 초창기 고객에
는 코카콜라, 홈디포, 델타 항공 등 거대 기업들도 포함되어 있었다.

　　신경 마케팅은 큰 텐트[35])의 면모를 보이고 있다. 자신의 제
품을 떠들썩하게 광고하는 쇼핑학자들이 생기더니, 이들보다 처신
이 더 나은 자들이 나타났다. 바로 신경 마케팅 업체들로, 더욱 신중
하면서도 순진한 대중들 눈에는 덜 띄는 것이 특징이다. 인디애나
대학교 정신생리학자(psychophysiologist)인 애니 랭(Annie Lang)은 2011년
비영리단체 광고연구협회(Advertising Research Foundation)가 주관한 조사
에 참여했다. 신경 마케팅 업체 여러 곳에서 활용한 방법들에 대해

---

35) 정치 용어로, 다양한 정치적 견해를 허용하는 방식을 의미한다. (역주)

검토하는 것으로 과소평가된 방법들도 포함되었다. 주목할 점은 뉴로포커스(NeuroFocus)가 참여를 거부했다는 사실이다. 랭은 이렇게 밝혔다. "업체 두 곳에서 밝힌 주장은 근거가 있었어요. 이들이 사용하는 방법은 효과가 있는 것 같았죠. 통계 검사도 우수하고 추론 내용도 괜찮았어요. 또한 결론을 내릴 때 충분히 주의를 기울였습니다." 그리고 마지막으로 학계도 빼놓을 수 없다. 학자들은 선호도가 형성되고 의사 결정을 내리는 데 바탕이 된 인지적, 신경과학적 기반에 관심을 둔다. 자신들을 신경 마케팅 전문가로 부르지는 않지만 이들의 연구는 신경 마케팅 분야에서 개념적 밑거름으로 자주 언급된다. 특히 명망 있는 학자로는 노벨상 수상자인 대니얼 카너먼(Daniel Kahneman)을 들 수 있다. 카너먼은 아모스 트버스키(Amos Tversky)와 협력하여 소비자 심리학 분야에서 우리가 풍부한 지식을 얻을 수 있도록 하는 데 커다란 공헌을 해왔다.[16]

이제는 고전이 된 일련의 실험들이 1970년대에 수행되었다. 카너먼과 트버스키는 이 실험들을 통해 사람들이 어떻게 의사 결정을 내리는지 연구했다. 이들은 현재 행동 경제학으로 불리는, 심리학과 경제학을 융합한 방식을 활용하여 특정한 "인지적 편향"이 우리의 판단을 왜곡시키는 데 큰 영향을 준다고 밝혔다. 그러한 편향은 추론할 때 무의식적인 오류를 범하는 것이 대부분이었다. 또한 두 사람은 몇 가지 "탐구 학습(heuristics)"이 우리가 인지적 에너지를 보존할 수 있게 돕는 정신적 지름길 역할을 하지만, 특정 상황에서는 깜짝 놀랄 정도로 비합리적이고 부적절한 결과를 내놓을 수 있다고 지적했다. 그 전형적인 예가 손실 혐오(loss aversion)이다. 즉 이득을 축적하는 것보다 손실을 피하는 일에 신경을 훨씬 더 많이 쓰는 경향을 의미하는데, 여기에는 강력한 의미가 숨어 있다. 거래를 통해 만족감을 이끌어내는 행위가 개개인이 재정적 이득을 얼마나 많이 취할 수 있는가에 대한 문제만은 아니다. 손실에 대한 개개인의 불안을 얼마나 효과적으로 줄일 수 있는지도 영향을 주기 때문이다. 인지적 편향을 보여주는 또 하나의 중요한 예는 프레이밍(framing)으로, 동일한 정보라도 그것이 제시되는 방식에 따라 다르게 반응하는 경향이 나타나는 현상을 말한다. 예를 들어 환자들에게 어떤 치료법을 제시할 때, 생존율이 90퍼센트라고 설명하면 사망률이 10퍼센트라고 설명할 때보다 치료를 수락할 확률이 더 높아진다. 선택 가능한 항목이 어떻게 제시되느냐에 따라 상황이 전환되는 사례이다. 둘 다 확률은 동일하지만, 사망할 확률이 낮다는 말 보다는 생존할 확률이 높다는 말이 듣기에 더 좋다.[17]

소비자는 이성적인 존재로 경제적 관심사를 고려하여 늘 손익 균형을 맞춘다는 전제가 한 때 유행한 적이 있는데, 인지 심리학의 눈으로 선택이 바뀐다는 사실은 그 전제보다 인간의 행동을 잘 포착한다. 카너먼은 트버스키와의 연구에서 얻은 결과를 토대로 삼아 불확실성에 직면했을 때 판단에 영향을 주는 독립된 시스템이 두 가지 존재한다는 개념을 면밀히 검토했다. 그 첫 번째인 시스템 1은 눈 깜짝할 사이에 일어나는 직관적이고 감정적인 사고 과정을 담당한다. 이 시스템에는 자의적 통제감이 거의 관여하지 않는다. 반면 시스템 2는 느리고 논리적인, 회의적인 사고가 시작되는 바탕이다. 감정적으로 반응하려는 의도는 약화되고 심사숙고를 통해 판단을 내리려 한다. 오레오를 하나만 구입할지 대형 포장 제품으로 구입할지 고민할 때, 혹은 일반 승용차를 선택할지 지붕이 열리는 차로 선택할지 고민할 때 바로 이 시스템 2가 우리를 숙고하게 만드는 역할을 한다.

시스템 1은 정서적 기억의 방대한 저장고를 바로 접근할 수 있는 특성과 인지 기능의 시간 절약 습성을 활용하여 사람들이 신속한 판단을 내릴 수 있게 해준다. 소비자가 직접 밝힌 선호도와 실제 선택에 차이가 있다면 인식 한계에서 벗어난 역학적 작용이 원인일 가능성이 크다. 소비자 행동을 공부하는 학생이라면 이 시스템1을 이해하고 제어하는 방안을 고민하면서 장래성이 더욱 높일 수 있다. 실제로 신경 마케팅 업체들은 숨겨진 진실을 알려주는 일을 하나의 상품으로 제시해 왔다. 업체 루시드 시스템(Lucid Systems)은 자사를 "말로 드러나지 않은 진실을 알려주는 곳"으로 정의했다. 뉴로센스(Neurosense)의 대표는 "뇌(의) 블랙박스 내부를 확인해서 표적 집단이 미처 설명할 수 없는 통찰을 얻는 것"이 가능해지길 바란다고 밝혔다.[18]

"블랙박스"를 분명히 밝히려는 시도는 학계에서 경제학자, 신경과학자, 소비자 심리학자들의 협력을 도모하는 원동력이 되었다. 신경과학은 이 커다란 현상에 대해 소비자의 마음을 움직이려면 주의집중, 감정, 기억이 핵심 역할을 한다고 거듭 강조했다. 2008년 신경과학자인 힐케 플라스만(Hilke Plassmann)과 그 연구진은 프레이밍 현상과 연관된 뇌 기전을 설명하고자 현재도 잘 알려진 와인 테스트 실험을 고안했다. 똑같은 와인을 50달러짜리로 생각하고 마시게 하자 5달러짜리로 생각하고 마실 때보다 즐거운 경험과 연관성이 입증된 신경 패턴이 분명히 나타났다. 연구진이 값이 더 비싸다고 밝힌 와인을 마신 피험자의 뇌 영상을 촬영하자 안와 전두 피질(medial orbitofrontal cortex)의 활성이 증가했다. 감정을 조절하고 경험의 '가치'를 암호화하는 데 관여하는 영역이다. 반면 와인 가격이 바뀌어도 맛을 느끼는 뇌 영역은 그대로 불활성화 상태가 유지되었다. 연구진은 이 결과를 토대로, 제품의 가격은 감각 경험을 직접 변화시키지는 않지만 그 제품을 소비한 경험을 더욱 가치 있게 생각하게끔 유도한다는 합리적인 가설을 제시했다. 이와 같은 연구에서 행동으로 나타난 결과는 다른 연구에서도 이미 여러 차례 입증되었으므로 큰 뉴스거리가 아니다. 핵심은 의사결정이 이루어지는 기관을 뇌 수준까지 분석해냈다는 점이다. (가격을 밝히지 않은 와인 맛 테스트에서는 값이 더 비싼 와인의 선호도가 값이 보다 저렴한 와인보다 전혀 높게 나타나지 않았다.)19

2004년 신경과학자 리드 몬테규(Read Montague)가 보고한 소비자 선호도 연구 결과도 숱하게 인용되었다. 코카콜라와 펩시의 대결로 브랜드 선호도에 대한 신경생물학적 특성에 초점을 맞춘 연구였다. 몬테규와 그의 연구진은 제품의 맛에 대한 블라인드 테스트에서는 피험자들이 펩시나 코카콜라 중 어느 한 가지가 더 좋다는 결과가 신뢰할 만한 수준으로 도출되지 않는데도 불구하고, 왜 시장에서는 코카콜라가 지배적인 위치를 꾸준히 유지하는지 의문을 가졌다. 이에 연구진은 피험자들을 fMRI 장치에 들어가도록 한 후, 코카콜라나 펩시 중 하나를 무작위로 골라 '눈을 가리고' 어느 브랜드 제품인지 모르는 상태로 긴 빨대를 이용해 몇 모금 마시도록 했다. 그 결과 피험자들이 각각 음료가 마음에 드는지 보고할 때 뇌의 복내측 시상하핵 전전두엽 피질(ventromedial prefrontal cortex), 즉 보상을 매개한다고 알려진 뇌 영역에서 반응이 증대되는 것으로 나타났다.[20]

그런데 맛을 보기 전에 두 브랜드의 라벨을 보여주자, 여러 피험자의 선호도에 변화가 있었다. 전체 피험자의 75퍼센트는 코카콜라 캔 이미지를 먼저 보고난 뒤 음료를 마시고 제품이 마음에 든다고 밝혔다. 몬테규는 중뇌 복부(ventral midbrain), 선조체 복부(ventral striatum), 중격의지핵(nucleus accumbens) 포함, 복내측 시상하핵 전전두엽 피질(ventral medial prefrontal cortex) 등 세 곳의 영역이 특정 브랜드에 대해 다른 브랜드보다 활성이 강하게 나타났다고 밝혔다. 대개 코카콜라가 더 강한 활성을 유발했다. 연구진은 이와 같은 결과는 코카콜라의 성공이 소비자로 하여금 정서적인 부분이 포함된 기억이 갑자기 떠오르게끔 만든 덕분이며, 이는 브랜드 마케팅이 보다 효과적으로 이루어졌기 때문이라고 해석했다. "코카콜라 제품의 라벨은 행동 조절, 기억을 되살리는 일, 자아상과 관련된 뇌 활성에 엄청난 영향을 준다."고 몬테규는 설명했다.[21]

이 코카콜라-펩시 연구는 언론매체에 돌풍을 일으켰다. 〈타임(Time)〉, 〈뉴스위크(Newsweek)〉을 비롯해 영국의 〈가디언(Guardian)〉, 〈프론트라인(Frontline)〉, PBS 등에 연구 내용이 실렸다. 얼마 지나지 않아 이 실험을 소비자의 "구매 버튼"으로 비유한 기사가 뉴스위크("뇌의 구매 버튼을 누른다는 것"), 포브스("구매 버튼을 찾아서"), 뉴욕타임스("뇌에 '구매 버튼'이 존재한다면, 무엇이 이 버튼을 누를까?")에 등장했다. 광고업계도 이 연구를 환영했다. 이들은 브랜드 관리의 영향력이 결정되는 과정에서 감정의 역할을 보여준 극적인 사례로 해석했다. 업계 관계자 중에는 이 연구가 신경 마케팅 분야를 활성화시키는 데 공헌했다고 인정하는 사람들도 있었다.[22]

뇌 기능을 측정하는 것이 기존 방법보다 판매량이나 광고 성공 여부를 직접 예측하는 데 정말 더 많은 도움이 될까? 신경과학자 브라이언 넛슨(Brian Knutson)과 그 연구진이 실시해 수차례 인용된 2007년의 연구에 따르면 어떤 면에서는 도움이 된다. 이들 연구진은 고디바(Godiva) 초콜릿, 드라마 섹스 앤 더 시티 DVD, 스무디 제조기 등의 제품 사진을 피험자들에게 보여주면서 fMRI를 촬영했다. 이어 피험자들은 가격표가 붙은 상태로 제품 사진을 한 번 더 본 다음 연구진이 제공한 진짜 돈으로 이 제품을 직접 구입했다. 사진이 제시된 후 수 초 이내에 제품을 구입할지 여부를 버튼을 눌러 알리도록 했다. 그 결과 연구진은 뇌에서 제품 선호도와 상관관계가 있는, 이득을 기대하는 영역(중격의지핵) 및 비싼 가격과 관련이 있는 손실 예상(섬엽)이 활성화된다는 사실을 확인했다. 더불어 가격 절감과 상관관계가 있는, 손익 통합 영역(내측 전전두엽 피질)도 활성화되는 것으로 나타났다. 연구진은 손익에 대한 예측과 관련된, 뚜렷이 다른 뇌 영역이 먼저 활성화되며 이를 소비자의 구매 결정을 예측하는 데 활용할 수 있다고 제안했다. 예측 정확도는 60퍼센트로, 우연한 선택보다 그리 크게 뛰어난 수준은 아니었지만 "구매" 버튼이 널리 보도되기 직전까지 여러 연구진이 도입했던 피험자의 자가보고 선호도 조사보다는 정확도가 약간 더 높았다.[23]

2011년 신경과학자 그레고리 번스(Gregory Berns)와 사라 무어 (Sara Moore)도 신곡의 상업적 성공을 예측하는 방법에 관한 연구로 언론의 주목을 받았다. 두 사람은 청소년들을 대상으로 이름을 밝히지 않은 아티스트들이 새로 녹음한 신곡 120곡의 일부를 듣게 하면서 fMRI를 촬영했다. 이 가운데 3분의 1 가량은 보상 작용이 일어나는 경로의 일부인 중격의지핵에서 강력한 반응을 유도했고 이후 2만 장 이상의 판매고를 기록했다. 반면 중격의지핵과 안와 전두피질(orbitofrontal cortex)의 활성이 약하게 나타난 신곡은 2만장 미만이 판매될 것으로 예측되었는데, 이후 실제 판매량과 비교하자 예측 정확도는 약 80퍼센트였다. 놀라운 사실은 피험자들이 밝힌 각 노래의 선호도는 판매량을 예측하지는 못했다는 점이다. 그러나 중격의지핵의 활성은 음반 판매량과 실제로 상관관계를 나타냈다. 번스와 무어는 언젠가 신경 표지인자로 활용할 수 있는 특정 음향이나 가사가 등장하여 작곡가가 신곡을 분석하는 데 이용될 수 있다고 예견했다.[24]

신경 마케팅 전문가는 소비자 신경과학자와 다르다. 전자는 선택이 이루어질 때 뇌가 어떤 작용을 하는지에 대해서는 크게 흥미를 보이지 않고 대신 뇌를 소유한 인간이 무엇을 "선택하는지", 그리고 어떻게 하면 뇌가 기업고객의 제품을 '선택하도록' 유혹할 수 있을지에 더 관심이 많다. 신경 마케팅 업체의 서비스 비용은 결코 만만치 않다. EEG나 fMRI를 이용한 일반적인 마케팅 연구 비용은 대략 4만 달러에서 5만 달러[36] 수준이다.[25] 그럼에도 불구하고 의욕 넘치는 고객은 아직까지 줄을 잇고 있다.

코카콜라 마케팅 팀도 2008년 제 47회 슈퍼볼 광고 편집에 EEG를 활용했다. 신경 마케팅 전문가들은 참가자들을 대상으로 몇 가지 광고를 보여주고 검토한 뒤, 특정 버전에 사용된 음악이 최고조에 이를 때 피험자들이 더욱 "관심을 보인다는" 사실을 알아냈다. 광고 팀은 이 조언을 받아들여 광고 버전을 바꾸었다. 소문에 의하면 아바타 등 제작 예산의 규모가 큰 영화들 중에는 제작팀이 개별 장면이나 연속적인 장면에 대한 관람객의 뇌 반응을 EEG로 파악하여 대본, 인물, 줄거리, 장면, 효과, 심지어 배역까지 조정하는 데 활용하는 경우가 많다고 한다. 샌디에이고의 신경 마케팅 업체 마인드사인(MindSign)은 fMRI을 활용하여 관객의 눈을 가장 많이 사로잡은 예고편을 워너브라더스의 '해리포터와 혼혈 왕자'에 제공했다. 이 업체는 관객들에게 일련의 영화 장면을 보여주고 집중도와 즐거움, 공포, 지루함, 연민 등 정서적 반응을 측정했다.[26]

헤어 제품 제조업체인 팬틴(Pantene)은 프록터 앤드 갬블(Procter and Gamble)[37]의 우수 과학자들의 말을 빌려, 여성들의 '머리카락에 관한 전반적인 느낌'을 조사하고 싶다고 뉴로포커스에 요청했다. 뉴로포커스의 분석가들은 여성들이 팬틴 광고를 보는 동안 뇌 피질에서 발생하는 전기적 신호를 기록하여 뇌 활성을 1000분의 1초 단위

로 표시했다. 이 뇌파 데이터에 따르면 여성들은 광고에서 모델이 제멋대로 엉망이 된 자신의 머리카락을 다듬으려 하는 장면에서 '집중을 못하는' 것으로 나타났다. 프록터 앤드 갬블은 모델의 얼굴 표정보다 머리카락에 좀 더 초점을 맞춘 내용으로 광고를 수정했다.[27]

이와 같은 결론은 과연 얼마나 의미가 있을까? 유명 기업들이 뇌에서 나온 정보를 활용하는 걸 보면 분명 가치가 있을 거라 생각하는 사람도 있다. 하지만 신경 마케팅 업체의 데이터 해석이 그리 투명하지 않다는 점이 많은 비판을 받고 있다. 콜롬비아 대학교 연구진은 최근 신경 마케팅 업체 16곳의 웹사이트를 조사한 결과 업무에 적용하는 방법을 상세히 밝히고 주장하는 내용을 검증할 수 있는 업체는 몇 곳에 불과했다고 밝혔다. 심지어 이들 업체 중 거의 절반은 EEG나 fMRI 장비를 보유하지도 않고 피부 전도 반응이나 동공 크기를 측정하는 구식 기술에 의존하고 있었다. 더욱이 신경 마케팅 업체마다 뇌파 데이터 해석에 독점 방식을 제각각 사용하고 있어 정말 유용한 방법인지 평가하기가 더욱 어렵다.

예를 들어 뉴로포커스는 피험자의 반응을 주의집중, 정서적 관심도, 기억 보존, 전반적인 효과, 구매 의향, 신규성, 인지도 등 7차원으로 감지할 수 있다고 주장한다. EEG와 주의집중, 감정, 정보 보존의 관련성에 관한 연구는 실제로 여러 건 진행되었지만, 뉴로포커스는 복잡한 자사 독점 방식을 적용하여 EEG 데이터를 '구매 의향'을 반영한다는 측정 결과로 변환한다. 또한 하전두엽(inferior frontal lobe) 전반에 나타난 전기적 활성은 거울신경(mirror neuron)의 연관성을 반영한다고 해석한다. 거울신경은 일부 전문가들이 인간적인 연민과 관련이 있다고 주장하는 신경세포로, 이 부위가 관여한다면 피험자가 광고에 등장하는 사람들이 경험하는 대상을 자신도 공유하고 싶다는 욕구를 느꼈다고 볼 수 있다는 해석이다.[28] 하지만 거울신경의 중요성에 대해서는 아직 충분히 파악되지 않았고, 이런 점에서 이와 같은 해석은 논란이 되고 있다.

상업 광고나 영화 예고편 평가에는 잡지에 실린 광고나 제품 설계와 같은 정적인 대상을 평가할 때와는 다른 문제점이 존재한다. 그중 한 가지는 광고를 보는 동안 발생한 신경 반응이 피험자가 실제로 보고 있는 장면에 대한 반응을 실시간으로 반영한다고는 보기 힘들다는 점이다. 뇌 활성은 피험자가 예상하는 내용을 반영하며 화면에서 어떤 장면을 본 그 순간의 반응이 반영되지는 않는다. 또한 상업 광고나 영화 예고편에는 대화, 음악, 이미지 등 포함된 특성의 밀도가 높아서 분석가가 특정 한 가지 요소의 정서적 영향을 포착하기 힘들다.[29]

경고는 여기서 끝나지 않는다. 신경 마케팅 전문가들은 뇌의 국지적인 활성을 보고 피험자가 특정 생각을 한다거나 어떤 감정 상태에 있다고 거꾸로 추론하는, 역추론이라는 잘못된 방식을 택할 수 있다. 업체 프리토레이(Frito-Lay)는 최근 뇌 영상 결과를 토대로 자사 포테이토칩 제품의 포장을 반짝이는 재질에서 광택이 없는 종이 재질로 변경했다. 여성들에게 평범한 광택 포장을 보여주고 촬영한 뇌 영상에서 전측 대상피질(anterior cingulate cortex)이 광택 없는 베이지색 종이 포장을 보여주었을 때보다 더욱 활성화된다는 사실이 확인되었기 때문이다. 포브스지는 이 부위를 "[정크 푸드 섭취로 인한] 죄책감과 연관된 뇌 영역"이라고 보도했다. 하지만 전측 대상피질은 통증, 정서적 관심, 우울한 기분, 동기 유발, 오류 예측, 갈등 감시, 의사 결정 등을 인지했을 때 등 다양한 원인으로 가장 쉽게 활성화되는 뇌 영역 중 한 곳이다.[30]

　　역추론은 2006년 제 40회 슈퍼볼 기간에 경기 중간 휴식 시간 광고에 대한 fMRI 분석에서도 활용되었다. 신경과학자 마르코 야코보니(Marco Iacoboni)는 피험자들이 경기가 중계되는 동안 방영되는 광고를 시청할 때 뇌 영상을 촬영했다. 그리고 페덱스(FedEx) 광고를 "대 실패작"이라고 선언했다. 물건을 배송하면서 페덱스에게 일을 맡기지 않아 상사에 의해 해고당하고 폐인이 된 한 남자가 등장하는 광고였다. 왜 실패작이라는 걸까? 분석 결과 이 남자가 결국 공룡에게 잡혀 으스러지자 피험자의 편도체 활성이 증가했다. "웃긴 장면이고 많은 사람들이 재미있다고 이야기했지만, 편도체는 여전히 위협적으로 받아들였습니다." 마르코의 설명이다. 하지만 우리 모두가 잘 알다시피 편도체에서 공포의 감정만 처리되지는 않는 않는다. 다른 여러 기능 중에서도 새롭고 참신한 것에 대한 반응을 매개하는 역할도 편도체의 기능에 속한다. 실제로 슈퍼볼 광고는 그 어떤 광고보다 신선하다. 뇌 영상에서 공포와 유사한 반응이 포착되었다 하더라도, 안전한 조건 내에서 경험하는 "공포"는 오히려 신나게 기분이 들도록 할 수 있다. 롤러코스터를 즐겨 타는 사람도 바로 이런 경우이다. 따라서 자가보고 내용("이거 참 재밌네요.")이 뇌가 전하려는 메시지로 추정되는 내용("무서워요.")과 상충된다면, 주의를 기울여야 옳다. 페덱스는 잠재적 소비자가 겁을 먹진 않을까 우러하며 위의 광고를 없애버려야 했을까? 당연히 아니다. 아니나 다를까 야코보니는 2006년 슈퍼볼 광고 중 웹호스팅 업체인 고대디닷컴(GoDaddy.com) 광고도 혹평했다. 보상과 연관된 뇌 영역의 활성이 증가하지 않았다는 이유에서였다 (풍만한 몸매의 여성 광고 모델이 주로 등장하는 광고였다는 점에서 이 분석 결과나 결과를 해석한 내용 모두 호기심을 자아낸다). 하지만 여성의 가슴이 주인공으로 등장한 이 광고는 터치다운으로 득점한 것과 다름없는 성과를 거두었고, 광고업체 웹사이트에는 슈퍼볼 기간 중 방문자 수가 폭주했다.[31]

"광고는 설득이 목적이고 누구나 이 점을 알고 있다."《설득의 공포(Fear of Persuasion)》에서 존 E. 칼피(John E. Calfee)는 이렇게 밝혔다.[32] 자신의 이익을 추구하는 판매자와 회의적인 소비자는 상업 광고가 처음 탄생한 순간부터 광고의 특성을 알고 있었다. 그러나 광고를 보는 사람이 자신도 모르는 사이 조종되고 있다는 공포를 느끼고 거기에 저항하지 못할지도 모른다고 생각하면, 회의적인 태도는 분노와 편집증으로 바뀔 수 있다. 소비자를 제어하려는 시도에서 비롯되는 무서운 측면은 1957년 밴스 패커드(Vance Packard)가 《숨은 설득자(The Hidden Persuaders)》에 명확히 기술하면서 대중의 혼란을 일으켰다. 기자이자 사회 비평가인 저자는 시장 전문가 전체를 비난하고, 특히 어네스트 디흐터에게 시민들이 필요하지도 않고 원하지도 않는 물건을 사도록 조정하여 이성적인 자율성을 야기한 책임을 안겼다. 패커드는 "우리가 생각지도 못한 습관, 구매 결정, 사고 과정의 흐름을 바꾸기 위해 대규모 노력이 이루어지고 있으며 놀라울 정도로 성공하는 경우가 많다… 그 결과 우리가 실제 체감하는 수준보다 훨씬 더 많은 사람들이 일상적인 생활에 영향을 받고 조종되고 있다. 우리의 마음 상태에 영향력을 끼치고, 우리가 시민으로서 행하는 스스로의 행동 방향을 바꾸도록 유도하는 것이 바로 그러한 노력의 목표이다."라고 밝혔다. 〈뉴요커(New Yorker)〉는 패커드의 저서에 대해 "제조업체, 기금 모금자, 정치인 등 압력 집단이 광고회사, 홍보 담당자들의 도움을 받아 미국 국민의 마음을 일종의 긴장 상태의 밀가루 반죽(catatonic dough)처럼 만들어, 자신이 명령하는 대로 구매하고, 제공하고, 투표를 하도록 하기 위해 얼마나 노력 중인지 보여주는 책으로 날카롭고 권위적이면서 두려움을 자아내는 보고서"라 평했다. 패커드의 저서에 대한 검토 결과가 학술지 〈텍사스 법 리뷰(Texas Law Review)〉에 게재되기도 했다. 이 검토 논문에서는 부지불식간에 영향력을 행사하는 TV 선거 광고 방식에 대해 "오웰의 1984년이 책 제목에서 예상한 것보다 훨씬 더 가까워진 것은 아닌지" 하는 의문을 제기했다. 그리고 미국 수정 헌법 제 1조[38])가 "패커드가 제기한, 사람의 마음에 강력한 영향을 주는 최근의 과학 발전에 과연 대처할 수 있을지"에 대한 문제도 제기했다.[33]

《숨은 설득자》는 미국에서 6주간 비소설 분야 베스트셀러 자리를 차지했다. 이 책이 다룬 논지는 냉전 시기를 비롯해 그 필연적 결과인 공산주의에 대한 공포에도 반향을 불러일으켰다. 한국전쟁 기간에는 미군 포로들이 "세뇌 당했다"는 소문이 파다하게 번졌

---

38) 1791년 채택된 미국 헌법 수정안으로 종교, 발언, 출판, 집회, 정부에 대한 탄원 권리를 보장하는 내용이 담겨 있다. (역주)

고, 리처드 코돈(Richard Codon)은 여기에 영감을 얻어 나중에 영화로
도 제작된 소설 《맨츄리안 캔디데이트(The Manchurian Candidate)39)》를
1959년 발표했다. 상원의원 조셉 맥카시(Joseph McCarthy)는 공산주의
스파이와 동조자들이 미국 연방 정부, 심지어 미군에까지 침투했다
며 공포심을 조장했다. 야구팀 신시내티 레드(Cincinnati Reds)는 공산주
의 확산과의 연루 의혹을 피하려고 1954년부터 1960년까지 팀 명칭
을 "신시내티 레드레그스(Cincinnati Redlegs)"로 변경했다.34 1956년에는
외계인의 커다란 유선형 공간(alien pod)에서 인간 교체가 이루어지는
내용의 유명한 공상과학 영화, '신체 강탈자의 침입(Invasion of the Body
Snatchers)'이 나왔는데, 공산주의 이념이 개인주의를 몰살시키고 영혼
없이 국가에 순응하게 되는 상황에 대한 공포를 정치적으로 풍자한
내용이라 해석됐다.

　　미국 맨해튼에서는 마케팅 업체 서브리미널 프로젝션 컴퍼
니(Subliminal Projection Company)의 설립자이자 마케팅 책임자인 제임스
비카리(James Vicary)가 이와 같은 상황에 맞서, 구매자의 행동 변화
를 이끌 수 있는 "식역하(subliminal) 광고" 기법을 고안했다고 주장했
다. ("식역하40)"란 보통 아주 잠깐 등장하여 의식 영역에서는 인지되지 않는 이미지나 소
리를 가리킨다. 비카리는 잠재의식 설득이라는 이 달성하기 힘든 목표를 노렸는데, 이를 식
역하 지각과 혼동해서는 안 된다. 식역하 지각은 충분히 검증된 현상으로, 미처 인식하지 못
한 상태에서 주어진 정보를 인지하는 능력을 말한다.) 패커드가 《숨은 설득자》

---

39) 1962년 영화로 제작되었으며 우리나라에는 '그림자 없는 저격자'라는 영화 제목으로 알려져 있다. (역주)
40) '식역하'에서 '역(閾)'은 의식의 한계를 의미하며 거의 지각할 수 없는 상태를 가리킨다. (역주)

를 출간하고 5개월이 지난 시점에, 비카리는 기자 회견을 열어 "보이지 않는 상업 광고"의 성공을 알렸다. 그 해 여름에 비카리는 뉴저지 포트리(Fort Lee)에 있는 한 극장에서 상영된 영화 '피크닉(Picnic)'에서 관객이 지각할 수 없는 속도인 3000분의 1초의 간격으로 "배고프세요? 팝콘을 드세요"와 "코카콜라를 마셔요"라는 문구를 내보냈다. 비카리가 얻은 결과는 전혀 과장하지 않아도 충분히 인상적이었다. 6주간 이 식역하 노출을 실시한 결과, 비카리는 이 극장의 팝콘과 코카콜라 매출이 각각 18퍼센트, 58퍼센트까지 급증했다고 주장했다.[35]

잠재의식에 코카콜라와 팝콘을 먹도록 지시한 비카리의 실험은 대중의 분노를 촉발시켰다. "1984년에 온 것을 환영합니다." 주간지 〈새터데이 리뷰(Saturday Review)〉의 전설적인 편집장인 노먼 커즌스(Norman Cousins)는 이렇게 밝혔다. "그 장치가 팝콘을 더 먹도록 만드는 데 성공을 거두었다면, 정치인을 비롯해 누구나 이용하지 않겠는가?" 여론 조사 결과 대중들의 엄청난 비난이 확인되었고 의회는 연방통신위원회에 식역하 광고 규제를 요청했다. 전국 라디오 텔레비전 방송가 협회도 소속 방송국에 식역하 광고는 검토 대상에서 제외하도록 했다.[36]

광고연구협회와 심리학 분야 연구진 대부분은 애당초 비카리의 주장에 회의적인 태도였다. 이들은 비카리가 연구 데이터를 제공하거나 실험을 재연해야 한다고 주장했다. 1958년 1월, 비카리는 미국 수도를 방문하여 몇몇 의원과 통신위원장 앞에서 자신의 '기법'을 시연했다. 또 워싱턴의 한 텔레비전 방송국 스튜디오에서 영화를 몇 분간 상영하면서 "팝콘을 먹어요"라는 메시지를 아주 짧은 순간 삽입했으나, 시청자들에게 팝콘을 먹고 싶다는 욕구를 불러일으키지 못했다. 한 의원은 이 영화를 보니 핫도그가 먹고 싶어졌다고 빈정거렸다. 그 다음 달에 캐나다 국영 방송국은 30분짜리 쇼를 진행하면서 "지금 전화하세요"라는 숨겨진 메시지를 제시하는 식역하 설득 실험을 자체적으로 실시한다고 발표했다. 500명의 시청자를 대상으로 조사한 결과 단 한 명만이 전화를 걸고 싶었다고 밝혔다. 다수의 시청자는 이 방송을 보고난 뒤 배가 고프거나 목이 말랐다고 전했다.[37]

　　1962년, 마침내 비카리는 〈어드버타이징 에이지(Advertising Age)〉에 자신의 '실험' 결과는 사실 대충대충 수집한 데이터 몇 가지와 꾸며낸 증거를 합쳐 만들었다고 고백했다. 또 당시 자신이 운영하던 컨설팅 회사가 유명세를 타도록 하려는 목적에서 기자회견을 개최했다고 인정했다. 심리학자 레이먼드 A. 바우어(Raymond A. Bauer)는 이 고백에 그리 놀라지 않았으리라. 1958년 〈하버드 비즈니스 리뷰(Harvard Business Review)〉에 발표한 글에서 그는 "'조종'과 '숨겨진 설득'에 대한 공포가 사람이 살지 않는 곳까지 만연한 상태다."라고 밝혔다. 이후 정밀하게 설계된 수많은 연구를 통해 식역하 메시지는 개인 혹은 특정 집단의 구매 행동을 조종하여 쉽게 변화시킬 수 없다는 사실이 확인되었다. 분명히 해둘 점은, 비교적 최근에 확인된 분석 연구 몇 건에서는 식역하 메시지가 가끔은 우리의 동기에 영향을 줄 수 있다는 증거가 등장했다. 가령 한 연구에서는 코카콜라 캔제품 사진과 "목마르다"라는 단어에 식역하 노출된 피험자들은 이후 이 단어에 노출되지 않은 피험자보다 더 목이 마르다고 밝혔다. 그러나 이러한 결과가 실제 상황에서 구매 결정에도 똑같이 적용된다고 해석하기에는 명확치 않은 부분이 있으며 소비자가 특정 브랜드를 선호하도록 만들 수 있는지에 대해서는 더욱 불분명하다.[38]

신경 마케팅에 대한 대중의 반응은 패커드의 저서나 비카리가 폭로한 사실만큼 그리 극적이지 않다. 현재 우리가 새로운 방식으로 조종되고, 통제 가능성에 대한 잠재력도 커질 수 있다는 추측이 가능하므로 여전히 불안감은 존재한다. 경계를 게을리 하지 않는 소비자 보호 단체들은 이미 신경 마케팅 분야를 문제될 소지가 있는 대상으로 지목했다. 랄프 네이더(Ralph Nader)가 공동 창립한 비영리 기관 커머셜 얼러트(Commercial Alert)는 2003년, 미국 보건복지부에 브라이트하우스 연구소가 소트사이언스(Thought Sciences)와 에모리 대학교의 요청으로 실시한 연구를 고발했다. 이 단체는 "기업 고객들이 소비자의 담배, 술, 정크 푸드 구입과 폭력, 도박, 기타 중독성 있고 파괴적인 행동을 유도할 수 있는 '구매 버튼'을 누를 수 있도록 에모리 대학교의 신경 마케팅 연구가 상품으로 판매되는 이 상황을 중단시키려면, 정확히 어떻게 해야 하는지" 의문을 제기했다. 커머셜 얼러트는 그 이듬해에도 상원 상업위원회에 브라이트하우스에 대한 연방 조사 착수를 촉구했으나 실패로 돌아갔다.[39]

2011년, 소비자 보호 단체들로 구성된 한 협력단은 연방거래위원회에 프리토레이가 10대 청소년들에게 고지방 스낵을 광고하기 위해 신경 마케팅을 이용하여 "무의식적인 정서적 욕구를 불러일으키도록 고안된" 홍보물을 제작한 사실이 의심된다며 고발했다.

캘리포니아 주 데이비스 소재 업체 인지적 자유와 윤리(Cognitive Liberty and Ethics) 소속 리처드 글렌 보이어(Richard Glen Boire)는 각 업체가 사용하는 신경 마케팅 기법의 공개를 제안했다. "그 기술이 그토록 효과적이라면 일부 업체가 신경 마케팅을 활용하지 않는 정책을 채택하도록 할 수 있다. 개인 용품 중에 동물 실험은 하지 않는다는 안내 문구가 적혀 있긴 하지만 말이다."[40] 보이어의 의견은 포장 라벨 한쪽에 그려진 조그마한 표식을 떠올리게 한다. 뇌 그림에 작대기 하나가 그어진 형태로, 이 제품을 만들면서 뇌 조사는 실시하지 않았다는 의미로 말이다.

법적으로 말하자면 미국의 경우 식역하 메시지를 광고에 사용하지 못하게 금지하는 연방법은 없다. 다만 연방통신위원회는 '식역하 기법'이 사용된 것으로 입증된 방송국에 대해 그 기법의 효과와 상관없이 방송 허가를 철회할 수 있다. 지역, 연방 법원 판사들과 학자들은 대체로 제1 수정 헌법이 식역하 광고를 보호해서는 안 된다는 입장을 밝혀 왔으며 이 기법을 사용한 사례에 반대하는 판결을 내리는 경우가 자주 있었다. 법학자 마크 J. 블리츠(Marc J. Blitz)는 커뮤니케이션 과정에 우리가 인식하지 못한 상태로 생각에 영향을 줄 수 있도록 고안된 메시지 혹은 자극이 포함된 경우, 제1 수정 헌법에 명시된 보호 논리가 사라진다고 설명한다. 즉 사람들은 자신에게 영향력을 끼치는 정보를 인식하지 못한 상황에서는 분석할 수 없다. 또 메시지를 분석하여 토론과 대화를 통해 실체를 파악할 수 없다면 애초부터 메시지 자체를 인지하지 못했기 때문에 일어난 결과이므로, 헌법에 명시된 보호도 적용되지 않는다. 다른 모든 커뮤니

케이션과 마찬가지로 광고는 분명 우리가 인식하지 못하는 방식으로 영향을 줄 수 있다. 언젠가는 우리에게 명백히 영향력을 행사한다는 사실이 검증되어야 할 이 신경 마케팅은 자율성을 더욱 깊숙이 침범하는 걸까? 블리츠는 신경 마케팅이 소비자 행동의 자율성에 위협이 될 만큼 강력한 영향력을 행사하게 되는지 여부가 궁극적인 의문이라고 말한다.[41]

필자들은 세뇌당한 소비자들이 조만간 백화점 복도를 돌아다니는 날이 오리라고는 생각하지 않는다. 소비자는 뇌와 몸이 분리된 채 몰 오브 아메리카[41] 주변을 어슬렁거리는 존재가 아니다. 오히려 수첩을 이리저리 넘기면서 최근 구입한 다른 제품에 대해 고민한다. 상품 구입은 사회적인 활동이며, 사회적인 존재인 사람은 배우자의 반응을 예측할 수 있고("뭘 샀다고?!") 구입하기 전에 가족, 친구 혹은 전문가에게 조언을 간청하는 경우도 종종 있다. 구매자에게 영향을 주는 갖가지 요소는 분명 주변 환경에도 존재한다. 가령 소비자의 기분도 구매 행동에 영향을 준다. 매장에서 흐르는 잔잔한 음악도 마찬가지다. 사람들은 많이 흥분된 상태일수록 정보를 피상적으로 처리한다고 알려져 있다. 즉 인지적 편향과 지름길에 더 많이 의존하게 되고, 마침내 유명인들이 사랑한다는 제품, 시선을 잡아끄는 광고, 그 밖에도 깊이는 없지만 매력적인 요소에 쉽게 흔들린다. 정신적으로 진이 다 빠진 사람은 지적이고 진행 속도는 느린 영화보다 겉으로 보기에 재밌게 느껴지는 저속한 영화를 택

---

41) 미국의 대형 쇼핑몰 이름. (역주)

할 가능성이 높다. 마찬가지로 텔레비전 프로그램 자체도 사람들이 상업광고를 받아들이는 데 영향을 줄 수 있다(종말 이후의 삶을 다룬 드라마 '워킹 데드(The Walking Dead)'와 가족 시트콤 '빅뱅 이론(The Big Bang Theory'를 비교해보라).42

결국에는 서로 불협화음을 만드는 각종 요소가 우리에게 한꺼번에 영향을 준다. 몇 가지는 서로 상쇄되고, 몇 가지는 전에 없던 방식으로 결합하고, 일부는 우리 자신에게서 생겨나고, 외부 환경에서 온 요소도 몇 가지 있고, 광고업체가 만든 요소들도 포함된다. 우리 안에서 일어나는 무의식적인 처리 과정과 표면화된 의식적 능력이 모두 함께 우리를 인도한다.

그렇다면 신경 마케팅은 2007년 〈애드버타이징 에이지(Advertising Age)〉가 언급했듯이 "숨겨진 설득 혹은 무가치한 과학"일까? 그렇지 않다. 인간의 행동에 영향을 주기에는 전반적으로 한계가 있고 신경 마케팅 전문가가 우리 머릿속에서 얻은 정보를 조작하여 우리가 원치 않는, 수동적이고 의식이 없는 소비자로 만들 수 있다는 근거는 없다. 존경 받는 인물인 시장 조사자 앤드류 S. C 에렌버그(Andrew S. C. Ehrenberg)가 1982년 쓴 내용과 같이, "광고는 희한한 위치에 있다. 극단적인 광고 주창자들은 비범한 능력이 있다고 주장한다… 그리고 가장 혹독한 비평도 이 주장을 믿는다." 그로부터 30년이 지난 후 이러한 관찰 내용은 사실로 드러났다. 쇼핑학자의 과장된 주장이 신경 마케팅 분야 전체에 오명을 씌우게 내버려 두거나 이들의 주장은 가치가 없는 쓰레기 과학이라며 제쳐두는 일 모두

불공평하다. 신경 마케팅의 전제는 견실하다. 다시 말해 사람들은 특정 제품에 끌리고, 잘 드러나지 않는 어떤 동기들로 인해 구입하려는 생각을 갖게 된다. 신경 마케팅의 초기 가설은 시청자(관객)의 주의 집중 여부를 파악하고 정서적으로 관심을 갖도록 만들 수 있는 최적의 방법에 초점을 두었는데, 아마도 이와 같은 가설을 수립하고 검증하는 일이 신경 마케팅의 가장 알맞은 역할일지 모른다. 예를 들어 어떤 상업 광고나 영화 장면을 보면서 반응이 굉장히 약하게 나타났다면, 제작진은 스케치 단계로 다시 돌아가 점검할 수 있다.[43]

그러나 예측성이라는 신경 정보의 가치가 실제 시장에서 중요한 역할을 차지하기 위해서는 사람들이 구매할 예정이라고 말하는 무언가, 혹은 사람들이 특정 제품에 대해 좋아하는 부분이라고 말하는 무언가를 능가할 수 있어야 한다. 이미 가능해진 일이라면, 그에 대한 근거가 부족하다. 근거가 있다 해도 재연이 불가능하다는 점에서 필자들은 회의적인 생각을 거둘 수 없다. 신경 마케팅 전문가들은 자체 독점 데이터와 자신들만의 분석 방법을 공유하지 않는다. 마케팅에서 '신경'에 관한 부분은 전통적인 방법과 비교해볼 만한 가치가 있다. "전통적인 시장 조사에 1,000달러가 들고 이 조사를 통해 24,000달러를 들여서 fMRI 연구를 실시하여 얻는 결과의 80퍼센트를 얻을 수 있다면, 신경 마케팅에 투자하여 얻는 성과는 그리 대단치 않을 것이다." 죽은 연어 연구로 유명한 신경과학자 크레이그 베넷(Craig Bennett)의 말이다.[44]

여기에다 신경 마케팅 분야에는 스스로를 입증해야 하는 부담까지 얹혀졌다. 2010년, 광고연구협회는 신경 마케팅 지침 개발을 위한 장기 프로젝트를 시작했다. 협회는 여러 신경 마케팅 업체가 이용하는 방법을 검토한 결과 "복잡한 과학이 바탕이 되고 있어서 유효성을 평가하기 어렵다."는 결론을 내렸다. 프로젝트에 참여한 검토자들은 신경 마케팅 업계가 자신들이 수행하는 실험으로 제공할 수 있는 부분에 대해 과장하는 경우가 너무도 빈번하다는 사실에 주목하고, 조사 과정이 복합적임을 감안할 때 "방법, 연구 계획의 문서화 및 조사 결과의 명료화가 필수"라고 밝혔다.[45]

광고의 기본 원리는 지금도 온전히 남아 있다. 시장 조사 분야의 선구자인 대니얼 스타치(Daniel Starch)가 1920년대에 내린 결론과 같이, 효과적인 광고는 눈에 많이 띄고, 읽히고, 믿음을 주고, 기억되고, 작용해야 한다. 시장 경영자들은 홍보 캠페인과 제품을 아직도 전통적인 구조에 따라 평가한다. 시청자가 광고에 관심을 기울였는지, 광고를 마음에 들어 했는지, 광고 제품을 알아보고 기억해 낼 수 있는지, 브랜드 이미지를 구분할 수 있는지, 구입할 의향이 있는지 등이 평가 요소에 포함된다.

뿐만 아니라 시장 경영자들은 여론 조사, 제품 샘플을 활용한 조사, 소비자와의 일대일 인터뷰, 그리고 빼놓을 수 없는 구식 표적 집단 조사에 여전히 크게 의존한다. 신경 마케팅이 번성할지, 사라지고 말지, 광고 세계에서 주변부에 반짝 나타났다 없어질지는 아직 두고 봐야 할 일이다. 현 시점에서는 밝고 빛나는 미래가 예상되지만 그 이면에는 과장된 신경과학에서 비롯된 오류와 위험한 요소가 존재한다. "[기업] 구매자라면 주의해야 할" 뻔한 말들이 새로운 방식

으로 제시되고 있다.[46]

　　다음 장에서는 욕구와 의사 결정의 생물학적 특징을 계속해서 다루면서 이번에는 술, 마약 중독이라는 시각으로 생각해볼 예정이다. 중독자의 뇌를 조사하면 연구자와 의사가 환자를 치료하고 회복을 돕기 위해 적용할 수 있는 통찰을 얻을 수 있을까? 이제 살펴보겠지만 신경과학 분야에서 도출된 결과는 참 매력적이지만, 뇌를 과도하게 강조하면 (중독 연구에서 새로이 등장한 접근법이긴 하지만) 인식 범위가 좁아질 수 있다.

3

중독과 뇌 질환에 관한
그릇된 생각

1970년, 동남아시아에 고급 헤로인과 아편이 쏟아져 들어왔
다. 베트남에서 복무하던 군의관들은 베트남의 미군 지원병 전체
중 절반가량이 아편이나 헤로인을 복용한 적이 있으며 이 가운데
10~20퍼센트가 중독되었다고 추정했다. 과용으로 인한 사망자도
속출했다. 위기감은 점차 높아져 1971년 5월에는 〈뉴욕타임스〉 1면
에 관련 기사가 실렸다. "베트남의 미군 헤로인 중독 팽배"라는 제목
이었다. 갓 제대한 병사들은 그렇지 않아도 갖가지 문제로 찌든 미
국 도심 지역에 또 하나의 문제 요소로 자리하면서 심각한 우려를
불러왔다. 리처드 닉슨 대통령은 군에 마약 검사 실시를 지시했다.
소변 검사를 통과하지 못한 군인은 고향으로 향하는 비행기에 탑승
할 수 없었다. 검사에서 탈락한 군인들은 군이 지원하는 재활 프로
그램에 참여했다.[1]

군에서 '골든 플로우(Golden Flow)' 작전으로 불린 이 소변 검사
전략은 성공을 거두었다. 새로운 지침이 널리 퍼지면서 미군 병사
대부분은 마약류를 끊었다. 첫 번째 검사에서 탈락한 병사들 거의
대부분이 두 번째 검사는 통과했다. 일단 고향에 돌아오면 헤로인

의 유혹은 사라졌다. 아편은 전장에서 지루함과 공포감이 반복되는 상황을 견디는 데 도움이 되었을지 모르지만, 미국에서는 문명인으로서의 삶이 우선이었다. 제대 군인들은 1972년부터 1974년까지 군의 검사 프로그램을 평가한 워싱턴 대학교 사회학자 리 로빈스(Lee Robins)에게 지저분한 마약 문화, 높은 헤로인의 가격, 체포될지 모른다는 두려움 때문에 마약을 끊게 되었다고 말했다.[2]

로빈스의 평가 결과는 놀라웠다. 베트남에서 중독된 군인 중 미국에 돌아와 10개월 이내에 다시 중독된 비율은 5퍼센트에 불과했고 12퍼센트만이 귀국 3년 이내에 잠시 중독된 경험이 있었다. "마약류 약물에 다시 노출된 상황에서도 이처럼 놀라운 회복률이 나타난 것은, 헤로인이 참을 수 없는 욕구를 불러일으키는 약물이므로 재노출 시 빠르게 다시 중독된다고 믿어온 전통적인 생각에 어긋나는 결과다."라고 로빈스는 말했다. 학계는 "혁신적이다", "혁명적이다" 등 찬사를 쏟아냈다. 중독자가 헤로인을 끊을 수 있고 마약을 사용하지 않고도 지낼 수 있다는 사실은 "한 번 중독자는 영원한 중독자"라는 믿음을 뒤집었다.[3]

안타깝게도 이 가르침은 과거의 일로 희미해졌다. 1990년대 중반, "한 번 중독자는 영원한 중독자"라는 뻔한 말이 다시 등장했다. 이번에는 신경 중심적인 모습으로 새롭게 변형되어 재포장된 모습이었다. "중독은 만성 질환이자 재발 가능성이 있는 뇌 질환이다." 심리학자 알란 I. 레쉬너(Alan I. Leshner)는 지치지도 않고 이 개념을 알리는 데 주력했다. 이제 관련 분야에서는 중독에 대한 지배적인 관점으로 자리했다. 그는 당시 국립보건연구소에 소속된 국가 제1 중독 연구 기관인 국립약물남용연구소(NIDA) 소장이었다. 뇌 질환 모델로서 제시된 중독 현상은 의과대학 교육 과정과 마약 중독 상담사 교육, 심지어 고등학생들을 대상으로 한 마약 예방 강연에도 등장했다. 재활 환자들은 자신이 만성 뇌질환을 앓고 있다는 설명을 들었다. 마약 문제를 전문적으로 다루는 의사들로 구성되어 있으며 이 분야 최대 규모 전문가 그룹인 미국 중독약물협회(America Society of Addiction Medicine)는 중독을 "뇌의 보상, 동기, 기억 및 관련 회로에 발생하는 일차적, 만성 질환"이라고 밝혔다. 약물 분야의 권력자들은 빌 클린턴, 조지 부시, 버락 오바마 대통령 재임 기간 중 최소 한 번 정도는 중독을 뇌 질환으로 보는 관점을 지지한다는 의사를 표명했다. 이 뇌 질환 모델은 HBO에서 방영된 다큐멘터리나 토크쇼, 드라마 '로앤오더(Law and Order)', 〈타임〉, 〈뉴스위크〉 주요 기사에서 다루어지면서 하나의 신조가 되었다. 그리고 각종 신조에 관한 기사들과 마찬가지로, 의심 없이 옳은 말로 대체로 믿는 그런 내용이 되었다.[4]

이 일은 우수한 홍보 사례이자 옳지 않은 공공 교육의 사례이다. 필자들은 또한 근본적으로 잘못된 과학이라 주장한다. 중독에 대한 뇌 질환 모델은 오랜 세월 이어져 온 인간의 문제가 재포장되었다고 치부할 수 있는 사소한 일이 아니다. 이 관점은 생물학적 근원을 확인할 수 있다면 '병'이 들었다고 판단할 수 있다는 전제를 제시하며, 사람은 자신의 삶을 선택할 수도, 통제할 수도, 책임을 질 수도 없다는 고통스러운 의미를 담고 있다. 자, 그럼 이 시점에서 뇌 영상을 소개한다. 뇌 영상은 중독이 뇌 질환임을 보여주는 시각적 증거로 활용되는 것 같다. 하지만 신경생물학은 운명이 아니다. 중독으로 뇌 기전에 문제가 발생하면 한 사람의 선택 능력이 제한되는 건 사실이지만, 선택 능력 자체가 파괴되지는 않는다. 더 나아가 중독된 뇌의 작용에 의도적으로 너무 많은 세간의 주목이 집중되자 오히려 중독자는 의사, 정책 입안자를 멀리하며 그늘에만 머무르게 되었다. 때때로 환자들 스스로가 자신에게 강력한 영향력을 행사하는 다른 심리적, 환경적인 요소를 멀리하려 한다.

　미국에서는 지난 3세기 동안 법학자, 정치가, 일반 대중들 사이에 중독의 특성에 대한 논의가 진행되었다. 중독은 의지 문제인가 신체의 결함인가? 윤리적 문제인가 의학적 문제인가? 이와 같은 양극화가 논의 자체를 지치게 만들었음에 틀림없다.[5]

　무엇보다도 숱한 증거들을 통해 중독은 뇌의 생물학적 변화와 개개인의 동인(agency)[42] 모두에 영향을 준다는 사실이 확인되었다. 그러나 자가 통제와 개인의 책임에 대한 우리의 뿌리 깊은 문화적 믿음, 사회가 중독의 책임을 어디로 돌릴 것인가에 대한 우려, 그로 인해 예상되는 결과 등이 이러한 논의의 성패를 좌우한다는 사실을 고려할 때, 우리는 중독자의 뇌에 지나치게 큰 책임을 물리지 않도록 주의해야 한다.

　정확히 무엇이 중독을 뇌 질환으로 보는 관점을 만들까? "중독은 뇌 구조와 기능을 변화시키며 이 때문에 중독은 근본적으로 뇌

---

42) 심리학에서 말하는 행동의 원천이 되는 힘. (역주)

질환이다." 레쉬너는 획기적인 논문으로 일컬어지는 1997년 〈사이언스(Science)〉 논문에서 이렇게 밝혔다. 그런데 이 말은 사실일 수가 없다. 새로운 언어를 배우는 일부터 새로운 도시에서 길을 찾아가는 일까지, 모든 경험이 뇌를 변화시킨다. 또 뇌의 변화가 모두 동일하지 않다는 것은 거의 확실한 사실이다. 즉 프랑스어를 배우는 것과 크랙(crack)에 중독되는 것은 같지 않다. 게다가 뇌 특정 부분이 강하게 활성화되면 마약을 끊기가 어려워진다. 유전적인 요인도 마약이 주는 주관적인 영향의 강도와 질, 약을 원하는 강도, 금단 현상이 얼마나 극심하게 나타나는지에 영향을 준다.[6]

중독 과정은 뇌의 일차 신경전달 물질 중 하나인 도파민의 작용을 통해 부분적으로 밝혀졌다. 보통 도파민은 음식, 섹스, 기타 생존에 꼭 필요한 자극이 존재할 때 소위 보상 경로 혹은 보상 회로라 불리는 뇌 영역에서 급증한다. 도파민의 작용이 강화되면 '학습 신호' 역할을 하여 우리로 하여금 반복해서 먹고, 성행위를 하고, 다른 기쁨을 찾도록 한다. 마약을 오래 사용하면 이와 같은 자연적인 자극과 동일한 역할을 하게 된다. 말보로 한 모금, 헤로인 주사 한 방, 짐 빔(Jim Beam) 한 잔을 마주할 때마다 보상 경로의 학습 신호가 강화된다. 이런 물질에 아직 취약한 사람들은 이러한 자극제가 음식, 섹스가 주는 보상을 연상시킨다.

신경과학자들이 자주 사용하는 용어인 "현출성(salience)"은 중독된 물질에 크게 끌리는 상태를 의미한다. 그냥 원하고, 필요로 하고, 좋아하는 느낌 그 이상을 나타낸다. 이 현출성은 뇌 하부 배쪽 피개부(ventral tegmentum)라는 영역에서 시작되어 경험을 매개하는 신경 경로를 통해 발생하며 보상, 동기, 기억, 판단, 저해, 계획과 관련된 영역인 중격의지핵(nucleus accumbens), 해마(hippocampus), 전전두엽 피질(prefrontal cortex) 등에서 관여한다고 알려져 있다.

판단과 저해에 관여하는 영역인 전전두엽 피질에서 시작되는 또 다른 신경 섬유도 행동 조절에 참여한다. 한 정신의학자는 인상 깊은 설명을 남겼다. "마약에 관한 전쟁은 뇌를 장악하고 마약을 원하게끔 부추기는 보상 경로들과 그 끔찍한 물질들이 가까이 오지 못하게 지키는 전두엽 사이의 전쟁이라 할 수 있다." 여기서 "장악"이라는 표현에 주목하자. 중독 과정이 진행되는 동안 뇌 회로에 발생한 강탈 행위를 집약한 표현으로, 참 적절한 은유로 생각된다. 그러나 중독을 뇌 질환으로 보는 순수주의자들은 이 "장악"이라는 표현을 마치 "뇌에 스위치를 올리는 듯" 양자택일 과정을 의미한다고 받아들이고, 일단 한 번 불이 들어오면 되돌릴 길을 없다고 본다. "마약은 자발적인 시도로 시작되지만, 일단 그렇게 되면(중독되면) '그만둬'라고 요구할 수 없다. 흡연자에게 '폐기종에 걸리지 마'라고 말할 수 없는 것과 마찬가지인 것이다." 레쉬너는 이렇게 설명했다.[7]

보상 회로는 "신호로 유발되는" 갈망과도 직접적인 연관이 있다. 갈망은 욕구의 특별한 종류로, 특정 대상과 관련된 신호들이 주어지면 느닷없이, 제멋대로 그 대상을 원하게 되는 상태를 말한다. 위스키 병이 땡그랑 소리만 내도, 담배 연기만 살짝 맡아도, 오래 전 같이 마약에 절어 지냈던 친구를 거리에서 잠깐 스쳐도, 예상치 못한 갈망이 물밀듯 밀려오고 체내 도파민이 급증하면서 강력한 욕구에 한층 더 불이 붙는다. 중독 생활을 청산하려는 중독자에게는 이 갈망이 결코 반갑지 않게 강렬하게 느껴진다. 갑작스러운 욕구는 우울감에서 비롯되므로, 당사자는 기습 공격을 당해 무력해지고 혼란스러운 기분을 느낀다.[8]

과학자들은 PET와 fMRI 영상을 이용하여 무언가에 대한 갈망과 뇌의 상관관계를 관찰해 왔고 이는 뇌 기술을 보여주는 매우 인상 깊은 사례가 되었다. 보통 이러한 연구 결과에서는 코카인을 파이프나 바늘로 이용하는 모습이 담긴 비디오를 중독자가 시청하게 한 후 전전두엽 피질, 편도체, 기타 뇌 다른 영역에 일어나는 활성을 보여준다. (자연 풍경과 같은 중립적인 내용의 비디오는 이러한 활성을 유도하지 않는다.)[9] 약을 끊은 지 수개월이 지난 사람도 신경세포가 변형된 채 남아 있어 다시 약을 사용하고 싶다는 강력한, 갑작스러운 욕구가 나타난다. 1980년대 말 자주 등장했던 "마약을 사용할 때의 뇌 모습"이라는 문구가 지금도 사용되지만, 차이가 있다면 요즘은 뇌 자체를 마약에 절은 상태로 묘사한다.

하지만 약에 절었다는 그 뇌도 항상 취해 있는 상태는 아니다. 사실 중독자는 일상생활 중 정신이 멀쩡한 상태로 지내는 시간이 놀라울 정도로 길다. 1969년 범죄학자 에드워드 프레블(Edward Preble)과 존 J. 케이시(John J. Casey)가 실시한 대표적인 연구 "원만한 일 처리: 헤로인 이용자의 거리에서 지내는 삶"에서도 중독자가 하루 중 약에 취한 상태로 보내는 시간은 아주 짧은 것으로 나타났다. 중독자도 대부분의 시간은 일을 하거나 활동적으로 보낸다. 코카인 중독자들도 대부분 이와 마찬가지다.[10] 우리는 마약 중독자를 떠올릴 때 피부에 주사 바늘을 미친 듯이 찔러 넣거나, 15분 간격으로 파이프에 새로운 약을 채워 넣는 데 몰두하는 모습, 혹은 가루로 된 약을 흡입하는 모습 등 최악의 장면만 떠올리는 경향이 있다. 약을 갈구하는 상태에 시달리면서 그토록 활기차게 자리에서 일어나 거리를 활보할 수 있으리라곤 생각하지 못한다. 우리가 생각하는 중독자들의 수선스러운 상태, 뇌 기능이 심각하게 파괴된 상태는 마약 이용자 스스로의 억제력을 넘어서는 일로 생각한다. 하지만 약에 잔뜩 취해 있는 시간 그 사이사이에는 중독자들도 일상적인 여러 문제를 걱정하며 지낸다. 다른 직업을 찾아야 하나? 아이를 더 나은 학교에 보내야 하나? 집에 눌러 붙어 밥만 축내는 저 사촌을 우리 집 소파에서 영원히 쫓아내야 하나? 마약 복용자 익명 모임이나 치료 시설, 공공 클리닉 같은 곳에 가볼까? 비교적 평온하다고 할 수 있는 바로 이런 시간에 많은 중독자들이 도움을 청하거나 스스로 약을 끊기로 결심한다. 그리고 실제로 많은 이들이 그 결심을 실행한다. 하지만 약을 끊겠다는 결심을 하기까지 너무도 오랜 시간이 걸린 나머지 자기 자신의 건강과 가족, 직장 생활이 엉망이 된 중독자들도 있다.

중독의 핵심에는 역설이 존재한다. 선택할 수 있는 능력과 자기 파괴적 행위가 어떻게 공존할 수 있는가? "자기가 중독되고 싶어서 중독된 사람은 한 명도 본 적 없어요." 2003년에 레쉬너의 뒤를 이어 NIDA 소장직을 맡은 신경과학자 노라 폴코우(Nora Volkow)의 말이다. 정확한 이야기다. 정말 뚱뚱해지고 싶어서 비대해진 사람을 만나 본 사람은 몇이나 될까? 살면서 원치 않은 결과를 맞는 일은 점차 많아지고 있다. "중독이란 중독되지 말자고 선택하고서도 매일 약에 취하기로 선택하는 일이라 생각할 수 있습니다. 그리고 매일 약에 취하기로 선택한 사람은 중독자가 되는 것이죠."[11] 심리학자 진 헤이먼(Gene Heyman)의 설명이다.

　　이런 일이 어떻게 벌어지는지, 그 전형적인 과정을 살펴보자. 중독 초기 단계에는 한 때 보상 활동으로 인식되던 관계, 일, 가족이 갖는 가치가 감소하고 마약이나 알코올이 한층 더 매력적으로 느껴진다. 그러다 돈도 너무 많이 들고, 사랑하는 이들에게 실망감을 주고, 직장에서도 의심을 받게 만드는 등 그 결과가 누적되면서 마약이 주는 매력은 시들기 시작한다. 그러나 마약은 정신적 고통을 무디게 하고 금단 증상도 없애주는 데다 강렬한 욕구가 생기기 때문에 여전히 매력적인 존재로 남아 있다.[12] 중독자들은 마약이 필요한 이유와 그렇지 않은 이유 사이에서 스스로 분열되고 있음을 깨닫는다.

　　가끔 갑작스레 자책하는 마음이 생기거나 자의식이 번쩍 살아날 때, 이것이 마약을 끊는 결정적인 역할을 한다. 미국의 소설가이자 헤로인 중독자였던 윌리엄 S. 버로스(William S. Burroughs)는 "알몸 점심식사" 사건을 이야기하며 "포크질을 할 때마다 모든 사람이 포크 끝을 쳐다보던 그 싸늘한 순간"이 결정적 순간이었다고 떠올렸다. 크리스토퍼 케네디 로포드(Christopher Kennedy Lawford)는 마약과 알코올 중독을 이겨내고 2009년 에세이 모음집 《정화의 순간(Moments of Clarity)》을 발표했다. 이 책에서 배우 알렉 볼드윈(Alec Baldwin)과 가수 주디 콜린스(Judy Collins) 등은 중독에서 헤어나게 된 계기에 관한 이야기를 전한다. 스스로 마약을 끊은 사람도 있고, 전문가의 도움을 받은 사람도 있다. 그러나 자아상에 큰 충격을 받고 정신이 번쩍

들었다는 이야기가 이들이 밝힌 이야기의 공통적인 주제다. "이건 내가 아니었고, 내가 원하는 나의 모습도 아니었다." 알코올 중독을 이겨낸 한 사람은 회복 과정을 이렇게 설명했다. "스스로를 갈기갈기 찢어서, 그 조각을 하나하나 들여다보면서 쓸모없는 건 버리고, 필요한 건 되살리고, 윤리적인 자아가 다시 한데 모이도록 하는 과정이다."[13] 병든 뇌로 인해 무력한 노예가 된 사람에게서는 이런 생각이 나올 수 없다. 회고록 어디에서도 그러한 단서는 찾아볼 수 없다. 필자들이 만난 환자들도 비슷한 경험을 이렇게 묘사했다. "신이시여, 방금 제가 다른 사람 물건을 거의 훔칠 뻔 했어요!", "대체 나는 엄마라는 사람이 뭐하고 있는 거지?", "주사로 바꿔서 마약을 투약하는 일은 절대 안 하겠다고 맹세했어요."

또한 약을 끊는 노력은 예외적인 일이 아닌, 일반적인 일로 나타났다. NIDA의 공식 정의에서 "중독은 [기울임체로] 재발 가능한 만성 뇌 질환이다"로 명시되어 있다는 점을 고려할 때, 이는 짚고 넘어가야 할 사실이다. 1980년대 초에 1만 9,000명을 대상으로 표집지역 역학조사가 실시된 적이 있다. 이 조사에서 24세 이전에 마약에 의존하게 된 사람 중 절반 이상은 이후 마약과 관련된 증상이 모두 사라졌다고 밝혔다. 37세가 되자 약 75퍼센트가 마약 관련 증상이 하나도 나타나지 않는다고 밝혔다. 1990년부터 1992년, 그리고 2001년부터 2003년 사이 실시된 국가동반질병조사(National Comorbidity Survey)와 2001~2002년 4만 3,000명이 넘는 피험자를 대상으로 실시된 국가 알코올 관련 증상 역학조사에서는 마약이나 알코올에 중독된 적이 있다고 밝힌 사람들 중 각각 77퍼센트, 86퍼센트가 조사

가 실시된 전해에 중독으로 인한 문제가 나타나지 않았다고 보고했
다.[14]

　　반면 조사가 실시된 시점에서 1년 이내에 중독된 사람들은
정신적 문제를 동시에 앓고 있을 확률이 더 높게 나타나 이와 대
조를 이루었다. NIDA도 마약 중독 치료를 받은 환자의 재발률을
40~60퍼센트로 추정한다.[15] 즉 중독자 전체가 재발하지는 않는다.
만성 중독자, 재발 환자는 상황이 특히 심한 사례라 할 수 있다. 이
러한 환자가 임상 의사들에게는 가장 큰 인상을 남기고 중독에 관한
견해도 좌우하고 있으며, 실제로 이 같은 환자를 직접 대면할 가능
성이 가장 많은 사람도 임상 의사이다.

　　연구자와 의료계 전문가들은 전체 환자 가운데 가장 상태가
심각한 소집단에 관한 정보를 일반화하는 실수를 범한다. 이 문제
는 의료계 전반에서 찾아볼 수 있다. 임상 의사들은 중독자라면 모
두 진료실 문을 열고 들어오면서부터 발부리에 걸려 넘어지곤 하는,
다루기 힘든 그런 중독 환자와 모두 같은 모습일 거라 오해하고, 정
신과 의사들은 망상과 환각 상태가 치료를 해도 개선되지 않는 정
신분열증 환자를 자주 접하면서 이들은 죽을 때까지 삶이 제대로 기
능하지 못하는 상태로 살아야 할 운명이라고 단정 짓는 경우가 있
다. 몇몇 까다로운 환자의 사례를 근거로 삼아 자유자재로 추정하
면서 발생하는 오류가 하도 흔한 일이라, 통계학자 패트리샤(Patricia)
와 제이콥 코헨(Jacob Cohen)은 이런 현상을 '의사의 착각'이라고 명명
했다.[16]

뇌 질환 모델을 지지하는 사람들은 선한 의도로 이 같은 견해를 주장한다. 중독을 알츠하이머, 파킨슨병과 같은 전통적인 뇌 질환과 의학적 뿌리가 동일하다고 봄으로써 신경화학이라는, 중독자가 스스로 다루기 힘든 영역의 희생양이라는 이미지가 만들어진다. 따라서 이와 같은 생각이 보험회사에도 영향을 주어 중독이 보장 항목에 포함되도록 하고, 정치인들은 중독 치료에 더 많은 자금이 할당되기를 희망한다. 실제로 알란 레쉬너에게 이 뇌 질환 모델은 정치적으로 유용한 역할을 했다. 레쉬너는 NIDA 소장을 맡기 전 국립 정신건강연구소의 소장 대리로 재임했다. 이곳에서 그는 뇌 질환으로 "이미지를 부여하는 작업"이 의회를 움직이게 만들 수 있다는 사실을 깨달았다. "정신 건강 지지자들은 정신분열증을 '뇌 질환'으로 부르기 시작했고 국회의원들에게 뇌 영상을 보여주며 연구 예산 증액을 요청했다. 그리고 성공을 거두었다." 그는 이렇게 밝혔다.[17]

많은 전문가들이 자신이 속한 분야가 인지도를 높이는 데 뇌 질환이 큰 몫을 했음을 인정한다. 1986년부터 1991년까지 NIDA 소장으로 일한 밥 슈스터(Bob Schuster)도 자신은 중독을 질병으로 생각하지 않지만, "실용적인 이유로… 의회에서 돈을 얻기 위해서라면 기꺼이 그런 식으로 개념화했다"고 인정했다. 중독 연구는 수십 년간 우선순위가 낮은 분야였고 다른 연구자들은 주정뱅이, 마약 중독자들을 연구하는 연성 과학(soft science)[43]이라 폄하했다. 그러나 이제 신경과학 분야는 더 큰 주목을 받고 있다. "의사결정자를 비롯한 사

---

43) 사회과학, 정치학, 경제학, 사회학, 심리학 등 인간의 행동, 제도, 사회 등을 과학적으로 연구하는 분야.
(역주)

람들이 분자생물학에 깊은 인상을 받는다는 사실을 일반인들도 알
고 있습니다." 버지니아 커먼웰스 대학교의 마약 및 알코올 연구소
소장인 로버트 L. 볼스터(Robert L. Balster)의 말이다.[18]

　　정신의학 분야의 저명한 의사로 백악관에서 최초로 마약 자
문관("마약 단속 총책"의 전신)을 지낸 제롬 자페(Jerome Jaffe)는 뇌 질환 모델
의 채택을 전략적인 승리이자 과학적인 역행으로 본다. "한 기관이
의회에 예산을 늘려달라고 설득할 수 있는 유용한 방법이었고, 굉장
히 성공적이었습니다." 실제로 뇌 영상, 신경생물학 연구, 약물 개발
비용이 NIDA 총 연구 예산의 절반 이상을 차지한다. NIDA는 미국
전역에서 실시되는 약물 남용 연구 거의 대부분에 자금을 지원하는
기관으로서, 어떤 연구가 지원금을 받을 수 있는지에 관한 국가적
의제를 수립한다. 따라서 결국은 연구에서 생산되는 데이터의 유
형, 연구진이 제안할 연구 주제의 종류도 정한다. 자페는 그러나 뇌
질환 모델에 대해 이렇게 주장했다. "파우스트식 거래와 같습니다.
그걸 택하고 대가를 치르기로 하면 [중독과] 관련된 다른 모든 요인은
보지 않죠."[19]

　　중독이 뇌 질환이라는 개념을 지지하는 사람들은 중독자에
대한 일반적인 이미지를 회복시켜 중독에 관한 오명을 떨쳐버리려
애쓴다. 즉 중독자를 훈련받지 않은 사회 낙오자가 아니라, 병에 걸
려 고군분투하는 사람들로 본다. 이와 같은 접근 방식은 정신 건강
의 중요성이 고취되던 시대에 그 뿌리를 두고 있다. 1980년대 초반
까지는 아이들이 심각한 정신 문제를 앓으면 그 부모에게 비난의 화
살을 돌리는 사람들이 많았다. 그러다 정신 건강 분야 지지자들이

신경과학적 연구 결과를 널리 알리기 시작했다. 정신분열증은 뇌 구조와 기능 이상과 연관성이 있다는 등의 사실이 입증된 것이다. 이러한 노력 속에서 뇌 영상은 뇌 질환을 시각적으로 보여줌으로써 정신 질환에 고통받는 사람들이 증상을 정당화하는 데 도움을 주었다.[20] 이 유용한 특성이 중독자들에게도 확대될 수 있다는 생각이 등장했다. 하지만 중독이 가진 오명을 벗기는 노력은 이보다 한층 더 어려운 일로 판명되었다.

이처럼 친절한 포부를 담고 있음에도 불구하고, 뇌 질환 모델에는 수많은 문제점이 있다. 표면적으로 볼 때 이 모델은 중독을 이해하고 분석하기 위해 뇌는 가장 중요한 기관이며 뇌 분석이 가장 유용하다는 의미를 담고 있다. 심지어 이 모델을 통해 중독은 신경학적 질환과 거의 동일하다고 여기는 경우도 있다.[21] 이와 같은 신경 중심주의로 인해, 임상적으로는 마약을 이용하게 만드는 심리적, 사회적 원인을 경시하게 되는 결과가 초래된다.

회복은 몸과 마음을 모두 다루어야 한다. 뇌를 자율적인 존재로 보는 시각이 아닌, 한 사람 전체가 회복 주체이다. 중독이 질병이라는 생각을 널리 알리는 데 가장 지대한 공헌을 한 단체로 알려진 '익명의 알코올 중독자들(Alcoholics Anonymous)'은 통제력을 잃은 상태를 질병에 비유한다. 사실 1930년대에 이 단체를 설립한 사람들은 "질병"이라는 단어 사용에 조심스러웠다. 술에 취하지 않은 깨끗한 정신 상태라는 목표를 달성하기 위해서는 개인 성장, 정직하고 겸손한 태도 함양이 엄청나게 중요한데, 질병이라는 개념은 이 중요성을 깎아 내린다고 생각했기 때문이다.[22]

뇌 질환 모델은 중독에 어울리지 않는다. 오히려 다발성 경화증, 정신분열증과 같이 환자 당사자가 원인을 제공하지도 않았으며 스스로 나아지겠다는 의지가 있다고 해서 개선될 수도 없는 뇌의 문제를 묘사할 때 이 모델을 적용하는 것이 더 바람직하다. 중독을 뇌 질환으로 본다면 의학적 치료로 중독도 완전히 치유될 수 있다는 (폐렴은 항생제로 치료하는 것처럼) 잘못된 희망을 제공하는 셈이다. 그리고 함께 살펴보겠지만, 마약을 사용하고 다시 상태가 악화되는 악순환을 끊어내는 데 중독 당사자가 할 수 있는 커다란 역할을 모호하게 만든다.

회복 과정을 시작한 중독자들은 깨끗하고 정신이 멀쩡한 새 친구를 찾고 마약 거래상이 있는 장소를 피하기 위해 직장과 집을 오가는 새로운 이동 경로를 만들고, 월급은 배우자 통장으로 바로 들어가도록 하여 마약 사는 데 돈을 허비하지 않도록 해야 한다. 교사가 직업인 코카인 중독자는 약을 끊으려 노력할 때 분필로 된 칠판 대신 화이트보드를 사용한다. 가루로 된 분필이 코카인과 너무 유사하기 때문이다. 코카인과 헤로인을 섞어 사용하는 스피드볼 주사에 빠진 투자회사 직원은 충동을 느끼게 하는 자신의 맨 팔을 되도록 보지 않으려고 긴 팔 셔츠를 입는다.[23] 금연을 목표로 한 흡연자도 식사 후 테이블에 오래 앉아 있지 않으려 하고, 집에서 짙게 밴 담배 냄새를 없애고, 자동차 라이터도 없애버리는 등 여러 가지 섬세한 노력을 기울여야 한다.

2005년 노벨 경제학상 수상자인 토마스 셸링(Thomas Schelling)은 목적이 있는 이와 같은 행동을 자기구속이라 칭한다. 이 자기구속을 실현한 신화 속 인물이 있으니 바로 오디세우스이다. 반은 여자, 반은 새의 모습을 하고서 바다에서 아름다운 목소리로 선원들을 유혹해 죽음에 이르게 한 사이렌을 만나러 가면서, 오디세우스는 사이렌의 노래에 사로잡히지 않도록 부하들에게 돛대에 자신을 묶어 달라고 지시했다. 로맨틱한 시로 유명한 영국 시인이자 과거 아편 중독자였던 새뮤얼 테일러 콜리지(Samuel Taylor Coleridge)는 자신이 상점에 가서 아편을 구입하지 못하게 막아 줄 담당자를 고용했다고 알려져 있다. 오늘날에도 자기 구속 업무를 제공하는 회사가 존재한다. 이들 업체는 고객들에게 불시 소변 검사를 실시하고 '익명의 알코올 중독자들' 모임이나 재활 치료 참가 여부를 확인하며 부모님, 배우자, 직장 상사 등 다른 사람에게 매달 (좋은 소식 혹은 나쁜 소식이 담긴) 현황 보고서를 발송한다.[24]

자신만의 자기 구속 전략을 수립하는 중독자들도 있다. 또 치료사의 도움을 받아 마약을 갈구하게 만드는 요인을 찾거나 예측해보는 사람들도 있다. 이들은 예로부터 마약 중독에 중요한 영향을 주는 3대 요소로 일컬어진 사람, 장소, 물건 외에도 자신의 내적 상태, 즉 스트레스, 저조한 기분, 지루함 등도 마약 복용 욕구를 불러일으킬 수 있다는 사실을 깨닫는다.

갈망을 관리하는 일은 재활 과정에서 엄청나게 중요한 역할을 하지만 이것으로는 충분치 않은 경우가 많다. 굉장히 중요한 또 하나의 사실은, 중독자들이 약물이나 알코올을 사용하는 까닭은 실제로 자신에게 도움이 되기 때문이라는 점이다. 캐롤라인 냅(Caroline Knapp)은 1996년 발표한 놀라운 자서전 《드링킹: 알코올, 그 치명적 유혹(Drinking: A Love Story)》에서 20년간 자신의 삶을 알코올 중독자로 보낸 이유에 대해 이렇게 이야기한다. "두려움을 없애고, 불안감, 의심, 자기혐오, 고통스러운 기억을 희미하게 만들기 위해서였다."[25] 냅은 술을 마시고 싶은 충동을 마셔야 할 필요가 있어서라고 말하지 않는다. 자신도 모르는 욕구에 조종당한 것이 아니라, 자기 안에서 만들어진 무언가가 그 충동을 일으켰다. 그녀가 겪은 고통을 그저 과도한 음주로 뇌가 영향을 받은 결과로 해석한다면, 냅에게 진정 위협이 된 요소, 즉 훌륭한 인물이면서도 고통스러워했던 그녀 자신은 간과하게 된다.

각본가이자 《퍼머넌트 미드나잇(Permanent Midnight)》의 저자 제리 스탈(Jerry Stahl)에게는 헤로인과 각성제가 "세상에서 잊혔다는 야유 소리를 잊는 데" 도움이 되었다. 그러나 약의 효과가 없어지면 마치 방금 전 수술을 받은 사람처럼 약해진 마음이 고개를 들었다. 스탈은 자신의 삶을 돌아보며 이렇게 썼다. "모든 것이, 나쁜 것이든 좋은 것이든, 바늘과 함께 취해 있던 십여 년의 날들 속에서 분출되었고, 그 이전의 몇 년은 코카인, 러밀러(Romilar), 대마초, 펄크, LSD, 액상 암페타민과 약국 그 사이에서 모든 걸 흡수했다. 나의 일생은 '살아 있다'는 말의 간단한 의미를 '의식이 있는 상태'로 바꾸어 놓았다."[26]

중독 문제를 다룬 HBO 다큐멘터리에 출연한 37세 여성 리사도 마찬가지였다. 필자들이 리사를 만났던 당시 그녀는 토론토의 다 쓰러져 가는 어느 호텔 방에서 지내며 매춘으로 생계를 유지하고 있었다. 다큐멘터리에서 그녀는 침대에 앉아 카메라 뒤에 선 제작자와 이야기를 나눈다. 윤기 나는 갈색 머리카락을 살짝 넘기고 잘 정돈된 손톱을 바라보며 몸을 팔며 돈을 얼마나 버는지, 코카인에 돈을 얼마나 쓰는지, 마약을 하면서 얻는 '망각' 상태를 얼마나 갈구하는지 당당히 이야기하는 리사는 생기가 넘친다. 그 프로그램을 촬영할 당시 리사는 건강했고 매력적이었다. 마치 최근 약을 끊었지만 하향 곡선을 그리며 추락하는 자신의 삶 초기 단계로 다시 돌아온 사람처럼 보였다. 그녀 자신도 그렇게 이야기했다. 그녀는 당시 마약을 끊는 일에는 관심이 없었다. "지금 현재 상태로는, 재활시설에 들어갈 처지가 못 돼요. 저한테는 [이런 삶이] 잘 맞아요… 돈도, 약도, 일거리도 있으니까요. 전 괜찮아요." 리사의 문제가 코카인이 그녀의 뇌에 준 영향 때문이라고 본다면, 그녀에게 진정 위협이 된 요소, 즉 리사 자신을 간과하게 된다. "전 항상 이유가 있어서 약을 해요. 뭘 억눌러야 한다는 건 참 갑갑한 일이잖아요."[27]

이런 이야기들은 중독을 신경 중심적 관점으로 보는 관점의 한계를 보여준다. 이러한 관점은, 많은 이들이 자신의 고통, 즉 끝없는 자기혐오, 불안감, 소외감, 뿌리 깊은, 또 더 이상 견딜 수 없는 스트레스 혹은 지루함, 수시로 고개를 드는 외로움을 잠시나마 가라앉히려고 약물에 빠진다는 사실을 간과한다. 중독을 일으키고 존속하게 만드는 감정적 논리를 수용하지 못한다는 점에서 뇌 질환 모델은 별로 유용하지 않다.[28]

1966년 12월, 텍사스 주 오스틴의 르로이 포웰(Leroy Powell)은 공공장소에서 술에 취해 있다 적발되어 시 법원에서 유죄를 선고받고 벌금 20달러를 판결받았다. 포웰은 카운티 법원에 항소장을 제출했고 그의 변호인은 포웰이 "만성 알코올 중독 질환"으로 고통받고 있다고 주장했다. 포웰이 공공장소에서 만취한 모습을 보인 행동은 "그의 자유 의지가 아니며", 벌금형은 잔인하고 이례적인 처벌이라는 주장이었다. 정신과 전문의 한 사람도 이 의견에 동의하면서 포웰은 "술을 입에 대지 않을 능력이 없다"고 증언했다.[29]

　마침내 포웰이 증인대에 섰다. 재판 당일, 그는 아침 8시에 술을 마셨다. 아마도 변호인이 아침에 나타나는 몸 떨림 증상을 가라앉히라고 준 술이리라. 다음은 반대심문 내용 중 일부를 발췌한 것이다.

Q: [오전] 8시에, [술을] 한 번 마셨는데, 그건 피고가 원해서였지요?

A: 네, 그렇습니다.

Q: 그리고 피고는 그걸 마시면 계속 술을 계속 마실 수도 있고 그래서 취할 수 있다는 사실을 알고 있었죠?

A: 음, 저는 이 재판에 오기로 했고, 그래서 그거 한 잔만 마셨습니다.

Q: 피고는 오늘 오후 이곳에 와야 한다는 사실을 알고 있었지만 오늘 아침 술을 한 잔 마셨고, 그런 다음 술을 더 마실 여유가 없으며 법정에 와야 한다는 사실을 안 겁니다. 그렇지요?

A: 네, 맞습니다.

Q: 왜냐하면 피고는 만약 계속 술을 마시면 결국 취해서 뻗

어 버리거나 술 마신 사실을 들킬 수 있다는 사실을 알고
있었기 때문이지요?

A: 네, 그렇습니다.

Q: 오늘은 그런 일이 벌어지지 않았으면 하고 바랬지요?

A: 네, 그렇습니다.

Q: 오늘은 안 된다고 말이죠?

A: 네, 맞습니다.

Q: 그래서 피고는 오늘 술을 한 잔만 마신 거군요?

A: 네, 그렇습니다.[30]

담당 판사는 포웰의 공공장소 만취죄가 그대로 성립된다고
판결했다. 두 번째 항소가 이어졌고 이번에는 대법원에서 재판이
열렸다. 대법원에서도 공공장소 만취죄에 대한 처벌이 정당하다는
결정이 내려졌다. "일반적인 만성 알코올 중독을 생각할 때, 르로이
포웰이 유독 술을 마시고 공공장소에서 취하는 싶은 충동을 억누르
지 못해 고통받고 있으며 그러한 행동을 전혀 통제할 수 없는 상태
인지 우리는 결론 내릴 수 없다." 이는 법원의 설명이었다.[31]

　　포웰과 같이 술을 끊겠다는 동기가 없는 사람에게는 그로 인
해 발생하는 결과가 행동 교정에 강력한 역할을 할 수 있다. 포웰은
재판 당일 아침에 술을 딱 한 잔 마셨는데, 이것은 그 행동으로 인한
결과가 예견되고 또 의미가 있기 때문이었다. 음주량을 줄일 수 있
는 포웰의 능력은 그가 이례적인 처지에 놓여 있다고 보기 힘든 근
거이며, 여러 마약 중독자들에 관한 수많은 연구 결과와도 일치한

다. 즉 니코틴, 알코올, 코카인, 헤로인, 메탐페타민 등에 중독된 사
람은 보상이나 제재에 따라 변화할 수 있다는 사실이 확인되었다.[32]
포웰의 뇌는 분명 알코올로 많은 변화가 일어났지만, 재판 당일에
그런 결정을 내릴 수 있는 능력까지 없어지지는 않았다.

만약 포웰이 오늘날 당시와 같은 이유로 법정에 선다면 그
의 변호인은 알코올을 "갈망하는" 포웰의 뇌 영상을 무력함의 증거
로 제시할 가능성이 매우 높다. 그러면 판사는 뇌 영상은 증거로 받
아들일 수 없다고 현명한 판단을 내릴 것이다. 판사가 "중독된" 뇌
영상에 대해 온종일 곰곰이 생각할 수는 있지만, 정말 중독된 사람
처럼 행동하지 않는 한 누군가를 중독자로 보는 일은 결코 없으리
라.[33]

예일 대학교와 콜롬비아 대학교 연구진이 수행한 fMRI 연구
도 한 번 살펴보자. 이들 연구진은 흡연 욕구가 강하다고 밝힌 흡연
자의 뇌는 예상한대로 보상 회로의 활성이 높아진다는 사실을 발견
했다. 그런데 피험자들이 암, 폐기종 등 흡연의 장기적인 폐해에 대
해 생각하면 누군가 담배 피는 장면이 담긴 비디오를 볼 때와 달리
흡연 욕구가 감소했다. 그와 같은 생각을 할 때 피험자의 뇌는 전전
두엽 피질 중 주의집중, 관심 대상 변경, 감정 조절과 관련된 부위에
활성이 높아졌다. 동시에 배쪽 선조(ventral striatum) 등 보상과 연관된
부위의 활성은 감소했다.[34]

NIDA 연구진도 코카인 이용자들을 대상으로 특정 신호에 따
라 약을 갈구하는 생각을 억제하도록 했을 때 뇌에서 위 실험에서
와 동일한 양상이 나타나는 것을 관찰했다. 이 실험에서는 사람들

이 투약 용품을 준비해 크랙 코카인을 피는 장면을 피험자들이 비디오로 시청하는 동안 양전자 단층 촬영(PET)을 실시했다. 중독인 피험자들에게 비디오를 보는 동안 반응을 제어하도록 지시하자, 일반적으로 마약을 갈구하는 반응과 관련된 뇌 영역의 활성이 억제되는 결과가 관찰되었다. 반면 중독자들이 의례 느낀다고 밝히는 마약에 대한 열망을 의도적으로 억누르지 않으면, PET 영상에서 약을 원할 때 관련된 뇌 영역의 활성이 강화되는 것으로 나타났다.[35]

이러한 설득력 있는 결과는 중독자의 자기 제어 능력을 분명하게 보여준다. 또한 중독 상태가 지속되는 것은 욕구를 제어할 수 있는 능력이 없어서가 아니라 동기 부여가 이루어지지 않았기 때문이라는 견해를 뒷받침한다. 지치지 않고 동기를 부여하는 일은 물론 굉장히 어려운 일이다. 무언가가 간절히 생각나는 상황에서 그것을 억누르려면 많은 에너지가 필요하고 경계해야 할 대상도 많다. 특히 중독자 자신도 예기치 못한 상태에서 맞닥뜨리는 충동은 더욱 극복하기 힘들다. 욕구 조절에 관한 연구들은 사람들이 통제하지 않는 행동과 통제할 수 없는 행동을 구분하는 데 도움이 된다. 한 번 반대로 생각해보자. 알츠하이머 환자에게 치매 증상이 악화되지 않도록 조절할 수 있다면 보상을 약속한다고 가정해본다. 이런 약속은 아무 의미도 없을뿐더러 오히려 잔인해 보인다. 치매 환자의 뇌 변화는 본질적인 문제로, 환자가 보상이나 처벌에 따라 증상에 저항할 수 없기 때문이다.

포웰의 사례는 분명 그의 뇌에 변화가 발생했지만, 그 변화로 결과에 따라 행동을 조절하지 못하게 된 것은 아님을 보여준다. 실제로 생계 수단, 전문가로서의 지위, 명성을 잃는 등 심각한 상실감을 겪은 사람들에게서 조건부 관리(contingency management)[44]가 성공적으로 이루어지는 사례를 종종 볼 수 있다. 조건부 관리란 보상이 포함된 일의 결과에 대한 적응을 일컫는 전문 용어이다. 가령 직업이 의사인 사람이 무언가에 중독되어 국가 의학위원회로부터 감시 대상이 되고 무작위 소변 검사, 직장 불시 방문 조사, 직장 평가 빈도가 높아지면 성공적으로 잘 이겨내는 모습을 보인다. 또 5년 후에 의사 면허를 그대로 소지하고 고용 상태가 유지되는 비율도 70~90퍼센트로 나타난다.[36] 마찬가지로 중독자를 대상으로 한 임상시험에서 현금, 상품권, 서비스 등 보상이 제공된다는 사실을 아는 중독자들은 보상을 받지 않는 중독자들에 비해 소변 검사에서 마약이 검출되지 않는 비율이 2~3배 더 높다.[37]

안타까운 사실은 치료 프로그램에서 현금이나 값비싼 보상을 제공해주는 경우는 드물다는 사실이다. 그러나 형사사법제도에는 마음대로 사용할 수 있는 보상금을 충분히 보유하고 있으며 실제로도 이러한 영향력을 수년 간 활용해 왔다. 가장 유망한 비상 상황 관리 사례는 호놀룰루에서 실시되는 '하와이 보호 관찰 기회 부여(Hawaii's Opportunity Probation with Enforcement)', 즉 HOPE 프로젝트가 아닐까 싶다.[38]

HOPE 프로젝트에서는 보호 관찰 중인 범죄자들을 대상으로 무작위 약물 검사를 빈도 높게 실시한다. 양성 판정이 나온 경우 곧

---

44) 부수적인 격려 수단을 동원하여 동기를 부여하는 방법. (역주)

바로 투옥되어 얼마간 지내야 한다. 제재는 공정하고 투명하게 이루어진다. 범죄자 모두를 동등하게 취급하고 위반 시 어떤 일이 벌어질지 모두가 알고 있다. 판사들은 범죄자들에게 보호관찰 기간을 성공적으로 보내리라는 진심 어린 믿음을 전한다. HOPE 프로젝트의 기본 요소인 신속성, 안정성, 투명성, 공정성은 목표를 달성하리라는 기대와 결합하여 거의 모든 범죄자의 행동 변화를 일으키는 데 강력한 역할을 한다.[39]

실제로 HOPE 프로젝트가 시행되고 1년이 지난 후 참가자들을 다른 보호관찰 대상자들과 비교하자 훨씬 더 나아진 모습을 보였다. 새로운 범죄를 저질러 체포된 비율은 55퍼센트 더 낮았으며 보호 관찰이 취소된 경우도 53퍼센트 더 낮았다. 참가자들의 범죄 이력이나 이들이 인지 능력을 손상시킬 수 있는 메탐페타민에 심하게, 그것도 장기간 만성으로 노출되어 살았다는 점을 고려할 때 이는 더욱 더 인상적인 결과이다.[40]

이러한 결과는 마약의 유혹을 이겨내도록 해주는 동기 (incentive)의 힘을 증명한 방대한 연구 자료들과도 일치한다. 그러나 중독이 알츠하이머병과 유사하다는 견해를 반박하는 내용이기에, HOPE 프로젝트의 운영 관계자 중 일부는 동기부여의 영향력에 반대하며 중독자들은 자신의 행동을 책임질 수 없다고 주장한다. 같은 맥락에서 HOPE 프로젝트가 구성되는 과정에서 연구자들이 NIDA에 검토를 요청했을 때, NIDA는 메탐페타민 중독자들은 동기 하나에만 의존할 수 있는 능력이 없다며 처음부터 반대 의사를 밝혔다.[41]

뇌 질환 모델은 우리를 임상 의학의 좁은 길로 이끈다. 이 관점은 중독을 "만성적이고 재발하는" 병으로 생각하고 환자에게 선택의 책임을 지움으로써 불가피한 재발 가능성에 도전하는 것이 특징인, 전도유망한 행동 치료에는 눈길도 주지 않는다. 또한 뇌 질환 모델은 중독자 뇌의 화학적 성질이 정상으로 돌아올 때까지 약을 중단하지 말고 계속 먹어야 한다고 주장하며, 약을 이용한 치료를 포함한 뇌 수준의 해결 방법에 대해 그 가치를 지나치게 강조한다. 레쉬너는 1997년 메탐페타민 중독 치료를 위해서는 약물 연구가 필요하며 "최우선 순위"라고 밝혔다. 그로부터 10년 후 볼코우(Volkow)는 "[2018년까지] 우리는 중독을 질병으로 보고 치료할 것이며 이는 곧 약물 치료를 의미한다."고 예측했다.[42]

특효약을 찾겠다는 희망은 참으로 어리석다. NIDA조차도 기적의 신약을 찾을 수 있다는 희망을 접었다. 그러나 뇌 질환 모델은 이 비현실적인 목표를 향해 나아가도록 쉼 없이 자극한다. 영국 팝스타 에이미 와인하우스(Amy Winehouse)가 2011년 여름 결국 세간에 잘 알려진 알코올 중독에 무릎을 꿇었을 때, 〈사이콜로지 투데이(Psychology Today)〉 칼럼은 이런 질문을 던졌다. "신경과학이 에이미 와인하우스를 도울 수 있었을까?" 칼럼 저자는 중독이 "결국에는 과학이 해결할 수 있는 뇌 문제"일 수 있다고 설명하고 앞으로 도파민을 변형시키는 약물을 개발하면 어떨까 하는 제안을 제시하면서 자신은 긍정적이라는 입장을 밝혔다. 신경과학자 데이비드 이글먼(Daved Eagleman)은 한 발 더 나아가 "중독을 신경학적 문제로 보는 관점은 폐렴을 폐 문제로 보는 시각과 마찬가지로 타당하며, 중독은 약물로 해결할 수 있다."고 말했다.[43] 하지만 폐렴과 중독성에는 유사성이 없다. 중독과 같이 행동 변화가 필요한 문제는 중독자가 자신의 생각과 행동 패턴을 바꾸기 위해 열심히 노력해야 한다. 반면 폐렴은 환자가 의식불명 상태라 할지라도 항생제를 쓰면 치유된다.

약물 치료에 대한 희망은 중독이 발생하는 과정의 중심에 뇌를 갖다 놓으면서 논리적으로 뻗어 나온 결과라 할 수 있다. 약물 치료가 성공한 사례도 실제로 있었지만, 그 효과는 그리 대단하지 않다. 때때로 약물로 치료하겠다는 생각이 절실해진 환자, 특히 재발 방지를 위한 전략으로 전신 무장하고 가족, 친구들도 응원을 보내주는 환자들은 회복 단계로 도약하는 경우를 볼 수 있다. 작용 지속 시간이 긴 합성 아편제제 메타돈(methadone)은 하루 한 번 복용하여 아편 성분의 배출을 막아주는 약으로 1960년대부터 헤로인과 진통제 중독 치료에서 중추적인 역할을 담당하고 있다. 그러나 담당 의사들로서는 참 유감스러운 일이지만, 메타돈 클리닉을 찾는 환자 가운데 많게는 절반 정도가 거리에서 헤로인, 코카인 혹은 바륨 유사 안정제인 벤조디아제핀을 구입해 든든히 복용한다. 코카인 중독에 대한 약물 치료법은 지난 30년간의 노력에도 불구하고 아직까지 나타나지 않았다. 현재 코카인 분자가 뇌에 들어오지 못하게 하는 코카인 면역 요법(코카인 '백신'으로 유명하다)이 개발 중이나, 예비 결과로 볼 때 광범위하게 사용될 가능성은 크지 않아 보인다. 그 밖에 아편 중독에 사용되는 날트렉손(naltrexone) 등 차단제는 신경 수용체와 결합하여 마약 성분의 효과를 약화시킨다. 다이설피람(disulfiram) 성분의 안타부스(Antabuse)를 비롯해 혐오 요법에 사용되는 약은 환자가 술을 마시면 구역질이 나고 구토를 할 것 같은 기분이 들도록 만든다. 스스로 금주 결심을 하는 사람들이 많지만, 일부 경우에는 이 약이 효과적일 수 있다.[44]

이와 같은 약은 현대 신경과학의 산물이 아니며 이미 수십 년 전에 개발되었다. 백신은 1970년대에 발견되었지만 오늘날에는 기술이 훨씬 더 정교해졌다. 보다 최근에는 신경과학자들이 약리학자들과 협력하여 마약으로 인한 뇌의 병리학적 영향을 역행시키거나 보상할 수 있는 약을 개발하는 데 힘써 왔다. 중독을 구성하는 각 요소를 각기 다른 약물로 해결할 수 있다는 전제가 바탕이 된다. 이 구성 요소에는 '보상' 회로(마약을 이용하고 싶다는 강력한 욕구, 어서 당장 마약을 하고 싶다는 생각에 사로잡히는 상태를 매개한다), 조건적 신호와 관련된 갈망 기전이 포함된다. 현재까지는 그 노력이 결실을 맺기는 힘들어 보인다. 갈망을 막아주는 제제가 알코올 중독자에서 일부 효과를 나타냈으나 코카인 중독 치료에서는 실망스러운 결과가 나왔다.[45]

약리학자들은 알코올 중독자와 약물 중독자 치료에 대부분의 정신의학적 질병을 치료할 때 적용하는 동일한 접근 방식을 전통적으로 적용해 왔다. 즉 신경 병리학적 역행 혹은 보상 문제로 접근한다. 중독의 경우 반복된 약물 사용으로 인해 신경 변형이 일어났다고 본다. 논리적인 접근 방식이지만, 뇌에 무엇이 잘못되었는지에 대해서만 집중적으로 파헤치지 말고 중독을 회복시키는 방법도 함께 조사해야 하지 않을까? 중독자들은 약 말고도 자신이 관심을 기울이고 도파민이 자연스레 터져 나올 만큼 만족감을 줄 수 있는 대상을 찾는다. 또 자기 구속을 실천하고 자신의 마음을 들여다

보는 연습을 통해 전전두엽 피질이 충동을 더욱 효과적으로 통제하도록 노력한다. 마약과 알코올을 포기한다는 결정에는 뇌 가치체계의 변화가 수반된다. 이 모든 과정에서 이루어지는 역학을 어떻게 약물 치료로 변환할 수 있을까? 혹은 과연 변환이 정말 가능할까? 참으로 까다로운 질문이다. 그 대답을 찾는 과정에서 더욱 효과적인 약이 개발될지도 모른다. 만병통치약이 아닌, 회복 속도를 높이는 데 도움이 되는 그런 약으로 말이다.

뇌 질병 모델을 지지하는 일부 사람들은 중독에서 선택의 역할을 강조하면 중독자에게 오명을 씌우는 것이며, 치료보다 처벌을 정당화하는 생각이라고 주장한다. 이런 식의 해석은 곧 중독자를 "만성 질환자"로 볼 경우 우리는 그 사람을 더 이상 "나쁜 사람"으로 보지 않는다는 의미가 된다. 이와 같은 감상적인 생각은 중독자들 사이에 반향을 일으킨다. "책임 전가 놀이는 얼마든지 계속할 수 있다." 볼코우(Volkow)는 2008년에 이렇게 말했다. "혹은 과학적인 발견에서 비롯되는 변화의 힘을 중독된 사람들의 더 밝은 미래를 위해 활용할 수도 있다."[46]

중독은 뇌가 병든 것인가, 성격의 결함인가? 생물학적 결정론인가 좋지 않은 선택인가?[47] 그리고 어째서 이 중 하나만 선택해야 하는가? 이런 흑백 논리는 과장이 심한 덫과도 같아서, 혹시 잔인하게 혹은 무신경한 사람으로 보일지 않을까, 하는 우려로 우리가 뇌 질환 모델의 편에 서도록 만든다. 하지만 중독자들도 선택을 하고 그 선택의 결과를 이해할 수 있는 능력을 정말 보유하고 있다는 사실을 얼버무리고 넘어가버리는 사람이 존재하는 한, 중독 문제를

파악하는 것은 불가능하다. "질병 아니면 나쁜 행동" 중 하나를 택하
라고 강요한다면, 중독자들에게 얼마만큼의 책임을 물려야 그들 자
신과 다른 사회 구성원들에게 이로운가를 파악하려는 오래된 이 논
쟁은 더욱 혼란스러워지고 점점 더 모호해진다.

경미한 약물 범죄를 저질렀다고 해서 감금한다면 이치에 맞
지 않지만, 중독자를 사회적 관습의 범위 바깥에 설 수 있도록 책
임을 면제한다고 해서 이들에게 더 밝은 미래가 찾아온다고 보장
할 수는 없다. 비난하는 행위는 정상적인 사회적 상호 작용의 한
부분이며, 행동 형성에 강력한 영향을 준다. 과거 알코올 중독자
로 지냈던 작가 수잔 치버(Susan Cheever)는 "술 취한 사람은 나의 행복
(drunkenfreude)45)"이라는 신조어를 만들어서 술에 취한 친구들, 낯선
이들이 보여주는 온갖 우스꽝스러운 행동들이 얼마나 부끄러운지,
그것이 자신이 술에 취해 살아가지 않도록 노력하는 데 얼마나 많은
힘을 불어넣는지 설명했다. "다른 사람이 술에 취해 있는 모습을 보
는 것에서 나는 기억을 떠올린다." 치버는 이렇게 썼다. "내가 원하지
않는 모습, 피하고 싶은 모습을 보면서 배울 수 있었다."48

중독자가 하는 행동으로 빚어질 결과를 방지한다는 이유로
가족들, 친구들이 보호에 나서고, 이 때문에 중독을 끊는 데 도움이
될 수 있는 중대한 기회가 날아가는 일이 너무나 빈번히 일어난다.
무모하고 위험한 행동에 대한 비난을 비윤리적이라고는 절대 볼 수
없다. 비난은 자연스럽고 사회적으로도 용인되는 행위이다. 또한

---

45) 독일어 'schadenfreude'를 변형하여 만든 말. schadenfreude는 남의 불행을 보고 고소해 하거나 기쁨을 느
끼는 짓궂은 심리를 표현한 말이다. (역주)

중독 문제에서 고통받는 당사자에게는 보다 실질적인 관리를 제공하고 HOPE 프로젝트처럼 점진적인 접근법을 통해 지원해야 한다. 중독자들이 처한 곤경에 도움이 될 만한 사회적, 정치적 지원을 얻고 싶다면 중독 문제를 축소하려는 1차원적인 방식이 아닌, 활용 가능한 범위에서 가장 효과적인 재활 방안을 마련하는 것이 최선이다.

중독자를 환자로 받아들여 오명을 벗겨주려는 시도는 어떻게 되었을까? 엇갈린 결과가 나왔다. 일반 국민을 대상으로 실시된 몇 건의 조사에서는 절반을 훌쩍 넘는 응답자가 중독을 "도덕적인 나약함" 혹은 "성격 결함"으로 보았다. 중독을 "질병"이라 분류한 응답자는 그 나머지 응답의 절반에서 3분의 2가량이었다. 인디애나 대학교에서 실시한 한 연구에서는 600명을 대상으로 알코올 중독의 원인이 유전적인 문제, 화학적인 불균형(즉 "신경생물학적 개념"), "나쁜 성격"의 확대, "당사자가 양육된 방식" 중 무엇이라고 생각하는지 물었다. 1996년에는 38퍼센트가 신경 생물학적으로 설명할 수 있다고 답했으나 2006년에는 이 비율이 46퍼센트로 증가했다. 정신의학적으로 치료해야 할 질환이라고 본 응답자는 61퍼센트에서 79퍼센트로 증가했다.[49]

또 다른 연구에서는 지난 20년 간 예상치 못한 경향이 나타났다. 사람들이 정신적인 질환과 물질 남용을 생물학적으로 설명할 수 있다는 사실을 수용하면서, 정신적인 질환 및 중독과 자기 자신 사이에 사회적 거리를 두려는 욕구가 증가한 것이다. 더불어 생물학적인 설명은 치료로 회복될 가능성과 치료의 효과에 대한 비관적인 생각도 키운 것으로 보인다.[50] 이와 같은 결과는 언뜻 잘 납득이 되지 않는다. 생물학적인 설명이 가능하다면 환자에게 희소식이라 생각하는 사람도 있을 테고, 분명 정신 질환을 앓는 사람들 중에는 이 결과를 보고 안도할 사람도 있을 것이다. 하지만 환자가 가진 문제가 중독이고, 중독으로 망가진 뇌는 의학적으로 치유시킬 수 있는 방법이 없는데도 생물학적인 측면을 강조한다면 이는 그릇된 판단으로 보인다.

중독을 만성 뇌 질환이라 주장하는 연구진들은 약물이 뇌에 끼치는 영향에 관한 연구 결과에서 영감을 얻었다. 강력한 항중독제를 개발할 수 있다는 약속도 참 그럴듯해 보인다. 중독의 생물학적 특성에 관한 과학적 고찰이 깊어지면서 하나의 질병으로 보는 시각도 진지해진 것 같다. 분명 자발적인 결정에 따라 마약을 시작했지만 결국 비자발적이고 통제 불가능한 상태로 전환되는 것이 특징인 질병으로 말이다. 이 연구진들은 이와 같은 주장이 정책 수립자들과 일반 국민을 자극하여 공공 치료 시설 이용, 민간 보험 보장 범위 확대 등 중독자들이 무엇을 필요로 하는지 알아주길 희망한다. 금욕주의적인 태도를 누그러뜨리고 징벌적 법규의 집행을 완화시키는 것 또한 이들의 목표에 포함된다.

훌륭한 목표였지만 그 결과는 그다지 만족스럽지 않았다. 신경 중심적 관점은 약학적 치료에 대한 부적절한 긍정을 고취시키고 전문가 도움의 필요성은 한층 부풀려 놓았다. 중독에는 성인기 초반이 되면 누그러질 '만성' 질환이라는 딱지가 붙었다. 뇌 질환 모델에서는 마약이나 알코올이 중독자의 삶에 도움이 된다는 사실, 그리고 신경 생물학적 변화가 마약이나 술을 접하기 이전부터 발생했을 가능성이 있다는 사실은 대수롭지 않게 생각한다.

잘못된 비유가 흔히 그러하듯 뇌 질환 모델에도 몇 가지 진실은 포함되어 있다. 알코올 중독과 다른 중독은 실제로 유전적인 영향이 존재하며 장기적인 물질 남용으로 뇌에서 자율성을 매개하는 구조 및 기능이 변형되는 경우가 종종 있다. 그렇다 해도 생물학적 특성을 중독의 가장 두드러지는 특성으로 강조하고 심리학적, 행동 요소가 끼친 영향은 기껏해야 보조 수준이라고 격하시키는 것이 바로 뇌 질환 모델의 문제점이다. "만약 뇌가 문제의 중심에 있다면, 뇌에 주의를 집중해야 해결책을 찾을 수 있다." 레쉬너는 이렇게 말했다.[51] 임상에서의 현실은 이와 완전히 정반대 양상을 보인다. 가장 효과적인 치료 방법에서는 뇌가 아닌 사람을 목표로 삼는다. 어쩌다 중독이 됐는지, 왜 마약을 계속 사용하는지, 또 약을 끊기로 결심한다면 어떻게 관리할 것인지 그 이야기는 바로 중독자들의 마음에 담겨 있다. 이러한 내력은 철저히 개인적인 사항이라 뇌 회로를 조사하는 것만으로는 이해할 수 없다.

결국 가장 효과적인 중독의 정의는 다음과 같이 기술하는 것이리라. "중독은 파괴적인 결과에도 불구하고 반복하고, 당사자의 중단 결심이 있다 할지라도 끊기 어려운 것이 특징인 행동이다."[52] 이 '정의'는 이론적이지 않다. 왜 중독이 되는지에 대해서는 전혀 밝히지 않는다. 다양한 수준의 방식으로 중독 과정을 파악하려는 노력이 행해지는 상황에서, 어떻게 해야 인과관계를 만족스럽게 설명할 수 있을까? 이 책이 제안한 위의 정의는 그저 중독에서 일반적으로 확인되는 행동을 관찰 가능한 사실로 설명한다. 장점은 (생물학적인 지향성을 비롯해 어떠한 이론적 모델에도 편향되지 않고) 설명할 칸을 비워둠으로써 연구, 치료, 정책에 대해 보다 넓은 마음으로 사고할 수 있다는 점이다. 신경과학이 들어올 공간도 있을까? 물론이다. 뇌 연구는 욕구, 충동, 자기 통제와 관련된 신경 기전에 대한 소중한 정보를 제공하고 있다. 그 결과는 언젠가 임상 수준에서 더욱 유용하게 활용될지도 모른다. 그러나 일상적인 회복 과정은, 약물의 사주를 받든 받지 않든 인간이 해내야 하는 과정이며 행동, 의미, 선택, 결과에 목적의식이 담겨 있을 때 가장 효과적으로 추구할 수 있다.

　　이번 장과 다음 장에서는 초점을 욕구의 생물학적 특징에 둔다. 우리가 원하는 바, 필요로 하는 것을 뇌가 어떻게 처리하는지에 관한 지식을 시장과 중독성 물질의 치료 시설에도 적용할 수 있는지 알아보았다. 뇌 과학 연구가 의사결정을 뒷받침하는 뇌 기전에 대해 상당한 정보를 제공해주지만, 이 정보를 실제 세상에 적용하는 데에는 한계가 있다는 사실을 알 수 있었다. 뇌 말고도 너무나 많은 요소가 인간의 행동에 영향을 주기 때문이다. 다음 순서로는 뇌를 직접 심문할 수 있는 새로운 거짓말 탐지기에 대해 알아본다. 뇌를 토대로 한 정보를 토대로 연구자들이 속임수와 관련된 마음을 얼마만큼 추론할 수 있는지도 살펴볼 예정이다. 그리고 진실인지 거짓인지 파악하는 일이 뇌 영상을 보는 것으로 쉽게 해결될 일이 아니라는 사실을 깨닫게 될 것이다.

Brainwashed

The Seductive Appeal of Mindless Neuroscience

4

고자질쟁이 뇌:
신경과학과 거짓말

2008년 6월, 24세 여성 아디티 샤르마(Aditi Sharma)는 약혼자였던 유디트 바라티(Udit Bharati)를 살해하여 무기 징역을 선고받았다. 두 사람은 2006년 말까지 인도 푸네에 있는 인도 현대경영대학에서 경영학을 전공하는 학생이었는데, 샤르마는 같은 과 남학생과 눈이 맞아 학교를 중퇴했다. 목격자들에 따르면 샤르마가 한 쇼핑몰에서 보자고 바라티를 설득했다고, 이곳에서 샤르마는 바라티에게 프라사드(Prasad)를 건넸다. 프라사드는 전통적으로 신께 바치는 공물로 힌두교 신이 축복을 내린 음식이다. 그로부터 이틀 뒤, 바라티는 비소 중독으로 사망했다. 아디티 샤르마와 그녀의 연인은 동급생 살해를 공모한 사실이 인정되어 푸네 민사법원에서 유죄 판결을 받았다. 살해 재판이 진행되는 동안 샤르마는 신경학적 거짓말 탐지기로 불리는 두뇌 전기 진동 신호(Brain Electrical Oscillations Signature, BEOS) 검사를 받아야 했다. 이 검사는 EEG 기술과 유사하게 뇌의 전기적 활성을 모니터링한다. 인도는 BEOS를 증거로 수용하는 유일한 국가 혹은 몇 안 되는 국가 중 하나로, 인도의 범죄 전문가들은 이 기술을 통해 범죄에 대한 지식, 죄를 지은 사람만이 알고 있는 지식을 숨기고 있는지 판단할 수 있다고 주장했다. 수사관들은 심문을 하면서 피의자에게 범행에 사용된 무기 종류나 희생자가 입고 있었던 옷 같은 범죄 관련 사실을 제시한다. 만약 피의자가 정확한 내용이라고 생각하면 P300파로 불리는 뇌의 특징적인 일시적 신호가 발생하고 전기 신호 감지 장치가 이를 기록한다. P300파에서 "P"는 양성(positive)을, 300은 피험자에게 자극을 제시하고 0.3~0.5초(300~500밀리세컨드) 사이에 반응 신호가 정점에 달한다는 점을 나타낸 숫자를 뜻한다. 이 정도 시간에 피험자는 제시된 정보를 아직 알아보기 전이지만 그에 대해 반응하고 이 반응은 바꿀 수 없다고 본다.[1]

BEOS 검사를 준비하면서 샤르마의 머리에는 컴퓨터와 전선으로 연결된 전극 32개가 단추처럼 부착된 천 모자가 씌워졌다. 그리고 방 안에 홀로 앉아 눈을 감고 경찰이 미리 녹음해 둔 진술을 청취했다. 수사관들은 샤르마에게 구두로 반응하지 말라고 당부했다. 테이프에서는 첫 번째 사람의 목소리가 들려왔다. 그는 "나는 비소를 구입했다," "나는 맥도날드에서 유디트를 만났다." "나는 비소가 들어간 먹을거리를 그에게 건넸다."와 같은 문장을 읽었다. 샤르마는 자신이 결백하다고 주장했지만, 그녀의 뇌는 세부적인 범행 사실을 듣고 P300파가 최고치에 달하는 신호를 발생했다고 전해진다. 법의학 수사관들은 그녀가 "경험으로 아는 지식"을 보유하고 있음을 명백히 보여주는 결과이며, 따라서 바라티를 살해한 것이 사실이라고 판단했다. 판사는 무기 징역을 내렸다. 이 새로운 거짓말 탐지기 검사 결과를 토대로 법정이 유죄를 선고한 사례는 어디에서도 볼 수 없던 일로, 최초 판결이었다.[2]

샤르마에 대한 판결은 인도 법의학계에 격렬한 분노를 일으켰다. "선진적이고 정교한 민주주의 사회인 인도 같은 나라에서 검증도 안 된 기술을 토대로 유죄를 선고하다니… 정말 믿기 힘든 일이다." 미국 노스웨스턴 대학교 심리학자, 신경과학자이자 EEG를 기반으로 한 거짓말 탐지기의 초기 개발자 중 한 명인 J. 피터 로젠펠드(J. Peter Rosenfeld)도 강하게 비난했다. 실제로 BEOS가 인도의 일부 경찰서에서 처음으로 채택된 2003년부터 2009년 사이, 샤르마를 비롯한 160명이 넘는 용의자가 BEOS 검사를 받았다. 샤르마 사건에 대해 언론은 "신경 경찰", "사상 경찰", "뇌 강탈자"를 조심하라고 경고했다. BEOS를 개발한 인도 신경과학자 참바디 R. 무쿤단(Champadi R. Mukundan)은 연구 방법과 데이터 누락 혹은 오류가 없는지 외부 연구진이 검토하게 해달라는 요청을 거부하여 전 세계 전문가들을 격분시켰다.[3]

인도에서도 이 문제를 우려하는 당국 관계자들이 일부 있었다. 내무부 과학수사국 국장은 인도 국립 정신건강 및 신경과학 연구소에 BEOS 분석을 검토하도록 지시했다. 샤르마의 유죄를 "입증했다"고 주장한 그 법의학 연구소는 2008년 샤르마가 유죄를 선고받은 이후 6개월 이내에 다른 두 명에 대해서도 샤르마의 전(前) 약혼자 살해 범행에 가담했다며 유죄가 입증되었다고 밝혔다. 2009년 4월, 봄베이 고등법원은 이 분석 결과에 대해 BEOS는 "비과학적이며 중단되어야 한다."고 결론짓고 샤르마는 보석금을 내면 석방 가능하다고 밝혔다. 범행 증거가 샤르마의 지갑에 미리 심어졌을 가능성이 있다는 이유에서였다. 이제 남편이 된 샤르마의 연인도 보

석으로 석방되었다.[4]

구식 수사 방식으로 얻은 결론에서도 샤르마가 과연 독극물을 소지했는지 의문이 제기됐다. 샤르마는 항소를 제기했으나 2012년 말까지 대기 상태다. 인도의 느린 법적 절차를 고려하면 아마도 샤르마의 운명은 몇 년 동안 불확실한 상태일 가능성이 다분하다.[5]

거짓말인지 아닌지 마음을 읽어 알아낼 수 있다는 가능성은 상당한 관심을 모았다. 미국에서는 효과적인 거짓말 탐지기를 개발하기 위한 연구가 10년이나 지속되던 중 2001년 9월 테러리스트 공격을 계기로 더욱 가속화되었다. 유효성 있는 거짓말 탐지기가 개발되면 국가 첩보 활동은 물론이고 법정의 각종 소송 절차, 경찰 업무가 혁신될 것으로 전망됐다. 국방부, 국토안보부 등 미국 정부 기관이 제공한 지원금이 대학 연구진들에게 흘러들어갔다. 철저히 통제된 실험실 범위에서 전적으로 협조하는 피험자들을 대상으로 검사하면, 뇌를 기반으로 한 거짓말 탐지기는 상당히 정확하다고 입증된다. 최소한 전통적인 거짓말 탐지기보다는 낫다. 전도유망해 보이는 이 분야를 기회로 삼으려는 업체 두 곳이 방대한 잠재적 고객들을 향해 fMRI 거짓말 탐지기를 내놓았다. 캘리포니아 주 타자나의 노라이 MRI(No Lie MRI)와 보스턴 근처 세포스 코포레이션(Cephos Corporation)이다. "개인과 기업, 정부까지, 우리가 다른 사람, 업계, 정부와 평화롭고 의미 있게 공존하기 위해 갖추어야 할 중추적인 요소는 바로 신뢰입니다." 이는 노라이의 말이다.[6]

하지만 넘어서야 할 과제와 위험이 그 커다란 형체를 드러내기 시작했다.[7] 첫 번째는 실제 상황에서 뇌 영상으로 속임수인지 여부를 과연 추측할 수 있을지 파악해야 한다. 두 번째는 이 미성숙한 기술이 일상적으로 사용되거나 아디티 샤르마와 같은 무고한 사람을 의심하는 데 사용되지 않도록 해야 한다. 세 번째는 기술적으로 생각, 감정, 기억에 접근하는 방식에 대해 법정과 사회가 개인의 사생활과 관련하여 얼마나 우려할지 고려해야 한다. "뇌의 사생활"은 아직 위협 받고 있지 않으며 아마도 가까운 미래에는 그런 일이 없을 것이다. 그래서 이번 장에서 우리는 뇌를 기반으로 한 거짓말 탐지기가 과학적으로 얼마나 타당한지 집중 조명해본다. 또한 인지적 자유로 불리는 문제를 둘러싼 법적 논란에 대해서도 대략적으로 알아볼 것이다.

거짓말쟁이에 대한 가장 큰 오해 중 하나는, 무심코 자신의 정체를 드러낼 거라 생각하는 것이다. 고대 그리스에서는 인상학이 발달했다. 거짓말쟁이라면 얼굴을 씰룩거리거나 붉히는 등 자신의 의지와 상관없이 어떤 신호가 나타난다고 보고, 그것이 "말해주는 것"을 감지하는 학문이었다. 포커 치는 사람들도 이와 같은 기법을 이용해 상대방이 허세를 부리는지 판단한다. 역사학자들에 따르면 그리스의 유명한 의사 에라시스트라토스(Erasistratus, 기원전 300~250년)는 한 의붓아들이 아버지가 새로 들인 부인과 함께 있을 때마다 맥박이 빨라지는 것을 보고 그녀를 몰래 사랑하고 있다는 사실을 알아챘다. 프로이트는 누구든 충분히 관심을 기울이면 속임수를 쓰는지 알아낼 수 있다고 생각했다. 그는 거짓말쟁이는 "손가락이 말을 할 것이며, 몸 구석구석에서 배신이 새어나올 것"이라고 썼다. 거의 모든 문화권에서는 거짓말하는 사람은 눈을 피하고, 말을 더듬고, 안절부절 못하고, 얼굴을 만지는 특정한 방식 등 다양한 신호로 알아챌 수 있다고 믿는다. 그러나 연구를 통해 이러한 신호가 정말 믿을 만한지 입증된 적은 없다. 거짓할하는 사람을 감지하는 데 활용할 수 있는 신호는 놀라울 정도로 소수이다. 게다가 이 몇 안 되는 신호도 비언어적 신호가 아닌, 주로 언어적 신호들이다. 예를 들어 부정확한 말은 정확한 말과 비교할 때 세부 사항이 빈약하고 수식 어구가 많이 들어간다("단언할 수는 없지만 말이야, 내 생각에 그 은행 강도가 입었던 셔츠는 파란색이었던 것 같아"). 판사, 경찰관 같은 잘 훈련된 보안 전문가조차도 거짓말을 감지하는 능력이 특출한 경우는 찾기 힘들다.[8]

이렇게 우리가 거짓말을 찾아내는 데 무능한 이유는 거짓말쟁이가 넘쳐나는 이 세상에서 찾을 수 있다. 사람들은 10분 이상 지속되는 사회적 관계 다섯 건 중 한 건 꼴로, 최소한 평균 하루에 한 번은 거짓말한다고 시인한다.

어느 끈질긴 사람이 문학을 뒤져본 결과, 기만행위를 나타내기 위해 사용되는 영어 어휘는 112가지에 달했다. '공모', '속임수', '꾀병', '작화[46]', '얼버무림', '과장', '부인' 같은 단어들이었다. 후기 영국 정신의학자이자 거짓말 전문가인 션 스펜스(Sean Spence)는 여러 문화권을 관찰한 결과 정직보다 거짓을 나타내는 단어가 더 많으며, 그 이유는 아마도 남을 속이는 방법은 다양하지만 진실을 말하는 방법은 오직 하나이기 때문이라고 말했다.[9]

---

46) 공상을 실제 일어난 일처럼 이야기하면서 허위 사실임을 인식하지 못하는 정신병적 증상. (역주)

전혀 놀랍지 않은 사실이다. 서로 속이는 사회적인 삶에서 필수 요소이다. 우리는 관계를 교묘하게 조작하고 경쟁자는 잘못된 곳으로 유인하면서 서로 협력한다. 때로는 성관계도 이러한 전략에 따르며, 이 사실은 유혹하는 능력이 탁월한 자에게 표적이 되어본 사람이라면(혹은 자신이 그 능력이 탁월한 사람이라면) 누구나 증명할 수 있다. 우리가 남을 속이는 것은 세상을 다른 사람의 눈으로 바라보며 그 사람의 행동을 예상할 수 있는 능력을 토대로 가능해진다. 철학자, 심리학자들은 이러한 능력을 "마음 이론"이라 부른다. 대부분의 아이들은 3~4세 사이에 이 능력이 발달하기 시작한다. 다른 사람의 욕구, 의도, 믿음, 감정, 지식을 직관적으로 깨닫는 능력이 뛰어난 아이일수록 부모, 교사, 친구들을 더욱 효과적으로 속일 수 있다.[10]

결점이 잘 알려진 거짓말 탐지기 검사도 거의 한 세기 동안 거짓말을 알아내는 주요 기술로 사용되었다. 이 검사에는 거짓말하는 사람에게 거짓말을 하는 행위가 스트레스이며, 이 스트레스로 혈압이 상승하고, 호흡이 빨라지거나 손에 땀이 나는 등 말초신경계 반응으로 표현된다는 오래된 전제가 반영되어 있다. 고대 중국에서도 이 이론이 원시적인 형태로 적용된 사례를 확인할 수 있다. 당시 중국의 조사관들은 범행을 저질렀다고 의심되는 사람의 입에 쌀을 머금고 있게 하거나 바싹 마른 빵을 삼키도록 했다. 쌀이 입속에서 메마른 상태로 남아 있거나 빵을 쉽게 삼키지 못하면 용의자는 유죄로 간주되었다. 기만행위가 있다면 불안감, 즉 붙잡히면 어쩌나 하는 공포, 누군가를 배신한데 대한 괴로움, 자신의 윤리적 기준을 위반한 데 대한 죄책감으로 이어져 입을 마르게 만든다고 생각했다.[11]

1900년대 초반, 하버드 대학교에 재학 중인 학부생 윌리엄 몰튼 마스턴(William Moulton Marston)은 현대 거짓말 탐지기의 전신을 발명했다. 이 장치는 공기가 가득 찬 고무호스를 피험자의 가슴에 둘러 고정시키고 혈압계를 팔뚝 위에 맨 다음 호흡 속도를 기록했다. 거짓말 탐지기의 역사에서 한 가지 매력적인 사실을 덧붙여 이야기하자면, 마스턴은 이후 만화 작가가 되어 찰스 몰튼(Charles Moulton)이라는 필명으로 원더우먼을 탄생시켰다. 원더우먼은 허리에 "진실의 금빛 올가미"를 두르고 있는 여자 영웅이다. 공기 호스의 마술 버전이라 할 수 있는 이 올가미에 갇힌 악당은 원치 않아도 진실을 말해야 한다.[12]

하지만 거짓말 탐지기의 마술적 효과는 부족했다. 법적, 과학적 논란의 시작은 1923년까지 거슬러 올라가는데, 이 시기 미국 연방 법원은 마스턴의 기술이 과학계 전반에서 수용되지 않았으므로 거짓말 탐지기 검사 결과를 증거로 채택할 수 없다는 결정을 내렸다. 미국 대 프라이(Frye) 사건에서 내려진 이 판결은 과학적인 증거의 기준에 대해 사법기관의 입장을 명확히 밝힌 최초의 사례였던 점에서 증거법 역사에 획기적인 사건으로 남았다. 이 프라이 원칙 및 보다 최근에 등장하여 연방 법원과 미국 대부분의 지역에서 프라이 원칙을 대체한 다우베르트(Daubert) 원칙에 따라, 지난 90년간 미국의 거의 모든 주 법원 및 연방 법원 재판에서 거짓말 탐지기 증거는 제외되었다. 하지만 법원 바깥에서는 거짓말 탐지기가 미국 법률 집행의 일상적인 특징으로 자리 잡았다. 금세기 중반까지 거짓말 탐지기는 핵 관련 기밀사항을 지키고, 과학자들의 정치적 신의를

확인하고, 동성애자가 공무를 집행하지 못하게 축출하는 데 사용되어 왔다.[13]

1988년에는 '근로자 거짓말 탐지기 보호법'이 제정되어 민간 고용주가 예비 근로자를 심사하거나 직원 중 도둑을 색출하려는 목적으로 거짓말 탐지기를 사용하는 것을 금지했다. 이 법이 발효되고 10년이 지난 뒤 미국 대법원은 피고가 거짓말 탐지기 검사 결과에 대해 자신의 무고함을 입증할 수 있다는 주장을 펼치더라도 주정부와 연방 정부는 이를 증거로 이용하지 못하게 금지할 수 있다는 판결을 내렸다. 그러나 법정은 이 정책을 여전히 미심쩍어 한다. 일부 연방 순회 재판소와 몇몇 주에서는 특정 상황에서 거짓말 탐지기 증거를 계속 인정하고 있으며 뉴멕시코 주 법원은 아예 전반적으로 허용하고 있다. 법원 바깥에서는 미국의 국가 안보나 법률 집행을 담당하는 기관들에서 예비 직원 심사나 직원을 민감한 직책으로 승진시키기 전 확인하는 목적으로 매해 100만 건 이상의 거짓말 탐지기 검사를 실시한다.[14]

거짓말 탐지기가 왜 엄밀히 조사해야 할 대상인지 이해하려면 그 작동 원리부터 알아야 한다. 자, 어떤 사람이 500만 원을 훔쳤다고 생각해보자. 표준 거짓말 탐지기 절차에 따라 조사관은 세 가지 형태의 질문을 던진다. 정직한 반응을 보일 때 나타나는 심리적 기준을 설정하기 위해 먼저 용의자에게 "영어 할 줄 압니까?" 혹은 "지금은 10월입니까?" 등 사건과 무관한 질문을 하고 솔직히 답하도록 요청한다. 그런 다음 "교통 위반 딱지를 받은 적이 있습니까?", "가게에서 잔돈을 더 많이 받고 그냥 가진 적이 있습니까?", "상사에게 거짓말을 합니까?" 등 과거 저지른 사소한 위반 행위에 대해 질문하여 "대조 표준(control)"으로 삼는다. 아마도 거의 대부분의 사람은 주차 위반 딱지를 떼고 거스름돈을 많이 받고도 모른 척 하고 최소한 한 번은 직장에서 거짓말을 할 것이다. 하지만 거짓말 탐지기 검사를 하면서 이런 사소한 잘못을 인정하고 싶지 않은 마음이 든 나머지 거짓말을 해야 할 필요성을 느낄 수도 있고, 그 결과 심박이 약간 동요하거나 손에 땀이 조금 찰 수 있다. 거짓말 탐지기 검사에서는 이 대조 표준 질문을 통해 "선의의(악의 없는) 거짓말"에 대한 기준을 설정하고 이를 사건과 관련성이 많은, 그래서 생리학적 흥분 상태가 더 크게 나타날 것으로 추정되는 범죄 관련 거짓말에서 나오는 반응과 비교한다. 따라서 죄를 지은 용의자는 조사관이 "돈을 훔쳤습니까?"라는 입증 목적의 질문을 던지고 여기에 "아니오."라고 대답하면 선의의 거짓말에서 진실을 왜곡할 때보다 더욱 강력한 생리학적 반응이 나타난다고 본다. 반대로 죄가 없는 사람이라면, 같은 질문에 "아니요."라 대답해도 악의 없는 거짓말을 할 때보다 더 약한 생리학적 반응이 나타난다고 추정한다.

여기에는 위안이 되는 논리가 들어있다. 죄를 지어도, 우리 몸이 그 비밀을 알아서 누설해준다는 논리다. 그러나 이 논리는 아무리 좋게 봐도 너무나 지나치게 간소화된 것이며, 최악의 경우 명명백백한 오류이다. 습관적으로 거짓말하는 사람은 그토록 늘 불안해하지 않는다. 사이코패스의 경우도 마찬가지여서, 이들의 말초신경계는 다른 대부분의 사람들과 비교할 때 위협에 반응하는 수준이 낮다. 또 진실을 말하는 사람도 때로는 긴장할 수 있고 특히 굉장히 부담스러운 상황에서는 더욱 그럴 가능성이 높다.[15] 거짓말 탐지기를 이용하면 무고한 사람이 유죄로 보이는 경우가 종종 있다. 조사를 받으면서 겁에 질리거나 불안하면 심장이 요동치고, 호흡이 가빠지고, 손에 땀이 난다. 심지어 자신이 죄를 지었다는 느낌을 받을 수도 있다. 무언가 잘못했다는 혐의를 받고 있다는 생각만으로 자율신경계가 활성화되는 이런 사람들에게 거짓말 탐지기 검사관들은 "죄 강탈자(guilt grabber)"라는 별명을 붙인다. 반대로 죄를 지었지만 범죄에 자주 몸을 담근 사람이라면 어떻게 해야 거짓말 탐지기를 이길 수 있는지 아는 경우가 많다. 이들은 선의의 거짓말을 할 때 나타나는 생리학적 반응 기준을 설정하려고 제시되는 질문에 대답하면서 혀를 세게 깨물거나 머릿속으로 굉장히 어려운 산술 문제를 푼다. 그 결과 진짜 범죄에 대해 거짓말을 해도 결과는 그리 극적으로 나오지 않는다.

결국 거짓말 탐지기는 거짓말을 감지한다기보다는 신체의 흥분 상태를 감지한다. 이 검사는 "거짓 양성" 결과를 도출할 가능성이 크고 이로 인해 정부 당국은 무고한 사람에게 벌을 내릴 수 있다. 또 그보다는 확률이 낮지만 "거짓 음성" 결과로 인해 죄 지은 사람이 무죄라는 잘못된 결론을 얻을 가능성도 있다. 미국 국립 과학원은 거짓말 탐지기 검사가 적절히 수행된 경우 거짓말하는 사람을 올바르게 가려내는(진 양성) 비율이 약 75~80퍼센트이나, 진실을 말한 사람을 거짓말쟁이로 잘못 판단하는(거짓 양성) 비율을 약 65퍼센트로 추정한다. 1986년 CIA 요원이었으나 소비에트의 스파이였던 올드리치 에임스(Aldrich Ames)의 범죄 연루 사실을 찾지 못한 사건(거짓 음성 오류), 그리고 미국 에너지부 소속 과학자인 웬 호 리(Wen Ho Lee)를 1998년 중국 정부 요원으로 오판한 사건(거짓 양성 오류)은 거짓말 탐지기 오류로 가장 유명한 사건들이다.[16]

인체가 비밀을 감쪽같이 속일 수 있다는 신뢰를 얻을 수 없다면, 속임수의 기관인 뇌를 직접 살펴보는 것이 기만행위를 확인하는 더 나은 방법일까? 이 경우 기본적으로 두 가지 접근방식이 있는데, 둘 다 EEG나 fMRI를 이용하여 거짓 여부를 감지한다. 한 가지 방법은 의심 가는 사람이 정보를 자기만 알고 숨기는지 살펴보는 것으로, 유죄 지식 검사가 바로 이와 같은 태만 죄를 찾는 것을 목표로 한다.[17] 다른 전략은 뇌 활성으로 거짓말과 진실을 구분하는 것이다. 뇌 기반 거짓말 탐지기는 일반 거짓말 탐지기와 마찬가지로 기본적인 심문에 해당되는 질문을 던진다. "당신이 한 일입니까?" 반면 유죄 지식 검사에서는 용의자가 범죄에 대한 기억을 가지고 있기만 하면 되므로 기본 질문이 다음과 같다. "이러한 범죄 내용을 알아보겠습니까?"

좀 더 상세히 알아보면, 유죄 지식 검사에서는 범행을 저지른 사람만 알 수 있는 세부 정보를 용의자에게 제시한다. 즉 조사관은 "당신이 사용한 총은 몇 구경입니까? 22, 25, 38, 44구경입니까?"라든가 "가족 금고는 어디에 있습니까? 욕실 거울 뒤인가요? 아니면 지하실에? 책장 뒤?" 각 항목 중 정확한 답을 들을 때마다 생리학적 반응이 일관적으로 강하게 나타난다면 그 용의자는 범죄 지식을 보유한 것으로 간주된다. 반대로 제시된 선택 항목 모두에 반응 강도가 동일하게 나타난 사람은 결백하다고 본다. 대조 표준으로는 용의자에게 뉴스 기사를 통해 누구나 알 수 있는 범죄 관련 정보를 제시하고 측정한 결과를 활용한다. 또 용의자의 생일을 무작위로 고른 일련의 날짜들과 함께 제시하고 의미가 있는 날짜는 무엇인지 질문하여 "관련성 없는" 질문에 대한 반응도 측정한다. 통제된 조건에서 실시되는 이 유죄 지식 검사의 장점은 거짓 양성의 비율이 낮고 특히 실험 조건이 명확하면 결과가 꽤 정확하다는 점이다. 반면 여러 비평가들이 지적한 문제점은, 이 검사에 대한 지지 의사를 거침없이 밝히고 있는 심리학자 로렌스 A. 파웰(Lawrence A. Farwell)이 제멋대로 검사를 변형한다는 점이다.

2001년 알카에다 테러범의 미국 공격이 있은 날로부터 고작 일주일 전에 〈타임(Time)〉지는 파웰을 "21세기 피카소 혹은 아인슈타인이라 할 수 있는 혁신가 100인" 중 한 명으로 선정하여 유죄 지식 검사에 대한 관심을 다시 불러일으켰다. 파웰은 "뇌 지문 감식"으로 명명한 기술을 개발했는데, 뇌파를 이용해 범행 정보를 보유하고 있는지 확인하는 기술이다. 〈타임〉지는 "파웰은 전화번호부터 알카에다 암호에 이르기까지, 무엇이든 용의자가 친숙하게 생각하는지 여부를 가려낼 수 있다고 믿는다."고 전했다. 그는 수년 간 미국 중앙정보부(CIA), 비밀 검찰국과 같은 연방 기관과 함께 뇌 지문 감식 기술을 군사 및 안보 목적으로 사용할 수 있는지에 대해 논의했다. 파웰이 설립한 뇌 지문 감식 연구소(Brain Fingerprinting Laboratories)도 시애틀에서 운영 중이다. 뇌 지문 감식에서는 인식의 전기적 표식을 이용하며, 이에 대해서는 논란이 되고 있다. 파웰이 기억 및 암호화 관련 다면적 뇌파 반응(Memory and Encoding Related Multifaceted Electroencephalographic Response, MERMER)라 이름 붙인 이 신호의 주된 구성 요소는 P300파이다. 앞서 등장한 BEOS가 떠오른다면, 결코 우연의 일치는 아니다. 파웰의 연구가 샤르마 심문에 사용된 BEOS 기술에 영감을 주었으니까.[18]

범죄 심리학자들은 파웰이 너무나 과도한 주장을 펼친다고 비난한다. 전문가 검토 논문은 거의 발표된 것이 없고 연구 내용에 대해 외부 검토가 실시되도록 해달라는 요청도 거절됐다. 파웰은 ABC 방송국의 굿모닝 아메리카(Good Morning America) 출연진과 함께 2004년 오클라호마로 떠나 카메라 앞에서 지미 레이 슬로터(Jimmy Ray Slaughter)라는 이름의 사형수를 검사하는, 쇼맨에 가까운 행보를 보였다. 이 검사에서 희생자와 실제 정보가 제시되었을 때 슬로터의 뇌에서 인지를 나타내는 신호 증가가 나타나지 않았으므로, 뇌지문 감식 기준에서는 결백하다고 파웰은 주장했다. 그러나 항소법원은 증거 심리 승인을 거부했고 2005년 슬로터에 대한 사형이 집행되었다.[19]

파웰, 그리고 아디티 샤르마를 심문한 인도 조사관들 모두 EEG를 기본적인 뇌 평가 기술로 활용했으나 일부 조사관들은 fMRI를 이용한 유죄 지식 검사를 실시해 왔다. 이 경우 뇌파를 측정하는 대신 조사관이 용의자에게 범죄 현장을 보여주고 기억과 관련된 뇌 영역에서 나온 BOLD(혈중 산소치 의존) 신호의 패턴을 조사한다. 예전에 그 장소에 가본 적이 있는지, 그 신호로 파악할 수 있다고 보는 것이다. 어떤 기술이 사용되던지 간에 기억을 신경학적으로 나타내는 (뇌파가 일시적으로 증가하는 패턴을 그대로 보여주거나 뇌 활성의 좀 더 미묘한 패턴으로 보여주는) 그 자체가 유죄 지식 검사의 핵심이고 동시에 치명적인 약점이다.

파웰은 뇌 지문 감식으로 특정 정보가 '뇌에 저장되어 있는지' 파악할 수 있다고 주장한다. 기억의 원리를 고려하면 이것은 잘못된 생각이다. 뇌는 말 잘 듣는 오디오-비디오 녹화기처럼 작동하지도 않을뿐더러 움직이지 않는 기억 저장고도 아니다. 기억이라는 장치는 오류가 발생할 수 있으며 때로는 그 오류의 규모가 엄청나다. 모든 게 기억되지도 않고 저장된 내용은 종종 왜곡된다. 사건을 암호화하고, 저장하고, 영구 기록을 만들고, 그것을 다시 떠올리는 기억의 각 단계마다 무언가가 엉망이 되어 버릴 수 있다. 범죄를 저지른 사람도 뇌파 조사를 통과할 수 있는데, 그 이유는 극도의 흥분 혹은 분노 상태에서 벌인 범죄의 경우 중대한 세부 사항을 자기 자신도 알아채지 못할 수 있기 때문이다. 인식하지 못한 사항은 뇌가 기억으로 암호화할 수도 없다. 또 상세한 정보가 암호화되었다 하더라도 항상 영구 보관되지도 않는다. 정상적인 폐기 과정을 거치거나, 시간이 가면서 그 전후의 기억과 섞여버릴 가능성도 있다. 이렇게 합성된 기억이 마치 실제로 있었던 일 마냥 생생하고 강렬한 느낌을 줄 수 있다.[20]

가짜 기억을 진짜 일어난 사건의 기억과 구분하기는 힘들다. 이는 목격자 진술, 법의학 수사 면담에서 이미 잘 알려진 골칫거리로, 특히 남의 영향을 받기 쉬운 어린이들은 더욱 문제가 심각하다. 애리조나 대학교의 심리학자들은 P300 검사를 이용하여 피험자들에게 거짓 기억을 유도하고 진짜 기억과 똑같은 반응이 나타나는지 조사해 보았다. 연구진은 잘 검증된 심리학 검사법을 활용하여 피험자들에게 '찌르다', '골무', '건초 더미', '가시', '상처 입다', '주사', '주사기' 등 서로 관련된 단어 여러 개를 읽어주었다. 이 단어들과 자연스럽게 어울리는 단어인 '바늘'은 포함되지 않았다. 하지만 연구 조사관이 피험자들에게 앞서 들은 단어 중에 바늘도 있었냐고 묻자, 많은 피험자가 그렇다고 답했다. '바늘'이 맨 처음 들은 단어 중에 하나였다고 자신 있게 답한 피험자들은 P300 검사에서 뇌의 전기적 활성 패턴이 실제로 들었던 단어를 떠올리려 할 때와 동일하게 나타났다. 요컨대 범죄 지식 검사는 진실의 척도이기보다는 믿음의 척도에 가깝다고 볼 수 있다.[21]

fMRI를 이용한 연구에서도 동일한 현상이 나타났다. 즉 상상과 인식이 뇌에서 동일한 처리 기전을 거친다는 과거 연구 결과가 확인된 것이다. 심리학자 제시 리스먼(Jesse Rissman)과 그 연구진은 200명이 넘는 사람의 얼굴을 제시하고 피험자가 얼굴을 기억할 때 뇌 영상을 촬영한 뒤 그 결과를 패턴 인식 혹은 '해독' 소프트웨어로 처리했다. 연구 기법에 따라 피험자가 잇달아 제시되는 이미지를 관찰하면서 나타나는 뇌 활성은 고속 컴퓨터로 전해지고, 컴퓨터는 특별한 '신경 서명'의 형태로 뇌에 각 얼굴이 어떤 형태로 기억되었는지 '학습'한다. 1시간 뒤, 연구진은 피험자들에게 처음 보여준 얼굴에 앞서 제시되지 않은 얼굴을 섞어 총 400명의 얼굴을 보여주었다. 그 결과는 충격적이었다. 본 적 있는 얼굴을 볼 때 나타나는 신경 서명이 처음 보는 얼굴을 마주했을 때 발생한 결과와 구분되지 않았다. 처음 본 얼굴을 친숙하다고 생각한 것이다. 이 연구는 진짜 기억과 잘못된 기억을 fMRI로 구분할 때 발생하는 중대한 한계, 사법 분야에서 뇌를 기반으로 한 증거를 활용할 때 해결해야 할 어마어마한 난관을 분명히 보여주는 중요한 연구이다.[22]

신뢰할 수 없는 기억은 범죄 지식 검사에서 거짓 음성으로 이어질 수 있다. 뿐만 아니라 P300 반응(혹은 fMRI 신경 서명)이 범죄에 관한 정보에만 특이적으로 나타나지 않는다는 점에서 거짓 양성도 발생할 수 있다. 결백한 사람이 거짓말 탐지기 검사를 받으면 긴장해서 손에 땀이 나거나 심박이 빨라질 수 있는 것처럼, P300 반응은 기껏해야 피험자에게 무언가 특별한 것, 알아볼 수 있는 것을 인식한 결과로 해석하는 것이 최선이다. 범행에 사용된 총처럼 시각적인 단서가 자극으로 제시되어 P300이 급증했다면, 이것은 용의자가 그 무기를 보고 활발히 상상의 나래를 펼쳤거나 과거 다른 상황에서 그와 비슷한 총을 본 적이 있음을 나타낸 것일지도 모른다.

마지막으로 범죄 지식 검사는 실행상의 문제도 안고 있다. 범죄 현장은 조사관들이 도착하기 전까지 대부분, 혹은 완전히 손대지 않은 상태로 유지되어야 한다. 현장이 훼손되거나 다중 선택 검증을 위해 용의자에게 제시하는 정보가 부정확하다면, 용의자에게서 인지와 관련된 신호가 발생하지 않아 무고한 사람으로 여길 수 있다. 반대로 언론 매체에 사건 세부 정보가 새어나가 그 뉴스를 읽은 결백한 사람은 인지 또는 죄책감을 나타내는 신호를 발생시킬 수 있다. 더불어 조사관들은 다중 선택 검사가 효과적으로 실시될 수 있도록 범죄 현장과 범행 특성에 관한 개별적인 세부 정보를 충분히 제공받아야 한다. 이 모든 이유를 종합하면, 범죄 지식 검사는 우수한 조사 도구이긴 하지만 실험실의 통제된 조건 내에서만 최고의 결과를 얻을 수 있는 방법이다.

이제 거짓말 탐지에 뇌를 기반으로 접근한 그 두 번째 방법, 더 유명한 두 번째 접근 방식에 대해 알아보자. 바로 신경 거짓말 탐지기이다. 진실을 이야기할 때와 거짓말을 할 때 뇌에서 각기 다른 영역이 관여한다는 생각이 이 기술의 기본 토대이다. 연구자들이 fMRI를 이용하여 거짓말과 상관관계가 있는 특정 뇌 영역을 집어낼 수 있다면, 아마도 거짓말 탐지 분야의 성배가 되리라. fMRI를 바탕으로 하는 거짓말 탐지 이론의 주된 내용은 특정한 뇌 영역이 거짓말을 할 때 더욱 열심히 일을 한다는 것이다. 그 까닭은 뇌가 우선 정직성을 저해한 다음 거짓말을 만들어내야 하기 때문일 것으로 추측된다.[23] 이 이론에 따르면, 거짓말과 연관성이 있는 fMRI 신호에서 진실을 이야기할 때 관여하는 신호를 제외하면 속임수에 대한 신경 서명(표지)을 확인할 수 있다. 다시 말하면 fMRI로 감지된 신호를 부정직과 정직 사이의 갈등이 신경학적으로 표현된 결과로 해석한다.

2005년 정신의학자 F. 앤드류 코젤(F. Andrew Kozel)이 발표한 fMRI 기반 거짓말 탐지기 실험 결과는 이후 상당히 많이 인용된 논문들 중 하나가 되었다. 코젤 연구진은 먼저, 일명 가짜 도둑 모델로 불리는 계획에 참여할 참가자들을 모집했다. 실험이 시작되자 연구진은 피험자를 한 사람씩 책상이 놓인 방으로 직접 데리고 가서 책상 서랍에 들어 있는 물건 하나를 집으라고 지시했다. 서랍에는 반지와 시계가 있었고, 물건을 고른 다음에는 가까이에 있는 사물함에 넣도록 했다. 그리고 뇌 영상을 촬영하기 전, 피험자들은 시계나 반지를 "훔쳤냐?"는 질문이 제시되면 부인하라는 중요한 지시가 내려졌다. 즉 영상 촬영 장비의 컴퓨터 화면에 연구진이 "시계를 가져갔나요?" 혹은 "반지를 가져갔나요?"라는 질문을 띄우면 항상 '아니요' 버튼을 누르라는 의미였다.[24]

이 교묘한 장치로 인해 피험자들은 부득이 이 질문 중 하나에는 진실을, 다른 하나에는 거짓을 답할 수밖에 없다.[25] 연구진은 진실을 말할 때와 거짓말을 할 때 나타난 뇌 활성을 측정하고 기본적인 신경 활성에서 감산했다. 이어 피험자 전체에서 나온 결과를 종합하여 구성도를 작성하자, 진실을 이야기할 때보다 거짓말 할 때 더욱 활성화되는 뇌 영역 일곱 곳이 나타났다. 하지만 이 결과로 피험자 개개인의 결과는 알 수 없다. 그런데도 연구진은 특정 피험자가 거짓말을 한다는 사실을 알 수 있을까?

연구 두 번째 단계에서 연구진은 똑같은 가짜 도둑 실험에 참가할 또 다른 참가자들을 모집했다. 그리고 이 실험에서 나온 결과를 첫 번째 피험자 그룹에서 얻은 구성도와 비교해 보았다. 이 과정을 통해 특정 피험자가 반지를 가져갔는지 아니면 시계를 가져갔는지 연구진이 90퍼센트의 정확도로 파악할 수 있었다. (다른 연구진이 수행한 가짜 도둑 실험은 이 정확도가 70~85퍼센트 사이여서 코젤 연구진의 결과에 비해 큰 주목을 받지 못했다.)[26]

전체에서 감산하는 이 같은 방식은 최근 들어 법률 분야에서 fMRI 거짓말 탐지기를 이용하는 기본 바탕이다. 2009년 양육 부모인 한 아버지가 아동 학대 재판에서 노 라이 MRI(No Lie MRI)를 고용하여 자신은 딸과 성관계를 가지지 않았다는 사실을 입증하려 했다. 노라이 MRI가 샌디에이고 카운티 소년법원에 제출한 보고서에 따르면, 의뢰인이 "X와 구강 성교를 했습니까?"라는 질문에 "아니요"라고 답했을 때 나온 반응은 진실로 확인되었다. 그러나 검찰 측이 fMRI 기반 거짓말 탐지기에 대한 반대 증언을 할 전문가 한 사람을 고용하자 결국 피고 측은 fMRI 증거 채택 요청을 철회했다.[27]

이듬해 세간의 이목을 집중시킨 한 사건에서 fMRI 거짓말 탐지기가 집중적인 조사를 받았다. 연방 정부가 테네시 주 심리학자 론 셈라우(Lorne Semrau)에 대해 1999년부터 2005년까지 메디케어(Medicare)[47]와 메디케이드(Medicaid)[48]로부터 수백 만 달러를 사취한 혐의로 기소한 사건이었다. 셈라우는 보험 청구 절차에서 혼동한 부분은 있으나 결코 보험금을 의도적으로 훔치지 않았다는 입장을 고수했다. 그의 변호인은 fMRI 거짓말 탐지 검사 서비스를 제공하는 또 다른 업체 세포스(Cephos)를 고용하여 셈라우의 과거 정신 상태를 조사하도록 했다. 검사에서는 "메디케어를 속이거나 돈을 사취하기 위해 청구서[병원비 청구 코드 99312]를 제출했습니까?" 등의 질문이 제시되었다. 세포스는 셈라우가 고의로 사기 행각을 벌이지 않았다고 말할 때 그의 "뇌는 진실을 말하고 있음을 나타냈다"고 결론 내렸다. 재판에 앞서 검찰 측이 이 증거의 수용을 거부함에 따라 판사는

---

47) 미국의 65세 이상 노인 대상 의료보험제도 (역주)
48) 미국의 저소득층 의료보장제도 (역주)

fMRI 기반 거짓말 탐지 검사의 과학적 유효성을 평가하기 위한 사전 심리를 열었다. 다우베르트 심리로 불리는 이 심리에서 전문가들은 세포스 측 데이터가 합당한지에 대해 찬성과 반대 증언을 했다.[28]

　　결국 판사는 오류 발생률(진실을 말하는 사람이 거짓말하는 것으로 잘못 감지되거나 거짓말쟁이가 하는 거짓 진술을 놓칠 가능성)이 입증되지 않았고 과학계가 아직까지 이 검사를 타당한 기술로 수용하지 않으므로, 피고 측은 fMRI 증거를 제출할 수 없다고 판결했다.[29] 연방 항소법원도 2012년 이 판결을 그대로 인정했다. 더불어 판사들은 2010년 뉴욕 시에서 제기된 고용 차별에 관한 소송과 2012년 메릴랜드 주 살해 사건에 대한 재심리 등 다른 두 건의 사건에서도 fMRI 거짓말 탐지 검사 결과의 증거 채택을 거부했다.[30]

　　이 모든 사례에서 쟁점이 된 항목은 과학적 타당성이다. 법원은 몇 건의 인상적인 실험 연구에서 사용된 기술이 실험실 바깥에서도 정확하게 적용된다고 믿을 만한 정당한 이유를 거의 찾지 못했다. 그럴 만한 이유가 있는 것이, 거짓말과 신경학적 연관성에 영향을 주는 요소는 아주 많기 때문이다.

　　먼저 코젤을 비롯한 연구진들이 도출한 결과이자 이들이 규명하려 애쓴 "실험실 거짓말"과 진짜 거짓말의 차이를 생각해보자. 가장 분명한 사실은 법의학 수사 상황에서 실제 용의자에게 거짓말을 하라고, 더구나 특정한 방식으로 거짓말을 하라고 하는 일은 없다는 점이다. 속이려는 의도는 우리가 거짓말이라 부르는 행위와 분리하여 생각하기가 거의 불가능한 요소이다. 따라서 많은 신경과학자들은 실험에 참가한 피험자는 거짓말을 한다기보다는 "지시받은 대로 거짓을 말하는 것"이라 주장한다. 지시된 거짓말과 어떤 목적을 위해 오인을 유발하려는 시도는 분명 뇌로 하여금 다른 역할을 요구할 것이며, 이 점을 고려하면 연구에서 fMRI로 측정한 결과가 정확히 무엇인지에 대한 의문이 더욱 강해진다. 또한 실험 참가자 대부분은 거짓말 탐지 검사를 기꺼이 받는 데 반해, 실제 용의자들은 이 검사 장비를 이기고 싶은 마음에 머리를 움직이고, 콧노래를 흥얼대고, 머릿속으로 곱셈을 하는 등 뇌 영상 신호를 교란시키려 애쓸 가능성이 있다. 한 연구에서는 거짓말 탐지 검사를 받는 동안 손가락이나 발가락 하나만 꼼지락거려도 검사 정확도가 거의 완벽한 수준에서 3분의 1 수준까지 감소할 수 있는 것으로 나타났다.[31]

둘째, 진짜 거짓말을 할 때 나타나는 신경학적 표지는 단순한 거짓말 그 이상을 나타낼 가능성이 매우 높다. 신경과학자 엘리자베스 A. 펠프스(Elizabeth A. Phelps)가 지적한 것처럼, 실제 범죄 용의자의 경우 커다란 위기감을 느끼며 굉장히 감정적인 상태가 된다.[32] 이 용의자에게는 사건에 대해 상상하거나(결백한 경우) 사건을 재구성할(죄를 저지른 경우) 시간이 주어진다. 진짜 죄를 지은 사람이라면 만들어낸 이야기를 연습해볼 수도 있다. 즉 진짜 거짓말을 할 때 나타나는 신경학적 표지에 거짓과 진실 사이의 갈등 그 이상이 반영된다. 또한 그 결과 속에는 감정, 상상과 신경과의 상관관계가 포함되는데, 실험 조건에서 덜 긴장한 상태로 하는 거짓말 속에는 이러한 특징이 나타나지 않는다.

셋째, 실험에서 거짓말을 하는 당사자에 대해 생각해보자.

참가자 대부분은 학생들인데, 대부분 정신 건강에 문제가 있거나 오래전 두부 손상이 발생한 경험이 없으며 습관적으로 마약을 하지도 않는다. 또 심각한 범죄를 저질렀거나 그런 혐의를 받아본 적도 거의 없다. 따라서 연구 결과를 보다 광범위한 인구 집단에 적용할 수 있다고 일반화하기 위해서는 주의를 기울여야 한다. 이 피험자들은 거짓말하다 들켰을 때 감수해야 할 위험이 범죄 용의자가 느끼는 것만큼 크지 않다. 실제 사법 체계에서 다루는 용의자들은 지능지수(IQ)가 낮고, 물질남용 전력이 있으며 두부 손상 경험이 있거나 전과도 많은 경우가 많다. 게다가 짐작컨대 결백한 사람으로 보이기 위한 이들의 정서적 투자 수준도 훨씬 더 높다. 앞서 이야기한 것처럼 감정은 인지 과제와 관련된 신경 활성 패턴에 영향을 준다고 알려져 있으므로, 이 점은 분명 결과에 상당한 영향을 준다.

　덧붙여 자발적으로 연구 참가에 지원한 사람들은 특별히 뛰어난 거짓말 능력을 갖추지 않았을지 모르지만 실제 우리가 사는 세상의 사고뭉치들은 발뺌해 본 경험이 많고, 그 강도 높은 연습 덕택에 거짓말을 해도 뇌가 덜 활성화될 가능성이 있다. 또한 실제 범죄에 가담한 것으로 의심받는 용의자들은 사건을 다른 버전으로 지어내서 기억으로 저장해둘 수 있는 시간이 있다. 이 연습 과정 또한 실험 조건에서 하는 거짓말과 진짜 거짓말 사이에 큰 차이를 만드는 요소이다. 또 유죄 용의자들은 결백하다는 자신의 주장이나 미리 연습한 알리바이를 스스로 믿어버려 거짓말 탐지 검사를 빠져나갈 수도 있다. 반면 결백한 사람이 거짓말에 대해 생각하는 것만으로도 의심을 받을 수 있다. 한 연구 결과에서는 동전 던지기 결과에 대

해 거짓말을 생각할 때 나타나는 뇌 활성이 진짜 거짓말을 할 때 나타나는 활성과 구분되지 않았다.[33]

마지막으로, fMRI를 기반으로 한 거짓말 탐지 기술은 일관성 없는 결과로 인해 위태로운 처지에 있다. 피험자 그룹을 비교해 보았을 때, 거짓말을 한 피험자들의 뇌는 진실을 말한 피험자들의 뇌와 활성과 비활성 패턴이 분명 다르게 나타났다. 20건 이상의 연구에서 이러한 결론이 확인되었다. 하지만 거짓말을 할 때 모든 피험자에서 일관되게 활성화된 특정 뇌 영역 한 곳이나 여러 곳, 혹은 거짓말 하지 않을 때 일관되게 활성화되지 않은 영역을 규명한 연구는 한 건도 없다. 실제로 기만행위와 상관관계가 있는 뇌 영역들을 배열해놓고 보면 머리가 어지러울 지경이다. 해마방회(parahippocampal gyrus), 전대상회(anterior cingulate), 좌측 후대상회(posterior cingulate), 후미상엽(posterior caudate), 피질하 미상엽(subcortical caudates), 우측 쐐기앞소엽(right precuneous), 좌측 소뇌(left cerebellum), 전측 섬엽(anterior insula), 조가비핵(putamen), 시상(thalamus), 전두엽 부위(전측, 복내측, 배외측), 그리고 측두엽 피질까지 포함된다. 관련 영역의 이 같은 차이는 한 가지 신경 패턴으로 거짓말과 진실을 구분할 수 없다는 사실을 명확히 보여준다. 바로 이 점 때문에, "거짓말하는 뇌"를 결정하는 신뢰할만한 표지가 무엇인지 말하기 어렵거나 아예 불가능하다.[34]

종합하자면 이러한 경고들을 토대로 오늘날 법정에서 사용되는 뇌 거짓말 탐지기의 자격을 박탈해야 한다. 그 가장 결정적인 근거는 관련 연구들이 실제 세상에서 벌어지는 거짓말의 특징을 실험 조건으로 만들어낼 수 없다는 사실이다.

　　지금부터는 거짓말의 특성을 보다 상세히 알아보면서 그 차이가 무엇인지 세밀하게 들여다보자. 거짓말 자체를 연구한 과학자들은 거짓말의 종류에 따라 뇌의 각기 다른 부분이 활성화된다는 사실을 알아냈다. 거짓말이라고 해서 모두 심리학적으로 동일하지 않다. 심리학자 스티븐 코슬린(Stephen Kosslyn)과 조르조 가니스(Giorgio Ganis)는 이후 학계에 중대한 영향을 준 연구들에서 두 가지 형태의 거짓말에 초점을 맞추었다. 즉흥적으로 나오는 거짓말과 연습하고 기억한 거짓말이었다. 후자의 경우 충분히 예상되는 것처럼, 친구가 아직도 다이어트 중이냐고 물었을 때 답하려고 준비해 둔 이야기 등이 해당된다. 이 경우 실제로는 햄버거와 감자튀김을 먹었으면서도 "응, 샐러드 약간 먹었어."라고 준비해둔 대답을 할 수 있다. 즉흥적인 거짓말은 그때그때 봐가며 하는 거짓말이다. 예를 들어 친구가 남자 친구랑 싸워서 너무 짜증나니까 자기 대신 차로 남자 친구를 공항에 좀 데려다 주면 안 되겠냐고 부탁할 때, 마침 차가 정비소에 들어가 있어서 부탁을 못 들어준다고 대답하는 경우가 해당된다.

　　코슬린과 가니스는 사람들이 준비된 거짓말을 할 때는 그저 기억에서 꺼내기만 하면 된다는 가설을 세웠다. 반면 즉흥적인 거짓말에는 더 많은 노력이 필요하다고 보았다. 친구가 남자 친구 기사 노릇 좀 해달라고 부탁해서 거짓말을 해야 하는 상황에 직면하면, 우선 그 남자 친구와 예전에 있었던 일 등 일화 기억(사건을 회상하는 역할)과 의미 기억(지식을 회상하는 역할)의 도움을 얻어야 한다. 짐작컨대 즉흥적인 거짓말은 뇌 여러 부위에 암호화되어 있던 시각적 이미

지나 감정까지 동반되기 때문에 거짓말이 더욱 상세하고, 따라서 더욱 복합적인 뇌 활성이 발생하리라 추측된다.[35]

연구진은 실험을 진행하면서 피험자들에게 가장 잘한 일과 가장 기억에 남는 휴가, 두 가지 경험에 대해 설명해달라고 요청했다. 그리고 두 가지 중 마음에 드는 걸로 아무거나 하나를 선택한 후 내용이 다른 이야기를 지어내고 기억하라고 했다. 만약 실제 휴가 이야기가 "부모님과 함께 보스턴에서 콘티넨털 항공을 이용해 바르셀로나로 이동한 뒤, 그랑비아 호텔에 묵었어요."였다면, "여동생과 함께 로스앤젤레스에서 멕시코시티로 차를 몰고 가서 호스텔에 묵었어요."라는 다른 이야기로 바꾸는 식이었다. 그리고 일주일 정도 가짜 이야기를 기억하도록 하고 피험자들을 다시 실험실로 각각 불러 뇌 영상을 촬영했다. 영상을 촬영하는 동안 연구진은 각 피험자들에게 사실과 다르면서도 뭔가 새로운(즉흥적인) 이야기를 지어내라고 요청했다. 이에 따라 피험자들은 휴가 장소를 멕시코시티에서 다시 마이애미로 바꾸거나 여행을 누구와 함께 했냐고 물으면 "우리 이모"라고 대답하는 등 즉석에서 바로 거짓말을 했다. 제일 잘한 일을 고른 피험자들에게도 동일한 형태의 실험이 진행되었다.

연구진이 예상한 것처럼 즉흥적인 거짓말을 할 때 연습한 거짓말을 할 때와는 다른 뇌 신경망이 관여했고, 진실을 이야기할 때와도 관여하는 뇌 영역에 차이가 있었다. 또한 두 가지 거짓말 모두 기억 처리 기능을 활용했지만 피험자들이 즉석에서 거짓말을 하면 전대상피질(anterior cingulate cortex)이 강력히 활성화되는 것으로 나타났다. 이를 통해 진실을 이야기하지 못하도록 억제하는 역할을 한 것으로 추정된다. 연습한 대로 거짓말을 하면 오른쪽 전측 전전두엽 피질(일화 기억을 꺼내는 역할)이 선택적으로 활성화되었다. 실제 기억을 이야기할 때 들이는 노력이 가장 적었는데, 이는 아마도 자연스럽게 얻은 기억이라 즉흥적인 거짓말을 할 때처럼 평가와 편집이 필요하지 않기 때문으로 생각된다.[36]

　　요점은 이렇다. 거짓말을 할 때 특이적으로 활성이 변하는 뇌 영역은 없다. 거짓말도 그 종류마다 각기 다른 신경 처리 과정을 거친다. 심리학적으로 거짓말이 전부 똑같지는 않기 때문이다. 언론인 마가렛 탤봇(Margaret Talbot)은 장황하게 늘어놓는 거짓말에서 나타나는 미묘한 차이를 그 동기에 따라 분류했다. "사소하고 예의바른 거짓말, 중대하고 뻔뻔하며 스스로 부풀린 거짓말, 자녀를 보호하거나 칭찬하려고 하는 거짓말, 스스로도 거짓말임을 전혀 인정하지 않는 거짓말, 며칠 동안 연습을 거듭한 복잡한 알리바이." 누군가를 놀리려고 재미삼아 하는 거짓말도 있는데, 심리학자들은 이러한 행위를 "속이는 기쁨"이라 부른다. 그리고 한 학자가 제기했듯, 어떤 종류의 고소, 고발이든 공통적으로 나타나는 "다소 정직한 수준의 누락, 과장, 감추기, 지어내기, 빈정대기, 악용하기, 얼버무리기"도 빼놓을 수 없다.[37]

　　16세기 프랑스 르네상스 시대 수필가인 몽테뉴(Montaigne)는 변화무쌍한 각종 거짓말을 이렇게 표현했다. "진실의 반대편은 형태가 수백 만 가지인데다 뚜렷한 한계도 없다." 그로부터 약 500년이 지난 오늘날 학계는 이 다양한 형태 중 몇 가지를 알아보기 시작했다. 예를 들어 자기 자신에 대해 하는 거짓말은 뇌 영상에서 다른 사람에 대해 거짓말을 할 때와 다른 결과가 나타난다. 또 지금 사는 집에 대한 거짓말은 미래에 살 집에 대한 거짓말과는 상당히 다른 인지 기능을 필요로 하며 미래에 관한 거짓말에는 특징적인 생각, 감정, 상상의 패턴이 관여한다. 깊이 후회하는 거짓말은 입심 좋게 던진 거짓말과 비교하면 뇌 활성의 상관관계가 전혀 동일하지 않거나 일치하는 부분이 있더라도 완전히 똑같지는 않다. 또 미래에 대한 거짓말은 과거에 있었던 일에 대한 거짓말과 뇌 활성의 상관관계가 다르게 나타난다. 몽테뉴의 생각이 옳았다. 깊은 선의에서 비롯된 거짓말부터 가장 어두운 기만행위까지, "진실의 반대편은 뚜렷한 한계가 없다."[38]

뇌를 기반으로 한 거짓말 탐지 기술은 실험 환경이라면 인상 깊은 결과가 나올 수 있지만 범죄 수사 상황에도 그 역량을 안전하게 확대 적용할 수 있다는 근거가 없다. 그럼에도 불구하고 노 라이 MRI와 세포스는 범죄 수사에서의 활용성을 적극 홍보해 왔다. 노 라이는 2006년 거짓말 탐지 사업에 뛰어들었고 세포스("우리의 사업은 진실합니다")는 그 이후인 2008년에 시작했다. 노 라이와 세포스는 가까운 미래에 fMRI을 이용한 '진실 검증'이 가능해지리라 전망한다. 두 업체가 공통적으로 이름 붙인 이 검증 기술은 약물 검사, 이력서 확인 절차, 보안 목적의 신원 조사 등 직장에서 일상적으로 실시되는 업무를 대체할 것으로 예상한다. 노 라이의 대표 조엘 후이젠가(Joel Huizenga)는 자사 고객은 배우자를 의심하며 과연 진실한 사람인지 증명하고 싶어 하는 사람이 대부분을 차지한다고 말한다. 그는 자신의 fMRI 기술에 대해 조금도 주저하지 않고 터무니없는 주장을 펼친다. "죄책감을 느끼는지 안 느끼는지는 상관없습니다. 암기한 이야기인지, 자신의 거짓말이 세상을 구할 거라 믿든지 말든지 상관 없어요. 어쨌든 우리는 [거짓말을] 찾아내니까요." 노 라이의 자회사 중 한 곳인 베리타스 사이언티픽(Veritas Scientific) 대표는 "사생활의 마지막 왕국은 여러분의 마음입니다."라고 말한다. 군사 정보부를 지원하기 위해 BEOS와 유사한 헬멧을 개발 중이라고 밝히며 그는 이렇게 덧붙였다. "(이 기술은) 그곳을 공략할 겁니다."[39]

　　노 라이는 자사가 사용하는 기술의 정확도가 최소 90퍼센트라고 주장한다. 세포스의 경우 97퍼센트라고 한다. "우리는 사람들의 뇌 내부를 들여다보고 진실을 이야기하는지 확인할 수 있습니다." 후이젠가의 말이다. 하비 나단(Harvey Nathan) 같은 사람이 MRI 거짓말 탐지 검사를 위해 5,000달러에서 10,000달러[49]를 지불하는 것도 이런 주장 때문이다. 캘리포니아 남부 찰스턴에 거주하는 나단은 2007년, 보험회사를 상대로 4년 전 자신이 운영하던 조리육 판매점에 스스로 불을 지르지 않았다는 사실을 입증하려고 노 라이 MRI를 고용했다. 범죄 수사를 통해 나단이 방화범이 아니라는 사실은 확인되었지만, 보험회사가 확신하지 못해 보험금 지급을 미루고 있었다. 몇 년간 실랑이를 벌인 끝에 나단은 로스앤젤리스로 가서 노 라이 MRI가 제공하는 검사를 받았다. 검사 결과에서 불을 지르지 않았다고 한 나단의 말은 사실로 나타났으나, 2011년 말까지 보험

---

49) 약 518만 원에서 1036만 원 (역주)

회사는 보험금을 지급하지 않은 상태다.[40]

　　이윤을 추구하는 업체에서 나온 증거가 재판에서 성공적으로 채택된 사례는 아직 없지만, 업계는 아직 자신감을 잃지 않았다. "법정에 사건들이 접수될 겁니다, 재판 관할구만 잘 정하면 됩니다." 후이젠가는 샌디에이고의 아동 학대 사건에서 자사 보고서가 채택되지 않자 이렇게 밝혔다. 테네시 주의 셈라우 박사 사기 사건에서 담당 판사가 세포스의 보고서를 승인하지 않자, 업체 대표 스티븐 레이큰(Steven Laken) 역시 단념하지 않고 이렇게 말했다. "그저 판결한 건일 뿐입니다."[41]

　　현 시점에서는 뇌를 토대로 거짓말을 탐지하는 가장 최신 기술이 대중으로 하여금 그 효과를 믿도록 속이는 데 성공한 것 같다. 전통적인 거짓말 탐지기의 경우에도 검사 결과가 틀릴 리가 없다는 사람들의 믿음이 워낙 강해서, 간혹 검사관이 피험자로 하여금 정보를 누설하도록 속이려고 검사 절차를 과도하게 강조하는 일이 있다. 리처드 N. 닉슨(Richard M. Nixon) 대통령도 이러한 공포심 조장의 효과를 잘 알고 있었던 모양이다. 그는 정부 공무원 수백 명이 거짓말 탐지기 검사를 받도록 하여 국제조약 협상 정보 누설자를 잡아낼까 생각했었다. "난 거짓말 탐지기에 대해서는 아무것도 모르네." 그가 보좌관에게 한 말이다. "하지만 사람들이 사정없이 겁먹게 된다는 건 알고 있지." 닉슨의 생각은 수많은 연구를 통해 입증되었다. 사람들을 진짜처럼 보이는 가짜 장치("진실을 향한 가짜 경로"라는 멋진 별명이 붙은 장치였다)와 접속했다고 믿게 하면, 쉽게 진실을 이야기하는 것으로 나타났다.[42] fMRI가 기반이 된 장치는 인상 깊은 기술이 적용된다는 특징 때문에 장치 자체의 효용성보다는 대중을 속이는 데 더욱 뛰어난 기능을 발휘하는지도 모른다.

고인이 된 심리학자 데이비드 P. 맥케이브(David P. McCabe)와 그 동료들은 피험자들이 유죄 여부를 판단할 때 다른 거짓말 탐지 기술로 얻은 증거보다 fMRI 증거에 더 많은 영향을 받는지 알아보기 위해 한 가지 실험을 계획했다. 연구진은 별거 중이던 부인과 내연남의 살해 혐의를 받고 있는 한 남성을 두고 피험자들에게 유죄인지 판단하도록 요청했다. 피험자들이 이 남성을 합리적으로 의심할 수 있도록, 연구진은 용의자에게 불리한 증거는 "불완전하고 애매한 부분이 있다"고 밝혔다. 그리고 용의자의 fMRI 영상과 더불어 거짓말 탐지기 검사 데이터와 논란이 많은 새로운 기술인 안면부 열화상(thermal imaging, TI) 카메라 촬영 자료도 함께 제공했다. 간략히 설명하자면 이 열화상(TI) 기술은 한 사람의 얼굴 전반에 발생하는 열의 수준을 측정하여 그 결과를 다채로운 영상의 형태로 제시하여 눈으로 확인할 수 있도록 한다. 거짓말을 하면 안면 혈관이 확장되고 그로 인해 열이 발생한다는 것이 기본 전제이다. 이 연구에서 맥케이브는 용의자를 유죄로 판단한 피험자들은 과학적 근거에 크게 의존하여 최종 결정을 내린다는 사실을 확인했다. 거짓말 탐지기나 열화상 촬영 결과에 비해 fMRI 영상에 큰 비중을 둔 것이다. 맥케이브는 fMRI의 설득력이 그 기술의 참신함이나 시각적인 결과물에서 비롯되지 않는다는 결론을 내렸다. 열화상 증거도 참신하고 시각적이기 때문이다. 맥케이브는 fMRI가 뇌의 정보를 직접 바로 제공한다는 주장이 바로 설득력을 높이는 요인이라고 밝혔다.[43]

거짓말 탐지 기술이 수없이 많은 기술적 문제를 결국은 극복한다 하더라도, 계속해서 철저한 검토를 거치게 될 것이다. 시민적 자유주의자들은 정신적 사생활과 "인지적 자유"가 침해될 가능성에 대해 경계한다. "우리는 사람의 마음속을 자세히 들여다보는 기술을… 인간의 존엄성에 대한 근본적인 모욕으로 생각합니다." 미국 시민자유연맹 대변인은 이렇게 설명한다. 한 법학자가 말한 "정신적 사생활의 공황 상태"가 발생한다고 확언할 수는 없지만, 그에 대한 안전장치가 제안되고 있다. 일부 윤리학자와 신경과학자들은 거짓말 탐지 기술에 대한 규제와 사전 승인을 미국 식품의약국이 신약을 승인할 때 무작위 통제 시험을 두 차례 실시하도록 요구하는 것과 동일한 방식으로 진행해야 한다고 주장한다. 신경 보안에 관한 국가 자문위원회를 조직하여 정부 각 부처에 생물학적 연구의 오용을 최소화할 수 있는 방안을 조언하도록 해야 한다는 의견도 있다.[44]

효과적인 거짓말 탐지가 가능한가에 대해서는 헌법 학자들도 흥미를 가진다. 특히 미국 수정 헌법 제5조와 제4조에 영향을 줄 것인지가 최대 관심사이다. 먼저 용의자가 무심코 자신에게 불리한 증언을 하지 않도록 묵비권을 행사할 권리를 보장한 수정 헌법 제5조부터 살펴보자. 미국 대법원은 스스로에게 죄를 씌울 수 있는 정보를 물리적 증거, 공술 증거 두 가지로 분류한다. 혈액, 머리카락, DNA 표본과 같은 물리적 증거는 범죄 수사 과정에서 강제로 획득할 수 있다. 반면 진술이나 고개를 끄덕이는 등 의사소통 목적의 행동과 같은 공술 증거는 강요할 수 없다.[45] 언젠가는 법정에서 뇌 영상이 물리적 증거이므로 아무런 특권이 없는 증거인지, 아니면 공술 증거이므로 이런 특권이 부여되는 증거인지에 대한 의문이 제기되지 않을까.

법학자 니타 패러하니(Nita Farahany)는 "물리적" 혹은 "공술"이라는 표현으로는 뇌에서 비롯된 증거를 정확히 묘사할 수 없기 때문에 그 의문에는 확실한 대답을 할 수 없다고 설명한다. 뇌에서 얻은 정보는 정신적 내용을 담고 있다는 점에서(비록 불완전하다 할지라도) 공술 증거이기도 하고 한 사람의 생각을 혈중 산소 수준 혹은 뇌파의 형태로 표현한다는 점에서 물리적 증거이기도 하다. 역설적인 사실은 용의자는 침묵으로 일관할 수 있지만, 국가는 뇌에서 바로 정보를 추출할 가능성도 있으며 이 경우 당사자가 제어할 수 없다.[46]

수정 헌법 제4조에도 문제가 생길 수 있다. 제4조에서는 정부의 불합리한 수색과 압류로부터 개인이 보호받을 권리를 보장하고 있다. 그렇다면 뇌를 토대로 한 증거도 수정 헌법 제 4조에 따른 수색에 해당될까? 즉 조사를 벌이지 않았다면 알려지지 않았을 정보를 끌어내는 건 아닐까? 혹은 담배꽁초에 묻은 타액처럼 평범한 물리적 증거를 포착한 것에 더 가까울까?[47] 한 사람의 두개골 내부는 분명 사생활을 보장받을 권리가 있는 영역인 것 같다.

지금까지 살펴보았듯이, 뇌에서 도출된 정보를 토대로 거짓 말하는 마음을 정확히 추론하는 과정에는 엄청난 문제들이 쌓여 있다. 범죄 지식 검사와 가짜 도둑 실험은 잘 통제된 상황에서 인상적인 결과를 내놓았다. 그러나 정서적인 요소가 포함된 실제 세계에서 거짓말을 규명하려면 아직은 한계점이 많다. 너무 많아서 미숙한 상태로 실생활에 적용한다면 무고한 사람이 해를 입고 범죄자는 무죄로 입증되는 일이 발생할 위험이 있다. 뿐만 아니라 노 라이 MRI와 세포스와 같은 업체가 제공하는 기술이 자신이나 다른 사람의 정직성을 정확히 평가해 준다고 믿는 고객들은 잘못된 판단을 내릴 위험이 있다.

거짓말에 특이적으로 반응하는 뇌 영역이나 회로는 없으므로, 뇌에 유죄를 나타내는 단일 표지는 없다고 거의 확신할 수 있다. 피고 측 변호인들은 특히 사형 판결 가능성이 있는 사건에서 피고의 합리적인 역량, 의도, 시비를 가릴 수 있는 능력을 보여주는 증거로 뇌 영상을 이용하는 경우가 점차 늘고 있다. 의뢰인의 처벌을 줄이거나 범죄 책임을 벗었으면 하는 바람으로 이와 같은 방법이 동원된다. 다음 장에서는 뇌 기반 기술에서 나올 수 있는 아주 매력적이지만 말썽 많은 문제에 대해 알아본다. 뇌의 정확한 해독에 전적으로 생사가 달린 사람들에게 뇌 기반 기술이 알려줄 수 있는 것과 알려주지 못하는 것은 무엇인지 살펴보자.

편도체가 날 이렇게 만들었어: 신경법의 시험

1993년 9월 9일 오후, 어부 두 명이 미주리 주 메라멕 강 (Meramec River)에 떠 오른 셜리 앤 크룩(Shirley Ann Crook)의 시체를 발견 했다. 양 손과 발 모두 전기선에 묶여 있었고 얼굴은 수건이 덮인 채 테이프로 감겨 있었다. 다음 날 경찰은 그녀의 살해 용의자로 크리스토퍼 시몬스(Christopher Simmons)를 체포했다. 열일곱 살 고등학생인 이 용의자는 열다섯 살인 친구와 함께 이틀 전 자정이 지난 무렵, 크룩의 집을 침입했다고 재빨리 자수했다. 그리고 침실로 들어가 당시 마흔 여섯 살인 크룩을 보고는 얼마 전 시내에서 일어났던 가벼운 자동차 사고로 만난 사람인 걸 알아보고 깜짝 놀랐다.[1]

두 명의 10대 소년은 크룩을 묶고 입에 재갈을 물린 뒤 그녀의 미니밴 뒷좌석에 태우고 캐슬우드 주립공원으로 향했다. 숲속 깊이 들어간 시몬스와 친구는 메라멕 강을 가로지른 철도용 다리 근처에 차를 세웠다. 둘은 흐느끼는 여성을 재촉하여 다리 위로 끌고 가서는 꼭대기에 도착하자 손과 발을 다시 묶었다. 그리고 동이 트기 전, 크룩을 40 피트[50] 아래 시커먼 물살 속으로 떠밀었다.

시몬스는 그 다음날 학교에서 친구들에게 "그년이 내 얼굴을 봐서" 살인을 저질렀다고 자랑삼아 떠들어댔다. 하지만 그날 그 집에 들어가기 전부터 이미 설리 앤 크룩을 죽이겠다는 생각은 결정되어 있었다. 목격자들이 경찰에 말한 진술에 따르면 시몬스는 누군가에게 강도 행각을 벌이고 묶은 뒤 다리 밑으로 던져버리는 일에 대해 친구들에게 자주 이야기했다. 게다가 시몬스는 자신들이 미성년자이기 때문에 "처벌을 모면할 수 있다."고 친구들에게 분명하게 이야기했다. 당시 미주리 주는 미국에서 소년범의 사형 집행이 합법화된 몇 안 되는 주에 속했다. 1994년 6월, 동급생들이 고등학교를 졸업할 때 시몬스는 미주리 주 포토 시(Potosi) 교도소 사형수 감방에서 극약 주사 맞을 날을 받아놓고 복역 중이었다.

그로부터 8년 뒤, 시몬스의 변호사는 미국 대법원이 판결한 어떤 사건 하나를 접하고는 미주리 주 대법원에 항소하기로 결심했다. 아트킨스(Atkins) 대 버지니아 주의 이 사건에서 대법원은 정신지체자인 범죄자의 사형은 수정 헌법 제 8조에 명시된 잔혹하고 이례적인 처벌 보호 규정에 위배되는지 판단해야 했다. [24세 남성인 대릴 아트킨스(Daryl Atkins)는 IQ가 59로 정신지체 판정 기준인 IQ 70보다 11점 더 낮았다. 그는 강도 중 한 남성을 살해하여 사형 선고를 받고 집행 대기 중이었다.] 아트킨스의 변호사는 정신지체가 있는 사람에게 내린 "사형 선고는 받아들일 수 없다"고 주장했다. "자신의 행동을 제어하는 능력, 자기가 하는 행동의 정

---

50) 약 12미터 (역주)

황을 스스로 이해하는 능력, 윤리적 판단을 내릴 수 있는 성숙함과 책임감"이 손상된 사람이라는 이유에서였다.[2]

2002년 5월 아트킨스에 대한 판결이 채 나오기도 전에 시몬스의 변호사는 18세가 안 된 범죄자의 사형 집행이 합헌인지 판단해달라며 미주리 주 대법원에 다급히 항소를 제기했다. "최근 다수의 연구를 통해 청소년은 생물학적으로 정신적 기능이 결여되어 있어 성인과 같은 윤리적 책임감에 따라 행동하지 못한다는 사실이 과학적으로 강력히 뒷받침되고 있다." 변호사는 이렇게 주장했다. 시몬스는 승리를 거두었다. 미주리 주 대법원은 사형을 무효로 하고 청소년 사형 집행을 더욱 광범위하게 금지시켰다. 27세가 된 시몬스는 가석방이 허가되지 않는 종신형으로 감형받았다.[3]

그러나 크리스토퍼 시몬스의 이야기는 거기서 끝나지 않는다. 미주리 주 사형 집행을 계속 진행하는 쪽으로 기울었고 결국 미성년자가 범죄를 저지를 경우 사형을 금지한 하급 법원의 판결을 무효화하라고 미국 대법원에 항소했다. 로퍼(Roper) 대 시몬스 사건으로 알려진 이 사건에서 시몬스의 변호인은 10대의 뇌가 생물학적으로 미성숙한 상태라는 사실을 주된 근거로 삼아 10대의 능력 부족을 강조했다. 2004년 가을 〈보스턴 글로브(Boston Globe)〉는 미국 대법원에서 시몬스 사건의 심리가 열리기 하루 전 날, "뇌 과학 대 사형"이라는 제목으로 머리기사를 내보냈다. 변호사는 인간의 뇌 발달이 소아기 후반, 약 11세경 완료된다고 알려진 사실과 달리 20대 중반까지 계속된다는 비교적 새로운 데이터를 제시했다.[4]

미국의학협회, 미국소아과협회 등 단체가 법정에 제출한 합동 의견서에는 "과학자들은 이전까지 전혀 알려지지 않은 수준까지 분석하여, 이제는 청소년이 미성숙하다는 사실을 관찰자가 직접 확인하는 것 외에도 뇌 섬유 조직을 통해서도 알 수 있다."는 내용이 명시되었다.[5] "뇌 섬유 조직까지"라는 말은 은유가 아니었다. 의견서에 적힌 설명처럼 뇌 발달을 위해서는 뇌 여러 영역이 섬유 조직으로도 불리는 축색 돌기(axon)을 통해 서로 의사소통하면서 협력해야 한다. 섬유 조직으로 구성된 이 신호 경로는 충동 조절과 위험에 대한 평가에 관여하는 전두엽에서 시작해 공격성, 분노, 공포 등 여러 감정을 일차적인 자극하는 편도체로 이어진다.

최적의 상태에서는 전두엽이 이 편도체를 조절하는 데, 이 두 영역의 협력 관계는 얼마나 기능적인 연계가 이루어졌는지에 달려 있다. 축색 돌기 주변은 지방 성분의 절연 조직인 미엘린(myelin)이 감싸고 있어 축색 돌기를 따라 전달되는 전기적 자극의 속도를 높이는 역할을 한다. 10대의 경우 이 미엘린이 축색 돌기를 아직 완전하게 감싸지 못해 연결이 불완전하다. 미엘린 형성이 완료되기 전까지는 전두엽이 편도체가 매개하는 감정을 성인에서처럼 점검할 수 없다.[6]

10대들은 전두엽도 아직 발달 중이다. 불필요한 시냅스 연결은 마치 정원사가 엉킨 나뭇가지를 자르듯 정리된다. 이 과정을 거쳐 남아 있는 뉴런이 보다 효율적으로 기능할 수 있다고 알려져 있다. 10대의 편도체 역시 발달 중이다. 그렇지 않아도 스트레스와 위협에 민감한 특성을 지닌 편도체에다 전두엽의 브레이크 역할이 불완전한 상황이므로, 편도체는 초조하게 가속기 페달을 밟는 것과 같은 상태가 된다. 따라서 일부 연구자들은 청소년의 보상 체계가 성인보다 더욱 반응성이 좋고, 이로 인해 또래 친구들에게 인정받는 행동을 즐기고 신나고 감정이 격해지는 활동에 끌린다고 생각한다. 위에 나온 합동 의견서는 이와 같은 변화를 상세히 밝히고 법원이 청소년에게 사형을 집행한다면 "신경의 해부학적 특성과 심리학적 발달이 미숙한 상태에 대해… 그들에게 책임지라고 하는 것"과 같다고 경고했다.[7]

2005년 3월, 대법원은 투표 결과 5대 4로 미성년자 사형 집행을 금지하고 시몬스에 대한 판결을 내렸다. 일부 청소년 운동가들은 현대의 고전이 될 사건이라며 크게 환영했다. 그리고 한 법학자는 "브라운(Brown) 대 신경법 교육위원회 사건"[51]이라 칭했다.[8]

이제 겨우 10년 정도 된 신경법은 뇌 과학, 법학 이론, 윤리 철학의 교차점에 놓인 원칙을 토대로 법조계의 유망주로 떠올랐다. "신경과학은 법률 체계에 DNA 검사만큼이나 극적인 영향을 줄 수 있다." 존 D. 및 캐서린 T. 맥아더 재단(John D. and Catherine T. MacArthur Foundation) 대표는 말한다. 이 재단은 2007년 1,000만 달러[52] 규모의 법과 신경과학 프로젝트를 시작하여 뇌 과학이 형사법에 끼치는 영향을 조사했다. 조지 W. 부시 대통령에 이어 버락 오바마 대통령 재

---

51) '브라운 사건'으로도 불리는 브라운 대 토피카 교육위원회(Brown v. Board of Education) 재판은, 1951년 미국 캔자스 주 토피카에 살던 흑인 소녀 린다 브라운이 피부색이 다르다는 이유로 가까운 초등학교에 다니지 못하게 되자 아버지가 소송을 제기하면서 시작됐다. 연방 대법원은 1954년, 공립학교의 인종 차별은 위헌이라는 결정을 내려 교육위원회를 누르고 브라운의 손을 들어주었다. (역주)

52) 약 103억 6,000만 원 (역주)

임 기간까지 존속한 생명윤리위원회는 인지적 신경과학과 이것이 사고력, 판단, 충동 조절 등 정신적인 요소에 끼치는 영향, 법적 책임의 연관성에 대해 조사한다. 영국 학술원도 2011년 이러한 문제를 검토 대상으로 인정했고 학계에서는 관련 논문이 폭발적으로 쏟아져 나오고 있다. 인터넷에는 신경법에 관한 블로그가 개설되고 신경과학과 법에 관한 과목을 개설한 법학대학도 늘어나고 있다.[9]

미국 전역에서 검사, 변호사, 판사들이 각종 컨퍼런스와 세미나를 통해 뇌 영상의 과학적인 내용을 배우고 있다. 사형과 관련된 변호에서 뇌를 토대로 한 진술이 이제는 워낙 흔한 현실을 감안하면 현명한 판단인 것 같다. 실제로 유죄가 인정된 몇몇 살인자들이 변호사가 자신의 뇌 영상에 대한 평가를 부당하게 거부했다는 근거로 사형 선고에 항소하는 일이 벌써 일어나고 있다. "변호사와 판사들 사이에서 사회과학은 물렁한 학문이라는 생각이 점차 커져가고 있습니다." 헌법학자인 데이비드 레이그먼(David Faigman)은 이렇게 설명했다. "신경과학이 거기에 한 방 날린 겁니다."[10]

물론 이 한 방은 뇌 기능, 더 자세히는 뇌 영상이 피고의 행동을 설명하는 데 도움이 된다는 전제가 있어야 가능하다. 언뜻 보기에 맞는 말 같다. 무엇보다 뇌가 피고의 마음 상태를 결정한다면, 범죄 전문가들은 범행의 책임 여부를 따질 때 그 사람의 뇌로 입증할 수 있어야 할 것 아닌가. 하지만 현실적으로는 너무나 무리한 요구이다. 뇌가 표현이 뚜렷하다는 입장을 고수하려면 우선 법이라는 테두리 안에서 신경과학의 개념이 어떤 의미가 있는지 정확히 해석할 수 있어야 한다.

시몬스 사건은 신경법에 대해 여러 가지 근본적인 쟁점을 제기한다. 첫 번째 우려되는 사항은 기술적인 문제다. 뇌 영상으로 제시되는 뇌 기능과 범죄 행동 사이에 정확히 어떤 관련성이 있는가? 두 번째 우려되는 점은 법적인 문제다. 신경과학적 증거가 사실을 파악하려는 노력에 어떤 영향을 주는가? 벌써 예상한 사람도 있겠지만, 뇌 영상의 의미를 범죄 상황에서 과대평가할 경우 용의자와 형사사법제도에 대단히 심각한 결과를 초래할 수 있으며 그 영향은 더욱 광범위하게 발생할 수 있다. 세 번째는 개념적, 철학적 문제이다. 유죄를 판단할 때 법은 행동의 원인에 관한 설명을 어떻게 평가할 것인가? 예비 배심원들은 행동과 자기 통제 능력에 대한 생물학적 설명과 범죄 책임의 관계를 어떻게 이해할까? 혹은 얼마나 오해할까?

법률 제도가 범죄자에게 책임을 물릴 수 있는 권한은, 책임을 져야 할 대상으로 지목된 정신적 요소와 정신적 기능의 관계를 얼마나 명확히 이해하느냐에 전적으로 달려 있다. 좀 더 자세히 생각해보자. 유죄를 확신하는 데 있어 신경과학적 자료가 법에 어떤 도움을 줄 수 있을까? 이 질문에 답하기 위해서는 법에서 유죄를 어떻게 결정하는지부터 알아야 한다. 몇 가지 간략히 설명하자면, 미국 형법에서는 의도적으로 금지된 행동을 한 사람에게 범죄에 책임이 있다고 본다. 범의(mens rea) 혹은 범죄 의사(guilty mind)로 불리는 이 정신적 상태는 일반적으로 어떤 의도나 무모함에서 비롯된다. 형법에서는 범의를 나타내는 증거 없이 범죄에 대한 책임을 지을 수 없다. 예를 들어 통제력을 잃은 자동차에 행인이 치여 숨졌다면 범의를 찾을 수 없지만, 한 행인을 표적으로 삼고 가속 페달을 밟아 그 사람을 덮쳤다면 범의가 존재한다.

하지만 금지된 행동을 저질렀지만 비난받지 않는 경우도 있다. 가령 자신을 부당하게 공격해 죽일 것 같은 힘으로 위협을 가한 사람을 의도적으로 살해했다면 정당방위로 인정된다. 피고의 행동은 "정당"하다고 보는 것이다. 피고의 죄가 "면제(excused)"되는 경우도 있다. 즉 피고가 잘못된 행동을 했으나 그에 대한 책임은 없다고 간주하는 것이다. 이 면제 대상에는 협박(피고가 이른바 "머리에 총이 겨누어진 상태"에서 저지른 범죄 등)과 법적 정신 이상(legal insanity)이 포함된다.

정신 이상 변호에 관한 미국의 연방 법규에서는 "심각한 정신 질환이나 결함으로 인해 자신이 하는 행동의 본질과 특성, 위법성을 판단할 수 없다면" 피고의 책임을 면제할 수 있다고 정한다.[11] 핵심은 피고의 마음이 정신 질환으로 심각하게 변형되어 자신의 한 행동의 본질을 이해하지 못하고 옳고 그름에 관한 통념을 생각할 수 없는 경우에 해당된다는 것이다. 미국의 일부 주에서는 피고가 자신의 충동에 저항할 수 없다고 밝힌 경우에도 정신 이상 변호를 허용한다.

다시 원인과 면제의 관계로 돌아가 보자. 앞서 살펴보았듯이 법적 개념에 따르면 사람은 의지를 가지고 행동하고 자신의 행동에 대한 근거를 제시할 수 있는 주체적 존재다. 합리적인 행동은 책임의 특징이다. 범죄를 저지르는 이유는 무수히 많겠지만 그게 불량한 뉴런 때문이든, 나쁜 부모 때문이든, 못된 연예인 때문이든, 피고는 합리적인 행동을 할 수 있는 능력이 어느 정도 멀쩡히 남아 있다면 법적으로 책임져야 할 대상이 된다. 행동의 원인으로만 그 행동의 책임을 면제할 수 있다면, 어떤 행동이든 면제받을 수 있으며 자기 행동에 책임져야 할 사람은 아무도 없다. 많은 사람들이 죄를 면제받는 조건이 되도록 더 많은 영향력을 행사해야겠다는 생각을 품지만, 법의 입장에서 생물학적 사유는 특별히 가중치를 두어야 할 이유가 없다. 생물학적 사유가 있다면 곧 면제된다고 생각하는 함정에 빠지는 것은 법학자 스티븐 모스(Stephen Morse)가 말했듯 "정신적-법적(psycho-legal)으로 근본적인 오류"이다. 모스가 언급한 것처럼 법은 원인 요소가, 그 본질과 상관없이 상당한 수준의 장애를 발생시켜 합리적인 행동을 할 수 있는 능력이 사라졌는지 여부만 신경쓰면 된다.[12]

뇌 영상이 범죄의 책임을 결정하거나 피고의 형량을 줄이는 데 과학적으로 적법한 역할을 하려면, 법적인 의문에 답을 찾는 데에도 도움이 되어야 한다. 즉 합리적 사고 능력이 손상되었다거나 의도를 갖는 능력, 자기 스스로를 통제할 능력이 손상되는 등 피고에게 정신 상태의 변명 혹은 경감 사유가 있다는 사실을 해독해낼 수 있어야 한다. 하지만 앞으로 알아보겠지만, 뇌 영상이 제공할 수 있는 정보는 많은 사람들이 생각하는 것보다 훨씬 제한적이다.

열 살 된 제닌 니카리코(Jeanine Nicarico)를 유괴, 성폭행, 살해하여 사형 선고를 받은 일리노이 주의 브라이언 듀건(Brian Dugan) 사건에서, 변호인 팀은 옳고 그름을 판단하는 그의 능력이 심각하게 손상되었음을 보여주려고 fMRI를 활용했다. 듀건은 이미 시카고에서 저지른 다른 성폭행 및 실해 사건으로 두 차례 종신형을 선고받은 상태였다. 2009년 듀건이 52세일 때 변호인은 형벌이 결정되는 재판이 열린 자리에서 fMRI 증거를 제시하고 그가 사이코패스라 주장했다. 윤리적인 장애가 있어 옳고 그른 느낌을 구별할 수 없으며 구별해야 하는지 자체도 신경 쓰지 않는 사람이라는 내용이었다.[13]

듀건은 사이코패스이므로 니카리코를 살해하고 성폭행하는 행동이 위법임은 알고 있었지만 그러한 행동의 윤리적 심각성은 제대로 알지 못한다는 주장이 펼쳐졌다. 사이코패스라고 해서 전혀 감정이 없는 것은 아니므로, 이 주장은 사실이 아니다. 사이코패스도 모욕당하고 굴욕감을 느끼거나 거부당하면 커다란 분노를 느낀다. 또한 남을 조종하는 일에 능수능란한 사람들이라, 때로는 다른 사람의 특정 감정을 곧잘 파악한다. 하지만 정서적으로 공감하는 능력은 극도로 부족한 경향이 있으며 보통 자신이 저지른 일로 다른 사람이 느끼는 고통이나 절망감을 "네 문제지 내 문제가 아냐"라고 생각한다. 또한 사이코패스는 부정적인 결과에서 교훈을 얻는 역량은 약하고 공격적인 충동은 더욱 강하다.

일반적으로 심리학자들은 사이코패스인지 판단할 때 세 가지 형질을 평가한다. 대인관계 결핍(허풍, 오만함, 거짓), 애정 결핍(사랑, 죄책감, 후회를 느끼지 못함), 그리고 충동적이고 무책임한 행동이다. 전문가들은 사이코패스가 감옥에 수감된 전체 범죄자의 15~25퍼센트, 전체 인구의 1퍼센트를 차지하며 여성보다 남성 비율이 높다고 추정한다.[14]

뉴멕시코 대학교의 심리학 교수 켄트 A. 키엘(Kent A. Kiehl)은 듀건 사건의 전문가 증인으로 나서 유명해졌다. 듀건을 만나 사이코패스 진단에 대해 확인하는 것이 그의 임무였다. 키엘은 헤어 사이코패스 진단법(Hare Psychopathy Checklist) 개정판으로 알려진 표준 상세 면접을 실시하는 것으로 시작했다. 피고의 점수는 최대 점수인 40점에 근접한 38.5점이었다. 또한 키엘은 사이코패스는 윤리적인 의사결정을 내릴 때 정서적 반응이 결핍되어 있다는 연구 결과를 고려하여 듀건의 뇌 영상을 촬영했다. 이러한 결핍은 결국 감정을 인식하고 기대와 경험에 정서적 가치를 부여하는 기능을 담당하는 뇌 영역의 손상과 연관성이 있다.[15]

키엘은 fMRI를 이용해 그 동안 연구를 진행하면서 1,000명이 넘는 수감자를 검사한 것과 동일한 방식으로 검사를 실시했다. 키엘은 동료들과 앞서 진행한 연구들을 통해 사이코패스인 수감자와 그렇지 않은 수감자(헤어 진단법 점수가 30점 미만인 자)가 세 가지 종류의 사진, 즉 윤리적인 사진, 비윤리적인 사진, 중립적인 사진에 어떻게 반응하는지 알아보고자 뇌 영상을 촬영했다. 윤리적인 사진은 클란스만(Klansman)[53], 불타는 십자가, 몸을 웅크린 아이를 향해 소리 지르는 어른의 모습, 두들겨 맞으며 괴로워하는 사람의 모습 등이 포함되어 있었다. 비윤리적 사진은 울고 있는 아이, 사나운 개, 섬뜩한 얼굴 종양 등 충격적이긴 하지만 가해자는 없었다. 또 중립적인 사진은 수다 떠는 사람들, 그림을 그리는 사람들, 운동 경기 중인 사람들의 모습 등으로 구성됐다.[16]

---

53) 미국의 비밀 테러 조직인 KKK 조직원을 뜻하는 말. (역주)

다음 순서로 키엘 연구진은 수감자들에게 윤리가 파괴되는 모습이 담긴 사진을 보여주고 집중하라고 요청했다. 사이코패스가 아닌 수감자들은 이 사진들을 볼 때 키엘이 부변연계(paralimbic system: 감정 처리에 관여하는 영역들이 상호 연결된 구조로 전측 측두엽 피질, 복내측 전전두피질이 포함)로 부른 영역이 비윤리적인 사진이나 중립적 사진을 볼 때보다 활성이 더 높게 나타났다. 반면 사이코패스 수감자들의 뇌는 세 가지 사진 모두에서 활성이 비슷한 수준으로 낮게 나타나 극명한 차이를 보였다. 그러나 듀건 사건의 재판에서 판사는 키엘이 피고의 비정상적인 부변연계 활성을 나타낸 뇌 영상을 공개하지 못하게 했다. 배심원을 혼란에 빠뜨릴 수 있다고 우려했기 때문이다. 대신 판사는 조사 결과를 나타낸 도식을 배심원들에게 보여주고 그 의미를 설명하도록 했다. 결국 배심원단은 설득되지 않았고 듀건에게는 사형 선고가 내려졌다.[17]

키엘의 연구는 범죄 관련성의 원인을 찾기 위한 최근의 노력 중 중요한 부분을 차지한다. 앞서 살펴본 것처럼 19세기 골상학자들은 나쁜 행동이 나쁜 성격에서 기인한다고 믿었다. 나쁜 성격은 두개골 형태에 반영된 뇌의 구조에 결함이 있을 때 발생한다고 생각했다. 골상학의 아버지라 불리는 프란츠 요제프 갈(Franz Joseph Gall)은 지나치게 발달하거나 제대로 발달되지 않으면 범죄 행동을 발생시키는 뇌의 '기관' 몇 곳을 지목했다. 그중에는 나중에 파괴의 기관으로 다시 이름 붙여진 살인의 기관이 있었고 전투의 기관, 탐욕의 기관, 비밀의 기관도 있었다. 모두 구개골 특정 부분이 돌출된 특징이 있었다. 농담 삼아 "돌출학"이라고도 불리는 골상학은 미국과 유럽에서 1800년대 초반과 중반, 형법에 커다란 영향력을 행사했다. 골상학자가 유죄를 선고받은 사람에 대해 진술하며 형벌을 줄이려는 노력을 돕는 일이 비일비재했다. 또 살인자가 미친 사람인지 혹은 범죄를 계획할 만한 능력이 있는지, 또 목격자는 믿을 만한 사람인지 판사가 판단하는 일을 돕기도 했다.[18]

   형벌에 골상학을 활용하는 일이 시들해지던 시기에, 이탈리아 의사 체사레 롬브로소(Cesare Lombroso)가 잔인한 범죄는 유발되는 것이지 선택되어 발생하지 않는다는 생각을 발전시켰다. 그는 연쇄 강간범과 연쇄 살인범의 시체를 부검한 결과 두개골 뒤편 정중앙에서 소뇌가 위치한 쪽을 향해 이례적인 형태로 푹 들어간 부분이 있다는 사실을 발견했다. 그는 이 움푹 꺼진 부분이 "덜 발달한 유인원, 설치류, 조류"에서 나타나는 형태와 같다고 글로 남겼다. 1876년, 롬브로소는 《범죄인의 탄생(Criminal Man)》을 발표하고 평생 난폭하게 살아온 범죄자는 격세 유전[54]을 통해 야만인의 속성을 보유한 자들이라는 생각을 발전시켰다. "이들의 병든 뇌에서는 이론적인 윤리가 마치 기름이 대리석 위를 흐르듯, 침투하지 못하고 지나간다." 그는 이렇게 설명했다. 따라서 이들은 선천적인 범죄자이므로 나머지 사람 모두의 안전을 위해 영구적으로 고립시켜야 하며, 범법자이면서도 생물학적으로 조금 더 진화한 자들은 교육으로 개선시켜야 한다고 주장했다.[19]

---

54) 열성 형질이 여러 대를 걸러서 발현되는 현상. (역주)

20세기 전반에 걸쳐 범죄에 관한 생물학적 모델들이 정신분석 이론, 사회학 이론들과 격렬한 경쟁을 벌였다. 우세했던 쪽은 심리학적, 경제적, 정치적 요소가 만성적인 문제 요인으로 본 후자였다. 범죄는 채택된 행동이라고 보는 사회학습이론도 영향을 미쳤다. 그러나 1967년 여름, 디트로이트에서 발생한 인종 차별 폭동을 계기로 생물학적 결정론이 다시 어느 정도 되살아났다. 신경외과 의사인 버논 H. 마크(Vernon H. Mark)와 윌리엄 H. 스위트(William H. Sweet)는 정신과 의사 프랭크 R. 어빈(Frank R. Ervin)과 함께 "폭동 및 도시 지역 폭력에서 뇌질환의 역할"이라는 제목의 서신을 〈미국의학협회지〉에 발표했다. 이어 마크와 어빈은 1970년 발표한 저서 《폭력과 뇌(Violence and the Brain)》에서 기존의 견해를 확대시켜 폭력은 "뇌의 기능 이상과 관련이 있다."고 주장하고 이를 교정하기 위해서는 변연계 일부분에 전극을 연결하는 치료를 실시해야 한다고 밝혔다. 이들의 주장은 몇몇 신경외과의사들과 교도소 관리자, 그리고 미국 법무부의 관심을 끌었다. 실제로 수감자들에게 그 치료가 실시된 사례는 얼마 되지 않았지만, "개인성의 파괴"와 수감자들에 대한 비인도적인 대우를 향한 우려의 목소리가 높아졌다. 1973년 열린 의회 청문회에서 국립정신건강연구소 소장은 이 수술 치료를 정신병 환자가 아닌 사람의 행동 교정을 목적으로 적용해서는 안 된다고 진술했다.[20]

언젠가는 신경과학이 합리적 사고와 충동 조절 능력을 결정하는 데 영향을 줄 날이 올지도 모르지만, 이미 기술적 문제가 넘쳐나 문제가 되고 있다. 분명한 경고라 할 수 있는 한 가지 문제는, 뇌 영상을 촬영하는 시점이 이미 나쁜 짓을 저지른 후라는 사실이다. 뇌는 해마다 변한다. 뇌도 나이가 들고, 다치고, 경험이 쌓이고, 재편성된다. 그나마 뇌 영상으로 피고가 범죄를 저지른 시점의 정신 상태와 뇌의 상관관계를 파악하려면, 아주 드물지만 뇌 영상으로 피고의 인지적 능력에 오래 전부터 지속된 결함이 안정적으로 반영되어 나타난 경우 에나 가능하다. 그리고 정말 이 경우에 해당된다 하더라도, 그 결함이 범죄를 저지르기 전에 발생했음을 증명하는 일이 더 어렵다.

　듀건의 뇌에서 감정을 매개하는 영역 중 일부에 발견된 비정상적인 부분이 그가 저지른 범죄, 즉 20년도 더 된 범죄보다 먼저 발생했고 따라서 범죄에 영향을 주었다는 분석은 이론적으로라면 가능하다. 하지만 감옥에서 수십 년을 보내는 바람에 생긴 문제일 가능성도 있다. 반대로 그의 뇌에서 발견된 비정상적인 부분은 우연히 생겼을 뿐 범죄와는 아무런 관련이 없을 수도 있다. 뇌에 그러한 비정상적인 문제가 발생한 모든 사람이 정말 살인자인지, 또 그렇지 않는 사람은 모두 살인자가 아닌지 필자들은 진정 궁금하다. 하지만 인과관계로 인정받을 수 있는 기준은 비현실적일 만큼 높다.[21]

　언젠가는 뇌를 기반으로 한 기술이 그 특유의 방법을 통해 사건의 진실을 밝히는 데 공헌하리라는 예측을 꺾고 싶지는 않다. 다만 예측이 현실이 될 가능성은 피고가 자신이 하는 행동이 부당하다는 사실을 인정하고, 법률의 기본 규칙을 습득하고, 법이 요구하는 대로 따르는 능력과 피고의 인지적 결함이 밀접한 연관이 있다는 사실을 증명할 수 있느냐에 달려있다. 예를 들어 듀건의 경우, 윤리가 파괴되는 모습이 담긴 사진을 보여주고 반응을 측정한다면 그가 니카리코를 스토킹하고, 강간하고, 죽이도록 만든 생각과 감정의 총체, 그것과 밀접하게 연관된 뇌의 정보처리 특성을 듀건이 보이는 반응으로 파악할 수 있다는 전제가 깔려있다. 그러나 기껏해야 연관 가능성을 암시할 뿐이며 현재까지는 명확한 연관성이 중간 수준으로나마 입증된 적이 없다.

현 시점에서는 뇌 손상이 일어났거나 뇌가 심각하게 다친 극단적인 사례를 제외하면, 뇌에 발생한 비정상적인 요소가 특정한 행동 문제와 관련이 있는지 여부를 신경학자, 정신의학자, 심리학자 모두 알지 못한다.[22] 이 불확실성에는 수많은 이유가 있다.

앞서 알아보았듯이 뇌 영상으로 혈중 산소의 변화를 측정할 수는 있다. 그러나 이것을 뇌 활성의 변화로 해석하여 피고가 전적으로 책임져야 하는 법적 기준에 못 미치는 사람임을 나타낸 증거로, 즉 피고는 합리성이 손상되고 의도를 가질 능력이 없으며 충동 조절 능력이 약화되었다는 증거로 볼 수 있다는 근거는 아직까지 과학적으로 밝혀지지 않았다. 또한 중요한 사실은 뇌의 "비정상적인 면"이 반드시 뇌 기능에 중대한 영향을 끼친다고는 볼 수 없다는 점이다. 신경학자들은 지난 수십 년간 "상태가 안 좋은" 뇌(의심스러운 병소가 발생하여 기능적 영상에서 비정상적인 활성 패턴이 나타난 경우)를 가진 많은 사람이 법을 잘 준수하면서 살아간다는 사실을 인정했다. 가령 전두엽이 손상되면 통계학적으로 공격성 증가와 연관성이 있다고 알려져 있지만 실제로 이 부분이 손상된 대부분의 사람들은 호전적이거나 폭력적이지 않다. 아마도 뇌 전체 영역을 가로지르는 광범위한 연결 체계 덕분에 한 영역이 다른 영역을 조정하고 부족한 부분을 채우는 일이 가능한 것 같다. 마찬가지로 심각한 행동 문제를 보이는 사람들 중에는 뇌 영상을 촬영해도 결함이 거의 없거나 아예 없는 경우가 있다.[23]

신경법의 고전이 된 허버트 와인스타인(Herbert Weinstein) 사건이 바로 겉으로는 뇌와 연관성이 있을 것 같아 눈길을 사로잡지만 결국 뇌 결함과는 관련이 없는 사례이다.[24] 1991년, 은퇴한 65세의 뉴욕 광고업체 대표가 부인과 다툼을 벌이다가 부인의 목을 졸라 살해하고는 자살로 위장하려고 부부가 살던 12층 아파트의 침실 창문 밖으로 시체를 떠밀었다. 그리고는 어퍼 이스트사이드(Upper East Side) 빌딩 뒤쪽으로 몰래 빠져나가려다 경찰에 붙잡혔다. 웨인스타인은 2급 살인죄로 기소됐고 그의 변호사는 의뢰인이 PET를 실시하게 하는 등 신경 검사를 통해 정신 이상으로 변호할 준비를 시작했다. 당시에는 범죄 수사에 뇌 영상이 사용되는 경우가 드물었지만, 변호사는 성모 마리아(Hail Mary)에게 기도하는 심정으로 이 기술이 무엇이든 비정상적인 것으로 만들어 줄 거라 믿었다.

뇌 영상 결과는 충격 그 이상이었다. 웨인스타인의 좌측 전두엽에 메추리알 하나 정도 크기로 시커멓게 비어 있는 공간이 뚜렷하게 나타났다. 뇌를 둘러싸고 있는 거미줄 같은 조직 내부에 형성된, 속에 액체가 들어 있는 낭포였다. 몇 년 동안 서서히 크기가 증가하여 전두엽 하부에 닿을 만한 정도가 되어 주변 뇌 조직을 밀어내거나 누르고 있었다. 뇌 영상에서는 이 주변 조직이 적색과 녹색으로 반짝이는 부위로 표시되었는데, 이 색깔은 대사 저하 또는 에너지 사용량 감소를 나타낸다. 변호사는 이 예외적인 문제 때문에 웨인스타인이 옳고 그림을 제대로 구분하는 능력이 심각하게 손상되었다고 주장했다.[25]

그러나 극적인 형태의 영상 결과에도 불구하고, 증거를 조사한 방사선학자 대부분은 웨인스타인 뇌에 생긴 낭포가 뇌 기능에 거의 영향을 주지 않는다고 결론 내렸다. "PET 결과는 이례적이었습니다." 검찰 측 증인으로 나선 한 정신분석의는 설명했다. "하지만 그가 아내를 창문 밖으로 던졌다는 사실과는 아무 관련이 없습니다." [26] 판사가 재판에서 신경학적 증거 중 일부를 채택하기로 결정함에 따라, 검찰 측은 웨인스타인에게 살인죄로 유죄를 선고하는 데 합의했다. 여러 법학자들은 PET로 웨인스타인이 얻은 성과는 고작 형량을 7년 줄인 것이라고 평가했다.

우리가 주의를 기울여야 하는 또 다른 이유는 뇌에 비정상적인 부분이 뚜렷하게 발견되었다고 해서 이것이 실제 비정상으로 확인되지 않을 가능성도 있다는 점이다. 연구자들은 피고의 뇌 영상을 분석할 때 대조 영상 즉 평균적인 피험자 여러 명에서 얻은 데이터를 종합해서 얻은 정상적인 뇌의 영상과 비교한다. 배심원단은 뇌는 사람마다 매우 다양하다는 특성이 있고, 따라서 피고의 뇌 활성 패턴이 정상적인 일부 피험자와 상당히 유사할 수 있다는 사실을 알지 못할 수 있다.[27] 더불어 미국 평균 남성은 키 5피트 8인치[55]

---

55) 약 1미터 77센티미터 (역주)

에 체중 175파운드[56], 오른손잡이에 눈은 갈색이고 백인이며 45세
이지만, 이 평균치가 그대로 발현된 사람은 거의 없다는 사실도 함
께 생각해보자. 이와 같은 이유로, 결과를 통합하는 과정에서 피고
의 뇌는 결함이 있는 것처럼 보일 수 있지만 실제로는 그저 정상적
인 뇌 가운데 한 가지에 불과하다.

설사 뇌 결함과 위험한 충동 사이에 명확한 관계가 있다고 해
도, 피고가 정말 저항할 능력이 없는 상황이었음을 어떻게 확인할
수 있을까? 한 40세 학교 교사가 뇌종양이 생긴 뒤 아동 포르노물에
큰 관심을 가지게 된 흥미로운 사건이 하나 있었다. 젊었을 때 성인
포르노물에 관심이 많긴 했지만 2000년, 그는 태어나서 처음으로
성관계를 노리고 어린 의붓딸과 성인 여성들에게 수차례 접근했다.
비슷한 시기에 그는 두통, 걸음걸이 이상, 글자를 쓰지 못하는 증상
등 신경학적인 문제가 나타나 진단을 위해 MRI 검사를 받았다. 검
사 결과 우측 안와전두피질에 침범한 커다란 종양이 발견되었다.
수술로 종양을 절개하자 소아 성애증은 완전히 사라졌다. 그런데 1
년이 지나, 소아 포르노에 대한 관심이 되살아났다. 충분히 예상되
듯이, 뇌 영상에서 종양도 다시 확인되었다.[28]

이 교사의 강렬한 성적 욕구는 분명 종양에서 비롯된 것으로
보인다. 최소한, 종양이 원래 존재하던 욕구에 채워져 있던 브레이
크를 풀어버리는 역할은 했으리라. 어떤 경우든 성적 충동을 느끼
는 모든 사람이 욕구대로 행동하지는 않는다. 실제로 이 교사는 종

---

56) 약 79킬로그램 (역주)

양이 발견되기 직전에 응급실을 찾아와 두통과 다른 신경학적 증상을 호소하면서, 자신이 집주인을 강간하고 싶은 커다란 욕구에 시달린다고 털어놓았다. 성폭행 욕구에 스스로 놀란 나머지 자기 자신과 집주인 모두 보호할 수 있는 피난처를 찾아온 것이리라.

신경과학은 아직까지 스스로를 통제할 수 없는 사람과 통제하지 않는 사람, 그리고 자신의 충동과 맞서 전력을 다해 싸우는 사람을 구분하지 못한다. 신경과학으로는 그 차이를 결코 구분하지 못할지도 모른다. 차이를 구분하려는 노력보다는, 뇌 통제 시스템의 특성 및 이 시스템이 동기와 욕구를 관장하는 뇌 회로와 어떻게 상호작용하는지 파악하기 위한 노력이 더욱 필요하다. 뇌 영상이 범죄 사건의 탄탄한 증거가 되려면, 과학자들은 영상으로 확인된 뇌의 특정 패턴이 합리적 사고, 자기 통제의 어떤 특성과 밀접한 상관관계가 있으며 따라서 행동의 책임을 면제하거나 경감해주어야 할 상태가 되었음을 증명할 수 있어야 한다.

뇌 영상은 가장 극단적인 사건에서 특히 아무런 정보를 제공하지 못할 가능성이 있다. 안드레아 예이츠(Andrea Yates) 사건을 생각해보자. 2001년 휴스턴에 사는 36세 여성이 어린 자녀 다섯 명을 살해한 이 사건은 합리적 사고의 결함을 근거로 비정상적인 사고 능력을 인정받아 피고의 죄가 면제된, 비통한 사례이다. 6월의 어느 아침, 예이츠는 남편이 일하러 나간 뒤 아들 네 명과 아기였던 딸을 욕조에서 차례차례 익사시켰다. 그리고 경찰에 전화를 걸어 구급차를 보내달라고 요청했다. 경관이 대문에 들어서자, 그녀는 말했다. "제가 제 아이들을 죽였어요." 예이츠는 7개월 전 딸아이를 출산한 후 산후 정신병에 시달리고 있었다. 수감 중 면담하러 온 정신과 의사들에게 그녀는 자기 아이들이 "지옥의 불구덩이에서 죽임을 당할 운명"이며 "구원 받으려면 죽어야만 했다."고 말했다.[29] 정신 질환이 사실을 올바르게 판단하는 능력을 너무 심각하게 훼손시켜, 죽음으로 자기 아이들을 영원한 고통에서 구원할 수 있다고 생각하게 된 것이다.

재판에서 배심원단은 그녀가 살인이 잘못된 일임을 알고 있었다는 확고한 사실을 토대로, 정신 이상이라는 주장을 인정하지 않았다. (텍사스 주 법에서는 정신 이상의 기준이 더욱 좁은 의미에서 정해진다. 즉 피고가 자신의 행동이 법적으로 잘못된 일인지 알고 있었는지 여부를 토대로 결정된다. 예이츠의 경우처럼 피고가 명확히 심각한 정신 질환을 앓고 있다 해도 이 기준은 충족시키지 못할 수 있다.) 그런데 몇 년 후, 항소 법원은 중대한 결정을 내렸다. 검찰 측이 예이츠는 텔레비전 드라마 로앤오더(Law and Order)에서 살해 아이디어를 얻었다고 주장하면서 부정확한 진술을 토대로 한 사실이 명확해졌다며, 유죄 선고를 뒤집은 것이다. 2006년 재심에서 예이츠의 변호사는 처음 제기한 주장을 다시 펼쳤고 배심원은 정신 이상을 근거로 유죄가 아니라고 판단했다.[30]

주목할 만한 사실은 예이츠의 변호사가 뇌 영상을 증거로 제시하지 않았다는 점이다. 그랬다 하더라도 뇌 영상으로는 정신 질환의 징후가 나타나지 않았을 것이다. 실제로 예이츠의 재판이 끝난 뒤 몇 년이 지난 지금까지도 뇌 영상으로는 정신병 증세가 극심해진 상황에서 저지른 범죄에 대해 가해자가 무슨 의미인지 이해하지 못한다는 사실은 고사하고, 어떤 여성이 출산 후 정신병을 앓고 있는지 여부조차 입증하지 못한다. 영상 기술이 발달하고 뇌의 기능 이상을 토대로 한 새로운 진단 범주가 체계를 갖춘다면 언젠가는 지금의 이 한계점이 극복될지 모른다.[31] 하지만 현 시점에서는 그 새로운 범주는 윤곽 정도만이라도 예측할 수 없다.

　　신경법 전문가들에 따르면 신경과학적 근거는 법정에서 그어느 때보다 큰 인기를 누리고 있다. 2005년부터 2009년까지 신경학적 증거나 행동유전학적 증거가 제시된 형사 사건이 두 배로 증가했다. 판사들은 사형 여부가 달린 사건의 경우, 피고 측 변호인들이 형량 조정을 목적으로 피고의 윤리적 책임을 물어야 하는지 의심스럽다는 주장을 펼치기 위한 증거를 제시할 수 있도록 증거 허용 범위를 더욱 넓게 적용한다. 그러나 법적 책임 여부가 관건인 사건에서는 증거의 채택 기준이 더욱 엄격해져서 반드시 탄탄한 과학적 근거가 있어야 한다.[32]

　　샌디에이고에서 형사 사건 피고 측 변호인으로 활동하던 크리스토퍼 플로드(Christopher Plourd)는 한 살인사건 재판에서 처음으로 PET 영상을 증거로 제시하면서, 영상의 설득력에 깊은 인상을 받았다. "확대해서 보여줄 수 있는 그럴싸한 컬러 사진이 있고, 의학 전문가가 그 사진을 가리키며 진술하는 겁니다." 1990년대 초 진행된 당시 재판을 취재하던 한 기자에게 그는 이렇게 설명했다. "이 사람의 뇌에 열등한 부위가 있다고 사진으로 입증하면, 배심원들은 그사진에 빠져들죠."[33]

　　변호사들도 빠져들었다. "혼란스러운 마음 상태를 과학적으

로 정확하게 나타낼 수 있고, 이러한 사진은 피고와 현명한 의사결
정자들이 책임과 처벌의 수위를 자비롭게 정하는 데 도움이 되었
다." 뉴욕 주 변호사협회의 법률정보서비스 관리자인 캔 스트루틴
(Ken Strutin)의 말이다. 많은 법학자들과 신경과학자들이 이와 같은 과
도한 미사여구를 보며 고민하는데, 거기에는 정당한 이유가 있다.
뇌 영상에는 과학적인 권위적인 기운이 존재하고 이 기운에 사람들
이 유혹된다면, 배심원들은 생물학적으로 저항이 불가능한 범죄성
을 자신이 직접 눈으로 확인했다고 믿을 수도 있지 않을까? 신경현
실주의에서 비롯된 이 잘못된 믿음 때문에 일반적인 형태의 증거에
서 포함된 뚜렷하지만 그보다 평범해 보이는 정보를 배심원들이 놓
치게 되는 건 아닐까?[34]

　　이러한 잘못된 해석을 법률 용어로 "편견(prejudice)"이라고 한
다. 분명히 하자면, 위와 같은 맥락에서 발생한 편견은 피고의 인종
이나 민족성에 대한 태도에는 아무런 영향을 주지 않지만 증거에 대
한 태도에는 영향을 줄 수 있다. 판사들은 배심원단이 한 가지 증거
에 적정 수준 이상으로 지나친 정확성과 유효성을 부여할 가능성이
있다는 사실을 반드시 경계해야 한다. 물론 여러 증거가 서로 완전
히 일치하지는 않겠지만, 뇌 영상을 행동에 대한 설명과 함께 제시
하면 설득력이 더욱 높아지고 사람들에게 더 강력한 영향을 준다는
사실이 몇몇 연구를 통해 확인되었다. 예를 들어 심리학자 마들렌
키너(Madeleine Keehner)와 연구진은 피험자들에게 과학적인 내용의 보
고서를 읽도록 하고 세부적인 수준이 다양한 뇌 영상을 제시했다.
그러자 과학적인 근거가 충분한 문서 자료를 제시할 때보다 더욱 구

체적인 3차원의 "뇌 같은" 영상이 제시될수록 순진한 독자들이 설득될 가능성이 높게 나타났다.[35]

　　수차례 인용된 심리학자 데이비드 P. 맥케이브(David P. McCabe)와 앨런 D. 카스텔(Alan D. Caster)의 연구에서는 대학생들에게 정신적인 현상에 대한 잘못된 설명을 제시하면서 뇌 영상을 함께 보여주었다. 의도적으로 논리가 맞지 않도록 지어낸 설명을 제시함으로써, 연구진은 말로 전달되는 설명의 의미를 영상이 왜곡시킬 수 있다는 사실을 보다 폭넓게 이해할 수 있었다. 연구진은 피험자들에게 사람은 텔레비전 시청으로 수학적인 능력을 향상시킬 수 있다는 터무니없는 설명과 함께 텔레비전 시청과 수학적 능력의 통계학적 연관성만 나와 있는 데이터를 보여주면서 이 주장을 뒷받침할 수 있는 증거라고 피험자들을 설득했다 (이 실험에서와 같은 추론은 물론 상관관계와 인과관계를 혼동할 위험이 있다).

　　맥케이브와 카스텔은 피험자를 세 그룹으로 나누고 그룹마다 다양한 형태로 가짜 데이터를 제시하면서 설명했다. 첫 번째 그룹은 연구 결과에 대한 설명을 문서로 제공받았다. 두 번째 그룹에는 결과 설명과 함께 측두엽의 활성을 측정한 막대그래프를 제시했다. 그리고 세 번째 그룹에는 연구에 대한 설명과 함께 다채로운 색깔의 뇌 영상을 제공했다. 피험자들은 뇌 영상이 함께 제시된 경우 수학적 능력과 TV 시청의 관련성에 관한 추론의 근거가 더욱 분명하다고 판단했다. 심리학자 디나 와이즈버그(Deena Weisberg)와 연구진도 이와 비슷한 연구에서, 신경과학 비전문가들을 대상으로 행동에 관한 비논리적인 설명을 제시하면서 "뇌 영상에서 나타난 바에 따르면"이라는 문구를 집어넣으면 설득력이 더욱 높아진다는 사실을 확인했다(대상이 신경과학 전문가들로 바뀌면 동일한 결과가 나타나지 않았다). 종합하면 이와 같은 결과들은 때로는 농담 삼아 "뇌 포르노"라고도 불리는 뇌 영상과 신경언어가 배심원을 비롯한 사람들이 잘못된 결론을 내리도록 현혹할 수 있다는 가능성을 보여준다.[36]

　　미국의 연방 증거 규칙 제403조에는 오인을 유발할 만한 증거가 재판에 활용되지 않도록 제한하기 위해, 전문가의 진술과 발표 내용은 배심원단이 증거의 가치, 즉 배심원단이 법적으로 쟁점이 되는 문제를 해결하는 데 얼마나 도움이 되는지 판단하는 데 편견을 가질 수 있음을 감안해야 한다고 명시되어 있다.[37] 판사는 뇌 영상 증거가 피고에 대한 배심원단의 과도한 편향을 유도할 수 있다고 판단될 경우 해당 증거의 채택을 거부할 수 있다. 앞서 살펴본, 사이코패스로 보이는 듀건이 어린 여자 아이를 납치해 살해한 사건의 담당 판사도 이 경우에 해당된다.

　　뇌 영상이 과거 특정 사건에서 배심원단의 편견을 유도한 적이 있는지는 아마도 파악하기 힘들 것이다. 배심원단의 토의 내용이나 배심원 출구조사에 관한 정보도 얻기 힘든 상황에서, 이들이 증거를 어떻게 해석했고 전문가 증인이 밝힌 진술부터 피고의 처신, 변호인의 최종 변론, 혹은 피고가 내보인 후회의 표현 등 법정에서 얻은 각종 정보에 대해 상대적인 비중을 어떻게 부여했는지 그 누가 연구할 수 있을까? 이에 연구자들은 불완전하지만 좋은 대안을 찾았다. 배심원 역할을 맡은 피험자들이 의사결정을 내리는 과정에서 뇌를 기반으로 한 증거가 주는 영향을 측정하는 방법이다.

심리학자 마이클 색스(Michael Saks)와 그 연구진은 뇌 기반 증거를 여러 가지 측면에 따라 구분한 후 배심원의 의사결정에 끼치는 영향을 조사했다. 연구진은 다수의 피험자를 모집하여 강도 행위로 시작해 끔찍한 살인으로 바뀐 실제 사건 이야기를 읽도록 했다. 이 가짜 배심원들은 여러 그룹으로 나뉜 후 피고는 살인을 저지르겠다는 의도를 가질 수 없는 사람이라는 주장과, 그 이유에 대한 각기 다른 설명을 들었다. 예를 들어 한 그룹은 전문가인 신경과학자가 피고의 뇌 영상을 보여주면서 좌측 전두엽에서 손상된 부분이 발견되었다고 설명하는 진술을 읽었다. 또 다른 그룹은 실제 뇌 영상을 보면서 뇌에 결함이 있는 부분을 직접 눈으로 확인했다. 다른 그룹은 한 심리학자가 피고는 성격 장애가 있다고 밝힌 진술서를 읽었다.[38]

배심원들은 피고의 뇌에 특정 결함이 있다는 결론 대신 성격 장애로 고통 받고 있다는 판단을 내리고 더 무거운 판결을 내렸다. 뇌를 기반으로 한 증거들에는 모두 동일한 가중치가 부여되었다. 피험자들에게 피고가 사형 판결을 받을 수 있다는 정보가 제시된 다음에야 뇌 영상 증거가 처벌을 종신형으로 낮추는 데 가장 큰 역할을 한 것으로 나타났다. 이러한 결과는 색스 연구진이 실시한 다른 관련 연구에서도 마찬가지로 확인되었다. 유전학적으로 폭력적인 성향이 있다는 증거, 신체 검사에서 신경학적 문제가 발견됐다는 증거를 비롯한 다른 증거들은 뇌 영상만큼 설득력이 없었다. 색스는 최악의 형벌, 즉 목숨을 잃을 가능성이 커진 경우에 뇌 영상이 가장 큰 영향력을 발휘하다고 추정했다.[39]

이러한 결과에서 우리는 무엇을 알 수 있을까? 가짜 배심원단이 사건의 요약 정보를 보고 내린 판단을 실제 배심원단이 법정에서 내리는 의사결정과 유사하다고 할 수 있을까? 무엇보다도 배심원들이 실제 사건을 경청하는 상황에서는 종합해야 할 세부적인 정보가 많다. 증인들의 수많은 이야기, 전문가들의 반대 심문, 변호인의 최종 변론, 판사의 지시 사항 등을 듣고, 동료 배심원들과 기나긴 토의도 해야 한다. 또한 실험 상황과 실제 상황의 가장 강력한 차이는, 실제 배심원은 자신의 결정이 진짜 살아 있는 사람들의 자유에, 그리고 많은 경우 그의 생사에 영향을 줄 수 있다는 사실을 인지하고 있다는 점이다.[40]

창의적인 연구자들은 이러한 문제를 일부나마 타개하고자 배심원 후보 가운데 실제 재판의 배심원으로 선정된 사람들을 연구 대상으로 모집한 뒤 전문가 반대 심문과 최종 변론을 진행하고 토의를 거쳐 평결을 내려달라고 요청했다. 또한 뇌 영상이 이들에게 혼란을 주었는지, 혹은 중요한 진술에 집중하지 못하게 했는지 파악하기 위해 사건 관련 사실을 얼마나 알고 있는지 확인했다.[41] 그러나 사형 선고가 달린 재판의 특성인 "생존이 불확실하다"는 점은 연구 상황에서 재연하기가 굉장히 힘들고, 논란의 여지가 많아 재연 자체가 불가능하다.

실제 사건에서는 피고의 뇌 영상이 증거로 제시되면 그 효과가 복합적으로 나타난다. 어떤 경우에는 뇌 영상이 피고의 형량을 줄이거나 피고의 입장을 변호하는 데 도움이 되지만, 뚜렷한 영향을 주지 않는 경우도 있다. 하지만 이제 이 책에서도 살펴볼 예정이지만, 신경생물학적인 설명은 심리학적, 사회적 설명과는 달리 피고의 윤리적 책임에 대한 견해를 바꾸는 데 분명 놀라운 영향을 준다. "내 뇌가 날 이렇게 만들었어."라는 애원은 "힘들었던 내 어린 시절이 날 이렇게 만들었어."와 같은 변명과는 달리 피고가 짊어져야 할 책임을 가볍게 해준다. 신경학적 설명에서는 뇌의 내부 처리 과정에 융통성이 없으며 오직 한 가지 행동으로만 이어진다는 결론이 가차 없이 내려진다. 반대로 행동 이론을 심리학적으로 표현하면 다양한 행동이 나타날 수 있다고 쉽게 이해한다. 이것이야말로 뇌 영상이 증폭시킬 수 있는 인지적 편향이다.[42]

심리학자 존 몬테로소(John Monterosso)와 연구진은 2005년 연구에서, 방화와 살인 같은 범죄에 대해 "화학적 불균형"과 같은 생리학적 설명을 피험자들에게 제시하면 어린 시절 학대와 같은 심리학적 설명을 제시할 때보다 피고의 죄가 면제되는 비율이 더 높다는 사실을 확인했다. 심리학자 제시카 걸리(Jessica Gurley)와 데이비드 마커스(David Marcus)는 전문가 진술을 제시하면서 뇌 영상이나 뇌 손상이 어떻게 발생했는지에 관한 여러 형태의 설명 중 하나를 포함시키면 전체 피험자의 약 3분의 1이 무죄 선고를 내린다는 연구 결과를 발표했다. 무죄 선고 비율은 신경학적 증거가 제시되지 않은 경우보다 훨씬 더 높았다. 마찬가지로 2003년 심리학자 웬디 P. 히스(Wendy P. Heath)와 연구진도 범죄 행동에 대한 여러 가지 설명(생물학적, 심리학적, 환경 결정론 등)이 의사결정에 끼치는 영향을 조사했다. 연구진은 생물학적 설명이 제시된 경우 피험자들은 설명을 더욱 신뢰하며 잘못을 저지른 사람의 과실도 더 적다고 한다는 사실을 확인했다. 2012년 유타 대학교 연구진은 사이코패스인 한 젊은 남성이 음식점 관리

자를 무참하게 폭행한 가짜 사건의 검토를 현직 판사들에게 요청했
다. 일부 판사들은 신경생물학자가 피고를 대상으로 검사를 실시한
후 밝힌 진술서를 읽었다. 검사 결과 피고는 폭력적인 행동 및 다른
사람의 고통을 완전히 무시하는 행동과 관련이 있는 유전자 변이가
발생한 것으로 확인되었다는 내용이었다. 신경생물학자의 진술을
읽은 판사들은 평균 징역 13년 형의 판결을 내렸다. 유전적 특성과
폭력에 관한 진술을 읽지 않은 판사들이 내린 처벌보다 1년 더 적은
형량이었다.[43]

이런 결과들을 보면, 시몬스 사건에서 대법원 판결에 대해 왜
청소년 운동가들이 화들짝 놀랐는지 쉽게 이해할 수 있다. 판결문
어디에도 '뇌'라는 단어는 찾을 수 없었고, 판결을 내린 당사자 대다
수는 "사회적 질서 유지의 기준이 성숙한 사회의 발전을 뚜렷하게
반영하여 발전한 상황"을 토대로 내린 결정임을 분명히 밝혔다. 그
러나 개혁가들은 뇌 과학을 이용해 소년 범죄의 형량을 낮추고 폭력
적인 십대 범법자들을 성인들을 위해 마련된 형벌 시설이 아닌 범죄
재활 센터로 보내기 위해 수년 간 지속한 노력이 그 정당성을 인정
받았다고 해석하며 크게 환호했다. 한 개혁가는 뇌 영상이라는 새
로운 '자연 과학'을 통해 법률체계가 청소년을 역량이 부족한, "있는
그대로의 상태"로 바라보도록 만들어야 한다고 주장했다.[44]

실제로 그 영향력이 나타나기 시작했다. 2010년 그레이엄 대
플로리다 주 사건에서, 미국 대법원은 살인 이외의 범죄를 저지른
청소년에게 가석방 없는 종신형을 선고하지 못하도록 금지하면서
"성장과 성숙을 입증할 기회"를 제공했다. 신경과학에 크게 영향을

받은 사건은 아니었지만, 담당 재판관 앤터니 케네디(Anthony Kennedy)는 다수결에 찬성하는 판결문에서 이렇게 밝혔다. "청소년 행동의 차이점에 대한 생물학적 근거는, 비슷한 행동을 성인이 한 경우보다 과실이 덜한 것으로 보아야 한다는 결론에 힘을 실어준다."고 밝혔다. 2012년 밀레 대 앨라배마 주 사건에서도 다수결 판결문에 이와 같은 내용이 나와 있다. 이 사건에서도 대법원은 청소년에게 가석방 없는 의무 종신형을 선고한다면 잔인하고 이례적인 처벌에서 시민을 보호해야 하는 헌법의 역할에 위배된다고 판결했다. 지역 단위로는 캘리포니아주 의회에서 2012년 가석방 없는 종신형을 살고 있는 일부 청소년들이 25년의 형기가 지나면 가석방할 기회를 얻도록 하는 법안을 통과시켰다. "신경과학은… [십대의] 충동 조절, 계획 수립, 비판적 사고 기술이 충분히 발달하지 않았다는 사실을 명확히 보여 준다…" 아동 심리학자이자 이 법안을 지지한 상원의원은 이렇게 설명한다.[45]

　　이와 같은 정치적 상황과 달리, 어린 시절의 폭력적인 행동을 10대의 뇌를 들먹이며 한방에 설명을 끝내려 한다며 이에 반대하는 주장이 제기되어 불편한 상황을 만들고 있다. 이 주장의 근거는 무엇보다도 신경과학이 이미 모든 부모가 알고 있는 사실 외에 더 알려줄 수 있는 정보가 거의 없다는 사실이다. 10대들, 특히 남자 아이들은 무모해지기 마련이다. 과속하고, 술도 많이 마시고, 스케이트보드를 탄 채 계단을 내려간다. 크리스토퍼 시몬스의 경우 전두엽과 편도체가 미성숙하다는 사실이 그가 저지른 행동을 얼마나 정확히 설명할 수 있을까? 다른 요소는 제쳐두더라도 일단 충동적으로 저지른 범죄가 아니었다. 시몬스는 크룩의 집에 침입하기 전부터 살해 계획을 세웠다. 꼭 뇌가 완전히 형성되어야 사람을 다리 아래로 던지는 일이 잘못된 행동임을 안다고 설명할 수 없다. 평균적으로 9세 정도면 죽음이 최후라는 사실을 깨닫는다.[46]

실제로 10대마다 하는 행동에는 큰 차이가 나타난다. 각자가 처한 문화와 주변 환경에 뇌가 큰 영향을 받는다는 사실이 그러한 격차를 만드는 원인 중 하나이다. 부모님 두 명이 직장에 다니고 어린 동생들을 돌봐야 하는 10대를 생각해보자. 살면서 얻은 경험이나 다른 사람의 요구에 반응하면서 빠르게 성장한 아이들은 판단력과 자기 수양 능력을 잘 다듬을 수 있다. 따라서 10대의 뇌는 동적인 환경 속에서 발달하고 형성된다. 10대 아이들 대부분은 폭력에 환상을 가지고 있더라도 실제 행동으로 옮기지 않는다. 10대 청소년의 폭력과 살인 비율은 나라마다 큰 차이를 보인다. 산업화가 덜 진행된 일부 국가에서는 텔레비전 등 서구 사회의 영향을 받은 이후부터 한 세대 혹은 두 세대에 걸쳐 청소년 범죄가 증가 추세를 보였다.[47] 종합하면 이런 결론을 얻을 수 있다. 청소년의 뇌에 관한 신경과학의 설명은 청소년이 왜 성인보다 충동적일 수 있는지 생물학적으로 그럴듯한 설명은 될 수 있지만, 10대 범죄자 개개인에 대해서는 거의 아무것도 말해주지 못한다.

그렇다고 청소년의 뇌 발달 상황을 토대로 청소년의 행동에 대해 과장된 결론을 이야기한 책임을 청소년 운동가들에게 돌린다면 너무 가혹한 처사일 것이다. 물론 이들 운동가들과 이야기를 나누어보면 예상대로 뇌 발달로 행동을 거의 100퍼센트 파악할 수 있다고 주장하지만 말이다. 그 속에는 좋은 의도가 담겨 있지만, 이들 개혁가들도 신경과학적 근거는 양날의 검이라는 사실을 잘 기억해야 한다. 뇌가 10대들을 무책임하게 만든다면, 지금 현재 110대들이 누리고 있는 권리나 기회는 어떻게 해야 할까? 미국의 주 상원의원 한 사람이 주장했듯, 어떤 계약을 체결하기에는 너무 미성숙하지 않은가? 임신 중절 반대 운동가들이 주장하듯 낙태를 스스로 결정할 수는 있을까? 또 소비자 단체의 주장대로 폭력적인 비디오 게임을 계속 하도록 내버려둬도 괜찮을까?[48]

생물학적인 설명은 피고가 성인인 경우에도 그 운명에 영향력을 행사할 수 있다. 배심원 중에는 자기 통제, 의사결정, 합리적 사고 기능에 결함이 발생한 사람이라면 더 짧은 형량이 아닌 더욱 긴 형량을 받아야 한다고 생각하는 사람이 있을지도 모른다. 실제로 주 검찰이 신경학적 증거를 제시하면서 피고가 앞으로 폭력을 행사할 것으로 예상되니 사회로 돌려보내기에는 너무 위험하다며 일침을 가한 일도 있었다. 또 한 사건에서는 피고 측 변호인이 범죄에 대한 유전적 소인은 태어날 때부터 가지고 있는 특성이므로 마땅히 자비를 베풀어야 할 부분이라고 주장하자, 검찰 측이 유전학적 증거를 내밀며 선천적인 폭력 성향은 일반 국민에게 큰 위협이 된다고 반박하면서 엄격한 형량을 그대로 유지한 일도 있었다. 가석방 위원회도 이와 비슷한 논리로 석방 허가를 거부할 수 있다.[49]

마지막으로, 만약 피고가 승리를 거두어 뇌 기반 근거 덕분에 가벼운 처벌을 받을 수 있다 하더라도, 국민들은 이들이 또다시 폭력 범죄를 일으킬지 모른다는 공포감에 형을 다 살고 나오더라도 행동을 제한시켜야 한다고 요구할지 모른다. 성적인 폭력을 가하는 범죄자들에 대한 현행 법률이 좋은 모델이 될 것 같다. 미국 여러 주에서는 공공안전이라는 이름으로, 법원이 재범 위험이 높다고 판단한 성폭력 범죄자들을 형기가 끝난 다음에도 훨씬 오랜 기간 동안 구금하고 있다.[50] 뇌에서 비롯된 증거를 토대로 예방 차원의 구금을 실시한다면 참 난처한 상황이 아닐 수 없다. 과학적인 견해로 보면 향후 위험한 행동을 저지를지 장기적인 예측을 하기에는 아직까지 정확성이 많이 떨어진다. 물론 일부 신경과학자들은 뇌 과학이 그러한 문제를 개선시킬 수 있다고 주장한다. 시민의 자유라는 측면에서는 개인의 자유와 공공안전 사이의 균형을 어떻게 맞추어야 하는지에 대한 오래된 논란이 다시금 제기될 수 있다.

배심원단은 아직까지 신경과학이 법률 집행에 끼치는 영향력 그 바깥에 서 있다. 사형 선고가 가능한 재판에서 판사들이 뇌 영상 증거를 접하는 일은 점차 더 많아지고 있지만, 배심원단의 의사 결정에는 수많은 요소가 영향을 주기 때문에 연구자들도 뇌 영상의 영향을 분석하고 평가하기 힘들다. 혹여 뇌 영상이 고려할 만한 증거로 선정되어 배심원의 의사결정에 영향을 준다 하더라도, '잘못된 평결'로는 이어지지 않을 가능성이 있다. 기껏해야 특정 사건에 한해 정신 이상을 이유로 무죄 선고를 받거나 형량을 줄일 수 있다. 법정에서 기능적 뇌 영상의 가치는 점점 명확해지고 있다. 아직까지는 변호인, 전문가들이 전통적인 수사 방식으로 얻는 통찰을 뇌 영상이 뛰어넘지는 못한다. 오히려 다른 방법으로도 알 수 있는 답을 얻겠다고 뇌 영상을 들여다보느라 신경 중복성 문제에 직면할 뿐이다.

　　법을 이해할 수 있는 능력이 떨어지는 사람들이 있고, 충동 억제가 어려운, 특히 특정 상황에서 억제가 거의 불가능한 사람들도 있다는 사실은 거의 의심의 여지가 없다. 그럼에도 불구하고 뇌 영상으로는 누가 그런 사람들인지 파악할 수 없다. 안드레아 예이츠가 저지른 비극적인 사건이 그 강력한 예이다. 그녀의 뇌는 무언가 끔찍하리만치 잘못됐다. 하지만 뇌 영상이나 기타 생물학적 검사로는 예이츠의 친척과 대화를 나누고 정신 분석 기록을 분석하며 의사들이 파악한 수준보다 예이츠의 비정상적인 정신 상태를 잘 파악하지 못했다. 법의학 정신의학자로 예이츠를 대신해 진술한 필립 레스닉(Phillip Resnick)은 예이츠와 그녀가 저지른 범죄를 이해하려면 "왜 그랬는지" 알아야 한다고 말한다. "그런데 fMRI로는 그 왜라는 물음의 답을 찾을 수 없습니다."[51]

　　필자들의 생각에는 기능성 뇌 영상이 오해를 유발할 가능성이 정보를 제공하는 가능성을 넘어선 것 같다. 물론 기술이 계속해서 진화하면서 일부 다른 목적으로 사용되는 뇌 영상의 가치는 이 비율이 반대로 나타날 수 있다. 하지만 변호사, 배심원, 판사는 신경학자들과 법 전문가들이 뇌 기능에 관한 정보를 피고가 범죄에 책임을 질 수 있는 법적 요건으로 해석할 수 있는 그날이 오기 전까지는, 전통적인 방식에 의존하여 피고를 평가해야 한다. 면담, 목격자 진술, 정신질환 병력, 확고한 임상 평가방식 등이 그러한 방식에 포함된다.[52] 이러한 방법을 통해서도 피고의 정신 상태를 더욱 미묘한 부분까지 추론할 수 있다.

뇌 영상은 범죄자의 심리 혹은 범죄와 관련된 어떤 심리도 결코 포착하지 못한다. 언젠가는 이성적인 사고를 할 수 있는 능력과 자기 통제 능력에 큰 혼란이 발생하게 되는 상태와 밀접한 연관이 있는 뇌 패턴을 찾는데 뇌 영상이 더욱 뛰어난 역할을 할지도 모른다. 또한 재판에 서지 않으려고 정신병이 있는 척 연기하는 피고를 잡아내거나, 성적 학대에 대한 기억 중 실제 일어난 부분과 지어낸 부분을 구분하는 등 각종 성가신 문제에 신경과학이 지침 역할을 한다면 환영할 만한 일이다.

뇌 영상으로 추론을 이끌어내려면 극복해야 할 기술적 장애물들이 어마어마하게 존재하고 이것이 사라질지는 지켜봐야 할 일이지만, 만약 해결된다 하더라도 주관적인 판단이라는 꼬리표는 따라다닐 수밖에 없다. 한 가지 예를 들어보자. 언젠가는 피고가 이성적으로 행동할 능력이 없음을 보여주는 뇌 증거가 제출될지도 모른다. 배심원들로 하여금 피고가 범죄에 책임이 없다거나 그 범죄를 저지를 능력이 없다고 생각하게 하려면, 그 이성적인 행동 능력을 도대체 얼마만큼 갖고 있어야 할까? 사회는 이 질문에 답을 찾고자 계속 고군분투할 것이다. 전문가들은 어디에서 선을 그어야 할까? 피고가 자기 통제 능력이 없다고, 옳고 그름의 차이를 "느낄 수 없다"고, 혹은 설득력 있는 이유를 제시할 수 없다는 주장을 충분히 뒷받침하려면 전두엽은 얼마나 비정상적이어야 하고 수초 형성은 얼마나 미완성 상태여야 하며 변연계에서는 얼마나 과도한 활성이 일어나야 하는 걸까?[53]

법학자 켄 래비(Ken Levy)는 사이코패스의 경우를 언급하며 이런 질문을 던진다. "옳고 그름의 차이를 이성적으로는 알고 있지만 자신의 저지른 범죄의 윤리적 심각성을 정서적으로 이해하지 못한 다면, 범죄에 대한 책임을 져야 마땅한가?"[54] 10대 청소년이 사형 대상으로 적합한가에 대한 논란에서처럼, 열여덟이라는 나이가 마법을 부린 사례가 또 있을까? 싫든 좋든 2005년부터 미국에서는 바로 그 연령에서 선을 그었다. 하지만 한 젊은이가 쉽게 흥분하는 청소년에서 침착한 의사결정이 가능한 사람으로 탈바꿈하는 시점이 언제인지에 관한 정확한 신경발달 기준은 없다. 성숙은 연속적으로 진행되는 과정이며 사람마다 차이가 광범위하다. 부분적으로는 가족, 사회, 문화적인 환경 등 누구도 제어할 수 없는 요소에 좌우된다. 살인을 저지른 소년 범죄자에게 사형 판결을 내리지 말아야 한다는 주장에는 강력한 윤리적 이유가 존재한다. 그러나 뇌 전체의 신경생물학적 특징을 토대로 10대를 특정 형태의 처벌에서 제외시켜야 하는가의 문제는 과학만으로는 답할 수 없다.

다음 장에서는 신경과학의 발전으로 제기된 얽히고설킨 철학적 문제를 살펴볼 예정이다. 뇌 과학이 범죄자뿐만 아니라 모든 사람의 행동의 자유에 위협이 되는가, 하는 문제이다.

점점 더 많은 과학자들이 뇌에 관한 지식의 폭발을 언급하며, 일부 예외는 있지만 인간은 이성적이고, 선택을 할 수 있으며, 책임감 있는 존재라는 법적인 기본 전제에 의문을 제기하고 있다.[55] 이들이 주장하는 내용은 이렇다. 우리가 하는 행동은 뇌 기능에서 비롯된다. 다시 말해 유전자와 환경(우리 스스로 제어할 수 없는 요소)의 상호작용에서 비롯되니, 우리가 스스로의 행동을 진정 '선택'하는 것은 아니다. 따라서 우리가 어떠한 잘못을 저질러도 그에 대해 윤리적으로 책임을 물을 수 없다. 이러한 견해는 분명 형사사법제도의 구성에 커다란 영향을 미칠 것이다.

"행동의 화학적 기반에 대한 이해가 늘어나면, 자유 의지라는 개념에 대한 믿음은 점점 더 옹호할 수 없게 된다." 생물학자 앤터니 R. 캐시무어(Anthony R. Cashmore)는 이렇게 썼다.[56] "사회가 자유 의지라는 개념뿐만 아니라 형사사법제도 정책에 관한 우리의 생각을 재평가하기에 적절한 시점이 온 것 같다." 하지만 그런 일은 말처럼 쉽지 않다. 우리에게 자유 의지에 관한 직관적인 견해를 포기하거나, 상당 부분 수정할 수 있는 능력은 있을까? 그렇다면 그게 가능하다는 것을 보여줄 확실한 사례를 신경과학이 제시할 수 있을까? 다음 장에서 그 가능성이 왜 의심되는지 설명할 것이다.

Brainwashed

The Seductive Appeal of Mindless Neuroscience

책임은 누가 져야 할까: 신경과학과 윤리적 책임

1924년 5월, 두 젊은이가 한 부유한 가정의 아이를 납치해 살해할 계획을 세웠다. 열아홉 살 네이선 레오폴드 주니어(Nathan F. Leopold Jr.)와 열여덟 살 리처드 로브(Richard Loeb) 두 사람은 자칭 "완벽한 범행"를 수개월에 걸쳐 계획하고 연습했다. 살해하기로 한 날, 둘은 편리한 희생자를 골랐다. 표적은 로브의 육촌 동생이자 지역 백만장자의 아들인 열네 살 바비 프랭크(Bobby Franks)였다. 오후 늦은 시각 학교를 마친 프랭크가 수풀이 우거진 시카고 하이드 파크 근처를 지나 집으로 걸어가고 있을 때, 두 사람은 미리 빌려 둔 2인승 오픈카를 프랭크 가까이에 세우고 같이 차를 타고 가자며 말을 걸었다. 테니스 라켓에 대해 잠깐 수다를 떨던 일행은 소년을 때려서 숨지게 한 후 인디애나 주 근처 변두리의 한 마을로 이동했다. 일당은 경찰이 신원 조회를 못하게 하기 위해 이곳에서 프랭크의 얼굴에 염산을 끼얹고는 시신을 알몸 상태로 하수관에 숨겼다.[1]

그날 저녁 늦게 두 살인자는 하이드 파크 근처의 우아한 레오폴드네 집으로 돌아왔다. 먹고 마시며 카드 게임을 즐기다가, 자정이 다 된 무렵 프랭크네 집에 전화를 걸었다. 그리고 아들을 유괴했으니 찾으려면 몸값을 수표로 준비하라고 지시했다. 레오폴드와 로브는 자신들이 잡힐 거라곤 꿈에도 생각하지 않았다. 시카고 최상류층 가정에서 자란 똑똑한 두 사람이었다. 레오폴드는 IQ가 200 가까운 수준인 것으로 알려졌고, 로브는 열여덟 살도 되기 전에 이미 대학을 졸업했다. 둘은 평범한 사람들을 관리하기 위한 법의 테두리에 자신들은 포함되지 않는다고 믿었다.

　며칠 뒤, 둘의 계획에 차질이 생기기 시작했다. 경찰이 범죄 현장에서 특이한 뿔테 안경을 하나 찾았는데 곧 레오폴드의 안경으로 밝혀졌다. 그리고 얼마 지나지 않아 두 사람은 납치 및 살해 혐의로 기소되었다. 둘의 부모는 명성이 자자하던 변호사 클래런스 대로우(Clarence Darrow)를 고용하여 "세기의 범죄"로 불린 두 사람의 범행에 대한 변호를 맡겼다.[2]

　재판은 한 달간 이어지다가 1924년 8월, 두 사람을 교수형에 처하는 대신 종신형을 살도록 해야 한다고 주장한 클래런스 대로우의 기교 넘치는 최종 변론과 함께 끝이 났다.

　두 사람은 바비 프랭크를 왜 죽였을까요? 돈 때문도 아니고, 앙심을 품지도 않았고, 증오심 때문도 아닙니다… 둘은 그런 사람으로 태어났기 때문에 프랭크를 살해했습니다. 조물주가 두 소년 혹은 두 남성을 만들던 과정 중 어느 부분에서 무언가가 잘못됐기 때문입니다. 그런데 이 불운한 청년들은 증오와 경멸, 외면을 받으며, 이들의 태생을 향해 소리치는 지역사회와 함께 이곳에 앉아 있습니다.[3]

대로우의 말에 따르면 레오폴드와 로브가 한 행동은 자연계의 질서를 따른 것뿐이다. "자연은 강하고 냉혹합니다… 우리는 자연의 희생자입니다." 대로우는 이렇게 설명했다. "모든 행동은, 범죄든 아니든, 모두 이유가 있습니다. [그리고] 같은 조건이 주어지면 항상 같은 결과가 따릅니다."[4]

결국 판사는 레오폴드와 로브를 교수대로 가게 하는 대신 살인죄로 종신형을, 납치로 99년형을 각각 선고했다. 자연의 희생양이라는 주장을 받아들인 판결은 아니었다. 판사는 이 주장을 명쾌히 거부했고, 다만 어린 나이를 감안해 결정을 내렸다.[5]

대로우의 항변 내용은 아주 놀랍다. 정말 모든 행동에 이유가 있다면, 레오폴드와 로브뿐만이 아니라 우리 모두가 자연의 희생양이다. 참으로 대담한 견해이지만, 사실 처음 제기된 주장은 아니다. 이 주장은 모든 사건은 선행되어 발생한 일이 전적인 이유가 되거나 그 앞서 발생한 일로 결정된다고 보는 고대 철학에서 비롯되었다. 우리가 내리는 결정은 유전자(그리고 유전자에 내포된 진화의 역사), 뇌의 작용기전, 양육된 방식, 우리가 살고 있는 물리적, 사회적 환경 등 수많은 요소로부터 영향을 받아 도출된 불가피한 산물이다. 이러한 영향이 합쳐져 유일하고 특정한 하나의 행동으로 나타난다. 스프냐 샐러드냐, 혹은 살인이냐 자비를 베풀 것인가 사이에서 '선택'하는 일도 마찬가지이다. 대로우의 생각을 빌자면, 우리는 "인과관계의 법칙에서 벗어날 만한 힘이 없는 기계에 지나지 않는다."[6]

그저 기계장치처럼, 통제할 수 없는 자연의 법칙에 순응하고 바다에 떠 있는 코르크 마개처럼 흔들리는 사람들로 이루어진 세상에 산다는 건 어떤 의미일까? 결정론이 옳다면, 그 결과는 가히 심각하다. 우선 윤리적 책임이라는 개념에 대해 근본적으로 다시 검토해야 한다. 특정 상황에서 내리는 선택이 이미 운명으로 정해진 결과라면, 그리고 그 선택을 내리는 것 외에 다른 방법이 없다면, 그 책임은 어디다 돌려야 하는가? '강한 결정론'으로 분류되는 학파에서는 선택할 능력이 없으면 어떠한 책임도 질 수 없다고 본다. 누구도 책임질 수 없다면 윤리적으로 처벌을 받아야 할 사람도 없다. 여러분이 악행을 저질러도 그건 여러분 탓이 아니다. 또 여러분이 성인군자처럼 행동해도 그건 여러분이 칭찬받을 일이 아니다. 인간이 가진 능력에 대한 이와 같은 설명이 자유 의지(일부 철학자들은 "궁극적인" 자유라 부른다)의 개념을 망가뜨리고 있다.[7]

강한 결정론자들은 사회가 결정론에 따라 법률도 조정해야 한다고 주장한다. 철학자이자 신경과학자인 조슈아 그린(Joshua Greene)과 심리학자 조나단 코헨(Jonathan Cohen)은 오래 전부터 이어진 이 주장에 신경과학이 보다 많은 미사여구를 보태며 특별한 역할을 한다는 입장을 밝혔다. "새로운 신경과학은 법에 대한 우리의 견해에 영향을 줄 것입니다. 인간의 행동 특성에 관한 새로운 생각 또는 주장을 제시하는 한편 오래된 주장에 새 생명을 불어넣을 것입니다." 두 사람은 이렇게 썼다. "[그 결과] 모든 행동이 기계적이고, 모든 행동은 궁극적으로 행동 주체의 통제 범위를 벗어난 힘으로 일어나는 일련의 물리적 사건에서 비롯된 것임을 우리가 이해하는 데 도움이 될 것입니다." 그린은 덧붙였다. 이 주장을 강조하기 위해 두 사람은 프랑스 옛 속담 하나를 언급한다. Tout comprendre, c'est tout pardonner, 모든 것을 이해하면 모두 다 용서하게 된다는 뜻이다. 두 사람이 가장 바라는 건 사회가 신경과학의 시대 이전에 만들어진 끔찍한 유물인 책임 중심의 처벌을 없애고, 대신 미래의 행동을 형성할 수 있도록 이끄는 처벌 제도를 도입하는 것이다.[8]

진화 생물학자 리처드 도킨스(Richard Dawkins)는 범죄자를 기계로 보는 개념에 대해 상세한 설명을 제시했다. 그는 고장 난 자동차를 예로 든다. "차를 부수는 대신 우리는 문제가 뭔지 찾는다. 카뷰레터(기화기)가 터졌나? 점화 플러그나 배선 단자가 물에 젖었나? 그냥 연료가 부족한 건가? 결함이 있는 사람, 살인자 혹은 강간범에게는 왜 그와 같은 방식으로 반응하지 않을까?… 내 자신도 그 수준까지 사람들을 이해시키지 못할까 봐 두렵다." 생물학자 로버트 새폴스키(Robert Sapolsky)는 동일한 견해를 더욱 확대시켰다. 우리는 자동차가 고장이 나면 용서할지 말지 고민하지 않으며, 대신 사회를 고장 난 자동차로부터 보호하려 노력한다고 그는 설명했다. "인간을 고쳐야 할 고장 난 자동차에 비유하는 견해가 인간성을 망가뜨리는 일로 보일 수도 있지만, 죄지은 사람을 도덕적인 죄인으로 만드는 것보다는 훨씬 인간적이다." 이러한 추론은 대로우의 변론에도 영감을 준 것 같다. 그는 판사에게 네이선 레오폴드와 리처드 로브는 그저 "사이코패스를 위한 병원에서 검사한 후 친절히 치료하고 돌봐야 할 두 명의 젊은이"일 뿐이라고 호소했다.[9]

물론 사람은 자동차나 다른 무생물, 의식이 없는 존재와 결코 동일하지 않다. 자동차는 지식, 제재, 보상에 반응하지 않지만 사람은 반응을 한다. 바로 이런 점이 사람을 법으로 통치할 수 있는 근본적인 이유가 된다. 강한 결정론도 이 부분은 문제 삼지 않는다. 인간은 교육할 수 있는 존재이고, 새로운 정보를 끊임없이 소화하고, 따라서 항상 학습한다는 점도 인정한다. 한 예로 음주 운전과 가정 폭력을 둘러싼 사회적 규범을 생각해보자. 사람들이 엄격한 처벌이 따른다는 사실을 고려하여 학습하면서, 이러한 행동은 잘못된 것이라 생각하는 사람이 점차 늘어난다.[10] 경고는 행동으로 어떤 결과가 발생할지 그 가능성을 판단하는 데 영향을 준다. 새로운 정보는 오랜 경험과 현재의 상황 위에 쌓이면서 행동을 이끈다. 자의식을 보유한 인간은 자동차와 달리 자신의 식습관, 업무 습관, 그리고 미래를 바꿀 수 있는 결정을 내리며 인과관계의 고리로 발생하는 결과에 영향력을 행사할 수 있다.

강한 결정론자들은 인과응보 혹은 "응분의 몫" 이론으로도 알려진 개념은 받아들이지 않더라도, 때로는 처벌이 범죄자가 다시 범죄를 저지를 가능성을 줄이는 등 유용하고 실용적인 결과를 가져온다는 사실은 부인하지 않는다. "현 시대의 뇌에 관한 이해는 다양한 접근 방식을 제시한다. 비난 가능성이라는 말은 이제 법률 용어에서 삭제해야 한다." 데이비드 이글먼(David Eagleman)은 이렇게 밝혔다. 실용적인 처벌이 윤리적으로 비난 받아야 할 이유는 전혀 없다. 오히려 범죄자의 변화를 촉진하고 범법자가 될지도 모르는 사람들에게는 자신들이 마주할 수 있는 안 좋은 결과를 목격하도록 하여 범죄를 만류하는 유익한 효과가 있다.[11] 또한 범죄를 감소시키려는 강한 결정론자들의 엄중한 목표를 고려하면, 혐오감만으로 미래의 범법행위를 단념시키려면 감정을 굉장히 불쾌한 수준까지 끌어내야 한다.

이와 같은 일반적인 체계가 지난 수천 년간 존재했지만, 최근 일부 강한 결정론자들은 사유와 비난의 관계에 관한 이 고대 관점에 새로운 변형을 도입했다. 이들은 인과응보는 과학적으로 잘못된 생각임을 신경과학이 입증할 것이라는 경험주의적 예측을 과감히 내놓았다. 즉 행동의 바탕이 된 사유가 신경과학적 연구를 통해 점차 발견되면, 보통의 사람들은 자신이 자유롭다는 생각이 그저 허상일 뿐임을 깨닫게 된다고 예측한다.

우리 모두가 도덕적 공백 상태로 살아간다는 생각은 사람이란 어떤 존재인지에 대한 총체적인 관점에 충격을 던져준다. 우리는 내 자신이 하는 행동을 스스로가 유발하며, 그 결과는 나의 책임이라고 생각한다. 모든 것이 결정된 세상에서 우리가 어떻게 자유로울 수 있을지 생각해보면 "어둡고, 혼란스럽고, 상당히 두려운" 무언가와 직면하는 일이라고 미국의 문필가 H. L. 멘켄(H. L. Mencken)은 말했다. 영국의 철학자 이사야 벌린(Isaiah Berlin)은 도덕적 행위자로서의 인간이라는 개념 없이 삶이 어떠할지 상상해보았다. "인간관계에 관한 모든 어휘가 뿌리부터 바뀌는 고통을 겪을 것이다." 그는 이렇게 결론 내렸다. "'x는 하지 말았어야 했어.' 라든지 'x를 어째서 고른 거야?' 등, 자기 자신과 다른 사람의 행동에 대한 비판과 평가의 말은 모조리 급격한 변화를 겪을 것이다."[12]

선택의 순간으로 이어지는 모든 사건이 그 "선택"이 무엇이 될지 정확하게 결정하는 세상에서 도덕적 책임을 보존하는 방법이 있을까? 철학자들은 이 황당한 의문을 "자유 의지와 결정론의 문제"라 부른다. 철학에서 개념적 교착 상태에 놓인 주제 중 가장 유명한 주제다. 명확히 정리하자면, 이 문제의 핵심은 윤리적 책임을 지는 데 선택 능력이 반드시 필요한지 여부가 아니다. 철학자, 신경과학자 대다수와 거의 모든 사람들이 선택 능력이 필요하다는 데 동의한다. 의견이 엇갈리는 부분은, 그렇다면 어떤 종류의 선택의 자유가 필요한가, 하는 것이다. 앞서 살펴본 바와 같이 강한 결정론자들은 '궁극적인' 자유로 인정되는 것만이 필요하다고 주장한다("완전한 자유" 혹은 "형이상학적 자유 의지"로도 불린다). 생물학자 제리 A. 코인(Jerry A. Coyne)은 이렇게 설명한다. "인생이라는 테이프를 되감기해서 선택을 내리는 순간으로 되돌아갈 수 있고 세상의 모든 구성 요소가 그 당시와 동일하게 남아 있다고 가정할 때, 자유 의지란 그 당시 선택이 바뀔 수도 있었다는 걸 의미한다." 그러나 그 선택을 이제는 바꿀 수 없으니, "처벌을 응징으로 여기는 생각을 없애야 한다. 이러한 생각은 사람이 나쁜 일도 선택할 수 있다는 잘못된 개념에서 비롯되었기 때문이다."[13]

인간이 도덕적 주체라는 개념이 없어질 수 있다고 보는 이 골치 아픈 가능성이 반영된 접근 방식 중 하나는 물질주의를 전면 거부하고 영혼을 육체와 분리시킨다. 영혼을 "기계 속 유령[57]"으로, 사건의 물리적 흐름 바깥에서 행동을 지시한다고 보는 것이다. 이

---

57) 심리철학자 길버트 라일(Gilbert Ryle)이 데카르트의 심신 이원론을 비꼬며 붙인 표현. (역주)

와 같은 이원론에서는 신적 존재가 실존한다고 믿는 것처럼, 과학으로 입증할 수 없는 사실로 믿어야 한다. 왜냐하면 과학적인 의문은 자연계에서 발생한, 측정할 수 있는 사건을 관찰하면서 시작되기 때문이다. 또한 인과관계를 명확히 밝히고 그 관계를 토대로 예측한 내용을 시험한다. 초자연적인 범위에서는 무형인 영혼과 초월적 존재인 신은 과학의 도구로 시험할 수 없다고 본다. 그러므로 이 전략은 과학적으로는 막다른 길과 같다.

또 다른 접근방식으로 우리의 행동이 이미 존재하는 힘과는 독립되어 있다고 보는 견해가 있다. "사유의 공백" 상태에서 사람들은 자신이 선호하는 것, 태도, 믿음에서 자유롭다.[14] 그 결과 주어진 환경에서 한 가지 이상의 과정을 거쳐 행동할 수 있다. 철학자들은 이러한 원칙을 "자유 의지론"이라 부른다(정치적인 성향을 의미하는 자유주의와는 아무런 관련이 없다). 하지만 여기에도 구제책은 없다. 행동에 무엇이 됐든 뿌리가 된 동기가 없다고 보는 이런 시각은 안 그래도 지끈지끈한 머리에 두통만 더해줄 뿐이다. 인간의 행동이 무작위로, 알 수 없는 곳에서 기인해 우연히 나타난다고 보는 이러한 견해도 행동을 행위자의 통제 범위 밖에 있다고 여긴다. 이런 조건에서 과연 자유롭다고 말할 수 있는 사람이 있을까?

그렇다면 세 번째 견해인 "양립 가능론"에 대해 살펴보자. 자유와 윤리적 책임이 공존할 수 있다고 보는 이 시각은 자유의지론이나 결정론을 굳이 잘못됐다고 보지 않는다. 양립 가능론에 따르면, 인간은 궁극적인 자유는 없지만(즉 다른 행동을 하려고 할 때 필요한 능력은 없지만) 정신이 온전하고 도덕적으로 책임질 수 있는 성인은 존재할 수 있다고 본다. 의식적으로 신중하게 행동하고, 규칙을 따르고, 전반적으로 자기 스스로를 통제할 수 있는 능력을 보유한다고 본다.[15]

18세기 철학자 데이비드 흄(David Hume)은 행동의 주체가 자신의 의지나 욕구 따라 행동했다면 그 행동은 자유로우며 만약 그 의지와 욕구가 인과적으로 결정되어 있었다 해도 마찬가지라 강조하여 양립 가능론에 큰 영향을 주었다. 물론 우리 인간은 자연의 원인과 결과의 관계에 있어 나무나 나비보다 더 자유롭지는 않다. 근본적으로는 책임질 수 있는 능력이 부족하다. 결정론적 시각이 책임질 수 있는 능력을 용인하지 않는다. 그러나 행위 주체의 가치관과 믿음이 그가 하는 행동에 인과적 관련성이 있는 한, "보통의 의미"에서 행동의 윤리적 동기가 존재한다고 영국의 철학자 자넷 래드클리프(Janet Radcliffe)는 설명했다. 다시 말해 다른 행동을 하기 위한 자유는 도덕적 책임을 요하는 자유가 아니다. 인간이 서로 대립되는 욕구에서 한발 물러나 생각할 수 있고, 그중에서 이치에 맞는 선택을 할 수 있고, 그 결정을 토대로 행동한다면, 자유 의지에 필요한 능력을 충분히 보유하고 있다고 볼 수 있다. 칭찬이나 비난받은 일들을 곰곰이 생각해서 행동하는 것도 이와 같은 원리이다.[16]

일반적인 의미에서 책임질 수 있는 능력이란, 윤리적 주체에 대해 사람들이 직관적으로 생각하는 의미와 잘 맞는 것 같다. 심리학자 로이 F. 바우마이스터(Roy F. Baumeister)와 연구진은 피험자들이 자기 통제, 이성적인 선택, 계획 수립, 주도권을 발휘하는 행동을 '자유롭다'고 판단한다는 사실을 확인했다. 그렇다면 평균적인 사람에게 있어 "자유 의지"에는 합리적 사고를 따르고, 복잡한 상황을 평

가하고, 윤리적 규범을 준수할 줄 아는 능력이 수반된다. 더 나아가
특정 사건이 선행되어 발생한 사건 때문에 일어났다고 생각하는(또
한 가상의 범법자에게 책임을 돌리는 경향이 크지 않은) 피험자들은, 주인공이 극
악무도한 범죄를 저질러 분노의 감정을 불러일으키는 내용의 시나
리오를 제시하면 문제를 그 주인공의 책임으로 간주할 가능성이 더
높다는 사실을 확인했다. 요약하자면 이와 같은 데이터로 평균적인
사람은 인간이 이미 결정된 방향을 따르기도 하지만 책임이 있는 존
재이기도 하다는 시각을 모두 수용한다는 사실을 알 수 있다.[17]

　　이러한 결과가 양립 가능론을 지지하는 사람들에게는 용기
를 북돋아주겠지만, 사실에 입각한 진실은 인기 투표로 정할 수 있
는 주제가 아니다. 대부분의 사람이 자신과 다른 사람 모두 "자유 의
지"가 있다고 본다면? 이제 문제의 핵심에 도달했다. 인간은 물질계
에서 살면서 윤리적인 책임도 질 수 있는가, 하는 의문은 경험적으
로 판단할 수 없다. 과학적인 문제도 아니다. 고대부터 사상가들을
몹시도 괴롭힌 개념적, 윤리적 난제이며, 여전히 해결책은 나오지
않았다. 분명히 밝히지만 필자들의 목표가 이 책에서 이 문제를 답
을 찾으려는 것은 아니다. 도저히 풀 수 없는 문제니까.

　　여기서 우리가 확실히 밝히려는 사실, 이 책의 요지이기도 한
그 사실은 신경과학도 이 문제를 해결하지 못했다는 점이다. 궁극
적인 자유 의지가 없는데 윤리적 책임은 있다는 생각은 비논리적이
며 사회는 비난의 개념을 없애야 한다고 믿는 사람들은 이미 철학적
인 주장을 충분히 제시했다. 뇌의 작용에 관한 데이터만 계속 축적
한다면 결정론이 옳다고 생각하는 사람들의 확신은 더욱 강해지겠

지만, 결정론과 윤리적 주체의 공존에 반대하는 데에는 그다지 도움이 되지 않으리라.

바비 프랭크를 살해하겠다는 레오폴드와 로브의 '결정'은 5월의 그날, 하이드파크에서 내릴 수 있는 유일한 결정이었는지 모른다. 두 사람을 의식적인 사고와 감정이 결핍된 로봇 같은 존재로 생각하는 사람은 별로 없다. 우리는 이들이 욕구를 가지고 있으며 이유가 있어 행동했다고, 그리고 범행 동기에 나타나듯 뭔가 뒤틀린 이유였다고 믿는다. 물론 두 사람의 욕구는 선택할 수 있는 성향이 아니며, 왜 자신들이 그러한 욕구를 가지는지 알게 될 가능성도 없다. 하지만 결국 둘은 계획한 일을 연습했고 자신들이 하고자 했던, 입에 담기도 힘든 그 일을 의식적으로 실천에 옮겼다.

여기에 잘못 생각했다고 말할 부분이 있는가? 그래도 기어이 레오폴드와 로브가 정말 로봇 같은 사람이라 할 수 있을까? 두 사람의 행동이 의식적인 의도와 욕구에서 비롯되지 않았으며, 의식적인 인식을 완전히 벗어나 그저 두 사람에게 그저 일어난 일이라면? 그 가능성을 더 깊이 생각해보자. 정말 누구든지 어느 때고 의식적인 생각의 과정을 잘 피해서 행동할 수 있을까? 행동에 의식적인 지시가 없을 가능성, 바로 이 점이 일부 신경과학자들이 자유 의지가 존재한다고 설명할 때 해결해야 할 새롭고도 엄청난 문제이다. 극단적인 환원주의자라면 아주 못마땅해 하며 공격을 예고하겠지만, 오늘날 가장 존경받는 과학자 중 몇몇은 개개인의 마음속에 존재하는 갈망, 믿음, 계획 등의 정신 상태는 행동에 그 어떠한 영향도 주지

않는다고 주장한다.[18]

이 과학자들은 이와 같은 주장을 뒷받침하는 근거로 생리학자 벤저민 리벳(Benjamin Libet)이 1980년대에 실시한 일련의 인상적인 실험을 제시한다. 리벳은 재직 중이던 샌프란시스코의 캘리포니아 대학교 연구실에서 피험자들에게 EEG를 연결하고, 무작위로 손가락을 들거나 손목을 움직이는 행동 중 하나를 선택하라고 지시했다. 그리고 다른 쪽 손에 찬 시계를 보면서 움직이고 싶은 느낌이 들 때 정확히 몇 시를 가리키는지 말해달라고 요청했다. 그런 다음 리벳은 운동 계획과 관련된 전두엽의 보조 운동 영역에서 발생하는 전기적 활성을 측정했다. 그 결과는 충격적이었다. 피험자가 손가락을 움직이겠다는 자신의 결정을 인지한 시점부터 약 0.4초 전에, 운동과 관련된 그 뇌 부위에서 활성이 감지된 것이다. 다시 말해 운동 계획을 피험자가 의식적으로 인지하는 시점은 연속적으로 진행되는 행위에 영향을 주기에는 너무 늦다. 운동을 예견하기보다는 운동 의지의 경험이 운동에 뒤따른다고 볼 수 있다.[19]

리벳은 이 결과가 의식이 행동을 이끄는 역할을 전면 거부한다는 결과로 해석하지 않았다. 연속적인 사건에서 인식의 역할은 늦게 작용되지만, 그래도 사람들은 인식의 범위 바깥에서 진행되는 그 과정으로 일어나는 행동에 '거부권'을 행사하거나 행동을 억제할 자유가 있다. 즉 누군가 설명했듯 우리는 자유 의지가 없을지도 모르지만 "일어나지 않게 할 자유"는 있다.[20] 그런데도 리벳의 연구 결과를 너무 극단적으로 해석하는 사람들이 있다. 이들은 마음 혹은 우리가 스스로 우리 자신이라고 생각하는 주체인 사람은 방아쇠를 당기는 쪽이 아님을 보여준 증거라 주장한다. 심리학자 대니얼 M. 웨그너(Daniel M. Wegner)가 그 대표적인 지지자 중 한 명이다. 우리는 자신이 운전석에 앉아 있다고 크게 확신하는데, 이는 자신의 행동에 대한 '저작권'을 느끼고 싶어 하기 때문이라고 그는 설명한다.[21]

웨그너는 그 실례가 되는 한 연구에서 피험자들에게 부두 인형을 주고 바늘을 찔러 넣도록 지시하면서 '희생자' 역할을 하는 그 모습을 보도록 했다. 그는 희생자 역을 맡은 사람들에게 실험을 실시하는 날 일부러 늦게 와서 이 '주술사'들을 무례하게 대하며 화를 북돋으라고 지시했다. 다른 피험자 그룹에서는 희생자들에게 주술사를 화나게 하는 행동을 하라는 이런 지시를 하지 않았다. 모든 희생자들은 부두 인형 의식이 끝나면 머리가 아픈 척 연기를 하도록 되어 있었다. 연구에서 희생자들 때문에 화가 난 주술사들은 이들이 두통을 호소한 이유가 자기가 한 일 때문이라 생각하는 경향을 보였다.[22]

웨그너는 다른 생생한 예시를 들며 의식적인 의도가 지시대로 생기지 않는다는 것을 증명하려 했다. 예시 중 한 가지는 "작화"로 불리는 현상으로, 작화 과정에서 사람들은 분명 외부의 영향이 원인이 되어 하게 된 어떤 행동에 대해, 왜 자신이 그 행동을 했는지 설명을 지어낸다. 가령 뇌 수술을 할 때 신경외과 의사들은 환자에게 손을 움직여보라고 하면서 운동피질 중 운동 제어와 관련된 영역을 자극할 수 있다. 그런 다음 환자들에게 손을 왜 움직였냐고 물으면 (어떤 뇌 수술 중에는 환자가 깨어있기도 한다), 의사의 관심을 받고 싶었다고 답하는 등 스스로 확신을 갖는 이유를 지어내는 경우가 종종 있다.[23]

최면으로 알게 되는 정보도 이와 마찬가지 유형일 가능성이 있다. 우리는 누구나 이따금씩 이야기를 지어낸다. 심리학자 티머시 윌슨(Timothy Wilson)은 의식은 접근하지 못하지만 크게 힘을 들이지 않고도 우리가 하는 행동 대부분의 밑바탕이 되는 자동적인 인지 과정을 "적응 무의식(adaptive unconscious)"이라 명명했다. 예를 들어, 왜 메리 대신 제인에게 마음을 빼앗긴 건지, 싫어하는 사람이 왜 데이비드가 아닌 조엘인지, 혹은 어째서 다른 직업을 두고 이 직업을 택한 건지 정말 우리는 알고 있을까? 어떤 동경과 선택을 정당화하려고 우리는 설명이 될 만한 이야기를 지어내지만, 과연 진실을 알 방법이 있을까? 윌슨은 우리가 "자기 스스로에게 낯선 존재"라고 설명한다. 우리가 하는 많은 일들에 대해 자신이 어떻게, 왜 이런 일을 하는지 확신을 갖지 못하며 특히 가장 관심 있는 일에 스스로 찬물을 끼얹는 행동을 하면서 혼란스러워 한다.[24]

하지만 우리가 늘 스스로와 동떨어져 지내는 걸까? 운동 계획의 인지에 관한 리벳의 연구는 우리가 하는 많은 행동이 평소에 우리가 생각하던 방식대로 나타나지 않는다는 사실을 강력히 상기시킨다. 그러나 모든 행동이 늘 자동적으로 나타난다는 결론, 즉 우리가 본질적으로 행동을 유발하는 데 의식이 어떠한 역할도 하지 않는 존재라는 결론은 큰 논란이 될 여지가 있다.[25] 게다가 소름끼치는 생각이기도 하다. 우리의 행동이 어떤 이유가 있어서 나타나지 않는다면, 무슨 행동이든 굳이 하려고 애쓸 필요가 있을까? 고맙게도 이런 결론을 대체할 만한 논리적이고 타당한 견해가 있다. 우선, 때때로 어떤 행동을 하려는 의지가 의식적인 욕구를 우회하는 경우가 있지만 이때 항상 행동이 '벌어지는' 건 아니다. 특히 특정 행동에 대해 개인적으로 받는 결과나 법적 이해관계가 크게 작용하는 경우는 더욱 그러하다.

우리의 뇌는 사고에 뛰어나기로 악명 높다. 여러분은 지금 이 책을 읽는 이 순간에도 계속 사고하고 있다. 우리는 아이디어를 간직하고, 그 아이디어에 대해 깊이 고민하고, 거기서 얻은 결론이 이끄는 대로 행동하려는 계획을 세운다. 자체 변형이 가능하고 유연한 우리의 뇌는 이 과정을 거치면서 경험을 통해 '학습'하고 다음에는 다르게 '사고'한다.[26] 우리는 의식적인 사고를 통해 장기적인 목표로 발전시키고 각기 다른 시나리오를 세우며, 특히 새로운 상황에 처하면 과거의 사건을 반영한다.

요약하자면 우리의 정신 상태가 우리 행동에 전혀 영향을 주지 않는다는 사실은 도저히 믿기 어려운 이야기로 들린다. 리벳의 실험에서 피험자들이 뚜렷한 의도 없이 자신이 원하는 시점에 손가락이나 손목을 움직였을 가능성도 있지만, 씰룩씰룩 움직이는 것도 전체 범위에서는 의도적인 움직임에 포함된다. 실험에 참가하기로 결심한 피험자들은 연구실로 오는 길을 찾아 방문했고 실험자가 설명한 대로 따랐다. 사실상 피험자들은 자신의 행동 계획을 수립한 것이다. 교수가 의사결정은 항상 의식적인 정신 상태를 벗어나 이루어진다는, 이견이 분분할 가설을 어느 학술지에 제출해야 가장 돋보일 수 있을지 전략을 세울 때와 다를 바 없는 행동이다.[27]

종합하면 행동은 자동적으로 또 분석적으로 행해지는 복합적인 산물이다. 곰곰이 생각해보자. 많은 사람들이 자판을 안 보고도 타이핑할 수 있지만, 입사 지원서나 데이트 주선 업체에 프로필을 쓸 때, 혹은 혼전 서약서를 작성할 때는 타이핑할 단어를 공들여 선택한다. 테니스도 마찬가지다. 코트에서 공을 던지기 전에 선수는 계획에 따라 여러 가지 준비를 한다(같이 운동할 사람과 약속 잡기, 혼자 연습하기 등). 코트에 들어서 공을 던지는 순간부터는 각 움직임에 대한 계획 없이 대부분 선수의 자동적인 활동으로 게임이 진행된다. 어느 코치나 선수도 인정하는 사실은, 운동을 배울 때 움직임이 자연스러운 행동처럼 나올 수 있도록 자동성을 의도적으로 습득하는 것이 가장 중요하다는 점이다.

인지 기능에 드는 에너지를 스스로 절약하지 않는다면 아마 매일매일 해결해야 할 요구에 실신 직전 상태가 될지도 모른다. 양치질, 택시 잡기, 욱하는 감정 억누르기, 속도 위반 기준을 넘기지 않게 잘 지키기 등 우리 인생의 모든 순간을 일일이 연출한다고 상상해보라. 실제로 테니스 선수의 재능, 그리고 한 사람의 시민으로서 갖는 윤리적 책임은 대부분 자동적인 행동이 제대로 갖추어지면서 구축된 결과이다. "선은 행동으로 취할 때 형성된다." 아리스토텔레스가 남긴 유명한 말이다.[28]

따라서 이와 같은 형태의 자유가 전부라고 주장하거나 아무것도 아니라고 보는 흑백논리는 옳지 않다. 그보다는 흑, 백, 그리고 회색이 모자이크처럼 혼합된 형태로 받아들여야 한다. 때로 우리가 하는 행동의 특정한 측면은 의식의 통제를 받는다. 특히 어려운 결정을 내릴 때, 계획을 세울 대, 혹은 큰 성패가 달린 상황에서 그러하다. 반면 의식의 통제를 건너뛰는 경우도 있다. 결국 거의 모든 행동은 의식적, 무의식적 과정이 혼합되어 나타나며, 행동하는 그 순간에 주어진 상황에 따라 의식과 무의식의 수준이 달라질 가능성이 크다. 인간이 행동과 자기 통제를 이끌어낼 수 있는 의식적인 정신 상태를 보유하고 있는 한, 특정 법률과 전반적인 우리의 윤리 감각을 근본부터 수정해야 할 필요는 없다.

그린, 코헨과 같은 강한 결정론자도 행동을 제어하기 위해 의식적인 사고를 활용할 수 있다는 점에 동의한다. 그러면서도 응징을 위한 처벌 법률은 없애고 싶어 한다. 범죄자는 "신경이 처한 상황에 따른 희생자"이며 따라서 진짜 올바른 선택을 내릴 만한 능력이 없다고 보기 때문이다. "적절한 응보"가 사라진 세상에서 형사사법제도가 어떻게 기능해야 하는지에 대해 이들이 이상적이라 여기는 관점을 살펴보면 몇 가지 흥미로운 의문을 든다. 우리에게 법적인 책임을 없앨 만한 능력은 있을까? 인류가 어떻게 행동하는지에 관한 견고한 개념을 우리가 억지로 느슨하게 만들 수 있을까?

윤리적 책임이 없는 세상을 상상해보면, 사람은 자유롭게 선택할 수 있다고 믿는 우리의 내재적 감각과 정면충돌한다. 아이들은 대부분 다섯 살이 되기 전에 다른 사람의 행동을 의도와 동기의 관점에서 인지한다. 대표적인 한 실험에서는 유치원생들에게 실험자가 뚜껑이 있는 상자를 가져가 뚜껑을 밀어서 열고, 손을 집어넣은 뒤 상자 바닥에 손을 대는 모습을 보여주었다. 그리고는 아이들에게 상자 바닥에 반드시 손을 대야 하는데 "다른 방법으로 손을 대는 방법도 있을까?"라고 묻자 대부분이 그럴 수 있다고 답했다. 반면 실험자가 뚜껑 위에 공을 하나 올려놓고 뚜껑을 밀어서 열고 공이 상자 바닥에 떨어지게 한 뒤 같은 질문을 하자, 공이 스스로 "다른 방법을 택할 수 있다."고 답한 아이들은 몇 명에 지나지 않았다.[29]

　　사람이 다른 선택을 할 수 있다는 직관은 나이가 들어도 변치 않는다. 문화, 종교, 국가를 불문하고 성인들은 우리가 내리는 결정이 그대로 고정되며 다른 행동을 취할 수 없다는 생각에 동의하지 않는 태도가 확고하다.[30]

　　마찬가지로 인류는 공정성이라는 개념에도 매우 익숙하다. 사람들이 모인 공동체라면 뭔가 불명예스러운 일을 저지른 누군가에 대해 수군대느라 정신없다. 사람들은 점수를 매기고("난 당신에게 두 가지를 베풀었는데, 당신은 한 가지 밖에 안 해줬어요.") 화답하지 않은 사기꾼에겐 벌을 준다. 아마존 열대우림에 사는 원시인들이나 미국, 유럽, 아시아 지역 대학생들이나 주는 것 없이 받기만 하는 사람을 부지런히 찾아내고 못된 사람은 벌을 줄 태세를 비슷한 수준으로 갖추고 있다. 인류학자 도널드 B. 브라운(Donald E. Brown)은 1991년 저서 《인류의 보편성(Human Universals)》에서 살인, 강간을 금지하고 잘못은 바로잡으려는 행동 등의 윤리 개념이 전 세계에 공통적으로 나타난다는 포괄적인 조사 결과를 제시했다.[31]

　　심리학자 조나단 하이트(Jonathan Haidt)와 크레이그 조셉(Craig Joseph)은 인류학 데이터를 철저히 검토한 뒤, 어느 문화권에서나 누군가가 고통을 유발하는 행동을 하면 그에 대해 화를 내고, 경멸하고, 분개하는 감정이 단시간 내에 자동으로 나타나고 이 감정에 따라 반응하는 경향이 나타난다는 사실을 확인했다. 이러한 반응이 보편적으로 나타난다는 점에서 "공정함, 해로움, 존중에 대한 권한이 진화를 거치면서 인류의 마음에 구축된 것"으로 추정된다고 하이트와 조셉은 밝혔다. "적절한 환경에서 자란 아이들은 누구나, 어른이 가르쳐주지 않아도 이와 같은 생각을 하게 된다."[32]

행동경제학 연구에서도 공정성에 대한 태도를 확인할 수 있다. 대니얼 카너먼(Daniel Kahneman)과 연구진은 연구 참가자들이 부당한 행동을 한 사람을 벌하기 위해 자발적으로 처벌을 마련하는 과정을 발표했다. 더욱 충격적인 사실은, 제3자가 저지른 부당한 행동이 의도적이라고 판단된 경우 참가자들은 자신이 그 일에 직접 연관되지 않았더라도 그 제3자를 응징하려 했다.[33]

윤리적인 감정은 어릴 때부터 나타난다. 심리학자 카렌 윈(Karen Wynn)과 폴 블룸(Paul Bloom)은 일련의 실험을 통해, 꼭두각시 인형극에서 인형 하나가 공을 "훔치고" 다른 인형이 그 공을 다시 주인에게 돌려주는 내용을 본 유아들은 "못된" 인형보다 도와준 인형에게 사탕을 주려는 경향이 훨씬 더 크게 나타나며 사탕을 "나쁜" 인형에게서 우선적으로 빼앗으려 한다고 밝혔다.[34]

보다 일반적인 관점에서 볼 때 공정성을 위반하면 응징하려는 감정이 생겨난다. 특히 위반한 당사자가 무고한 사람을 의도적으로 다치게 하면 이런 경향이 더욱 두드러지게 나타난다. 사회심리학자 필립 테트록(Philip Tetlock)과 연구진은 피험자들에게 한 피해자가 영구적인 뇌손상을 입을 만큼 잔혹한 폭행을 행하는 시나리오를 보여주었다. 그러자 가해자에게 무슨 사정이 있든, 정의를 구현하고 싶다는 피험자들의 욕구는 변하지 않았다. 가상의 시나리오에서 가해자가 고통스러운 사고를 당했거나 약물 치료를 받는 것으로 설정되었지만, 가해자가 해롭지 않은 수준으로 대가를 치르게 하거나 우연히 고통을 당한 결과로는 충분치 않다.[35] 어떤 국가들은 나치 전범자인 80대 노인이 이제 아무런 해도 가하지 못하는 존재가 되었음에도 불구하고 남아메리카 등 다른 곳에 조용히 살도록 법으로 규정하고 있는데, 이 역시 같은 이유에서다. 뼛속 깊은 곳에서 꿈틀대는 무언가가 우리로 하여금 윤리적 대차대조표를 작성해 평가하도록 한다.

자신이 일으킨 고통에 준할 만큼 고통을 받아야 한다는 생각이 응징의 본질적인 바탕이 된다. 조나단 하이트와 연구진은 부당한 상황을 묘사한 할리우드 영화 장면(하나는 어린 아이를 강간하고 살해하는 장면, 다른 하나는 노예를 잡으러 다니는 사람에게 어떤 노예의 발이 잘리는 장면)을 피험자들에게 보여주었다. 그런 다음 다양한 결론을 제시하고 어느 것이 가장 만족스러운지 물었다. 여러 가지 가상의 결말 중에는 "복수"도 있었다. 비통해하던 어머니가 딸을 강간한 자를 잔인하게 죽이고, 다리를 절뚝거리는 노예는 자신을 괴롭힌 남자를 찾아가 그의 발을 잘라버리는 내용이었다. "카타르시스" 결말에서는 소녀의 어머니가 "프라이멀 스크림[58]" 요법으로 치료를 받고 노예는 나무를 노예 사냥꾼의 발로 생각하며 잘라버린다. "용서"의 결말에서는 희생자들이 지원 단체에 참여하거나 교회에서 활발히 활동하며 누군가가 자신에게 저지른 죄를 용서하는 법을 배운다. 피험자들은 희

---

58) 소리 지르기, 울부짖음을 통해 감정을 표출시켜 외상성 경험을 완화시키는 방법 (역주)

생자가 자신이 겪은 비극을 받아들이려 애쓰고 죄인을 용서하는 결말에 대해 큰 불만족을 나타냈다. 그리고 가해자가 그 대가를 치르기를 원했다. 가장 만족을 나타낸 결말은 가해자가 받은 벌이 자신이 저지른 범죄와 일치하는 결론이었다. 한편 노예가 노예 사냥꾼을 살해하고 그로 인해 다시 응분의 대가를 받는 또 다른 결말에 대해서는 피험자들은 불필요한 일로 생각하고 덜 만족해했다.[36]

이와 같은 결과는 심리학자 케빈 M. 칼스미스(Kevin M. Carlsmith)와 존 M. 달리(John M. Darley)가 실시한 광범위한 연구 결과와도 일치한다. 두 사람은 일련의 실험을 통해 범법자에게 처벌을 내리는 시점이 오면 피험자들이 범법 행위의 심각성에 매우 민감해진다는 사실을 확인했다. 즉 100달러를 훔친 경우 굶주린 아이에게 밥을 먹이려고 그런 건지, 세계에서 가장 큰 마가리타를 만들려고 그런 건지 따지는 것이다. 처벌을 결정할 때 범죄자가 또다시 위법 행위를 할 가능성은 대부분 무시했다. 피험자들은 그가 해를 끼친 부분에 해당되는 범위에서만 벌을 내리고 향후 다시 저지를 가능성이 있는 행위에 대해서는 처벌하지 않았다. "사람들은 법적 자격을 박탈하고 행동을 저지할 수 있는 처벌을 내리고 싶어 하지만, 정의감으로 말미암아 범죄의 윤리적 심각성에 맞는 범위에서 벌을 내린다."고 연구진은 결론 내렸다. 피험자들은 비례가 맞지 않는 처벌을 내린 경우 공정성에 대한 직관에 위배된다고 생각했다.[37]

강한 결정론자들은 비난받아 마땅하다는 개념에는 동의하지 않지만, 견책이 실용적인 가치가 있다는 점은 인정한다. 자녀를 둔 부모라면 모두 알겠지만 아이를 다른 사람의 권리를 생각하고, 다친 사람, 힘없는 사람에게 친절하게 대하고, 도와준 사람에게 보답할 수 있는 사람으로 키우려면 무언가를 못 하게 하는 행위와 격려하는 행위가 적절히 균형을 이루어야 한다. 국민이 어떤 행위는 비난받고 또 어떤 행위는 칭찬받으며 개인의 책임을 인정하는 체계 속에서 살아갈 수 없는 사회라면, 현대 사회든 문맹 사회든 그 어떤 사회도 제대로 기능하고 단결할 수 없다.[38] 처벌은 누구를 믿어서는 안 되는지 사회에 알리는 신호 역할을 하며 처벌 수준에는 위법 행위의 심각성이 반영된다. 하지만 반드시 누군가를 비난해야 처벌이 하는 이 모든 기능이 가능해지는 건 아니다. 실용주의적 관점에서 처벌은 미래의 행동을 결정하기 위한 목적으로 활용할 수 있다.

징벌은 완전히 다른 개념이다. 원시적이고 이론적인 형태의 징벌은 정신이 멀쩡한 누군가가 아무런 강요도 없는 상황에서 위반 행위를 한 경우 등 단순한 사실에서 촉발된다. 처벌의 요점은 범법자가 이미 피해자와 사회에 끼친 위해에 상응하는 만큼 고통 받게 하는 것이다. 이 때 사회 규범을 지키거나 앞으로 일어날 범죄를 보호하여 사회에 우연히 발생할 수 있는 혜택과는 관련이 없다.[39] 하지만 현실적으로는 실제 세상에서 응징이 가해지면 엄청나게 큰 실용적 가치가 불가피하게 수반된다.

실용적 가치의 예를 한 가지 들자면, 서로가 지켜야 한다고 공감하는 윤리적 의무에 대한 사회적 규범이 더욱 강화된다. 피해자를 한 사람의 인간으로서 가치를 부여해야 한다는 것도 이 규범에 속한다. 다음 상황을 생각해보자. 연쇄 강간범인 존은 메리를 공격해서 유죄로 판명되었고 감옥에 들어갔다. 몇 달 후, 존은 가상의 성

범죄 방지 신약 "카스트렉스(Castrex)"로 치료를 받았다. 공격적인 성적 욕구를 영구적으로 없애는 약이었다. 카스트렉스는 몇 회만 복용해도 약효를 발휘하는 약이라 몇 주가 지난 뒤 존은 풀려났다. 하지만 이런 가벼운 처벌은 메리와 그 가족, 그리고 사회 전체에 비통함을 안겨줄 수 있다.

사회가 범법자를 규탄하지 않거나 간단히 꾸짖고 만다면, 피해자는 원한을 풀지 못하고 결국 자신이 가치 없는 존재라고, 치욕을 당했다고 생각한다. 범법자가 판결을 받기도 전에 사망하거나 충분히 벌을 받지 않고 감옥에서 살해당하면 피해자와 그 가족들은 분노의 감정을 느낀다. '빚을 못 갚은' 범죄자는 희생자와 그 가족으로 하여금 개인적인 보복을 고민하게 만들며 때로는 그런 일이 실제로 벌어진다. 일반적인 인식과 달리 분노가 최고조에 달하거나 피를 봐야 끝이 난다는, 즉 너 죽고 나 죽자는 식의 결심이 서야만 직접 보복해야겠다는 마음을 먹는 건 아니다. 범죄자에게 받아 마땅한 대가를 치르게 하겠다는 동기는 슬픔 혹은 옳은 방향으로 바로 잡겠다는 엄숙한 의무감에서 비롯될 수 있다.[40]

사회 역시 부적절하다고 판단되는 징벌에는 저항한다. 클래런스 대로우(Clerence Darrow)는 자신의 의뢰인이 교수형에 처해지길 바란다는 마음으로 작성된 "욕과 인정사정없는 감정이 최고조에 달한" 내용의 편지를 "다발로" 받았다고 전했다. 2011년 케이시 앤서니(Casey Anthony)의 재판도 마찬가지다. 플로리다에 사는 25세 이 여성은 두 살배기 딸이 실종됐는데 신고를 하지 않았다. 앤서니가 자기 아이를 죽였거나 최소한 살인 교사를 했다는 추정이 널리 확산된 가운데, 결국 살인죄가 성립되지 않는다는 판결이 내려졌고 이후 앤서니는 살해 위협을 받았다. 미국 지방법원이 투자자 수천 명의 자금 수십 억 달러를 사취해 온갖 망신을 당한 뉴욕의 금융가 버나드 메이도프(Bernard Madoff)에게 징역 150년이라는 판결을 내리자, 메이도프는 언론에 10년 내에 죽을 늙은이에게 내린 형량 치고는 예외적으로 너무 가혹한 처벌이라 생각한다고 전하며 피해자들의 마음을 달래기 위한 상징적인 결정 아니겠냐고 말했다.[41]

　　피해자의 사회적 지위를 회복시키는 것도 징벌의 핵심 기능 중 하나다. 범법자에게 법이 불충분한 처벌을 내리거나 형벌을 피할 수 있게 한다면, 사회 전체의 사기를 꺾는 메시지가 될 것이 뻔하다. 피해자의 권리, 안전, 자산은 너무나 하찮아서 누가 해를 가해도 처벌을 받지 않는다는 해석을 하게 된다. 이런 이유에서 공개 재판을 통해 지역사회 전체의 관점에서 적절한 처벌을 내리고 그 내용을 언론에 공표하며 사회의 윤리적 규탄을 명확하게 앞세우는 일이 중요하다. 부당한 처사가 용인되지 않는다는 사실을 사회 모든 구성원이 인지할 수 있어야 한다. 법학자 켄워시 빌츠(Kenworthey Bilz)는 일련의 실험에서 피험자들에게 성폭행으로 처벌을 받은 범죄자의 여성 피해자를 제시하고, 비슷한 범죄로 재판에서 유죄는 인정되었지만 위법 행위는 덜 인정된 성폭행범의 여성 피해자 두 사람을 제시했다. 그리고 이 두 피해자의 도덕적 가치를 평가하도록 요청했다. 피해자들에 대한 가치 평가는 두 사건의 가해자가 처벌을 받기 전과 후로 나뉘어 실시되었다. 피험자들은 가해자가 처벌을 받기 전보다 가해자의 강간죄가 성립된 이후에 피해자가 "존중할 만한", "가치 있는", "존경받는" 사람이라는 평가를 더 많이 제시했다. 가해자가 성 범죄가 아닌 더 가벼운 위법 행위만 인정받는 경우, 피험자들은 그 피해자의 사회적 지위를 처벌이 결정되기 전보다 더 낮게 평가했다.[42]

사회가 정의를 실현하지 못한다면 어떤 일이 벌어질까? 사회 학자 멜빈 러너(Melvin Lerner)는 1960년대 중반에 "정의로운 세상에 대한 신념"이라는 가설을 세웠다.[43] 우리 모두에게는 이 세상을 사람들이 마땅한 대우를 받고 행동의 결과는 예측할 수 있는 곳이라는 강력한 믿음을 갖고 있다는 내용이다. 이 신념은 각자가 하는 행동의 결과에 대해 세상과 "계약을 체결"하는 것과 유사하다. 즉 옳은 일을 하면 보상을 받고, 최소한 어떤 결과가 발생할지 대체로 예상할 수 있다고 본다. 러너는 정의가 진정 살아있는 세상은 환상에 불과하다는 점을 인정하면서도, 이런 신념이 삶을 계획하고 목표를 달성하는 데 도움이 된다고 주장했다.

러너가 수행한 중대한 연구 과제 중 하나에서 그는 피험자들에게 10분짜리 비디오를 보여주었다. 동급생이 기억에 관한 학습 실험에 참가한 장면이 담긴 비디오였다. 그 학생은 전기선이 여기저기 달린 어떤 장치에 묶인 채 질문에 틀린 답을 말할 때마다 고통스러워 보이는 전기 충격을 받았다 (당연히 실제로 전기 충격이 가해지지는 않았지만, 피험자들이 믿을 수 있도록 정말 고통스러운 척 연기했다). 이후 연구진은 피험자들을 두 그룹으로 나누어 한 쪽에는 학생을 그 장치에서 풀어주고 옳은 답을 말하면 상금을 주어야 하는지 투표로 결정하도록 했다. 그러자 한 명을 제외한 전원이 동의했다. 두 번째 그룹에는 학생

이 그 고통스러운 전기충격을 계속 받을 예정이고 보상 방안은 마련
된 게 없다고 밝혔다. 연구진이 이 두 그룹 모두에게 피해자인 학생
에 대해 평가하도록 요청하자, 보상이 주어질 것으로 알고 있는 피
험자들이 보상이 없다고 알고 있는 피험자들, 즉 피해자의 고통이
더 크다고 알고 있는 피험자들보다 더 후한 평가를 내렸다("매력적이
다", "존경스럽다"는 의견을 밝힌 사람이 더 많았다).

러너는 심란한 결론을 내놓았다. "상이나 보상을 받을 가능
성도 없이 고통받는 무고한 사람을 본 사람들에게는 희생자의 매력
을 평가 절하하는 동기가 부여됐으며, 이것은 피해자의 운명과 그
사람의 특징 사이에 더 적절한 균형을 맞추려는 생각 때문이다." 다
시 말해 정의에 대한 피험자들의 직관이 충족되면 공정한 세상이
라는 신념이 뒷받침된다. 하지만 피험자들이 (혹은 사회로도 해석할 수 있
다) 정의를 회복하지 못하는 상황이 되면 희생자를 탓하게 된다는 의
미다. 아무래도 피해자가 뭐라도 요구했어야 한다고 판단한 것 같
다.44

범죄자가 처벌을 받지 않는다면 피해자뿐만 아니라 법체계
자체도 고통을 겪는다. 그냥 아무 처벌이나 내리는 경우도 마찬가
지다. 처벌 수위는 위법 행위에 적절한 수준이어야 한다. 너무 관대
하든 너무 엄격하든 어느 쪽으로든 편향된 처벌로 인식된다면 법이
가진 윤리적 영향력이 사라질 수 있다. 캘리포니아에서 과속으로
적발된 뒤 경찰과 추격전을 벌이다 붙들려 끔찍한 폭행을 당한 로드
니 킹(Rodney King) 사건을 떠올려보라. 1992년 초 폭행에 가담한 경찰
관들에게 무죄가 선고되자 캘리포니아 주 전체 주민의 절반이 설문

조사에서 사법체계에 신뢰를 잃었다고 답했다. 사법체계가 부당하다고 생각되면 배심원은 판사의 지시를 무시하고 경찰은 용의자를 체포할지, 기소 내용을 조작할지, 구타할지 자의적 판단을 내릴 수 있다는 인식이 존재하게 된다. 목격자는 조사에 협조하거나 증언하지 않겠다며 저항할 수 있다. 연구를 통해서도 피험자가 법이 옳고 그른 일의 판단에 전반적으로 일관성이 없다고 생각할 경우 교통질서 위반, 좀도둑질, 저작권 위반 등 사소한 위법 행위를 저지를 의향이 더 높아진다는 결과가 확인되었다. 특히 배심원단은 법적 효력을 무효로 만들기 쉽다. 즉 법률에 따라 결정된 평결 내용이 정의, 윤리, 공정성에 대한 자신의 생각과는 반대라고 생각하면 법적으로 유죄인 피고에게 무죄를 선고할 가능성이 높다. 판사가 증거를 제대로 채택하지 않았다고, 검찰이 증거를 숨기고 있다고, 경찰이 위법 행위를 하거나 거짓말을 한다고 의심하는 등 공정하지 못하다는 인식이 자리할 수 있다.[45]

정의에 관한 우리의 직관력은 사회를 변화시키는 강력한 동기로 작용한다. 무언가 처리해야 할 일이 남았다는 생각이 확고하면 피해자의 권익을 수호하기 위한 움직임으로 이어진다. 정의가 충족되지 않으면 배심원, 판사, 검사의 관계가 소원해진다. 법이라는 제도가 원활히 기능하기 위해서는 구성원들의 신뢰 수준이 높아야 하므로, 결국 이는 법의 권한을 약화시킨다. 향후 일어날 범죄를 줄이는 데만 집중하는 (그러면서 과거 저지른 나쁜 짓에 대해서는 어떠한 처벌도 하지 않는) 실용주의적인 노력은 수많은 피해자들로 하여금 법의 윤리적 신뢰도에 의문을 품게 만든다. 피해자들이 자신을 괴롭힌 가해자가 혹독한 대우를 받기만을 바라지는 않지만, 당연히 판사가 적절한 처벌을 내려 주리라 생각한다. 피해자가 가장 바라는 일은 자신에게 벌어진 일을 법이 잘못된 일이라고, 그리고 도덕적인 공격이라고 평가하는 것이다.[46] 피해자의 의견이 판결에 영향을 준다는 견해가 확대되면서, 실제로 선고를 맡은 판사는 피해자 및 그 가까운 사람들이 겪은 고통을 직접 청취할 수 있다. 희생자 중에는 가해자로부터 사과를 받고 싶어 하는 사람도 있다. 처벌 대신이 아닌, 처벌에 더해서 말이다.

요약하자면, 일부 과학자들은 언젠가 신경과학이 뇌의 물리적인 작용을 철저히 밝히는 날이 오면 사람들이 자신의 행동을 선택할 수 없음이 증명되고, 따라서 비난 받을 책임이 면제되어야 한다는 "사실"을 사회가 계속 무시할 수 없으리라 예견한다. 현재는 이러한 관점과 피해자와 그들을 아끼는 주변 사람들, 그리고 사회가 생각하는 응징의 심리학적, 사회적 의미가 서로 부딪히는 과정이 진행되고 있는 것으로 보인다. 범죄 피해자는 자신의 권리를 침해한 사람에 대한 사회의 평가에 민감하게 반응한다. 정부 당국이 가해자가 받아야 할 만한 처벌을 부과하지 않는다면 피해자는 자신의 가치가 낮아지고, 사회에 더 이상 윤리가 존재하지 않는다는 생각에 고통스러워한다. 구성원들이 정의가 실현되지 않는다고 생각하며 법의 윤리적 권한에 대한 신뢰를 잃는다면 사회에도 좋지 못한 영향을 미친다.

모든 행동이 단계적으로 일어나는 사건을 통해 이미 정해진 결과로 나타나는 세상에 과연 윤리적 책임이 존재할 수 있는가를 두고 철학가들은 수세기 동안 씨름해 왔다. 학계가 아직 답을 찾지 못한 가운데, 법학자 스티븐 모스(Stephen Morse)는 법이 반드시 승리를 필요로 하는 건 아니라는 사실을 상기시킨다.[47] 법은 개개인을 책임 있는 주체로 보고, 의식적인 사고를 통해 자신의 행동을 통제하고 자신이 무얼 하는지 알아야 하며 규칙을 이해할 수 있어야 한다고 명한다. 범죄가 벌어지기 전에 기나긴 단계를 걸쳐 발생한 신체적 사유는 행동의 책임을 부과하고 처벌을 내리는 법의 역량이자 의무를 약화시키는 요소가 아니다.

하지만 그런 사유도 고려해야 할까? 클래런스 대로우는 동의한 것 같다. "디키 로브에게 영향을 주려는 목적으로 형성된 엄청난 힘은 제쳐두더라도, 그가 태어날 때부터 [내적 감정이] 없는 상태였다고 해서 비난을 받아야 합니까?" 그러면서 대로우는 읊조리듯 말을 이었다. "그렇다면 정의를 새로 정의해야 하겠군요."[48] 수많은 신경과학자들이 실용주의에 동의한다는 뜻을 밝히고 범죄 행동의 저지, 무력화, 재활을 통한 범죄 예방에만 초점을 맞춘 실용주의적 정의 모델을 발전시키고 있다. 또한 일반 대중들이 뇌의 작용에 관한 최신 연구 결과에 더욱 친숙해질수록, 윤리적 주체가 무엇이냐에 대한 자신들의 관점에 모두 어쩔 수 없이 동의하게 되리라 자신한다.

하지만 너무 터무니없는 희망으로 보인다. 모든 문화권에서 공정한 처벌의 가치에 관한 공통 인식이 높게 자리하고 있는 현실은, 공정성과 정의에 대한 인간의 직관이 진화, 심리학, 문화의 아주 깊숙한 곳에서부터 시작되었음을 보여준다. 따라서 신경과학적인 새로운 사실이 폭로된다고 해서 쉽게 대체될 가능성은 없고, 있다 해도 거의 희박할 것이라고 예상할 수 있다. 사람들이 변화에 면역이 되어 그다지 큰 영향을 받지 않아서가 결코 아니다. 오히려 사고방식은 시간이 흐르면서 바뀔 수 있고, 최근 역사만 살펴보아도 이를 입증하는 예를 찾을 수 있다. 지난 2세기만 봐도 노예제도 폐지부터 인종차별, 성차별 방지를 위한 법적 보호, 수백만 명이 옹호하고 나선 동성 결혼까지 윤리적으로 엄청난 변화를 확인할 수 있다. 공정성과 정의에 대한 인류 공통적인 갈망이 없었다면, 이와 같은 윤리적 발전의 초석이 결코 수립되지 않았으리라.

하지만 한 번 논의해 본다는 차원에서, 다음 주부터 정부 당국이 책임 추궁을 일시 중단한다는 입장을 밝혔다고 가정해보자. 신경결정론자들의 주장처럼 마침내 세상은 범죄자들에게 더욱 인류애 넘치는 곳이 될까?[49] 좀 더 관대한 시각에서는 우리 모두에게도 그런 세상이 될까? 성폭행 피해자들의 태도가 확 바뀌어서 강간범에게 캐스트렉스 몇 알을 먹게 하여 사건을 처리하는 것도 적절하다고 받아들이리란 생각이 정말 가능한 일로 보이는가? 궁극적으로는 실증적인 의문이지만, 책임 추궁을 없앤다면 심각한 부작용을 발생하지 않을까 하는 의문이 든다.

무엇보다도 책임을 묻지 않는 세상은 용서, 구원, 감사라는 따스한 감정이 살아남기 힘든, 몹시도 싸늘한 장소가 되지 않을까. 자신의 행동에 대해 누구도 책임지지 않는 환경에서는 소위 윤리적 감정이라고 하는 정서를 이해하기 어렵다.[50] 비난받아 마땅한 행동을 더 이상 따로 정하지 않고 범법자들에게 그들이 저지른 범죄에 합당한 처벌을 내리지 않는다면, 이들로 인한 피해자의 존엄성을 재확인하고 정의로운 사회라는 공감대를 형성하는 소중한 기회를 포기하는 것과 같다. 시민의 윤리적 가치에는 공정한 처벌까지 포괄되며, 이 가치가 반영되지 않은 법은 고유한 권한을 최소한 일부는 잃어버린다.

우리가 논리적 판단을 할 수 있는 한 윤리적 책임이 있는 존재이고, 다만 특정한 형태의 뇌 손상이나 심각한 정신 질환을 앓는 사람은 예외이며 우리는 의식적 욕구에 따라 행동한다는 관점은 강한 결정론자들의 관점과 기나긴 싸움을 벌여 왔고 결정론자들의 관점은 변함없이 한결같다. 그 해결의 열쇠를 신경과학이 가지고 있지는 않다. 윤리적 책임을 위해서는 궁극적으로든 일반적인 차원에서든, 반드시 필요한 자유는 어떤 종류인지 반드시 밝혀야 한다. 그 답은 연구소가 아닌 공정성에 대한 우리의 직관에서 비롯될 것이다. 이 문제를 해결하기 위한 실마리라도 될 수 있는 신경과학 실험이 과연 존재할까?[51] 어떤 학자의 노트에 호된 시련을 거쳐 알아낸 놀라운 해결 방안이 있을지는 몰라도, 아직까지 실행된 것은 없다. 그날이 올 때까지는 정의의 불모지가 갖는 가치를 논할 때 가해자, 우리 사회, 희생자가 반드시 받아야 할 혜택에 어떤 피해가 발생할지에 대해서도 반드시 따져 보아야 한다.

뇌 연구를 통해 사고와 의사결정의 과학적 원리에 관한 풍부한 지식은 계속 양산될 것이다. 이 지식은 우리가 어떻게 심사숙고하고, 선택을 고민하고, 행동하기로 작정하고, 욕구를 반영하고, 예측 가능한 결과를 토대로 행동을 수정하는지를 이해하는 데 유용한 역할을 할 것이다. 뇌 과학으로 왜 어떤 사람은 이러한 과정에 미숙한지 파악할 것이고, 가장 이상적으로는 그 부족함을 채울 수 있는 방법까지 제시해 줄 것이다. 하지만 모든 것이 결정된 세상에서 누군가에게 책임을 묻거나 처벌하는 행위는 공정하지 않다거나 비윤리적이라는 입장을 뇌 과학이 증명해 줄 가능성은 전혀 없다. 책임 추궁에 대한 논쟁은 깊이 사고하는 존재, 의식이 있는 존재인 인간을 위해 만들어진 문제처럼 계속 이어지리라 전망된다.

뇌에 관한 문제

신경과학의 상징적 도구인 뇌 영상은 유혹이라는 거센 폭풍의 눈, 그 중심에서 설 자리를 찾았다. 폭풍의 기류 한 쪽에는 정교하고 흥미진진한 신기술의 화려한 매력이 존재한다. 하늘 높이 치솟는 다른 한 쪽의 기류에는 너무도 중요하고 신비스러운 기관인 뇌가 자리 잡고 있다. 또 폭풍의 전면에 형성된 세 번째 기류에는 뇌와 행동에 대해 지나치게 단순화시킨 설명이 근사한 생물학적 묘사를 만들어내며 앞서 간다. 비전문가, 예비 전문가들은 이 강력한 바람에 쉽사리 떠밀려 휩쓸린다.

우리는 이 책이 돛이 되었으면 한다. 이 책은 신경과학이나 신경과학 분야의 특징적 기술인 뇌 영상을 비평하려고 쓴 책이 아니다. 가장 중요하게 생각한 목표는 지나친 단순화, 제멋대로 밝힌 해석, 법률, 상업, 임상, 철학 분야에 뇌 과학을 미숙하게 적용하는 사례와 같은, 신경과학의 어리석은 면을 폭로하는 것이다.[1] 두 번째 이유이면서 첫 번째 만큼 중요한 집필 목표는 인간의 행동을 이해하려면 뇌 분석이 가장 중요하며 뇌 활성의 심리학적 산물인 마음은 어느 정도 소모품으로 볼 수 있다는 전제가 점차 유행처럼 번지는 최근 상황을 비판하는 것이다.

필자들은 조금도 거리낌 없이 신경기술의 발전을 지지한다.

또한 뇌 영상 기술을 비롯해 뇌 과학의 흥미로운 발전이 뇌와 마음의 관계를 더 자세히 설명해주리라 확신한다. 의문을 품고, 그 의문을 해결해가면서 새로운 사실을 발견하는 신경과학자들도 깊이 존경한다. 이들의 성과에 대해서는 조만간 더 많은 논의가 진행되리라 예상한다. 하지만 이 책에서는 뇌 과학을 우리가 사는 실제 세상에 적용하고 뇌 과학에서 얻은 통찰이 우리 사회에서 영향을 줄 수 있는 부분이 어디인지 추정하면서 신중한 시각을 유지하려 노력했다. 앞서 살펴보았듯이 환하게 빛을 발하는 뇌를 통해 마음을 있는 그대로 들여다볼 수 있다는 믿음을 가질 수는 없다. 행동과 관련이 있는 신경의 메커니즘을 뇌 속에서 확인할 수 있다는 단순한 사실 때문에 행동은 개인의 통제 범위를 벗어난다는 생각도 논리적이지 않다.

뇌 영상만으로는 누군가가 한 치의 부끄러움도 없는 거짓말쟁이인지, 특정한 제품 브랜드를 선호하는지, 코카인을 억지로 사용하는지, 살인 충동을 억누를 수 없는 상태인지 알 수 없다. 실제로 현재 우리가 그러한 질문에 답을 얻기 위해 활용하는 보다 평범한 정보에 비해 뇌에서 얻은 데이터는 거의, 혹은 전혀 아무 것도 더해주지 못한다. 대부분이 신경 중복적 정보이기 때문이다. 최악의 경우 신경과학적 정보가 심리적 현상에 대한 훌륭한 해석과 형편없는 해석을 제대로 구분하지 못하도록 왜곡시키는 경우도 가끔 있다.

우리는 뇌 과학이 법률 분야의 혁명을 가져오리라고는 생각하지 않는다. 신경과학이 프로이트 학설에 따른 분석, 행동 심리학, 시카고 사회학과, 유전학적 해석 가능성 등 이미 법정을 한 번씩 거쳐 간 다른 과학들과 같은 전철을 밟을 것이라는 스티븐 모스의 견해에 동의한다. "신경과학의 차이가 한 가지 있다면, 더 매력적인 사진이 있고 더 과학적으로 보인다는 점이다." 모스의 말이다.[2] 프로이트 학설은 제외해야겠지만, 앞서간 다른 과학들은 분명 법정에서 누군가가 왜 특정 행동을 했는지 파악하는 데 공헌을 했다. 하지만 목격자 진술, 반대 심문 등 법률의 가장 기본적인 도구를 대체했다고는 보기 힘들다.

신경과학자들은 아직까지 뇌에서 얻은 데이터와 행동의 강력한 인과관계를 구축하지 못했다. 반응성이 있는 사람과 없는 사람을 구분하는 방식으로 측정할 수 있는 뇌 영상의 속성을 과학자들이 밝혀내고 그것이 법적으로 과실 여부를 판단하는 데 중요하다고 인정받는 날이 올 때까지는, 뇌 영상의 수사학적 가치가 법적 연관성을 훨씬 능가한다고 할 수 있다. 법적으로는 범죄의 책임과 윤리적 책임을 물을지 여부가 무엇이 그러한 나쁜 행동을 유발했는지에 따라 결정되지 않는다. 오히려 범법자가 예측할 수 있는 결과에 영향을 받고 그에 따라 행동을 바꿀 수 있는 이성적 역량을 충분히 보유하고 있는지에 따라 결정된다. 바로 이 점이 오늘날 법정에서 "영상보다 행동이 우선"이라는 말이 언급되는 이유이자 그 말을 따라야 하는 이유이다.[3]

과도한 식욕이나 사회적 행동에 대해 심리학적, 사회적, 문화적인 분석을 무시하고 뇌를 토대로 설명한다면 신경 중심주의의 덫에 걸려든다. 결국에는 충분한 설명을 제시하지 못하는 상황에 처할 것이 뻔하다. 과학자들은 인간의 행동을 신경, 정신, 행동, 사회 등 여러 가지 다양한 수준에서 설명할 수 있지만 인체와 심리 그 사이의 큰 틈을 이을 수는 없다. 뇌는 마음을 가능하게 하고 따라서 그 사람을 존재하게 하지만, 이 과정이 어떻게 일어나는지 신경과학으로는 아직까지 완벽히 설명하지 못하며, 아마 앞으로도 그럴 것이다.

뇌 과학이 문화 속으로 계속 침투하면서 신경학적 지식은 그 어느 때보다 중요한 요소가 되었다. 신경과학은 지난 반세기 동안 달성된 지적 성취에서 가장 중요한 부분 중 하나이지만, 아직은 미숙하고 이제 입지를 굳히고 있는 단계에 있다. 뇌 과학에 잘못된 정보를 요구하거나, 뇌 과학으로 제공할 수 있는 부분을 과도하게 확신하거나, 뇌 과학 기술을 무성숙한 상태로 적용한다면 신뢰도가 낮아질 뿐만 아니라 연방 정부의 연구 지원금 등 한정된 주요 자원을 수익이 낮고 가망이 없는 일로 분산시킬 위험이 있다. 신경과학자, 철학자를 비롯해 일반 대중이 접하는 글을 쓰는 과학 분야의 전문 기자, 블로거, 그리고 신경윤리학자(실용 철학과 과학을 모두 수학한 일종의 복합적인 학자)들은 뇌에 대해 과도한 주장을 펼치는 사람들이 점차 늘어나는 현실로부터 뇌 과학의 진실성을 지키는 일이 자신들이 맡아야 할 과업 중 하나라고 생각한다.[4] 책임감 있는 신경과학 분야 번역가들은 건전한 수준의 회의적 태도를 장려하면서, 판사, 정책 입안자들에게 특히 한정된 실험 조건에서 나타난 뇌 활성은 사회 정책의 설계 시 활용은 고사하고 실제 세계의 인간 행동을 설명하거나 예측하는 데 아직은 충분한 정보를 제시하지 못한다고 경고한다.

신경학적 지식은 신경 과학으로 답을 줄 수 있는 부분과 없는 부분을 구분하는 것이 중요하다는 사실도 함께 제시해야 한다. 신

경과학의 임무는 정신적 현상과 연관된 뇌 메커니즘을 규명하는 것
이고, 훌륭한 기술이 유용하게 활용될 수 있는 분야에 적절히 적용
된다면 개념적인 돌파구를 찾고 임상 분야의 발전에도 기여하리라
는 전망을 충분히 할 수 있다. 하지만 뇌에 잘못된 질문을 던진다면
기껏 해야 막다른 길에 도달하거나 최악의 경우 과학의 기능이 남용
되는 결과를 낳는다.

　　이 책 초반에 인용했던 신경과학자 샘 해리스의 말을 상기하
자. "뇌 수준에서 우리 자신에 대해 더 많이 이해할수록, 인간의 가
치에 대한 의문에 옳은 답과 그른 답이 존재한다는 사실을 더욱 확
실히 알게 될 것이다."[5] 왜 그럴까? 신경과학은 윤리적인 의사결정
과 관련된 신경학적 과정에 대한 궁금증 해결에는 도움을 줄 수 있
지만, 이러이러한 결정이 내려져야 한다고 지시하는 데 그 정보를
어떻게 활용할 수 있는지에 대해서는 결코 아무런 도움도 줄 수 없
다. 경험적으로 얻은 사실은 우리가 각자의 가치에 따라 보다 효과
적으로 행동하는 데 분명 도움이 된다. 재소자들의 갱생을 더욱 효
과적으로 이끌고 싶다면, 반드시 새로운 치료법에 관한 정보가 있어
야 한다. 신경과학은 이와 관련된 지침을 제공해줄 수 있다. 하지만
윤리적인 근거를 토대로 한 징벌을 폐지해야 하는가에 관한 질문에
는 신경과학을 비롯한 과학이 답을 줄 수 없다. 실제로 역사 속에는
생물학을 통해 사회를 제어하려했던 무책임한, 때로는 냉혹한 사례
들이 가득하다. 그때나 지금이나 과학만을 토대로 윤리체계를 수립
할 수 있다는 생각은 심각한 착오이다. 철학자들은 이처럼 "해야 하

는 것"과 "하는 것"에 대한 혼란을 자연주의적 오류[59]라 칭한다.

그럼에도 불구하고 뇌 과학은 엄청난 문화적 지휘권을 활용하여 정치적 혹은 사회적 의제에 쉽사리 침투한다. 중독을 뇌 질환으로 보는 시각은 더 많은 연구 지원금을 모으고 약물 남용자들이 유순한 존재로 보이도록 하는 데 큰 효과가 있다. 물론 대부분 선의에서 시작되었지만, 이러한 관점은 중독의 다면적 특성을 크게 왜곡하여 제시할 뿐만 아니라 임상에서는 의사들이 가장 효과적인 해결방안을 멀리하도록 만들 위험이 있다. 각종 심리학적 질병(살인자 브라이언 듀건에게 영향을 준 것으로 보이는 사이코패스 등)도 마찬가지여서, 어느 정도는 원인이 뇌 기능 이상이 분명하지만 동기, 감정, 생각, 의사결정으로 표현되는 부분을 모두 고려해야 완전히 이해할 수 있다.

뇌 과학을 책임 추궁을 무효화하고 징벌 제도를 폐지해야 하는 근거로 보는 시각도 잘못이다. 뇌 과학 자체가 인간성에 위협이 되지는 않는다. 행위에 대한 동기가 어떻게 작용하는지 파악하는 데 도움이 될 수는 있지만 모두 설명해줄 수는 없다. 처벌은 비난받을 자격이 충분하기 때문이 아니라 혐오 자극이 더 나은 사회를 만들기 때문에 존재하는 것이라 생각하는 엄격한 실용주의적 정의도 각자의 관점에 따라 장점과 단점이 있다. 그러나 물질적 세계에 사는 인간이 윤리적 주체가 될 수 있느냐는 의문은 뇌 과학이 대답할 수 있는 문제가 아니다. 연구자들이 뭔가 제대로 극적인 결과를 보여주지 않는 한, 즉 사람은 논리적 판단을 통해 행동하고 그 판단에

---

59) 윤리와 무관한 전제에서 윤리학적 원리를 끌어내거나, 윤리와 무관한 용어에서 윤리학적 개념을 정의하는 오류 (역주)

책임을 지는 의식 있는 존재가 아니라는 증거를 제시하지 않는 한은 그렇다. 우리가 스스로 생각하는 만큼 행동에 대한 의식적인 제어가 이루어지지 않는 것은 사실이지만, 그렇다고 우리가 아무 힘이 없다는 의미는 아니다.

작가 톰 울프는 1996년, 이후 널리 인용된 에세이 《안타깝게도, 영혼이 막 사망했습니다.(Sorry, but Your Soul Just Died.)》를 완성했다. 그는 신경과학이 "100년 전 다윈주의만큼이나 커다란 영향력을 행사할 통합 이론이 될지도 모르는 경계 선상에 있다"고 밝혔다.[6] 그로부터 20여 년이 지난 현재 신경과학을 둘러싼 흥미로운 관심은 점차 확대되는 추세이고 앞으로도 그래야 한다. 그러나 가까운 미래에 통합 이론으로 탄생하리라는 전망은 착각에 불과하다. 다윈주의에서 나온 귀중한 개념적 유산인 사회생물학과 유전체 혁명처럼, 신경과학도 인간의 특성을 모조리 설명하려 들지 말고 반드시 전해야 할 지혜만 뽑아낼 수 있어야 한다.

과학 작가인 데이비드 돕스(David Dobbs)는 2011년, 신경과학자들과 가진 모임에서 경험한 놀라운 대화를 언급했다. 그는 "뇌를 완전히 이해하려면 무엇을 알아야 하고, 현 시점에서는 몇 퍼센트 정도나 알려져 있습니까?" 라는 질문을 던졌다.[7] 그러자 모두가 한 자리 숫자로 답을 했다. 이 겸손한 답은 물론 시간이 가면서 개선될 것이다. 뇌 영상은 점점 더 정교해지고, 아직까지 공개되지 않았거나 구상 단계에도 들어가지 않은 새로운 기술도 아직 남아 있다. 다만 얼마나 눈부신 연구 성과를 얻게 되든, 또 앞으로 얼마나 영리한 연구 수단이 개발되던 우리가 어떤 가치를 부여하느냐에 따라 그것을 유익하게 사용할지 혹은 나쁘게 사용할지가 결정된다. 신경과학이 제시할 수 있다고 주장하는 허위 주장을 따른다면, 그 가치가 혼란에 빠질 위험이 있다.

　일부 신경과학자들과 철학자들은 인간을 뇌 그 이상도 이하도 아닌 존재로 생각한다. 물론 뇌가 없다면 아무런 의식도 없다. 하지만 여러분 각자는 스스로에게 "자기 자신"이며 다른 이들에게는 한 명의 사람이다. 의사결정을 할 수 있고, 결정이 어떻게 내려지는지 연구할 수 있고, 그 의사결정을 가능하게 한 책임감과 자유를 평가할 수 있는 지혜를 지닌 뇌, 그 뇌를 가진 사람이다.

감　사　의　　　　　말

수많은 동료들이 지식과 통찰을 제공해주었다. 법률 관련 내용을 다룬 장에서는 스티븐 모스(Stephen Morse), 행크 그릴리(Hank Greely)로부터 값진 도움을 받았다. 인내심이 최고인 피터 밴데티니(Peter Bandettini)가 없었다면 비전문가인 우리 두 사람은 fMRI를 결코 이해하지 못했으리라. 탬러 소머스(Tamler Sommers)는 험난한 철학의 세계에서 우리를 이끌어주었다. 마크 클레이만(Mark Kleiman)은 중독에 관한 부분을 몇 차례나 지치지 않고 검토해주었다.

　　친절하게 지혜를 나누어준 최고의 동료들, 크레이그 베넷(Craig Bennett), 마크 블리츠(Marc Blitz), 폴 블룸(Paul Bloom), 낸시 캠벨(Nancy Campbell), 크리스토퍼 차브리스(Christopher Chabris), 데이비드 코트라이트(David Courtwright), 프란츠 딜(Franz Dill), 로저 둘리(Roger Dooley), 로버트 듀폰(Robert DuPont), 스티븐 에릭슨(Steven Erickson), 마사 파라(Martha Farah), 니타 파라하니(Nita Farahany), 네이선 그린슬릿(Nathan Greenslit), 스티븐 하만(Stephan Hamann), 레이 허버트(Wray Herbert), 브라이스 휴브너(Bryce Huebner), 스티븐 하이먼(Steven Hyman), 제롬 자페(Jerome Jaffe), 애덤 케이퍼(Adam Keiper), 애덤 콜버(Adam Kolber), 애니 랭(Annie Lang), 칼 마시(Carl Marci), 로리 마리노(Lori Marino), 리처드 맥날리(Richard McNally), 바버라 멜러스(Babara Mellers), 조나단 모레노(Jonathan Moreno), 에밀리 머피

(Emily Murphy), 에릭 네슬러(Eric Nestler), 조슈아 펜로드(Joshua Penrod), 스티븐 핑커(Steven Pinker), 데이비드 피자로(David Pizarro), 러셀 폴드랙(Russell Poldrack), 앤소니 프랫카니스(Anthony Pratkanis), 에릭 레이슨(Eric Racine), 리차드 레딩(Richard Redding), 케빈 사벳(Kevin Sabet), 찰스 슈스터(Charles Schuster), 로저 스크루튼(Roger Scruton), 프란시스 X. 셴(Francis X. Shen), 레이먼드 톨리스(Raymond Tallis), 캐럴 카브리스(Carol Tavris), 네할 베드한(Nehal Vadhann), 에드워드 불(Edward Vul), 에이미 왁스(Amy Wax), 크리스토퍼 E. 윌슨(Christopher E. 윌슨)이 있어서 우리에게는 큰 행운이었다.

특히 약물 중독을 비판하는 견해에 대해 선뜻 시간을 내어 함께 이야기를 나누어 준 앨런 I. 레쉬너(Alan I. Leshner)께 특히 감사드린다. 또 원고 초안을 읽고 신경과학의 문화적 측면에 대해 여러 가지 의견을 제시한 칼린 보먼(Karlyn Bowman), 프란시스 키슬링(Francis Kissling), 크리스틴 로센(Christine Rosen), 앨런 비아드(Alan Viard)에게도 너무나 고마운 마음을 전한다. 더불어 우리는 신경 분야 블로그인 마인드 핵스(Mind Hacks), 뉴로스켑틱(Neuroskeptic), 뉴로크리틱(Neurocritic)에 게시되는 훌륭한 온라인 의견을 자주 읽으면서 신경과학의 중요한 트렌드를 감지할 수 있었다. 중요한 편집 업무를 맡아준 셰릴 밀러(Cheryl Miller)와 수잔 애덤스(Susan Adams)에게도 감사 인사를 전한다. 위스타 윌슨(Wistar Wilson), 캐서린 지핀(Catherine Giffin), 엘리자베스 드메오(Elizabeth DeMeo), 브리트니 프렌치(Brittany French)는 빈틈없는 연구 지원자로 활약해 주었고 게리 올스트롬(Gerry Ohrstrom)은 미국기업연구소(AEI)에서 샐리 사텔(Sally Satel)의 연구를 대폭 지원했다. 오류가 있다면 모두 필자들이 감당할 몫이다.

출판사 베이직 북스(Basic Books)의 편집장 나라 하이머트(Nara Heimert)가 없었다면 이 책은 탄생하지 못했다. 첫 회의에서 우리의 계획을 듣고 그 가능성을 알아봐 주고 현명한 의견을 제시해준 점에 대해 감사한다. 또 멋지게 수정해 준 찰스 에벌린(Charles Eberline), 멜로디 네그론(Melody Negron), 로저 래브리(Roger Labrie)에게도 진심으로 감사 인사를 전한다. 잉크웰 매니지먼트(Inkwell Management)의 마이클 카리슬(Michael Carlisle)은 누구나 바라는, 가장 인자하고 상대에게 용기를 북돋아주는 대리인이었다.

전문 연구 기관인 미국기업연구소 워싱턴 D. C 지부 대표 아서 브룩스(Arthur Brooks)가 관리하는 드넓은 지적 환경에서 우리는 전통적인 정치적 사고에 속하지도 않고, 정치 지향적인 사고에만 국한되지도 않는, 우리만의 생각을 이 책에 펼칠 수 있었다.

Notes

도입

1. "Research into Brain's 'God Spot' Reveals Areas of Brain Involved in Religious Belief," Daily Mail, March 10, 2009, http://www.dailymail.co.uk/sciencetech/article-1160904/Research-brains-God-spot-reveals-areas-brain-involved-religious-belief.html; Susan Brink, "Brains in Love," Los Angeles Times, July 30, 2007, http://articles.latimes.com/2007/jul/30/health/he-attraction30; Gabrielle LeBlanc, "This Is YourBrain on Happiness," Oprah Magazine, March 2008, http://psyphz.psych.wisc.edu/web/News/OprahMar2008.pdf; Matt Danzico, "Brains of Buddhist Monks Scanned in Meditation Study," BBC, April 23, 2011, http://www.bbc.co.uk/news/world-us-canada-12661646; "Addiction, Bad Habits Can 'Hijack' the Brain," ABC News, January 31, 2012, http://abcnews.go.com/GMA/MindMoodNews/addictions-hardwired-brain/story?id=9699738; Alice Park, "The Brain: Marketing to Your Mind," Time, January 29, 2007, http://www.time.com/time/magazine/article/0,9171,1580370-1,00.html; Chris Arnold, "Madoff's Alleged Ponzi Scheme Scams Smart Money," NPR, December 6, 2008, http://www.npr.org/templates/story/story.php?storyId=98321037 (Bernie Madoff financial fiasco); Sharon Begley, "Money Brain: The New Science BehindYour Spending Addiction," Newsweek, October 30, 2011, 2012, http://www.thedailybeast.com/newsweek/2011/10/30/the-new-science-behind-your-spending-addiction.html (U.S. debtlimit nail-biter of 2011); "You Love Your iPhone. Literally," New York Times, September 30, 2011, http://www.nytimes.com/2011/10/01/opinion/you-love-your-iphone-literally.html (love of iPhones); Christine Morgan, "Addicted to Thrills: Why We Love Scary Movies," Daily Mail, July 3, 2011, http://www.mydaily.co.uk/2011/03/07/why-some-people-are-thrill-seekers/ (affinity for horror movies); David J. Linden, "Anthony Weiner, Straus-Kahn, Arnold Schwarzenegger: Are They Just Bad Boy Politicians or Is It Their DNA?,"

Huffington Post, June 14, 2011, http://www.huffingtonpost.com/david-j-linden/notorious-politicans_b _876428.html #s291507 & title=Anthony_ Weiner (sexual indiscretions of politicians); Chris Mooney, The Republican Brain: The Science of Why They Deny Science—and Reality (Hoboken, NJ: Wiley, 2012) (conservatives'dismissal of global warming); and C. R. Harrington et al., "Activation of the Mesostriatal Reward Pathway with Exposure to Ultraviolet Radiation (UVR) vs. Sham UVR in Frequent Tanners: A Pi-lot Study," Addiction Biology 3 (2011): 680-686.

2. 신경 경제학의 현황과 성장에 대해 알 수 있는 추가 자료: Josh Fischman, "The Marketplace in Your Brain," The Chronicle Review, September 24, 2012, http://chronicle.com/article/The-Marketplace-in-Your-Brain/134524/; "What Is Neurohistory," Neurohistory,http://www.neurohistory.ucla.edu/neurohistory-web-about. 신경 음악학을 통해 몇 가지 흥미로운 이론적 성과가 나왔다. 신경과학과 음악에 관한 관점을 충분히 확인할 수 있는 자료: Daniel Levitin, This Is Your Brain on Music: The Science of a Human Obsession (New York: Dut-ton, 2006). 각 분야의 대가들이 탄생하게 된 과정: Eric R. Kandel, The Age of Insight: The Quest to Understand the Unconscious in Art, Mind, and Brain, from Vienna 1900 to the Present (New York:Random House, 2012). Uri Hasson et al., "Neurocinematics: The Neuroscience of Film,"Projections 2, no. 1 (2008): 1-26, http://www.cns.nyu.edu/~nava/MyPubs/Hasson-etal_NeuroCinematics2008.pdf. Paul M. Matthews and Jeffrey McQuain, The Bard on the Brain: Under-standing the Mind Through the Art of Shakespeare and the Science of Brain Imaging (New York:Dana Press, 2003); Patricia Cohen, "Next Big Thing in English: Knowing They Know That You Know," New York Times, March 31, 2010, http://www.nytimes.com/2010/04/01/books/01lit.html?pagewanted=all; and Paul Harris and Alison Flood, "Literary Critics Scan the Brain to Find Out Why We Love to Read," Guardian, April 11, 2010, http://www.guardian.co.uk/science/2010/apr/11/brain-scans-probe-books-imagination. "신경학적 점등" 결과에 관한 가치를 두고 벌어진 상반된 의견: Roger Scruton, "Brain Drain: Neuroscience Wants to Be the Answer to Every-thing—

It Isn't," Spectator, March 17, 2012, http://www.spectator.co.uk/essays/all/7714533/brain-drain.thtml; "Can Neuro-Lit Save the Humanities?," Room for Debate, New York Times, April 5, 2012, http://roomfordebate.blogs.nytimes.com/2010/04/05/can-neuro-lit-crit-save-the-humanities/; and Alva Noë, "Art and the Limit of Neuroscience," Opinionator, New YorkTimes, December 4, 2011, http://opinionator.blogs.nytimes.com/2011/12/04/art-and-the-limits-of-neuroscience/?pagemode=print.

3. 뇌를 문화적 인공물로 바라본 자료의 예시: Olivia Solon, "3D-Printed Brain Scan Just One Exhibit at London 'Bio-Art' Show," Wired, July 20, 2011, http://www.wired.co.uk/news/archive/2011-07/20/art-science-gv-gallery; Bill Harbaugh, "Bachy's Figured Maple Brains," personalwebsite, http://harbaugh.uoregon.edu/Brain/Bachy/index.htm; and Sara Asnagi, "What Have YouGot in Your Head? Human Brains Made with Different Foods," Behance, August 1, 2012, http://www.behance.net/gallery/What-have-you-got-in-your-head/614949. 양전자 방출 단층촬영(PET)으로 불리는 뇌 영상에 대한 문화적 분석: Joseph Dumit, Picturing Personhood:Brain Scans and Biomedical Identity (Princeton, NJ: Princeton University Press, 2003). 추가 자료: Tom Wolfe, I Am Charlotte Simmons (New York: Farrar, Straus and Giroux, 2004), 392; Ian Mc-Ewan, Saturday (New York: Nan A. Talese, 2005); and A. S. Byatt,"Observe the Neurones: Between,Below, Above John Donne," Times Literary Supplement, September 22, 2006. The quotation about Andy Warhol is from Jonah Lehrer, "The Rhetoric of Neuroscience," Wired, August 11, 2011, http://www.wired.com/wiredscience/2011/08/the-rhetoric-of-neuroscience/. 레흐너는 작곡가 밥 딜런(Bob Dylan)의 인용구를 조작했다는 이유로 〈뉴요커(New Yorker)〉지에서 해고됐으나, 우리가 알기로는 전혀 꾸며낸 이야기가 아니다.

4. "신경학 사기꾼"들의 과장된 선전에 관한 좋은 의견들이 지난 몇 년 간 다수 발표됐다.: Diane M. Beck, "The Appeal of the Brain in the Popular Press," Per-spectives on Psychological Science 5 (2010): 762-766. Eric Racine et al., "Contemporary Neuro-science in the Media," Social Science and Medicine 71, no. 4(2010): 725-733; Julie M. Robillardand Judy Illes, "Lost in Translation: Neuroscience and the Public," Nature Reviews

Neuroscience12 (2011): 118; Matthew B. Crawford, "On the Limits of Neuro-Talk," The New Atlantis, no. 19, Winter 2008, http://www.thenewatlantis.com/publications/the-limits-of-neuro-talk; Raymond, Aping Mankind: Neuromania, Darwinitis, and the Misrepresentation of Humanity (Durham, UK: Acumen, 2011); Alva Noe, Out of Our Heads: Why You Are Not Your Brain and Other Lessons from the Biology of Consciousness (New York: Hill and Wang, 2010); Paolo Legrenzi and Carlo Umilta, Neuromania: On the Limits of Brain Science (Oxford: Oxford University Press, 2011); and Gary Marcus, "Neuroscience Fiction," New Yorker, December 2, 2012, http://www.newyorker.com/online/blogs/newsdesk/2012/12/what-neuroscience-really-teaches-us-and-what-it-doesnt.html. 뇌 영상을 과학의 상징으로 보는 시각에 관한 자료: Martha J. Farah, "A Picture Is Worth a Thou-sand Dollars," Journal of Cognitive Neuroscience 21, no. 4 (2009): 623-624. 뇌에 대한 관심이 높아지면서 fMRI의 개발이 앞당겨졌다. 1980년대에는 뇌영상의 초기 형태인 양전자 단층 촬영장치(PET)를 통해 휘황찬란한 뇌 사진을 볼 수 있었지만, 그 비용과 방사능을 사용한다는 점이 걸림돌로 작용했다.

5. Tom Wolfe, "Sorry, but Your Soul Just Died," in Hooking Up (New York: Picador, 2000), 90. 울프가 공개 연설에서 밝힌 신경과학의 문화적 의의는 다음 자료에서 확인할 수 있다.: Jacques Steinberg,"Commencement Speeches," New York Times, June 2, 2002, http://www.nytimes.com/2002/06/02/nyregion/commencement-speeches-along-with-best-wishes-9-11-is-a-familiar-graduation-theme.html?pagewanted=all&src=pm; and Zack Lynch, The Neuro Revolution: HowBrain Science Is Changing Our World (New York: St. Martin's Press, 2009).

6. Roberto Lent et al., "How Many Neurons Do You Have? Some Dogmas of Quantitative Neuroscience Under Revision," European Journal of Neuroscience 35, no. 1 (2012): 1-9.

7. 철학자들은 우리가 설명한 신뢰도에 관한 잘못된 믿음을 "소박실재론"으로 칭한다. 갈릴레오에 대한 자료: Gerald James Holton, Thematic Origins of Scientific Thought: Kepler to Einstein (Cambridge, MA: Harvard University Press, 1988), 43-44.

8. 에릭 라신(Eric Racine)은 "신경 현실주의"라는 용어를 만들어서, 시각적인 이

미지가 떠오르지 않는 상황에서는 뇌 영상으로 볼 수 있는 결과가 더 현실적 혹은 사실에 가깝다고 설명했다.: Eric Racine, Ofek Bar-Ilan, Judy Illes, "fMRI in the Public Eye," Nature Reviews Neuroscience 6, no. 2 (2005): 159-164, 160.

9. Marco Iacoboni et al., "This Is Your Brain on Politics," New York Times, November 11, 2007, http://www.nytimes.com/2007/11/11/opinion/11freedman.html?pagewanted=all.

10. Semir Zeki and John Paul Romaya, "Neural Correlates of Hate," PLoS One 3, no. 10 (2008). 콜롬비아 대학교가 보도 자료로 발표한 내용과 같이, 표면적으로는 이 두 신경과학자가 "증오 회로"를 발견했다. 보도 자료 참고: http://www.plosone.org/article/info%3Adoi%2F10.1371%2Fjournal.pone.0003556; Graham Tibbetts and Sarah Brealey, "'Hate Circuit' Found in Brain," The Telegraph, October 28, 2008, http://www.telegraph.co.uk/news/newstopics/howaboutthat/3274018/Hate-circuit-found-in-brain.html. David Robson, "'Hate' Circuit Discovered in Brain," New Sci-entist, October 28, 2008, http://www.newscientist.com/article/dn15060-hate-circuit-discovered-in-brain.html.

11. Andreas Bartels and Semir Zeki, "The Neural Basis of Romantic Love," NeuroReport 11, no. 17 (2000): 3829-3834; William Harbaugh, Ulrich Mayr, and Dan Burghart, "Neural Responses to Taxation and Voluntary Giving Reveal Motives for Charitable Donations," Science 316, no. 5831 (2007): 1622-1625.

12. 신경과학자들이 뇌에 관한 과장된 주장들을 평가한 훌륭한 자료: Garret O'Connell et al., "The Brain, the Science and the Media: The Legal, Corporate, Social and Security Implica-tions of Neuroimaging andthe Impact of Media Coverage," European Molecular Biology Organi-zation Reports 12 no. 7 (2011): 630-636. 신경과학 분야 블로그를 운영하는 본 벨(Vaughn Bell)은 이렇게 밝혔다. "뇌 영상 촬영 시험 과정에서 어떤 일이 벌어지는지 제대로 이해하려면, 먼저 양자 물리학을 이해할 수 있어야 하는 데다 마음에 관한 철학적인 지식도 갖춘 상태로 통계학, 신경생리학, 정신의학의 세상을 넘나들 수 있어야 한다. 당연한 이야기겠지만 아주 소수의 과학자들만이 이 일을 스스로 해낼 수 있다… 기자들도 순전히 그 개념

이 주는 압박감 때문에 기자들은 혼란에 빠지니, '모험을 관장하는 뇌 중심 영역을 찾다' 같은 기사를 쓴다.: Vaughn Bell, "The fMRI Smackdown Cometh," Mind Hacks, June 26,2008, http://mindhacks.com/2008/06/26/the-fmri-smackdown-cometh/. See also Beck, "Appeal ofthe Brain in the Popular Press." 대중적인 신경과학에 관한 생각: Raymond Tallis,Aping Mankind: Neuromania, Darwinitis and the Misrepresentation of Humanity (Durham, UK:Acumen, 2011); Andrew Linklater, "Incognito: The Secret Lives of the Brain by David Eagleman—Review," Guardian, April 23, 2011, http://www.guardian.co.uk/books/2011/apr/24/incognito-secret-brain-david-eagleman ("neurohubris"); and Vaughn Bell, "Don't Believe the Neurohype," May22, 2008, http://mindhacks.com/2008/05/22/dont-believe-the-neurohype/; and Steven Poole, "Your Brainon Pseudoscience: The Rise of Popular Neurobollocks," New Statesman, September 6, 2012, http://www.newstatesman.com/culture/books/2012/09/your-brain-pseudoscience. 지나친 단순화의 예시: ElizabethLandau, CNN Health, February 19, 2009, http://articles.cnn.com/2009-02-19/health/women.bikinis.objects_1_bikini-strip-clubs-sexism?_s=PM:HEALTH.

13. Poole, "Your Brain on Pseudoscience."

14. Srinivasan S. Pillay, Your Brain and Business: The Neuroscience of Great Leaders (Upper Saddle River, NJ: FT Press, 2011), 15. 뇌를 토대로 한 교육 기술 예시: "What Is Brain-Based Learning?," JensenLearning: Practical Teaching with the Brain in Mind, http://www.jensenlearning.com/what-is-brain-based-research.php; E. E. Boyd, "Why Brain Gyms Might Be the Next Big Business," Fast Company, June 16, 2011, http://www.fastcompany.com/1760312/why-brain-gyms-may-be-next-big-business; and Daniel A. Hughes et al., Brain-Based Parenting: The Neuroscience of Caregiving for Healthy Attachment (New York: W. W. Norton,2012). "뇌 중심" 교육에 관한 비판 의견: Daniel T. Willingham, "Three Problems in theMarriage of Neuroscience and Education," Cortex 45 (2009): 544-545; and Larry Cuban, "Brain-Based Education—Run from It," Washington Post, February 28, 2011, http://voices.washingtonpost.com/answer-sheet/guest-bloggers/brain-based-education-run-from.html. The quip is fromKeith R. Laws,

Twitter post, January 28, 2012, 3:13 a.m., http://twitter.com/Keith_Laws/statuses/163218019449962496.

15. David Eagleman,"The Brain on Trial," The Atlantic, July/August, 2011, http://www.theatlantic.com/magazine/archive/2011/07/the-brain-on-trial/308520/.

16. David Eagleman, Incognito: The Secret Lives of the Brain (New York: Pantheon, 2011), 176.

17. 프란시스 베이컨(Francis Bacon)은 과학을 "경험을 분석하여 조각으로 나눌 수 있는" 방법으로 묘사한다.: Francis Bacon, The Plan of the Instauratio Magna, Bartleby.com, http://www.bartleby.com/39/21.html. 윌리엄 제임스(William James)는 다음과 같이 밝혔다. "마음의 과학은 (행동의) 복잡성을 구성요소 단위로 축소시켜야 한다. 뇌 과학은 뇌 구성요소의 기능을 밝혀야 한다. 마음과 뇌의 관계에 관한 과학은, 마음을 이루는 기본 요소와 뇌 각 구성 요소의 기능이 서로 어떻게 상응하는지 밝혀야 한다.": William James, The Principles of Psychology(Mineola, NY: Dover, 1950), 28. 계층에 관한 자료: Kenneth S. Kendler, "Toward a Philosophical Structure for Psychiatry," American Journal of Psychiatry 162, no. 3 (2005): 433-440; and Carl F. Craver, Explaining the Brain (Oxford: Oxford University Press, 2009): 107-162.

18. 여기서 밝힌 유사성은 다음 자료를 참고했다.: David Watson, Lee Anna Clark, Allan R. Harkness, "Structures of Personality and Their Relevance to Psychopathology," Journal of Abnormal Psychology, 103 (1994): 18-31.

19. 풀기 어렵기로 유명한 이 수수께끼는 해결의 길이 보이지 않는다.: Colin McGinn, "Can We Solve the Mind-Body Problem?," Mind 98 (1989): 349-366.

20. Sam Harris, The Moral Landscape: How Science Can Determine Human Values (New York: Free Press, 2010); Semir Zeki and Oliver Goodenough, Law and the Brain (Oxford: Oxford University Press, 2006), xiv; Michael S. Gazzaniga, The Ethical Brain (New York: Dana Press, 2005), xv, xix. See also Arne Rasmusson, "Neuroethics as a Brain-Based Philosophy of Life—The Case of Michael S. Gazzaniga," Neuroethics 2 (2009): 3-11.

21. Ron Rosenbaum, "The End of Evil? Neuroscientists Suggest There Is No

Such Thing. Are They Right?," Slate, September 30, 2011, http://www. slate.com/articles/health_and_science/the_spectator/2011/09/does_evil_ exist_neuroscientists_say_no_.html.

22. Neuroskeptic, "fMRI Reveals the True Nature of Hatred," October 30, 2008, http://neuroskeptic.blogspot.com/2008/10/fmri-reveals-true-nature-of-hatred.html. 영상 기술은 1991년 학술지 〈사이언스〉에 게재된 한 연구를 통해 맨 처음 발표됐다. 표준 MRI 촬영 장치를 활용하여 산소를 함유한 혈액과 산소를 잃은 혈액이 뇌에서 어떻게 이동하는지 추적하는 방법을 밝힌 연구였다.: J. W. Belliveau et al., "Functional Mapping of the Human Visual Cortex by Magnetic Resonance Imag-ing," Science 254 (1991): 716-719. 전반적인 성과는 다음 자료에서 확인할 수 있다: Michael Gazzaniga, The Cognitive Neurosciences, 4th ed. (Cambridge, MA: MIT Press, 2009). 영상에 관한 전문 기술의 실질적인 요건에 관한 정보: Gregory A. Miller, "Mistreating Psychology in the Decades of the Brain," Perspectives on Psychological Science 5, no. 6 (2010): 716-743. 하버드 대학교의 심리학자인 제롬 카간(Jerome Kagan)은 대학원생들이 영상 관련 내용이 포함된 논문 주제를 찾으려고 노력하는 경우가 일상이 되었다며 다음과 같이 밝혔다. "신경 과학은 '고교회파'와 같아서, 뇌에 관한 연구는 정식으로 성직자가 되고자 하는 사람 모두가 치러야 할 의식이 되었다.": Jerome Kagan, An Argument for Mind (New Haven, CT: Yale University Press, 2006), 17-18. See also Paul Bloom, "Seduced by the Flickering Lights," Seed, June 26, 2006, http://seedmagazine.com/content/article/seduced_by_the_flickering_ lights_of_the_brain/.

23. 생물학자인 스티븐 로즈(Steven Rose)가 뇌에 대한 문화적인 심취 상황을 묘사하면서 이 용어를 처음 사용한 것으로 보인다.: Steven P. R. Rose, "Human Agency in the Neurocentric Age," EMBO Reports 6 (2006): 1001-1005. 본 책에서는 이 용어를 다소 다른 의미로 사용한다.

24. David Linden,"'Compass of Pleasure': Why Some Things Feel So Good," NPR, June 23, 2011, http://www.npr.org/2011/06/23/137348338/compass-of-pleasure-why-some-things-feel-so-good.

25. 샘 해리스(Sam Harris)는 "인간 행동의 근본적인 원인을 보지 못한 채 응징을 촉구한다."고 밝혔다: Sam Harris, Free Will (New York: Free Press, 2012), 55. 뇌

를 기반으로 한 설명과 책임의 관계에 관한 자료: Stephen Morse, "Brain Overclaim Syndrome and Criminal Responsibility," Ohio State Journal of Criminal Law 3 (2006): 397-412.

26. Robert M. Sapolsky, quoted in personal comment to Michael Gazzaniga and cited in Michael S. Gazzaniga, Who's In Charge? Free Will and the Science of the Brain (New York: Ecco, 2011), 188. 추가 참고 자료: Sapolsky, "The Frontal Cortex and the Criminal Justice System," Philosophi-cal Transactions of the Royal Society of London 359 (2004): 1787-1796.

27. 신경마케팅에 관한 자료: Neurofocus, accessed July 7, 2011, neurofocus. com. 거짓말 탐지기 서비스에 관한 자료: No Lie MRI, accessed September 3, 2012, http://www.noliemri.com/. 정치적 컨설팅에 관한 자료: Westen Strategies, accessed September 3, 2012, http://www.westenstrategies. com/ 이 사이트에서는 "사람들을 움직이려면, 사람의 마음속 생각, 이미지, 감정을 연결하는 신경 네트워크를 파악해야 한다."고 주장한다.

1장

1. Jeffrey Goldberg, "Re-thinking Jeffrey Goldberg," Atlantic, July-August 2008, http://www.theatlantic.com/doc/200807/mri/2; http://www. theatlantic.com/daily-dish/archive/2008/06/jeffrey-goldberg-closet-shiite/215362/.

2. 컴퓨터 프로그램으로 머리의 움직임, 삼키기, 이 악물기, 호흡, 심지어 경동맥의 맥박 상태까지 바로잡을 수 있다. fMRI 장치로 밀실공포증이 생기기도 한다. "피험자 중 최대 20퍼센트가 비슷한 수준의 영향을 받았다. 누구나 관 형태의 공간에서 비교적 편안한 상태를 유지할 수 있는 건 아니기 때문에, fMRI 연구는 선택 편향의 영향을 받는다. 즉 피험자를 완전히 무작위로 선별할 수 없다는 의미이다. 그러므로 fMRI 연구가 모든 사람의 뇌를 공정하게 대표한다고 볼 수는 없다.": Michael Shermer, "Five Ways Brain Scans Mislead Us," Scientific American, November 5, 2008, http://www. scientificamerican.com/article.cfm?id=five-ways-brain-scans-mislead-us.

뇌 영상 촬영에서는 다양한 소리가 발생한다. 고음의 탱, 하는 소리는 에코 평면 영상(echo planar imaging, EPI: 연속되는 촬영 단계 중 기능적 뇌 영상을 촬영하는 바로 그 단계)에서 발생한다. 촬영 장치 특유의 소리는 시작 단계에서 피험자 뇌의 평균적인 해부학적, 구조적 자기공명영상과 뇌 원형의 영상 정보를 수집하면서 장치의 금속 고정 쐐기에서 발생한다. 영국 '요크 신경영상센터(York Neuroimaging Center)에서 MRI에서 발생하는 소리에 관한 훌륭한 자료를 확인할 수 있다.: York Neuroimaging Center, "MRI Sounds," https://www.ynic.york.ac.uk/information/mri/sounds/.

3. Goldberg, "Re-thinking Jeffrey Goldberg"; William R. Uttal, The New Phrenology: The Limits of Localizing Cognitive Processes in the Brain (Cambridge, MA: MIT Press, 2001); GregMiller, "Growing Pains for fMRI," Science 320, no. 5882 (2008): 1412-1414, www.scribd.com /doc/3634406/Growing-pains-for-fMRI; Hanna Damasio, "Beware the Neo Phrenologist: Modern Brain Imaging Needs to Avoid the Mistakes of Its Predecessor," USC Trojan Magazine, Summer 2006, http://www.usc.edu/dept/pubrel/trojan_family/summer06/BewareNeo.html.

4. 뇌 영상의 역사에 관한 자료: Bettyann H. Kevles, Naked to the Bone: Medical Imaging in the Twentieth Century (New Brunswick, NJ: Rutgers University Press, 1997). 1896년 영국의 한 업체는 X선 방지 속옷을 출시했다. 당시 신기술로 여겨진 X선으로 대중들 앞에서 신체의 민감한 부위가 해부학적으로 드러나지 않을까 우려하던 빅토리아 시대 사람들을 고려한 제품이었다.: Brian Lentle and John Aldrich, "Radiological Sciences, Past and Present," Lancet 350, no. 9073 (1997): 280-285, http://www.umdnj.edu/idsweb/shared/radiology_past_present.html. 바라딕(Baraduc) 관련 자료: Elmar Schenkel and Stefan Welz, eds., Magical Objects: Things and Beyond (Berlin: Galda and Wilch Verlag, 2007), 140.

5. 신경 영상의 역사를 정리한 훌륭한 자료: Human Functional Brain Imaging, 1990-2009 (London: Wellcome Trust, 2011), http://www.wellcome.ac.uk/stellent/groups/corporatesite/@policy_communications/documents/web_document/WTVM052606.pdf. 컴퓨터 단층 촬영(Computer-assisted tomography 또는 computer-axial tomography, CAT)은 X선 기술을 발전시킨 것으로, CAT 장치는 인체 횡단면의 모습을 확인하는 데 사용된다. 하나의 축을 중

심으로 회전하면서 X선으로 2차원 연속 영상을 촬영한 후 이 정보를 컴퓨터로 처리하여 3차원 영상을 만든다.

6. 단일광자 방출 전산화 단층 촬영장치(Single-photon emission computed tomography, SPECT)도 방사성 물질을 이용하는 기술 중 하나이다. 기능적 영상 기술에 관한 정보를 종합한 자료는 보고서 〈Human Functional Brain Imaging, 1990-2009〉를 참고하기 바란다. PET에는 추적자(tracer)를 만들기 위한 사이클로트론(cyclotron) 등 굉장히 값비싼 기반 설비가 필요하다. 또한 시간 해상도가 매우 느려서 영상 하나를 얻는 데 약 30초가 소요된다. fMRI에서는 단면 영상을 보통 2~4초에 하나씩 얻는다. 추적자가 빨리 파괴되면 실험이 시간적인 제약을 받으며 수행될 수 밖에 없다. PET로는 한 부위의 혈류를 측정하는 데 약 1분이 걸리는 반면 fMRI로는 2초마다 측정이 가능하다. 또한 PET는 공간 해상도가 3mm인 fMRI와 달리 6~9mm 정도로 약해서 영상이 한층 흐릿하다.

7. 뇌 영상의 구축에 관한 전반적인 정보를 얻을 수 있는 훌륭한 자료를 소개한다.: Russell A. Poldrack, Jeanette A. Mumford, and Thomas E. Nichols, Handbook of Functional MRI Data Analysis(Cambridge: Cambridge University Press, 2011); Peter Bandettini, ed., "20 Years of fMRI," Neuroimage 62, no. 2 (2012): 575-588; and Nikos K. Logothetis, "What We Can Do and What We Cannot Do with fMRI," Nature 453 (2008): 869-878. 지구 자기장의 약 6만 배에 해당하는 강력한 자석 때문에 피험자들은 반드시 시계나 반지를 빼야 한다. 영상 장치의 자석은 신용카드를 완전히 망가뜨릴 수 있으며, 링겔 고정대도 묶어두지 않으면 장치 쪽으로 날아온다. 금속이 포함된 체내 이식용 의료 기기는 기능에 문제가 생겨 주변 조직을 손상시킬 수 있다.: Robert S. Porter, ed., "Magnetic Resonance Imaging," in Merck Manual Home Health Handbook, 2008, http://www.merckmanuals.com/home/special_subjects/common_imaging_tests/magnetic_resonance_imaging.html.

8. Hippocrates, "The Sacred Disease," written ca. 400 BCE, cited in Bob Kentridge, "S2 Psychopathology: Lecture 1," 1995, http://www.dur.ac.uk/robert.kentridge/ppath1.html. 에피쿠로스 학파에 대한 자료: "Epicurus," Stanford Encyclopedia of Philosophy, February 18, 2009, http://plato.stanford.edu/entries/epicurus/#3. See also Carl Zimmer, Soul Made Flesh: The Discovery of the Brain and How It Changed the World (New York: Free

N
CH

Press, 2004).

9. Stanley Finger, Origins of Neuroscience: A History of Explorations into Brain Function (Oxford: Oxford University Press, 2001); Raymond E. Fancher, Pioneers of Psychology, 3rd ed. (New York: Norton, 1996), 25-26; and Zimmer, Soul Made Flesh, 31-41.

10. William James, Psychology: The Briefer Course (1892; Mineola, NY: Dover, 2001), 335. 지그문트 프로이트도 정신적인 과정을 특정지을 수 있는 물질 입자의 양적 상태로 결정된다는 사실을 제시하려 했다. 그러나 엄청난 기술적인 장애물에 맞닥뜨리고는 신경과학을 포기하고 무의식이라는 추상적인 영역으로 다시 돌아섰다. "본 연구의 목적은 정신의학을 자연과학으로 해석하는 것이다. 즉 정신의학적인 과정이 특정할 수 있는 물질 입자의 양적 상태로 결정된다는 점을 밝히는 것이 목표이다.": "Project for a Scientific Psychology" (1895), in The Complete Psychological Works of Sigmund Freud, trans. James Strachey (London: Hogarth Press, 1886-1899), 1:299.

11. Paul Bloom, "Seduced by the Flickering Lights of the Brain," Seed, June 27, 2006, http://seedmagazine.com/content/article/seduced_by_the_flickering_lights_of_the_brain/.

12. Finger, Origins of Neuroscience, 32-43.

13. Malcolm MacMillan, An Odd Kind of Fame: Stories of Phineas Gage (Cambridge, MA: MIT Press, 2000). 이 분야에 몰두한 일부 전문가들 사이에서는 게이지가 12년 후 사망하기 전까지 얼마나 완전히 회복되었는지, 심지어 사고 이후 증상이 실제로 얼마나 심각했는지에 대해 논란이 되고 있다.

14. John Van Wyhe, Phrenology and the Origins of Victorian Scientific Naturalism (Aldershot, UK: Ashgate, 2004). 역사적인 사실에 하나 더 덧붙이자면, 게이지를 다치게 한 쇠막대(암석을 폭파시킬 때 틈새나 구멍 내부로 폭약을 꾹꾹 눌러 넣는데 사용되는 막대)는 "자비심의 영역 바로 옆, 존경심의 영역 바로 앞"을 지나갔다.: MacMillan, Odd Kind of Fame, 350.

15. Max Neuburger, "Briefe Galls an Andreas und Nannette Streicher," Archiv für Geschichte der Medizin 10 (1917): 3-70, 10, cited in John Van Wyhe, "The Authority of Human Nature: The Schädellehre [skull reading] of Franz Joseph Gall," British Journal for the History of Science 35 (2002): 17-42, 27; Steven Shapin, "The Politics of Observation: Cerebral Anatomy and Social

Interests in the Edinburgh Phrenology Disputes," in On the Margins of Science: The Social Construction of Rejected Knowledge, ed. R. Wallis (Keele, UK: University Press of Keele, 1979), 139-178. See generally John D. Davies, Phrenology, Fad and Science (New Haven, CT: Yale University Press, 1955).

16. Mark Twain, The Autobiography of Mark Twain, ed. Charles Neider (New York: HarperCollins, 2000), "startled," 85; "cavity" and "humiliated," 86; "Mount Everest," 87; Delano Jos? Lopez, "Snaring the Fowler: Mark Twain Debunks Phrenology," Skeptical Inquirer 26, no. 1 (2002), http://www.csicop.org/si/show/snaring_the_fowler_mark_twain_debunks_phrenology/.

17. Shaheen E. Lakhan and Enoch Callaway, "Deep Brain Stimulation for Obsessive-Compulsive Disorder and Treatment-Resistant Depression: Systematic Review," BMC Research Notes 3 (2010): 60, http://www.biomedcentral.com/1756-0500/3/60/. 우울증 치료를 받은 환자에서 재발 가능성 예측 시 fMRI의 효용 가능성: Norman A. S. Farb et al., "Mood-Linked Responses in Medial Prefrontal Cortex Predict Relapse in Patients with Recurrent Unipolar Depression," Biological Psychiatry 70, no. 4 (2011): 366-372; and Oliver Doehrmann et al., "Predicting Treatment Response in Social Anxiety Disorder from Functional Magnetic Resonance Imaging," Archives of General Psychiatry 70, no. 1 (2013): 87-97. 혼수상태인 환자를 대상으로 한 fMRI 치료: David Cyranowski, "Neuroscience: The Mind Reader," Nature 486 (2012): 178-180; and Joseph J. Fins, "Brain Injury: The Vegetative and Minimally Conscious States," in From Birth to Death and Bench to Clinic: The Hastings Center Bioethics Briefing Book for Journalists, Policymakers, and Campaigns, ed. Mary Crowley (Garrison, NY: Hastings Center, 2008), 15-20, http://www.thehastingscenter.org/Publications/BriefingBook/Detail.aspx?id=2166.

18. Aaron J. Newman et al., "Dissociating Neural Subsystems for Grammar by Contrasting Word Order and Inflection," Proceedings of the National Academy of Sciences 107, no. 16 (2010): 7539-7544; Daniel A. Abrams et al., "Multivariate Activation and Connectivity Patterns Discriminate Speech

Intelligibility in Wernicke's, Broca's, and Geschwind's Areas," Cerebral Cortex, 2012, http://cercor.oxfordjournals.org/content/early/2012/06/12/cercor.bhs165.abstract; Nancy Kanwisher, "Functional Specificity in the Human Brain: A Window into the Functional Architecture of the Mind," Proceedings of the National Academy of Sciences 107, no. 25 (2010): 11163-11170; Lofti B. Merabet and Alvaro Pascual-Leone, "Neural Reorganization Following Sensory Loss—The Opportunity for Change," Nature Reviews Neuroscience 11 (2012): 44-53; Luke A. Henderson et al., "Functional Reorganization of the Brain in Humans Following Spinal Cord Injury: Evidence for Underlying Changes in Cortical Anatomy," Journal of Neuroscience 31, no. 7 (2011): 2630-2637; M. Ptito et al., "TMS of the Occipital Cortex Induces Tactile Sensations in the Fingers of Braille Readers," Experimental Brain Research 184 (2008): 193-200, http://www.ncbi.nlm.nih.gov/pubmed/17717652.

19. 러셀 폴드랙과 마르코 야코보니가 FKF 연구 결과의 과학적 적합성을 두고 벌인 논쟁: Adam Kolber, "Poldrack Replies to Iacoboni Neuropolitics Discussion," Neuroethics & Law Blog, June 3, 2008, http://kolber.typepad.com/ethics_law_blog/2008/06/poldrack-replie.html, and Adam Kolber, "Iacoboni Responds to Neuropolitics Criticism," Neuroethics & Law Blog, June 3, 2008, http://kolber.typepad.com/ethics_law_blog/2008/06/iacoboni-respon.html. 편도체의 기능: Shermer, "Five Ways Brain Scans Mislead Us"; Elizabeth A. Phelps and Joseph E. LeDoux,"Contributions of the Amygdala to Emotion Processing: From Animal Models to Human Behavior," Neuron 48, no. 2 (2005): 175-187; and Turhan Canliand John D.E. Gabrieli, "Imaging Gender Differences in Sexual Arousal," Nature Neuroscience 7, no. 4 (2004): 325-326.

20. 편도체는 주의 집중, 경계, 기억에 관여하는 부위라 수많은 과제를 수행하는 데 영향을 준다. William A. Cunningham and Tobias Brosch, "Motivational Salience: Amygdala Tuning from Traits, Needs, Values, and Goals," Current Directions in Psychological Science 21 (2012): 54-59. 음식 사진에 대한 편도체 반응에 관한 자료: A. Mohanty et al., "The Spatial Attention Network Interacts with Limbic and Monoaminergic Systems to

Modulate Motivation-Induced Attention Shifts," Cerebral Cortex 18, no. 11 (2008): 2604-2613.

21. Russell Poldrack, "Can Cognitive Processes Be Inferred from Neuroimaging Data?," Trends in Cognitive Sciences 10, no. 2 (2006): 59-63.

22. Diane M. Beck, "The Appeal of the Brain in the Popular Press," Perspectives on Psychological Science 5 (2010): 762-766; Eric Racine et al., "Contemporary Neuroscience in the Media," Social Science and Medicine 71, no. 4 (2010): 725-733; Julie M. Robillard and Judy Illes, "Lost in Translation: Neuroscience and the Public," Nature Reviews Neuroscience 12 (2011): 118. 섬엽의 역할에 관한 자료: A. D. Craig, "How Do You Feel Now? The Anterior Insula and Human Awareness," Nature Reviews Neuroscience 10, no. 1 (2009): 59-70. 공간적, 시간적 해상도가 발달하면서 몇 가지 단일 과정을 수행하는 것으로 알려진 뇌 영역이 다른 기능도 수행하는 것으로 확인되는 추세이다.

23. Adam Aron et al., "Politics and the Brain," New York Times, November 14, 2007, and "Editorial: Mind Games: How Not to Mix Politics and Science," Nature 450 (2007), http://www.nature.com/nature/journal/v450/n7169/full/450457a.html; Vaughan Bell, "Election Brain Scan Nonsense," Mind Hacks (blog), November 13, 2007, http://www.mindhacks.com/blog/2007/11/election_brain_scan_.html. Neuropundits: Daniel Engber, "Neuropundits Gone Wild," Slate, November 14, 2007, www.slate.com/articles/health_and.../neuropundits_gone_wild.html. 펜실베이니아 대학교의 인지 신경과학자인 마사 파라(Martha Farah)는 이렇게 밝혔다. "뇌 영상에서 활성화된 부분이 분산된 점으로 나타나는 것은 찻잔 바닥에 남은 차 잎에 비유할 수 있다. 그만큼 애매하고 수많은 다양성을 제시한다는 의미이다.": Adam Kolber, "This Is Your Brain on Politics (Farah Guest Post)," Neuroethics & Law Blog, November 12, 2007, http://kolber.typepad.com/ethics_law_blog/2007/11/this-is-your-br.html. 실험 수행 방법과 결과 해석(혹은 해석하지 않는) 방법에 관한 자료: Teneille Brown and Emily Murphy, "Through a Scanner Darkly: Functional Neuroimaging as Evidence of a Criminal Defendant's Past Mental States," Stanford Law Review 62, no. 4 (2010): 1119-1208, 1142, http://legalworkshop.org/wp-content/

uploads/2010/04/Brown-Murphy.pdf.

24. Rene Weber, Ute Ritterfeld, and Klaus Mathiak, "Does Playing Violent Video Games Induce Aggression? Empirical Evidence of a Functional Magnetic Resonance Imaging Study," Media Psy-chology 8 (2006): 39-60. 이 책에서 저자들은 인과관계가 없는 대안적인 설명을 제시하고, 대표집단으로 볼 수 없는 표본을 선정했다는 사실을 경고했다. 이들은 비디오 게임과 컴퓨터 판매점 광고를 활용했다. 피험자들은 일주일에 평균 15시간을 게임을 하며 보냈다. 웨버는 보도 발표문에서 다음과 같이 밝혔다. "폭력적인 비디오 게임은 공격적인 인식, 공격적인 영향 및 행동과 같은 반응을 강화시킨다는 비난을 빈번히 받았다. 신경생물학적인 수준에서 우리는 이러한 연계성이 존재한다는 사실을 확인했다." 표본 수가 13명에 불과한 이 소규모 연구에서 다루지 않은 핵심 사항은, 과연 피험자들이 실제로 더 공격적인 행동을 했는가 하는 점이다. 설사 그렇다 하더라도, 비디오 게임이 원인인지 파악할 수 있는 추가 연구 없이는 추론이 불가능하다.

25. 보완하여 사용할 수 있는 또 하나의 도구가 경두개 자기 자극술(transcranial magnetic stimulation, 쯤)이다. 연구진은 지팡이처럼 생긴 TMS 장치를 머리 주변에서 움직이며 고통 없이 자기장의 파동을 일으키고, 이는 뇌 특정 영역의 전기적인 흐름을 일시적으로, 가역적인 방식으로 약화시킨다. 뇌의 한 부분을 잠시 동안 효과적으로 제외시킴으로써 연구진은 기억, 시각적 인지, 주의 집중과 같이 일원화된 것처럼 보이는 기능을 분석하여 세부적인 구성 기능과 위치를 파악할 수 있다. V. Walsh and A. Cowey, "Transcranial Magnetic Stimulation and Cognitive Neuroscience," Nature Neuroscience Reviews 1 (2000): 73-79; D. Knoch, "Disruption of Right Prefrontal Cortex by Low-Frequency Repetitive Transcranial Magnetic Stimulation Induces Risk-Taking Behavior," Journal of Neuroscience 26, no. 24 (2006): 6469-6472; S. Tassy et al., "Disrupting the Right Prefrontal Cortex Alters Moral Judgment," Social Cognitive and Affective Neuroscience 7, no. 3 (2012): 282-288, http://scan.oxfordjournals.org/content/early/2011/04/22/scan.nsr008.full.pdf+html.

26. 패턴 분석은 다중 화소 패턴 분석으로도 불린다.: Frank Tong and Michael S. Pratte, "Decoding Patterns of Human Brain Activity," Annual Review of Psychology 63 (2012): 483-509; and Sebastian Seung, Connectome: How

the Brain's Wiring Makes Us Who We Are (Boston: Houghton Mifflin Harcourt, 2012), 39-59. 미국 국립보건원의 지원으로 5년간 4,000만 달러를 들여 2010년부터 시작된 인간 커넥톰 프로젝트(Human Connectome Project)는 fMRI를 비롯한 각종 기술을 활용하여 인간 뇌의 연결 구조를 지도로 나타내는 것을 목표로 한다.: J. Bardin, "Neuroscience: Making Connections," Nature 483 (2012): 394-396. 러셀 폴드랙(Russell Poldrack)은 describes the Romney example in Miller, "Growing Pains for fMRI," 1414.

27. Frontline, "Interview: Deborah Yurgelun Todd," interview on "Inside the Teenage Brain," PBS, January 31, 2002, http://www.pbs.org/wgbh/pages/frontline/shows/teenbrain/interviews/todd.html.

28. David Dobbs, "Fact or Phrenology? Medical Imaging Forces the Debate over Whether the Brain Equals Mind," Scientific American, April 2005, http://daviddobbs.net/articles/fact-or-phrenology-medical-imaging-forces-the-debate-over-wh.html; Amanda Schaffer, "Head Case:Roper v. Simmons Asks How Adolescent and Adult Brains Differ," Slate, October 15, 2004, http://www.slate.com/articles/health_and_science/medical_examiner/2004/10/head_case.html.

29. fMRI의 시간적 해상도가 비교적 느린 점을 보완하기 위해 실시한다. 많은 연구자들이 신경 활성을 실시간에 보다 가깝게 포착하려고 EEG 결과와 뉴런 자체를 측정하는 심부 전극을 활용한다. EEG의 공간적 해상도는 fMRI보다 못하므로 이 두 가지는 상호 보완이 가능하다. 더 최근에 나온 기술인 뇌자도(magnetoencephalography)는 신경 활성의 측정 면에서 EEG보다 훨씬 우수하며 시간적 해상도는 뇌 생체조직으로부터 전극을 통해 직접 측정한 결과와 유사하다. 비침습적이며 비교적 새로운 방식인 확산 텐서 영상(tensor diffusion imaging)은 활성화된 뇌 영역을 서로 연결하는 대규모 신경 경로의 큰 범위를 시각적으로 표현한다.: Human Functional Brain Imaging, 1990-2009, 35. fMRI로 훨씬 더 값진 정보를 얻을 수 있지만, 두 가지 근본적인 한계가 있다. 첫째, 혈액의 변화가 신경 활성 속도에 비해 더 느린 편이라 뇌에서 빠르게 발생하는 변화를 측정할 수 없다. 둘째, 활성이 발생한 곳을 가장 가까운 혈관으로만 찾을 수 있다. fMRI는 특정 뉴런이나 회로의 활성 정보를 상세히 밝힐 만큼 충분히 정확한 기술은 아니다. 이와 같은 한계를 극복하기 위한 시도는 다음 자료에서 확인할 수 있다.: Alan Jasanoff,

"Adventures in Neurobioengineer-ing," ACS Chemical Neuroscience 3, no. 8 (2012): 575. 저자는 자기적 특성이 주변 혈관이 아닌 뉴런 자체의 변화에 따라 바뀌는 특성을 가진 새 조영제를 고안 중이다. 성공을 거둔다면, 뇌 활성을 실시간으로 확인할 수 있게 될 것이므로 그야말로 엄청난 수준의 정보를 얻을 수 있다.

30. 기억의 암호화 과정에는 일부 분산된 뉴런만 관여한다. 실험을 통해 연구진이 쥐에서 편도체 측면 내부에 특정 단백질이 고농도 함유된 뉴런을 파괴하자, 청각적인 공포의 암호화 과정을 방해할 수 있었다. 동일한 단백질이 더 적게 함유된 인근 뉴런을 제거하자 암호화 과정은 영향을 받지 않았다. 이 연구 결과는 뇌 특정 부위에서 규모는 작지만 핵심 역할을 하는 뉴런 하위 집단의 활성을 측정하려면 일부 fMRI 장치보다 공간적 해상도가 더 높아야 한다는 사실을 보여준다.: Jin-Hee Han et al., "Selective Erasure of a Fear Memory," Science 323, no. 5920 (2009): 1492-1496, http://local hopf.cns.nyu.edu/events/spf/SPF_papers/Han%20Josselyn%202009%20Creb%20and%20fear %20memory.pdf. 연습-억제 작용-: Jason M. Chein and Walter Schneider, "NeuroimagingStudies of Practice-Related Change: fMRI and Meta-analytic Evidence of a Domain-General Control Network for Learning," Cognitive Brain Research 25 (2005): 607-623, https://www.ewi-ssl.pitt.edu/psychology/admin/faculty-publications/200702011518450.fMRI.pdf.

31. Pashler quoted in Laura Sanders, "Trawling the Brain: New Findings Raise Questions About Reliability of fMRI as Gauge of Neural Activity," Science News 176, no. 13 (2009): 16, http://laplab.ucsd.edu/news/trawling_the_brain_-_science.pdf. 신경 영상 자료의 분석에서 이와 같은 문제가 드물게 발생하지는 않는다. 천체 물리학, 유전체 지도 등 다른 분야에서도 연구진이 개념적인, 통계학적인 가정에 크게 의존하지만 뇌 영상 연구는 유명한 언론의 먹잇감이 되어 결과의 의의가 잘못 전해지는 경우가 너무 빈번하다. Craig M. Bennett and Michael B. Miller, "How Reliable Are the Results from Functional Magnetic Resonance Imaging?," Annals of the New York Academy of Sciences 1191 (2010): 133-155. 베넷과 밀러는 같은 사람이라도 뇌 구조와 기능이 시간이 가면서 미세하게 변화하며 충분한 시간이 경과하면 크게 바뀐다고 밝혔다. 이와 같은 복잡성과 유연성

은 fMRI 연구 재연을 어렵게 만드는 원인이 될 수 있다.: Joshua Carp, "On the Plurality of (Methodological) Worlds: Estimating the Analytic Flexibility of fMRI Experiments," Frontiers in Neuroscience 6 (2012): 1-13.

32. Craig M. Bennett et al., "Neural Correlates of Interspecies Perspective Taking in the Postmortem Atlantic Salmon: An Argument for Multiple Comparisons Correction," Journal of Serendipitous and Unexpected Results 1, no. 1 (2010): 1-5, http://prefrontal.org/files/posters/Bennett-Salmon-2009.pdf.

33. Jon Bardin, "The Voodoo That Scientists Do," Seed, February 24, 2009, http://seedmagazine.com/content/article/that_voodoo_that_scientists_do/.

34. Edward Vul et al., "Puzzlingly High Correlations in fMRI Studies of Emotion, Personality, and Social Cognition," Perspectives on Psychological Science 4, no. 3 (2009): 274-290.

35. 2009년 5월 발표된 불 연구진의 논문에는 연구에 관한 장문의 의견이 몇 가지 함께 제시되었다.

36. 뇌 영상에 대한 오해를 다룬 자료: Adina L. Roskies, "Are Neuroimages Like Photographs ofthe Brain?,"Philosophy of Science 74 (2007): 860-872; Racine et al., "Brain Imaging"; and A. Bosja and Scott O. Lilienfeld, "College Students' Misconceptions About Abnormal Psychology," poster presented at Undergraduate SIRE Conference, Emory University, April 2010.

37. Eric Racine, Ofek Bar-Ilan, Judy Illes, "fMRI in the Public Eye," Nature Reviews Neuroscience 6, no. 2 (2005): 159-164, 160. Jean Decety and John Cacioppo, "Frontiers in Human Neuroscience: The Golden Triangle and Beyond," Perspectives on Psychological Science 5, no.6 (2010): 767-771. 저자는 "특정 과제를 수행하면서 [그 반응으로] 나타나는 것으로 추정되는 뇌 활성을 시각적으로 표현할 수 있다면 실제 사실을 포착하는 것이라 생각할 수 있다. 자가 보고나 행동 자료의 유효성에 대한 우려도 사라질 것이다. 뇌로 확인할 수 있다면 사실일 테니까. 뇌 영상의 이 치명적인 매력은 대부분의 사람들이 목격자가 밝힌 증거는 오류가 가장 적다고 생각하는 문제를 떠오르게 한다." (767). Paul Zak quoted in ErynBrown, "The Brain Science Behind Economics," Los Angeles Times, March 3, 2012, A13. See Randy

Dotinga, "People Love Talking About Themselves, Brain Scans Show," U.S. News & World Report, May 7, 2012, http://health.usnews.com/health-news/news/articles/2012/05/07/people-love-talking-about-themselves-brain-scans-show; Mark Thompson, "Study Points at a Clear-Cut Way to Diagnose PTSD," Time, January 25, 2010, www.time.com/time/nation/article/0,8599,1956315,00.html; Ian Sample and Polly Curtis, "Hell Hath No Fury Like a Man Scorned, Revenge Tests Reveal," Guardian, January 18, 2006, http://www.guardian.co.uk/science/2006/jan/19/research.highereducation. "신경 논리주의"에 관한 자료: Judy Illes, "Neurologisms," American Journal of Bioethics, 9, no. 9 (2009): 1.

38. "White House Conference on Early Childhood Development and Learning," April 17, 1997, http://clinton3.nara.gov/WH/New/ECDC/. 교육위원회와 찰스 A. 다나 재단(Charles A. Dana Foundation)은 1996년 이와 유사한 회의를 개최했다. (Education Commission of the States, "Bridging the Gap Between Neuroscience and Education," September 1996, http://www.ecs.org/clearinghouse/11/98/1198.htm), 윤리와 공공정책 센터(Ethics and Public Policy Center)는 1998년 더 중요한 의미를 갖는 협의회를 개최했다. ("Neuroscience and the Human Spirit," Washington, DC, September 24-25, 1998).

39. Nancy C. Andreasen, The Broken Brain: The Biological Revolution in Psychiatry (New York:Harper and Row, 1984), 260.

40. Herbert Pardes, "Psychiatric Researchers, Current and Future," Journal of Clinical Psychopharmacology 6 (1986): A13-A14, at A13.

41. Thomas R. Insel, "Translating Science into Opportunity," Archives of General Psychiatry 66, no. 2 (2009): 128-133.

42. Neely Tucker, "Daniel Amen Is the Most Popular Psychiatrist in America. To Most Researchers and Scientists, That's a Very Bad Thing," Washington Post, August 9, 2012, http://articles.washingtonpost.com/2012-08-09/lifestyle/35493561_1_psychiatric-practices-psychiatrist-clinics. 단, SPECT는 간질, 뇌졸중, 정신적 외상과 일부 불면증을 규명하는 데 도움이 될 수 있다. Daniel Carlat, "Brain Scans as Mind Readers: Don't Believe the Hype," Wired, May 19, 2008, http://www.wired.com/medtech/health/magazine/16-06/mf_neurohacks?currentPage=all; Martha J. Farah and

Seth J. Gillihan, "The Puzzle of Neuroimag-ing and Psychiatric Diagnosis: Technology and Nosology in an Evolving Discipline," AmericanJournal of Bioethics?Neuroscience 3 (2012): 1-11.

43. 피터 반데티니는 다음과 같이 전했다. "향후 20년간 사람들은 틀림없이 굉장히 바쁘게 지낼 것이다. 여러 가지 면에서 fMRI는 아직 시작도 안 된 단계라고 생각한다.": Cited in Kerri Smith, "Brain Imaging: fMRI 2.0," Nature 484 (2012): 24-26, at 26.

2장

1. Martin Lindstrom, Buyology: Truth and Lies About Why We Buy (New York: Broadway Books, 2008), 15. Lindstrom followed up with Brandwashed: Tricks Companies Use to Manipulate Our Minds and Persuade Us to Buy (New York: Crown Business, 2011). 최근 발표된 신경마케팅 관련 도서 몇 가지(신중하고 현실적인 책도 있지만 피상적이고 말만 번지르르한 책도 있다): Erikdu Plessis, The Branded Mind: What Neuroscience Really Tells Us About the Puzzle of the Brainand the Brand (London: Kogan Page, 2011); Roger Dooley, Brainfluence: 100 Ways to Persuadeand Convince Consumers with Neuromarketing (Hoboken, NJ: Wiley, 2011); A. K. Pradeep, TheBuying Brain: Secrets for Selling to the Subconscious Mind (New York: Wiley, 2010); Susan M.Weinschenk, Neuro Web Design: What Makes Them Click? (Indianapolis, IN: New Riders Press, 2009); and Patrick Renvois? and Christophe Morin, Neuromarketing: Is There a "Buy Button" in the Brain? Selling to the Old Brain for Instant Success (San Francisco, CA: SalesBrain, 2005). The Lindstrom quotations are from Buyology, 11; and Martin Lindstrom, "Our Buyology: The PersonalCoach," http://thepersonalcoach.ca/documents/Buyology_chapter_1(4).pdf. 〈타임〉지가 선정한 2009년 100인의 인물에 선정된 린드스트롬의 이야기: http://www.martinlindstrom.com/index.php/cmsid_buyology_TIME100. 코카콜라 북미 지역 마케팅 최고 담당자인 케티 베인(Katie Bayne)은 뉴로마케팅에 대해 다음과 같이 찬사를 보냈다. "인지적인 순환고리를 통해 사람들이 어떤 느

낌을 받도록 강요하는 대신, 훨씬 자연스럽고 꾸미지 않은 반응을 유도할 수 있습니다.": Steve McClellan, "Mind over Matter," Adweek, February 18, 2008, http://www.adweek.com/news/television/mind-over-matter-94955. See also Rachel Kaufman, "Neuromarketers Get Inside Buyers' Brains," CNNMoney.com, March 18, 2010, http://money.cnn.com/2010/03/17/smallbusiness/neuromarketing/index.htm?section=money_smbusiness; and Joseph Plambeck, "Brain Waves and Newsstands," New York Times, September 5, 2010, http://mediadecoder.blogs.nytimes.com/2010/09/05/brain-waves-and-newsstands/.

2. "신경 마케팅"이라는 용어가 만들어지는 데에는 네덜란드 로테르담 에라스무스 대학교의 에일 슈미츠(Ale Smidts)가 큰 역할을 했다.: Thomas K. Grose, "Marketing: What Makes Us Buy?," Time,September 17, 2006. 신경과학적 도구의 적용에 관한 자료: Carl Erik Fisher, L. Chin, and Robert Klitzman, "Marketing: Practices and Professional Challenges," Harvard Review of Psychia-try 18 (2010): 230-237; Laurie Burkitt, "Neuromarketing: Companies Use Neuroscience for Consumer Insights," Forbes, November 16, 2009, http://www.allbusiness.com/marketing-advertising/market-research-analysis/13397400-1.html; and Graham Lawton and Clare Wilson, "Mind-Reading Marketers Have Ways of Making You Buy," New Scientist 2772 (2010), http://www.newscientist.com/article/mg20727721.300-mindreading-marketers-have-ways-of-making-you-buy.html?page=1. Wanamaker is quoted in Edward L. Lach Jr., "Wanamaker, John," American National Biography Online, February 2000, http://www.anb.org/articles/10/10-01706.html. 텔레비전, 인터넷, 라디오, 인쇄물 광고 비용에 관한 정보: "Kantar Media Reports U.S. Advertising Expenditures Increased 0.8 Percent in 2011," March 12, 2012, http://www.kantarmedia.com/sites/default/files/press/Kantar_Media_2011__Q4_US_Ad_Spend.pdf. 신제품이 실패하는 비율에 관한 자료: Gerald Zaltman, How Customers Think: Essential Insights into the Mind of the Market(Boston: Harvard Business Review Press, 2003), 3.

3. Natasha Singer, "Making Ads That Whisper to the Brain," New York Times, November 13, 2010, http://www.nytimes.com/2010/11/14/

business/14stream.html; Kevin Randall, "Neuromarketing Hope and Hype: 5 Brands Conducting Brain Research," Fast Company, September 15, 2009, http://www.fastcompany.com/1357239/neuromarketing-hope-and-hype-5-brands-conducting-brain-research. 칼 E. 피셔(Carl E. Fisher)의 연구진은 신경 마케팅 업체 열여섯 곳의 웹사이트를 조사하고, 다음과 같은 결과를 전했다. 열세 곳의 업체는 "어떤 방법을 활용하는지 밝혔으나 업무 방식을 파악하기에는 설명이 부족한 경우가 많았다." 연구진은 이와 같은 업체의 웹사이트에는 전문가 검토 보고서가 '부족'하다고 결론지었다. 업체 열한 곳의 웹사이트는 참고 문헌이 하나도 나와 있지 않았으며 "특정 주장을 어디에서 인용했는지 밝힌" 업체는 단 한 곳에 불과했다. 그러면서도 업체 아홉 곳은 과학 분야에 고급 학위를 소지한 직원은 명단으로 제시했다.: Fisher, Chin, and Klitzman, "Defining Neuromarketing." See also Pradeep, Buying Brain. 닐슨은 2011년 5월에 뉴로포커스(Neurofocus)를 넘겨 받아 회사 내부 관계자들에게 이런 질문을 던졌다고 한다. "주요 시장 조사 업체와 광고 회사가 신경 마케팅 부서를 서둘러 마련해야 할 시점인가요?": Roger Dooley, "Nielsen to Acquire Neurofocus," May 20, 2011, http://www.neurosciencemarketing.com/blog/articles/nielsen-to-acquire-neurofocus.htm. FKF는 뇌의 기능적 해부에서 너무 과도하게 단순화시킨 결과를 제시한다. "핵심이 되는 자료는 뇌의 영역 중 잘 알려져 있고 구조가 잘 파악된 아홉 곳, 즉 배쪽 선조(보상), 안와전두 전전두 피질(욕구), 내측 전전두 피질(연대감), 전대상 피질(갈등), 편도체(위협/도전) 등이 어떻게 반응하는가 하는 것이다.": http://www.fkfappliedresearch.com/AboutUs.html. 영국의 신경 마케팅 업체인 뉴로코(Neuroco)의 데이비드 루이스(David Lewis)는 다음과 같이 밝혔다. "신경 마케팅은 인간이 어떻게 선택하는지에 관한 연구이며 선택은 불가피한 생물학적 과정이다.": Thomas Mucha, "This Is Your Brain on Advertising," August 1, 2005, http://money.cnn.com/magazines/business2/business2_archive/2005/08/01/8269671/index.htm.

4. Adam L. Penenberg, "NeuroFocus Uses Neuromarketing to Hack Your Brain," Fast Company, August 8, 2011, http://www.fastcompany.com/magazine/158/neuromarketing-intel-paypal. See also Stuart Elliott, "Is the Ad a Success? Brainwaves Tell All," New York Times, March 31, 2008; and Nick Carr, "Neuromarketing Could Make Mind Reading the Ad-Man'

s Ultimate Tool," Guardian, April 2, 2008, http://www.guardian.co.uk/technology/2008/apr/03/news.advertising. "구매 버튼"에 관한 정보: Clint Witchalls, "Pushing the Buy Button," Newsweek, March 22, 2004. 업체 세일즈 브레인(SalesBrain)에 관한 정보: "Neuromarketing: Understanding the Buy Buttons in Your Customer's Brain," http://www.salesbrain.com/are-you-delivering-with-impact-on-the-brain/speaking-engagements/. 브라이트하우스 연구소는 인간의 생각을 더 자세히 이해하고 이를 사회적, 사업적 문제에 적용하고자 에모리 대학교의 저명한 신경과학 교수들과 협력했다. 브라이트하우스는 에모리 대학교가 소유한 fMRI 장비를 활용하여 "소비자의 마음의 빗장을 풀었다."고 밝히고 홍보 자료에도 이와 같이 밝혔다.: June 22, 2002, http://www.prweb.com/releases/2002/06/prweb40936.htm. 브라이언 한킨(Brian Hankin)은 이렇게 설명했다. "집단적 사고나 현재의 소비자 조사 방식에서 편향을 일으키는 어떤 요소 없이 소비자의 실제 반응을 관찰하고 양적으로 평가할 수 있다고 상상해 보라.": Brian Hankin, president of Bright-House, quoted in Scott LaFee, "Brain Sales: Through Imaging, Marketers Hope to Peer Inside Consumers' Minds," San Diego Union Tribune, July 28, 2004, http://legacy.utsandiego.com/news/.../20040728-9999-lz1c28brain.html.

5. Michael Brammer, "Brain Scam?," Nature Neuroscience 7, no. 7 (2004): 683, http://www.nature.com/neuro/journal/v7/n7/pdf/nn0704-683.pdf. 브라머(Brammer)는 이렇게 밝혔다. "분자를 다루는 동료들이 유명세를 타는 동안 한 켠에서 지켜봐야 했던 수많은 인지 과학자들이 이제 상업적인 시류에 뛰어들고 있다.": "NeuroStandards Project White Paper," Advertising Research Foundation NeuroStandards Collaboration Project 1.0, October 2011, 7, http://neurospire.com/pdfs/arfwhitepaper.pdf. 뉴로포커스(NeuroFocus)의 자문위원회에는 2000년도 노벨 의학상/생리학상 수상자인 에릭 켄들(Eric Kandel)이 포함되어 있다.

6. Lisa Terry, "Learning What Motivates Shoppers (Quarterly Trend Report)," Advertising Age, July 25, 2011, 2-19 citing a spring 2011 survey by Greenbook Industry Trends Report. 유럽 마케팅 여론 조사 협회(세계적인 시장 조사 협회) 대표는 2011년 다음과 같이 밝혔다. "신경과학이 분명 상업적 흐름을 따르며 적용되는 경우가 늘어나고 있어 우려되지만, 다수의 중

요한 문제가 남아 있다. 그 중 세 가지 핵심 문제를 짚어보면, 이 주제에 관한 전문가 검토 논문이 왜 그토록 적은가? 신경과학적 방법은 주관성과 편향으로부터 정말 자유로운가? 신경과학적 연구의 실제 금전적 가치는 어느 정도인가?: Remarks by ESOMAR director Finn Raben on June 8, 2011, http://rwconnect.esomar.org/2011/06/08/neuroscience-seminar-2011/. 로저 두들리(Roger Dooley)의 의견은 저자와의 개인적인 대화에서 나온 내용이다.: September 17, 2010, http://www.neurosciencemarketing.com/blog/.

7. Martin Lindstrom, "10 Points Business Leaders Can Learn from Steve Jobs," Fast Company, October 15, 2011, http://www.martinlindstrom.com/fast-company-10-points-business-leaders-can-learn-from-steve-jobs/; Martin Lindstrom, "You Love Your iPhone, Literally," New York Times, September 30, 2011; Ben R. Newell and David R. Shanks, "Unconscious Influences on Decision Making: A Critical Review," Behavioral and Brain Sciences (in press).

8. P. J. Kreshel, "John B. Watson at J. Walter Thompson: The Legitimation of 'Science' in Advertising," Journal of Advertising 19, no. 2 (1990): 49-59.

9. Melvin Thomas Copeland, Principles of Merchandising (Chicago: A. W. Shaw Company, 1924), 162. 마케팅에 관한 프로이트 이론: Lawrence R. Samuel, Freud on Madison Avenue: Motivation Research and Subliminal Advertising in America (Philadelphia: University of Pennsylvania Press, 2010); and Stephen Fox, The Mirror Makers (Urbana: University of Illinois Press, 1997). 드라마 매드맨(Mad Men)의 애청자라면 1화 내용을 기억하리라(2007년 7월 19일 방영). 1화에서 흡연자인 돈 드레이퍼는 독일 억양을 쓰는 것이 특징인 회사 연구진의 여성 책임자로부터 담배 '럭키 스트라이크(Lucky Strike)' 판매를 위해 프로이트가 말한 '죽음에 대한 동경'을 활용하라는 권고를 듣는다. "당신의 생각은 전부 잘못됐어." 드레이프는 그 권고를 제시했다 퇴짜당하자 쓰레기통에 그녀가 쓴 보고서를 내던지며 말한다. 디처(Dichter)에 관한 정보: "How Ernest Dichter, an Acolyte of Sigmund Freud, Revolutionised Marketing," Economist, December 17, 2011, www.economist.com/node/21541706. "판매자는 쓸모없는 제품을 팔면서 수반되는 죄책감을 스스로 달랜다는 것이 그가 가진 철학이다.": Morton Hunt, The History of Psychology (New York: Doubleday, 1993), 620.

10. Ernest Dichter, The Strategy of Desire (Garden City, NY: Doubleday and Company, 1960; repr., New Brunswick, NJ: Transaction Publishers, 2004), 31. 예를 들어 디처는 흡연자가 라이터 사용을 즐기는 이유는 "불을 내고 싶은 인간의 욕구…지배와 힘을 상징하는 그 욕구를 충족시키기 위해서이다… 또한 성적인 능력과도 관련이 있다." (Strategy of Desire, xi). "그는 소비, 특히 쓸모없는 제품에 대한 소비가 윤리적 위반과 동일하다고 설명하며 대중의 금욕주의적 전통을 없애려고 노력했다.": Daniel Horowitz, The Anxieties of Affluence (Amherst: University of Massachusetts Press, 2004), 61. See generally Ernest Dichter, Handbook of Consumer Motivation: The Psychology of the World of Objects (New York: McGraw-Hill, 1964); and "How Ernest Dichter, an Acolyte of Sigmund Freud, Revolutionised Marketing." "신선한 달걀"은 1950년대부터 시작된 베티 크로커의 상업 광고에 등장한다: http://www.youtube.com/watch?v=KxdXWw94NgY. 여권 신장 운동가인 저자 베티 프리댄(Betty Friedan)은 디처가 "상업적 필요를 충족시키기 위해 미국 여성들의 정서를 조작하는 전문적 업무로 매년 백만 달러 정도를 벌어들일 것"이라고 밝혔다.: Betty Friedan, The Feminine Mystique (New York: W. W. Norton and Company, 1963; New York: W. W. Norton and Company, 2001), 300. Citations are from the 2001 Tenth Anniversary edition.

11. "모든 광고가 그저 오이디푸스 콤플렉스, 죽음에 대한 본능, 배변 훈련이라는 주제를 다양하게 표현한 결과물이 아니라면, 우리가 대처해야 할 동기가 조작될 수 있다는 점을 반드시 인지해야 한다." 필라델피아의 유명한 사업가이자 시장 조사 전문가인 앨버트 J. 우드(Albert J. Wood)는 1950년대 중반 미국 마케팅협회에서 이렇게 밝혔다.: cited in Vance Packard, The Hidden Persuaders (Philadelphia: D. McKay Company, 1957), 246. See generally Anthony Pratkanis and Elliot Aronson, Age of Propaganda: The Everyday Use and Abuse of Persuasion (New York: W. H. Freeman and Co., New York, 1992), 22.

12. 매디슨가는 1950년대에 순응하는 전통적 태도를 버리고 군중의 생각을 따르면서 특정 제품, 브랜드, 업무에 맞는 특정 집단(젊은 독신 남성, 나이든 여성, 고수입 노년층 등)을 선별하기 시작했다. 광고업체는 소비자의 생각을 유형별로 구분하면서 교육 수준이 높은 소비자들에게는 보다 정교한 방식을 적용했다. "광고업자들은 온통 떠들썩한 머리기사와 호통치는 듯한 광고문구로

소비자를 강압하는 대신, 조용한 유머와 부드러운 말, 매력적인 예술로 소
비자가 잠자코 말을 듣도록 만든다.": "The Sophisticated Sell: Advertisers'
Swing to Subtlety," Time, September 3, 1956, 68-69, http://www.time.
com/time/magazine/article/0,9171,824378,00.html. 광고의 목적을 세우
고 광고의 결과를 파악하는 데 영향을 준 모델은 1961년에 만들어졌다. '광
고 성과에 따른 광고 목표 규정(DAGMAR)'이라는 모델로, 광고는 무의식적
인 수준부터 의식적인 수준까지 포괄하는 소비자의 생각, 제품에 대한 소
비자의 이해, 제품의 장점에 대한 이해, 실제로 그 제품을 구매하겠다는 생
각 등 총 네 단계로 소비자를 파악해야 한다는 개념을 담고 있다.: Solomon
Dutka and Russell Colley, DAGMAR: Defining Advertising Goals for
Measured Advertising Results (Lincolnwood, IL: NTC Business Books, 1995). 표적
집단에 관한 정보: "Lexicon Valley Takes on Mad Men," in On the Media,
National Public Radio, June 16, 2012, http://www.onthemedia.org/2012/
jun/15/lexicon-valley-takes-mad-men/.

13. Gerald Zaltman, personal communication with authors, October 28, 2010.
"소비자의 경험과 세상에 대한 생각, 판매자가 이러한 정보를 수집하는 방
식 사이에는 불일치하는 부분이 크다.": Zaltman wrote in How Customers
Think, 37. 마인드 오브 마켓 연구소(Mind of the Market Lab)는 1997년 하버드
경영대학원에 설립된 후 잘트먼이 은퇴한 2003년까지 운영되었다. Richard
Nisbett and Timothy Wilson, "Telling More Than We Can Know: Verbal
Reports on Mental Processes," Psychological Review 84 (1977): 231-259, 이
자료는 사람들이 자신의 하는 생각과 욕구의 내용에 대해 반성하면서도 어
떤 생각 혹은 무언가를 원하는 이유를 설명하지 못하는 경우가 많은 특징
에 대해 밝힌 전형적인 평론이다. 후기 광고 분야의 거물인 데이비드 오길
비(David Ogilvy)는 이렇게 정리했다. "사람들은 자신이 어떤 기분인지 생각
하지 않으며 자신의 생각을 이야기하지도 않는다. 그리고 말한 대로 행동
하지 않는다.": Sharif Sakr, "Market Research and the Primitive Mind of the
Consumer," BBC News, March 11, 2006, http://www.bbc.co.uk/news/
mobile/business-12581446.

14. Herbert E. Krugman, "Some Applications of Pupil Measurement," Journal
of Marketing Research 1, no. 4 (1964): 15, 19. 레오 버넷(Leo Burnett)의 회
사는 새로 만든 TV 광고에 대한 반응을 알아보기 위해 가정주부들의 손

가락에도 전극을 붙여 거짓말 탐지 검사를 실시했다.: Stuart Ewen, "Leo Burnett, Sultan of Sell," Time, December 7, 1998. EEG의 활용에 관한 자료: Flemming Hansen, "Hemispheral Lateralization: Implications for Understanding Consumer Behavior," Journal of Consumer Research 8, no. 1 (1981): 23-36. 전기적 비대칭의 폭이 클수록 제품에 대한 확신 혹은 혐오를 나타낸다고 추정한다. 좌측 전두엽 활성이 증가하면 제품에 대한 친밀감이 크다고 보고, 우측 전두엽 활성 점수가 낮을수록 주어진 자극을 좋아하지 않는다고 해석한다.: Richard J.Davidson, "Affect, Cognition and Hemispheric Specialization," in Emotions, Cognition and Be-havior, ed. Carroll E. Izard, Jerome Kagan, and Robert B. Zajonc (Cambridge: Cambridge Univer-sity Press, 1984), 320-365. 평형 상태에서의 표면 정밀사진에 관한 자료: Max Sutherland, "Neuromarketing: What's It All About?" (originally a talk delivered in February 2007 at Swinburne University in Melbourne), http://www. sutherland.com/Column_pages/Neuromarketing_whats_it_all_about. htm. Anthony Pratkanis, personal communication with authors, May 15, 2012. "생리학적 연구로는 광고의 성공 여부를 잘 예측할 수 없다. 말로 전해진 자료보다 못하지는 않지만 더 낫다고도 할 수 없다.": Herbert E. Krugman, "A Personal Retrospective on the Use of Physio-logical Measures of Advertising Response," undated manuscript, ca. 1986, in Edward P. Krugman, The Selected Works of Herbert E. Krugman: Consumer Behavior and Advertising Involvement(London: Routledge, 2008), 217.

15. 잘트먼은 1997년 하버드 경영대학원에 '마인드 오브 마켓 연구소'를 열고 기업체로부터 자금을 지원 받아 신경 영상 연구를 수행했다. 연구 결과는 후원사들과 공유했다: Sally Satel, October 28, 2010. 잘트먼과 그의 동료인 심리학자 스티븐 코슬린은 2000년, 신경 영상이 광고, 의사소통, 특정 제품이 감정, 호감, 기억과 같은 정신적 반응을 불러일으키거나 이러한 자극이 향후 행동에 끼치는 결과를 예측하는 도구로 유효하게 이용할 수 있다는 점에 대한 특허를 취득했다.: http://www.google. com/patents?vid=USPAT6099319. 이 특허는 2000년에 취득한 후 2008년 코슬린이 뉴로포커스의 과학 자문위원회에 합류하면서 뉴로포커스로 넘겼다.: "Neuromarketing Patent Changes Hands," Neuromarketing, September 4, 2008, http://www.neurosciencemarketing.com/blog/

articles/neuromarketing-patent-changes-hands.htm. 연구 관련 자료: Gerald Zaltman, How Customers Think (Boston: Harvard Business School Press, 2003), 119-121. 잘트먼은 이후 관심을 '잘트먼 은유 유발 기법'으로 불린 기술로 돌렸다. 소비자가 제품과 광고에 보이는 반응 그 속에 내포된 무의식적인 가치를 파악하기 위한 일종의 인터뷰 기법이다.: Olson Zaltman Associates website, http://www.olsonzaltman.com/, for more details. "뇌를 토대로 한 연구는 개개인의 선택을 조절하는 의미와 동기를 그리 깊이 파악하지 못한다." 졸트먼은 저자들과의 개인적인 대화에서 이와 같이 밝혔다. (2010년 10월 28일)

16. 뉴로포커스는 매디슨가에 대한 적대감을 만들어내고 있다. 심지어 광고 연구협회의 연례 협의회에서 협회가 결과를 발표하면 이를 공격하고 자체적인 '기준'을 발표하는 방법까지 동원한다.: http://www.mediapost. com/publications/article/166128/ad-industry-release-final-neuromarketing-report.html#ixzz1jx0w4Xap. Ann Parson, "Neuromarketing: Prove Thyself and Protect Consumers," Dana Foundation, December 2011, http://www. dana.org/media/detail.aspx?id=34744. 카네만의 연구에 관한 자료: Daniel Kahneman, Thinking Fast and Slow(New York: Farrar, Strauss and Giroux, 2011).

17. Kahneman, Thinking Fast and Slow, 278, 367.

18. 카네만이 구분한 시스템 1과 2는 원래 키스 E. 스타노비치(Keith E. Stanovich) 와 리차드 F. 웨스트(Richard F. West)가 밝힌 내용을 인용한 것이다: Stanovich and West, "Individual Differences in Reasoning: Implications for the Rationality Debate," Behavioral and Brain Sciences 23, no. 5 (2000): 645-726, http://www.keithstanovich.com/Site/Research_on_Reasoning_files/ bbs2000_1.pdf. 기자인 말콤 글래드웰(Malcolm Gladwell)의 저서로 엄청난 인기를 누린 《블링크, 첫 2초의 힘(Blink: The Power of Thinking Without Thinking)》 (New York: Little, Brown and Company, 2005)은 직감을 따라야 한다는 일종의 강령이 되었고 결국은 순간적인 판단에 대한 반발로도 이어졌다.: Christopher F. Chabris and Daniel J. Simons, The Invisible Gorilla—and Other Ways Our Intuition Deceives Us (New York: Random House, 2010); Wray Herbert, On Second Thought: Outsmarting Your Mind's Hard-Wired Habits (New York: Crown, 2010); Daniel Kahneman, "Don't Blink: The Hazards of Confidence," New York Times Magazine, October 19, 2011. See the homepage on

the Lucid Systems website, http://www.lucidsystems.com/. 뉴로센스 (Neurosense)의 공동 설립자이자 관리 책임자인 젬마 칼버트(Gemma Calvert)는 이렇게 밝혔다. "여러분이 진정 원하는 건 뇌라는 블랙박스를 열어 그 속에서 실제로 무슨 일이 벌어지는지 알아내는 것이죠… 이 기술은 표적 집단이 설명할 수 없는 부분에 대해 통찰을 얻게 합니다.": Calvert is quoted in Eric Pfanner, "On Advertising: Better Ads with MRIs?," New York Times, March 26, 2006, http://www.nytimes.com/2006/03/26/business/worldbusiness/26iht-ad27.html?_r=0. "우리는 의사 결정의 밑거름이 되지만 그냥 물어보거나 행동을 관찰하는 것으로 알기 어려운 기전을 알아내기 위해 뇌 영상을 활용합니다." 에모리 대학교의 정신과 전문의 그레고리 번스(Gregory Berns)의 설명이다.: Berns is quoted in Alice Park, "The Brain: Marketing to Your Mind," Time, January 29, 2007, http://www.time.com/time/magazine/article/0,9171,1580370,00.html#ixzz1h1q7UYIc. "전통적인 방식에만 의존하고 의식 수준에만 중점을 두는 업체들은 구매 행동을 유발하는 핵심적인 요소를 놓치는 것이나 같습니다." 이너트코프 연구소 (Innerscope Research)의 칼 마시(Carl Marci) 박사가 패스트 컴퍼니(Fast Company)에 밝힌 의견이다. "뇌에서 처리되는 정보의 거의 대부분(75~95%)은 의식적으로 지각되는 범위 아래에서 벌어집니다. 정서적 반응은 무의식의 범위에 있으므로, 여론 조사, 표적 집단 조사와 같은 의식 수준의 측정 방식으로는 동기가 무엇인지 모두 확인하는 일이 거의 불가능합니다.": From Jennifer Williams, "Campbell's Soup Neuromarketing Redux: There's Chunks of Real Science in That Recipe," FastCompany, February 22, 2010.

19. 스탠포드 대학교의 경영대학에는 행동 마케팅 전공이 마련되어 있다: http://www.gsb.stanford.edu/phd/fields/marketing/. MIT 경영대학 (Sloan School of Management)에는 신경경제학 연구실이 운영 중이다.: http://blog.clearadmit.com/2012/04/mit-sloan-researchers-use-neuroscience-to-understand-consumer-spending/. 캘리포니아 대학교도 마찬가지다: http://neuroecon.berkeley.edu/. 하버드 대학교 교수로 재임 중인 우마 카마카(Uma Karmarkar)는 신경과학과 마케팅 박사 학위를 소지하고 있다: http://drfd.hbs.edu/fit/public/facultyInfo.do?facInfo=bio&facId=588196. 신경과학 분야의 주제로는 기억, 단기적 보상과 장기적 보상의 신경학적 상관관계, 감정의 역할, 기대, 경험, 가치의 회상이 포함된다. 모

2

두 선호도 형성, 의사 결정, 브랜드의 효과에 상당한 영향을 준다.: See Hilke Plassmann et al., "What Can Advisers Learn from Neuroscience?," International Journal of Advertising 26, no. 2 [2007]: 151-175; Antonio Rangel, Colin Camerer, and P. Read Montague, "A Framework for Studying the Neurobiology of Value-Based Decision-Making," Nature Reviews Neuroscience 9 [2008]: 6; Paul W. Glimcher, Ernst Fehr, Colin Camerer, and Russell A. Poldrack, eds., Neuroeconomics: Decision-Making and the Brain [San Diego, CA: Academic Press, 2009]; Paul W. Glimcher, Foundations of Neuroeconomic Analysis [New York: Oxford University Press, 2011]; and Nick Lee, Amanda J. Broderick, and Laura Chamberlain, "What Is 'Neuromarketing'? A Discussion and Agenda for Future Research," International Journal of Psychophysiology 63 [2007]: 199-204. 신경 마케팅 분야 교과서: Leon Zurawicki, Neuromarketing: Exploring the Brain of the Consumer [Berlin: Springer, 2010]. 플라스만의 연구에 관한 자료: Hilke Plassmann et al., "Marketing Actions Can Modulate Neural Representations of Experienced Utility," Proceedings of the National Academy of Sciences 105, no. 3 [2008]: 1050-1054.

20. Samuel M. McClure et al.,"Neural Correlates of Behavioral Preference for Culturally Familiar Drinks," Neuron 44 [2004]: 379-387. For what was probably the first taste test, see N. H.Pronko and J. W. Bowles Jr., "Identification of Cola Beverages. I. First Study," Journal of Applied Psychology 32, no. 3 [1948]: 304-312.

21. 코카콜라와 펩시가 벌인 일련의 맛 테스트에서, 정서적 기능에 중요한 역할을 하는 복내측 시상하핵 전전두엽 피질 부위가 손상된 환자는 제품 브랜드 정보를 제시해도 일반적인 선호 편향이 나타나지 않았다. 해당 부위가 손상되면 "펩시의 역설" 현상이 나타나지 않는다는 이 결과는 이 부위가 상업적인 이미지를 브랜드에 대한 선호로 해석하는 중요한 기능을 한다는 것을 보여준다.: Michael Koenigs and Daniel Tranel, "Prefrontal Cortex Damage Abolishes Brand-Cued Changes in Cola Preference," Social Cognitive Affective Neuroscience 3, no. 1 [2008]: 1-6. Montague is quoted in Steve Connor, "Official: Coke Takes Over Parts of the Brain That Pepsi Can't Reach," Independent, October 17, 2004, http://labs.vtc.vt.edu/hnl/

cache/coke_pepsi_independent_co_uk.htm. 주목할 점은 미학적 측면이 제품에 대한 인식을 변화시킬 수 있다는 사실이다. 코카콜라는 2011년 연휴 기간에 이 사실을 깨달았다. 북극곰이 들어간 흰색 캔을 도입하고 자사의 상징인 붉은 색 캔에서 벗어나자, 음료 맛이 코카콜라 같지 않다는 불만이 속출했다.: Mike Esterl, "A Frosty Reception for Coca-Cola's White Christmas Cans," Wall Street Journal, December 1, 2011.

22. Eric Berger, "Coke or Pepsi? It May Not Be up to Taste Buds," Houston Chronicle, October 18, 2004; Sandra Blakeslee, "If Your Brain Has a 'Buy Button,' What Pushes It?," New York Times, October 19, 2004; Mary Carmichael, "Neuromarketing: Is It Coming to a Lab Near You?," Frontline PBS, November 9, 2004, http://www.pbs.org/wgbh/pages/frontline/shows/persuaders/etc/neuro.html; Alok Jha, "Coke or Pepsi? It's All in the Head," Guardian, July 29, 2004; Melanie Wells, "In Search of the Buy Button," Forbes, September 1, 2003, http://www.forbes.com/forbes/2003/0901/062.html.

23. Brian Knutson et al., "Neural Predictors of Purchases," Neuron 53, no. 1(2007): 147-156; 넛슨은 다음과 같이 밝혔다. "선행하는 정서는 편향을 만들 뿐만 아니라 의사 결정의 동기로 작용한다.": Knutson is quoted in Park, "The Brain: Marketing to Your Mind," http://www.time.com/time/magazine/article/0,9171,1580370,00.html#ixzz1h1q7UYIc. 연구진은 섬엽이 활성화되면 너무 많은 비용이 들지도 모른다는 불편한 예측이 반영된 것이라고 추정했다. 넛슨의 연구에서 한 제품을 볼 때와 구매 결정을 내릴 때 뇌 활성이 거의 비슷하게 나타났지만, 활성 측정이 완료된 후 피험자들에게 구매한 제품이 얼마나 마음에 들었는지, 괜찮은 쇼핑이라 생각되는지 묻자 신경 패턴과는 연관성이 크지 않은 것으로 나타났다. 댄 애리얼리(Dan Ariely)와 그레고리 번스는 신경 마케팅 분야에서 중요한 의문점은 "구매 결정 시점, 혹은 그 직전에 나타난 뇌의 신호('의사 결정의 효용'으로 가정)로 소비가 만족스러운지, 혹은 보상으로 인지되는지('경험의 효용') 충분히 예측할 수 있는가, 하는 것이다." 라고 밝혔다.: Dan Ariely and Gregory S. Berns, "Neuromarketing: The Hope and the Hype of Neuroimaging in Business," Nature Reviews Neuroscience 11 (2010): 284-292, 285. 주목할 점은 어떤 통계학적 분석법을 적용했느냐에 따라 자가 보고한 선호도 결과로 구매 여부

2

를 더 정확히 예측할 수 있다. 애리얼리와 번스는 앞으로 언젠가는 신경 마케팅의 방식이 정치권 휴보자의 외모와 공약 내용까지 영향을 줄 것이라 예상한다.

24. Gregory S. Berns and Sara E. Moore, "A Neural Predictor of Cultural Popularity," Journal of Consumer Psychology, June 8, 2011, http://www.cs.colorado.edu/.../Berns_JCP%20-%20Popmusic%20final.pdf. 어떤 노래가 기준치보다 더 많이 판매될지, 혹은 더 적게 판매될지 예측한 결과는 100 퍼센트를 기준으로 더하고 빼는 방식이 아닌 각기 다른 두 가지 숫자로 나타난다(질병 진단 검사의 거짓 양성과 거짓 음성 비율과 유사하다).: G. Berns, personal communication with authors, July 16, 2012.

25. 뉴로코(Neuroco)는 연구 한 건당 평균 9만 달러의 요금을 청구했다. 서비스 신청 건수는 계속 증가 추세이다. 뉴로코는 색깔, 로고, 제품의 특성에 관한 잠재의식의 힘을 평가할 계획이다. 또한 음악, 광고 음악의 정신적인 힘과 유명 인사의 팬들이 가진 영향력, 뇌파를 안정시킬 수 있는 상점 내부 배치도 등에 대해서도 서비스를 제공한다. 심지어 냄새와 촉감에 대한 신경 반응이나 영국 자동차 제조사들의 요청으로 자동차 덮개의 느낌, 차 문을 꽝하고 닫을 때 나는 소리에 대한 반응을 측정하기도 한다.: Thomas Mucha, "This Is Your Brain on Advertising," CNNMoney, August 1, 2005, http://money.cnn.com/magazines/business2/business2_archive/2005/08/01/8269671/index.htm.

26. McClellan, "Mind over Matter"; Kevin Randall, "The Rise of Neurocinema —How Hollywood Studios Harness Brain Waves to Win Oscars," Fast Company, February 25, 2011; Jessica Hamzelou, "Brain Scans Can Predict How You'll React to a Movie Scene," Gizmodo, September 9, 2010, http://www.gizmodo.com.au/2010/09/brain-scans-can-predict-how-youll-react-to-a-movie-scene/#more-416708; April Gardner, "Neurocinematics: Your Brain on Film," NewEnglandFilm.com, June 30, 2009, http://newenglandfilm.com/magazine/2009/07/neuro.

27. Ellen Byron, "Wash Away Bad Hair Days," Wall Street Journal, June 30, 2010.

28. "Product Design and Packaging: Mobile Phone Study," http://www.neurofocus.com/pdfs/Neurofocuscasestudy_ProductDesign.pdf. 좌반

구 전두엽의 활성은 자극을 '좋아하는' 감정과 상관관계가 있다.: R. J. Davidson, "What Does the Prefrontal Cortex 'Do' in Affect? Perspectives on Frontal EEG Asymmetry Research," Biological Psychology 67, nos. 1-2 (2004): 219-233, G. Vecchiato, "On the Use of EEG or MEG Brain Imaging Tools in Neuromarketing Research," Computational Intelligence and Neuroscience 2011, no. 3 (2011), http://www.hindawi.com/journals/cin/2011/643489/. 후부 전두 피질의 활성은 장기 기억의 보관 준비를 나타낸다. 로시터(Rossiter) 연구진은 SST를 이용하여 피험자가 TV 광고를 시청하는 동안 뇌파를 측정했다. 그 결과 나중에 사람들이 잘 못 알아볼 만한 장면이 무엇인지 예측할 수 있었다.: J. R. Rossiter et al., "Brain-Imaging Detection of Visual Scene in Long-Term Memory for TV Commercials," Journal of Advertising Research 41 (2001): 13-21.

29. "NeuroStandards Project White Paper," 7, 34, http://neurospire.com/pdfs/arfwhitepaper.pdf.

30. Burkitt, "Neuromarketing"; D. S. Margulies et al., "Mapping the Functional Connectivity of Anterior Cingulate Cortex," Neuroimage 37 (2007): 579-588. For fun, see "The Cingulate Cortex Does Everything," Annals of Improbable Research 14, no. 3 (2008): 12-15, http://www-personal.umich.edu/~tmarzull/Cingularity.pdf. (레이 커즈웰(Ray Kurzweil)은 인공 지능에 관한 개념에서 대상 피질이 단일성에 영향을 준다고 밝혔다: singularity.com.) 신경과학자들은 대상 피질에 대해 다음과 같은 농담을 주고받는다. "대상 피질은 모든 일에 영향을 준다… 점점 더 많은 과학자들이 특히 이 부분이 매력적이라고 생각할 테니, 논문도 결코 줄지 않으리라 예측할 수 있다."

31. Marco Iacoboni, "Who Really Won the Super Bowl? The Story of an Instant-Science Experiment," Edge: The Third Culture, 2006, http://www.edge.org/3rd_culture/iacoboni06/iacoboni06_index.html. FKF는 2007년 제 41회 슈퍼볼에도 관여했으며 "편도체의 해"라 이름 붙이기도 하면서 대부분의 광고가 "실패할 것"이라고 예측했다.: Marcus Yam, "This Is Your Brain on Superbowl Ads," DailyTech, February 5, 2007, http://www.dailytech.com/This+is+Your+Brain+on+Super+Bowl+Ads/article5991.htm; "실패할 것"이라는 예측 관련 정보: Alice Park, "Brain Scans: How Super Bowl Ads Fumbled," Time, February 5, 2007, http://www.

2

fkfappliedresearch.com/media3.html. 편도체의 역할: Chiara Cristinzio and Patrik Vuilleumier, "The Role of Amygdala in Emotional and Social Functions: Implications for Temporal Lobe Epilepsy," Epileptologie 24 (2007): 78-89, http://labnic.unige.ch/nic/papers/CC_PV_EPI07.pdf 광고 속 유머에 관한 정보: Madelijn Strick et al., "Humor in Advertisements Enhances Product Liking by Mere Association," Journal of Experimental Psychology: Applied 15, no. 1 (2009): 35-45. 슈퍼볼 광고 순위: Roger Dooley, "Super Bowl Ads Ranked by Brain Scans," Neuromarketing, February 2, 2007, http://www.neurosciencemarketing.com/blog/articles/super-bowl-xli-ads.htm. 마케팅 연구 업체 컴스코어(Comscore)는 슈퍼볼 기간 중 각 광고의 웹사이트 트래픽을 조사한 후 이를 웹사이트 방문자 수와 실시간으로 비교했다. 그 결과 가슴이 풍만한 모델이 의상 사고를 겪는 내용이 담긴 '고대디닷컴(GoDaddy.com)'이 승자로 판명 났다. 고 대디 닷컴의 사이트 트래픽은 1,500퍼센트까지 상승했고 개별 방문자 수는 43만 9,000명이었다. 준우승은 버드와이저(Budweiser)로 트래픽은 500퍼센트 증가했으나 방문자 수는 고대디닷컴보다 훨씬 더 많았다.: "Super Bowl Ads: GoDaddy Girl 1, Neuroscientists 0," February 17, 2006, http://www.neurosciencemarketing.com/blog/articles/superbowl-ads-brain-godaddy.htm; and Iacoboni, "Who Really Won the Super Bowl?" 재미있는 뒷얘기를 전하자면, 고 대디 닷컴의 광고는 너무 선정적이라는 이유로 검열되어 삭제됐다.: http://videos.godaddy.com/superbowl_timeline06.aspx. See also Roxanne Khamsi, "Brain Scans Reveal Power of Super Bowl Adverts," NewScientist, February 7, 2006, http://www.newscientist.com/article/dn8691, 이 사이트에서는 "비밀의 냉장고"가 등장하는 버드와이저 광고가 뇌의 시각적인 영역만을 자극하려 애썼다는 의견을 확인할 수 있다. 바로 이 점이 이 광고를 덜 매력적으로 만든 요인일 가능성이 있다. 그러나 〈USA 투데이〉가 조사한 소비자 여론 조사 결과에 따르면 이 버드와이저 광고는 "가장 유명한 광고"에서 1위를 차지했다. 모든 광고가 동일한 목표를 추구하지는 않는다. 제품의 고급스러운 이미지를 부각시키려는 광고업체가 있는가 하면, 제품 조성이 새롭고 유사 제품보다 개선되었음을 잠재적 소비자가 확신하도록 하는 것이 목표인 광고도 있다. 또 새로운 브랜드의 이름을 각인시키는 것이 목적이거나 이미 잘 알려진 브랜드에 대한 소

비자 충성도를 강화시키려는 광고도 있다. 시장에서 충분히 자리 잡은 제품의 광고는 확실한 소비자층을 굳히는 데 주력하고, 신제품 광고는 새로운 소비자를 만들기 위한 정보를 강조한다. 일부 광고는 사람들로 하여금 어떤 제품을 지금 바로 구입하라고 직접적으로 설득하는 반면 소비자의 브랜드 친밀도를 변화시켜 향후 소비 행동에 영향을 주려는 광고도 있다. 이런 점이 광고의 신뢰도를 높이는 요소는 광고 자체가 아니라 판매자가 제품의 품질을 신뢰할만한 수진으로 유지하고 그리하여 소비자로 하여금 광고 내용을 믿도록 한다는 사실을 보여주는 좋은 예라 할 수 있다.: "Super Bowl Ads: GoDaddy Girl 1, Neuroscientists 0"; Plassman et al., "What Can Advertisers Learn from Neuroscientists?"; and John E. Calfee, Fear of Persuasion: A New Perspective on Advertising and Regulation (Washington, DC: AEI Press, 1997).

32. Calfee, Fear of Persuasion, 1.

33. Vance Packard, Hidden Persuaders., Marshall McLuhan, The Mechanical Bride: Folklore of Industrial Man (New York: Vanguard, 1951). 서문에 이런 내용이 있다: "최고의 교육을 받은 개개인 수천 명이 총체적인 대중의 마음 그 속을 들여다보는 일에 전념하는 업계에서 우리가 하는 일은 1세대 수준에 해당된다. 이제는 조작하고, 활용하고, 제어하기 위해 속을 들여다보는 것이 주제가 되었다.: http://home.roadrunner.com/~lifetime/mm-TMB.htm. Packard, Hidden Persuaders, 28, 167; "The Hidden Persuaders, by Vance Packard," review of The Hidden Persuaders, by Vance Packard, New Yorker, May 18, 1957, 167; Nick Johnson, "Review of Vance Packard' s The Hidden Persuaders," Texas Law Review 36 (1958): 708-715 (molding, 708; Orwell, 713).

34. Randall Rothenberg, "Advertising; Capitalist Eye on the Soviet Consumer," New York Times, February 15, 1989. 로봇을 연상시키는 '맨츄리안 캔디데이트' 이론은 1954년 CIA가 만들었다.: John Marks, The Search for the Manchurian Candidate: The CIA and Mind Control (New York: Times Books, 1979). 1959년 리처드 콘돈(Richard Condon)이 발표한 소설 《맨츄리안 캔디데이트(The Manchurian Candidate)》는 명망 있는 미국 정치가 가문의 아들이 한국 전쟁에서 전쟁 포로가 되어, 세뇌 교육을 받아 자신도 모르게 공산당원들을 암살하는 일을 한다는 내용이다. 영화로도 제작되어 1962년 개봉

했다. 신시내티 레드레그스에 관한 정보: http://www.sportsecyclopedia.com/nl/cincyreds/reds.html.

35. "Persuaders Get Deeply Hidden Tool: Subliminal Projection," Advertising Age 37 (1957): 127. 〈뉴요커〉 기자는 다음과 같이 보도했다. "50명 정도 되는 기자들이 참석했고 모두 고분고분하게 하라는 대로 자리에 앉았다. 조금은 서글픈 마음으로 작은 의자에 앉은 채로, 뇌가 부드럽게 망가지고 침입당하도록 내버려 두었다… 뉴욕에서 우리는 역사에 남을 만한 온갖 시끄러운 사건 현장에 참석해 보았지만, 이번 사기극이 가장 최악이었다." ("Talk of the Town," New Yorker, September 21, 1957, 33). Herbert Brean, "'Hidden Sell' Technique Is Almost Here: New Subliminal Gimmicks Now Offer Blood, Skulls, and Popcorn to Movie Fans," Life, March 31, 1958, 104; Pratkanis and Aronson, Age of Propaganda, 199. Gary P. Radford, "Scientific Knowledge and the Twist in the Tail" (paper presented at the forty-second annual conference of the International Communication Association, Miami, Florida, May 21-25, 1992), http://www.theprofessors.net/sublim.html; Kelly B. Crandall, "Invisible Commercials and Hidden Persuaders: James M. Vicary and the Subliminal Advertising Controversy of 1957" (undergraduate honors thesis, University of Florida, 2006), http://plaza.ufl.edu/cyllek/docs/KCrandall_Thesis2006.pdf.

36. Norman Cousins, "Smudging the Subconscious," Saturday Review, October 5, 1957, 20; "Ban on Subliminal Ads, Pending FCC Probe, Is Urged," Advertising Age, November 11, 1957, 1; Stuart Rogers, "How a Publicity Blitz Created the Myth of Subliminal Advertising," Public Relations Quarterly 37, no. 4 (1992): 12-17; "Psychic Hucksterism Stir Calls for Inquiry," New York Times, October 6, 1957, 38; Jack Gould, "A State of Mind: Subliminal Advertising, Invisible to Viewer, Stirs Doubt and Debate," New York Times, December 8, 1957, D15.

37. "Subliminal Ads Should Cause Little Concern, Psychologists Told," Washington Post, September 2, 1958; James B. Twitchell, Adcult USA: The Triumph of Advertising in American Culture (New York: Columbia University Press, 1996), 114; Anthony R. Pratkanis, "The Cargo-Cult Science of Subliminal Persuasion," Skeptical Inquirer 16, no. 3 (1992), http://www.csicop.org/si/show/cargo-cult_science_of_subliminal_persuasion.

38. F. Danzig, "Subliminal Advertising—Today It's Just Historic Flashback for Researcher Vicary," Advertising Age, September 17, 1962, 33, 72, 74; Raymond A. Bauer, "The Limits of Persuasion: The Hidden Persuaders Are Made of Straw," Harvard Business Review 36, no. 5 (1958): 105-110, 105. 식역하 자극이 태도나 구매 행동에 영향을 준다고 밝힌 연구 결과 는 단 한 건도 없다.: reviews by Sheri J. Broyles, "Subliminal Advertising and the Perpetual Popularity of Playing to People's Paranoia," Journal of Consumer Affairs 40 (2006): 392-406; Anthony R. Pratkanis and Anthony G. Greenwald, "Recent Perspectives on Unconscious Processing: Still No Marketing Applications," Psychology and Marketing 5 (1988): 339-355; and T. E. Moore, "Subliminal Perception: Facts and Fallacies," Skeptical Inquirer 16 (1992): 273-281. 식역하 자극으로 체중 감량, 기억력 개선, 자존 감 강화에 효과가 있었다는 연구 결과 또한 하나도 없다.: L. A. Brannon and T. C. Brock, "The Subliminal Persuasion Controversy: Reality, Enduring Fable, and Polonious' Weasel," in Persuasion: Psychological Insights and Perspectives, ed. S. Shavitt and T. C. Brock (Needham Heights, MA: Allyn and Bacon, 1994): 279-293; J. Saegert, "Why Marketing Should Quit Giving Subliminal Advertising the Benefit of the Doubt," Psychology and Marketing 4 (1987): 107-120; Brandon Randolph-Seng and Robert D. Mather, "Does Subliminal Persuasion Work? It Depends on Your Motivation and Awareness," Skeptical Inquirer 33, no. 5 (2009): 49-53; and Joel Cooper and Grant Cooper, "Subliminal Motivation: A Story Revisited," Journal of Applied Social Psychology 32, no. 11 (2002): 2213-2227. Also see a report on Daniel Kahneman's plea to replicate findings such as these in Ed Yong, "Nobel Laureate Challenges Psychologists to Clean Up Their Act," Nature News, October 3, 2012, http://www.nature.com/news/nobel-laureate-challenges-psychologists-to-clean-up-their-act-1.11535.

39. Scott O. Lilienfeld et al., A Review of 50 Great Myths of Popular Psychology: Shattering Widespread Misconceptions about Human Behavior (Hoboken, NJ: Wiley-Blackwell, 2009); Natasha Singer, "Making Ads That Whisper to the Brain," New York Times, November 13, 2010; Mark R. Wilson, Jeannie Gaines, and Ronald P. Hill, "Neuromarketing and

Consumer Free Will," Journal of Consumer Affairs 42, no. 3 (2008): 389-410; "Neuromarketing: Beyond Branding," Lancet Neurology 3 (2004): 71; "News Release: Commercial Alert Asks Feds to Investigate Neuromarketing Research at Emory University," December 17, 2003, http://www.commercialalert.org/issues/culture/neuromarketing/commercial-alert-asks-feds-to-investigate-neuromarketing-research-at-emory-university. "We Americans may find out sooner than we think. Orwellian is not too strong a term for this prospect"; "Commercial Alert Asks Senate Commerce Committee to Investigate Neuromarketing," July 12, 2004, http://www.commercialalert.org/issues/culture/neuromarketing/commercial-alert-asks-senate-commerce-committee-to-investigate-neuromarketing.

40. Complaint and Request for Investigation, submitted by the Center for Digital Democracy, Consumer Action, Consumer Watchdog, and the Praxis Project, October 19, 2011, 2, http://case-studies.digitalads.org/wp-content/uploads/2011/10/complaint.pdf. 연방거래위원회(FTC)는 '디지털 민주화 센터'의 제프리 체스터(Jeffrey Chester)에 관한 불만 사례를 검토 중이다.: personal communication with authors, January 26, 2013. Boire is quoted in Jim Schnabel, "Neuromarketers: The New Influence Peddlers?," Dana Foundation, March 25, 2008, http://dana.org/news/features/detail.aspx?id=11686.

41. FCC의 방송인 매뉴얼: http://www.fcc.gov/guides/public-and-broadcasting-july-2008. Blitz's statement: "Neuromarketing, Subliminal Messages, and Freedom of Speech," Neuroethics & Law Blog, May 14, 2009, http://kolber.typepad.com/ethics_law_blog/2009/05/neuromarketing-subliminal-messages-and-freedom-of-speech-blitz.html#comments. 토머스 M. 스캔론(Thomas M. Scanlon)이 정치적인 철학가로 수십 년 전 유명해지면서, 잠재의식과의 소통은 우리의 이성적인 정보 처리 과정을 반영하여 조용히 진행되는 독특한 과정이 전혀 아니라는 사실이 밝혀졌다. 잠재의식과의 소통은 "늘 일어나는 일"로 우리가 자극의 영향을 받으면 "그 영향에 대해 인지하지 못해도" 일어난다. 또한 이 무의식적인 변화는 숨겨진 자극뿐만 아니라 "뚜렷하게 눈으로 보고 귀로 들은" 자극에 의해서도 시작된다.: Thomas M. Scanlon, "Freedom of Expression and

Categories of Expression," University of Pittsburgh Law Review 40 [1979]: 519, 525. 신경 마케팅이 미래에 얼마나 영향력을 발휘할지 확실치 않다는 점을 고려하여, 일부 신경 윤리학자들은 신경 마케팅 기술을 사용하는 연구자와 각 업체가 "해당 기술을 유익한 목적으로, 유해하지 않은 방식에 따라 사용하도록" 윤리 규정을 채택해야 한다고 제안했다.: Emily R. Murphy, Judy Illes, and Peter B. Reiner, "Neuroethics of Neuromarketing," Journal of Consumer Behavior 7 [2008]: 292-302, 292.

42. 소비자의 기분에 따른 영향: John A. Bargh, "Losing Consciousness: Automatic Influences on Consumer Judgment, Behavior and Motivation," Journal of Consumer Research 29 [2002]: 280-285; and Mirja Hubert and Peter Kenning, "A Current Overview of Consumer Neuroscience," Journal of Consumer Behavior 7 [2008]: 272-292. 배경 음악이 주는 영향에 관한 정보: R. E. Milliman, "Using Background Music to Affect the Behavior of Supermarket Shoppers," Journal of Marketing 46, no. 3 [1982]: 86-91. 더 포괄적인 정보: Aradhna Krishna, "An Integrative Review of Sensory Marketing: Engaging the Senses to Affect Perception, Judgment and Behavior," Journal of Consumer Psychology 22, no. 3 [2011]: 332-351, http://www.sciencedirect.com/science/article/pii/S1057740811000830. 자극의 수준에 관한 정보: D. M. Sanbonmatsu and F. R.Kardes, "The Effects of Physiological Arousal on Information Processing and Persuasion," Journal of Consumer Research 15 [1988]: 379-385; Michel Tuan Pham, "Cue Representation and Selection Effects of Arousal in Persuasion," Journal of Consumer Research 22 [1996]: 373-387; R. E. Petty and D. T. Wegener, "Attitude Change: Multiple Roles for Persuasion Variables," in The Handbook of Social Psychology, ed. D. Gilbert, S. Fiske, and G. Lindzey, 4th ed. [New York: McGrawHill, 1998], 323-390. 한 연구에 따르면, 소비자가 긴장감을 느끼면, 효과적인 설득 기술로 입증된 "사회적 검증" 즉 제품의 유명세나 제일 잘 팔리는 제품이라는 이유로 끌리는 현상에 더욱 취약해진다.: R. B. Cialdini and N. J. Goldstein, "Social Influence: Compliance and Conformity," Annual Review of Psychology 55 [2004]: 591-621. 다른 연구에서는 피험자가 로맨틱한 생각을 하면, 구하기 힘들고 흔치 않은 물건, 혹은 '리미티드 에디션'이라고 광고하는 제품에 더 쉽게 끌리는 것으로 나타

났다.: Vladas Griskevicius et al., "Fear and Loving in Las Vegas: Evolution, Emotion, and Persuasion," Journal of Marketing Research 46 (June 2009): 384-395. See also Sabrina Bruyneel et al., "Repeated Choosing Increases Susceptibility to Affective Product Features," International Journal of Research in Marketing 23 (2006): 215-225; and Jing Wang et al., "Trade-offs and Depletion in Choice," Journal of Marketing Research 47 (2010): 910-919. 이와 같은 연구 결과들은 정교화 가능성 모델(elaboration likelihood model, ELM)으로도 불리는 설득 이론과도 일치한다. ELM에서는 사람들이 언쟁을 하려는 동기나 능력이 약하면 어떤 메시지나 체험한 일의 피상적인 측면을 설득력 있다고 생각한다고 본다("말초" 설득 경로). 반대로 언쟁에 관여하려는 동기나 능력이 강하면 어떤 메시지나 경험의 피상적인 측면이 태도에 끼치는 영향이 줄어든다. 설득의 중심 경로로 알려진 이런 상태가 되면 사람들은 메시지나 언쟁의 가치를 더욱 엄격하게 따진 뒤 판단한다.: Richard E. Petty and John T. Cacioppo, Communication and Persuasion: Central and Peripheral Routes to Attitude Change (Berlin: Springer-Verlag, 1986).

43. Mya Frazier, "Hidden Persuasion or Junk Science," Advertising Age, September 10, 2007, http://adage.com/article/news/hidden-persuasion-junk-science/120335/. A. S. C. Ehrenberg, "Repetitive Advertising and the Consumer," Journal of Advertising Research 1 (1982): 70-79, 70. "뇌 영상이 다른 마케팅 기법보다 더 나은 데이터를 제공하는지는 아직 알 수 없지만, MVPA를 통해 숨겨진 정보라는 '성배'를 발견할 가능성이 있다.": Ariely and Berns, "Neuromarketing," 287.

44. Craig Bennett, "The Seven Sins of Neuromarketing," April 22, 2011, http://prefrontal.org/blog/2011/04/the-seven-sins-of-neuromarketing/. 신경 마케팅 조사에 소요되는 일반적인 비용은 3,000만 달러에서 1억 달러 정도이다(슈퍼볼 기간에는 광고 공간이 평균 260만 달러에서 270만 달러에 판매된다): as cited in Rachel Kauffman, "Neuromarketers Get Inside Buyers' Brains," CNNMoney.com, March 18, 2010, http://money.cnn.com/2010/03/17/smallbusiness/neuromarketing/index.htm?section=money_smbusiness. 버킷(Burkitt)은 다음과 같이 전했다. "판매자는 5만 달러를 들여 EEG 장치를 사용하면 소비자 30명을 낚을 수 있다. MRI 실험을 하면 4만 달러 정도를 들여 20명을 얻는다.": Burkitt, "Neuromarketing."

45. "NeuroStandards Project White Paper," 7, 30.

46. 탄수화물에 관한 정보: Sean Brierley, The Advertising Handbook (London: Routledge, 1995), 182. 실제로 대부분의 판매자가 제품에 대한 소비자의 관점을 확인하는 효과적인 도구로 여전히 표적 집단 조사를 권한다. "한 가지 최신 기술이 그 기술 자체의 이익을 위해서 활용되는 경우가 너무나 빈번하다. 이 경우 그 방법의 근거와 유효성에 대한 교차 확인이 중요하다는 사실은 깨닫지 못한다.": Matt Tullman, CEO of MerchantMechanics, Inc., comment on Roger Dooley, "Your Brain on Soup," Neuromarketing: Where Brain Science and Marketing Meet (blog), February 20, 2010, http://www.neurosciencemarketing.com/blog/articles/your-brain-on-soup.htm.

3장

1. 연구진은 45 퍼센트에 해당되는 군인들이 아편제, 헤로인 혹은 그 두 가지 모두를 베트남에서 시도해 본 사실을 확인했다. 대부분이 흡입 방식으로 사용했다. 입대한 전체 군인의 20 퍼센트는 베트남에서 중독됐다고 주장했으며 귀국 군인으로 등록된 1만 3,760명의 군인 중 10.5퍼센트는 해외에서 미국으로 귀국한 달인 1971년 9월 소변 검사에서 바르비투르(barbiturate), 아편제, 암페타민에 양성으로 확인됐다.: Lee N. Robins, "Vietnam Veterans' Rapid Recovery from Heroin: A Fluke or Normal Expectation?" Addiction 88 (1993): 1041-1054, 1046; Rumi Kato Price, Nathan K. Risk, and Edward L. Spitznagel, "Remission from Drug Abuse over a 25-Year Period: Patterns of Remission and Treatment Use," American Journal of Public Health 91, no. 7 (2001): 1107-1113. 〈뉴욕 타임즈〉 기사: Alvin M. Schuster, "G.I. Heroin Addiction Epidemic in Vietnam," New York Times, May 16, 1971, A1. 약물 검사 정책은 1971년 6월에 공표되었다. 워싱턴 대학교의 리 로빈스(Lee Robins)는 이 1971년 6월에 약물남용예방 특별조치 담당자로 임명된 제롬 자페(Jerome Jaffe)의 지시에 따라 검사 프로그램의 분석을 실시했다. 자페가 군인들을 대상으로 진행한 상세 업무는 다음 자료에서 확인할 수 있다.: "Oral History Interviews with Substance Abuse Researchers: Jerry Jaffe,"

Record 16, University of Michigan Substance Abuse Research Center, January 2007, http://sitemaker.umich.edu/substance.abuse.history/oral_history_interviews.

2. '골든 플로우 작전(Operation Golden Flow)'은 소변 검사를 지칭하는 군대 용어이다. 1971년 가을에 양성 반응이 나온 병사 수가 줄어들었다. 1972년 2월까지 양성 결과 비율은 2퍼센트 미만으로 감소하여 정부는 '유행성'이던 상황이 통제되었다고 선언했다.: Michael Massing, The Fix: Solving the Nation's Drug Problem (New York: Simon and Schuster, 1998), 86-131.로빈슨의 평가 결과: Lee N. Robins, John E. Helzer, and Darlene H. Davis, "Narcotic Use in Southeast Asia and Afterward," Archives of General Psychiatry 32 (1975): 955-961.

3. 다시 중독된 참전 군인의 12 퍼센트는 몇 개월간 약물을 다시 사용하다 중단했다. 즉 약물을 다시 사용한 군인 전체가 3년 내내 지속적으로 약물을 사용하지는 않았다.: Robins, "Vietnam Veterans' Rapid Recovery from Heroin," 1041-1054, 1046. 1966년부터 1997년까지 25년간 실시된 종단 연구에서, 제대 이후 아편제를 5회 이상 사용한 군인의 비율은 5.1~9.1퍼센트 수준이었다(이들이 1974년 로빈슨의 최초 논문에 보고된 12 퍼센트에 해당되는지, 이들 중 다시 중독된 사람은 몇 명인지는 불분명하다): Price, Risk, and Spitznagel, "Remission from Drug Abuse." "Revolutionary": Dr. Robert DuPont, the first head of NIDA, personal communication with authors, 1972. "Path-breaking" used by authors Robert Granfield and William Cloud, Coming Clean: Overcoming Addiction Without Treatment (New York: New York University Press, 1999), 215. 참전 군인 중 진단 기준인 '정신질환 진단 및 통계 편람 IV'에 따라 1972년부터 1996년 사이에 약물 남용자이거나 어느 시점에라도 약물에 의존한 것으로 확인된 사람은 16퍼센트에 불과했다(피험자에는 베트남을 떠날 당시 아편제 양성이 확인된 사람과 음성이었던 사람, 그리고 참전 군인이 아닌 사람으로 연령대가 일치하는 사람 등이 포함되었다).: Price, Risk, and Spitznagel, "Remission from Drug Abuse." 모든 물질에 대한 의존도는 1971년 45.1 퍼센트로 가장 높았다. 베트남에 아편제가 넘쳐나던 시기였다. 이 비율은 1972년 16.4퍼센트로, 1996년 5.9퍼센트로 감소했다: Rumi Kato Price et al., "Post-traumatic Stress Disorder, Drug Dependence, and Suicidality Among Male Vietnam Veterans with a History of Heavy Drug Use," Drug

and Alcohol Dependence 76 (2004): S31-S43.

4. Alan I. Leshner, "Addiction Is a Brain Disease, and It Matters," Science 278, no. 5335 (1997): 45-47. 레쉬너는 이후 다음과 같이 밝혔다. "생물의 학 분야에 종사하는 사람 대부분이 현재 중독이 뇌 질환이라고 생각한 다.": Alan I. Leshner, "Addiction Is a Brain Disease," Issues in Science and Technology (2001), http://www.issues.org/17.3/leshner.htm. "중독은 복 합적이고 만성으로 나타나며 자주 재발하는 뇌 질환이므로 당뇨병과 같 이 전문가가 집중 관리해야 한다.": editor in chief of Health Affairs; Susan Dentzer, "Substance Abuse and Other Substantive Matters," Health Affairs 30, no. 8 (2011): 1398. C. 전(前E) 공중보건 국장인 에버릿 쿠프(Everett Koop) 는 중독을 뇌 질환으로 보는 견해는 의료, 보건 분야 주요 기관이 인정하 는 생각이다"라고 밝혔다: C. Everett Koop, "Drug Addiction in America: Challenges and Opportunities," in Addiction: Science and Treatment for the Twenty-First Century, ed. Jack E. Henningfield, Patricia B. Santora, and Warren Bickel (Baltimore: Johns Hopkins University Press, 2007), 13. 이후 2007 년, 상원의원인 조셉 바이든(Joseph Biden)은 「중독의 질병 인정법 2007」 을 발의하고 "중독은 만성적이고 재발 가능한 뇌 질환"이라고 주장했다. NIDA를 국립 알코올 남용 및 알코올 중독 연구소와 통합하자는 내용도 포 함된 이 법안은 하원까지 넘어갔지만 위원회 승인 단계에서 부결되었다.: U.S. Congress, Senate, Recognizing Addiction as a Disease Act of 2007, S 1101, 110th Cong., 1st Sess. (2007-2008), http://thomas.loc.gov. 이 법안 이 발의되자 NAADAC와의 연락을 담당하던 정부 관계자인 대니얼 가르네 러(Daniel Guarnera)는 다음과 같은 입장을 밝혔다. "NIDA와 소속 과학자들 은 중독이 행동의 문제가 아니며 인체의 생리학적 변화로 인해 중독성 있 는 물질을 이용하게 만든다는 내용을 강력히 입증해 왔다. 이 법안은 용어 가 과학의 발목을 잡도록 만드는 것과 같다.": Quoted in Philip Smith, "Is Addiction a Brain Disease? Biden Bill to Define It as Such Is Moving on Capitol Hill," Drug War Chronicle, August 9, 2007, http://stopthedrugwar. org/chronicle/2007/aug/09/feature_addiction_brain_disease. See also Sally Satel and Scott O. Lilienfeld, "Medical Misnomer: Addiction Isn't a Brain Disease, Congress," Slate, July 25, 2007,http://www.slate.com/articles/ health_and_science/medical_examiner/2007/07/medical_misnomer.

3

html. 고등학교의 마약 반대 교육 자료: Lori Whitten, "NIH Develops High School Curriculum Supplement on Addiction," NIDA Notes 16, no. 1 (2001), http://archives.drugabuse.gov/NIDA_Notes/NNVol16N1/NIH.html. 베티 포드 센터(Betty Ford Center)의 의료부 책임자인 제임스 W. 웨스트(James W. West) 박사는 중독에 대한 센터의 견해는 한 번도 바뀐 적이 없다고 말한다. "이제 중독은 뇌 질환이자 생물학적, 심리적, 영적, 사회적 질환으로 분명하게 인정받고 있습니다. 이제는 이러한 사실이 더 널리 알려지고 대중들도 받아들이고 있죠.": "BFC Pioneer Dr. James West, 93, Stays the Course," Betty Ford Center, March 1, 2007, http://www.bettyfordcenter.org/news/innews/narticle.php?id=19. 이 책의 공동 저자인 샐리 사텔이 근무하는 워싱턴의 병원 '약물 남용 및 재활 파트너(Partners in Drug Abuse and Rehabilitation)에서는 병원장이 처음 입원한 환자들에게 "여러분은 뇌 질환을 앓고 있다."고 이야기한다. 미국 중독약물협회가 규정한 정의: American Society of Addiction Medicine, "Public Policy Statement: Definition of Addiction," adopted April 12, 2011, http://www.asam.org/advocacy/find-a-policy-statement/view-policy-statement/public-policy-statements/2011/12/15/the-definition-of-addiction. 마약 단속 총책은 이렇게 언급했다. "오늘날 뇌 질환 모델이 중독 분야에서 널리 수용되고 있으며 백악관 약물 자문관인 베리 R. 맥카프리(Barry R. McCaffrey)도 이 사실을 종종 일깨워준다.": Michael Massing, "Seeing Drugs as a Choice or as a Brain Anomaly," New York Times, June 24, 2000, http://www.nytimes.com/2000/06/24/arts/seeing-drugs-as-a-choice-or-as-a-brain-anomaly.html?pagewanted=all&src=pm. 존 월터스(John Walters)는 "중독은 뇌 질환이다"라고 언급했다: Quynh-Giang Tran, "Drug Policy Chief Looks to the Root of Addiction: U.S. Eyes 10% Reduction in Abuse in Two Years," Boston Globe, July 10, 2002, A3. 길 컬리코우스키(Gil Kerlikowske)를 국립 약물관리정책 대표로 임명한다고 밝힌 자리에서, 부대표 조셉 바이든은 다음과 같이 설명했다. "중독은 질병입니다. 팻 모이너한(Pat Moynihan)이 자주 이야기했듯이, 뇌의 질병입니다.": Remarks on the Nomination of Gil Kerlikowske, Office of the Vice President, March 11, 2009, the White House, http://www.whitehouse.gov/the_press_office/Remarks-of-the-Vice-President-and-Chief-Kerlikowske-on-his-Nomination-as-the-new-Director-of-the-Office-of-National-Drug-

Control-Policy/. See also National Council on Alcoholism and Drug Dependence, "Addiction Is a Disease, Not a Moral Failure: Kerlikowske," June 12, 2012, http://www.ncadd.org/index.php/in-the-news/365-addiction-is-a-disease-not-a-moral-failure-kerlikowske. 뇌 질환 모델에 관한 언론 보도: Addiction, DVD, produced by John Hoffman and Susan Froemke(HBO, 2007); Tim Russert and Bill Moyers, "Bill Moyers, Journalist, Discusses His Upcoming PBS Special on Drug Abuse and Addiction," Meet the Press, NBC News, aired March 29, 1998, transcript, LexisNexis; Charlie Rose and Nora Volkow, "The Charlie Rose Brain Series, Year 2," The Charlie Rose Show, PBS, aired August 13, 2012, transcript, LexisNexis; Dick Wolf and Dawn DeNoon, "Hammered," Law and Order: Special Victims Unit, NBC (New York: NBC, October 14, 2009); Drew Pinsky, "Addiction: Do You Need Help?," WebMD Live Events Transcript, MedicineNet.com, November 6, 2003, http://www.medicinenet.com/script/main/art.asp?articlekey=54633; Strictly Dr. Drew: Addictions A−Z, DVD, directed by Christopher Bavelles and Jos? Colomer(Silver Spring, MD: Discovery Health, 2006); Michael D. Lemonick, "How We Get Addicted," Time, July 5, 2007, http://www.time.com/time/magazine/article/0,9171,1640436,00.html; and Jeneen Interlandi, "What Addicts Need," Newsweek, February 23, 2008, http://www.newsweek.com/2008/02/23/what-addicts-need.html.

5. "알코올 중독에 관한 논쟁은 오랜 세월 이어졌다. 뇌에 문제가 생긴 것으로 의지, 정신력이 있고 대화 치료를 통해 극복될 수 있을까? 아니면 신체 질병으로, 당뇨병이나 간질에 걸린 환자와 거의 같은 방식으로, 의학적인 치료를 지속적으로 받아야 하는 문제일까?": D. Quenqua, "Rethinking Addiction's Roots, and Its Treatment," New York Times, July 10, 2011, A1.

6. "뇌 질환"이라는 용어의 공식적인 정의는 마련되지 않았다. 일반적으로 의학계 전문가들은 뇌의 정보 처리 기능에 생긴 문제로 다음 항목에 해당될 때 이 용어를 사용한다. (1) 파킨슨병, 뇌종양, 정신분열증, 자폐증, 다발성 경화증과 같은 1차 질환(즉 약물 이용과 같은 고의적인 행동이 원인으로 작용하지 않은 질환. 중독이 1차 질환이 되려면 반복된 약물 사용의 결과로 뇌 변화가 발생하는 것이 아니라 뇌 변화로 약물을 반복 사용하는 문제가 발생해야 한다.) (2) 행동 교정으로 되돌릴 수 없는 상태. 이 조건을 적용하면 흡연은 뇌 질환이 아니지만, 폐

암은 폐 세포가 일차적으로("스스로") 분열해서가 아니라 흡연 때문에 발생할 수 있는 폐 질환이다. 폐암은 실제로 담배 연기에 수년 간 노출되면 영향을 받아 촉발되며, 암이 발달하기 시작하면 폐암으로 진행되는 과정은 환자가 행동 교정을 시작해도 중단되지 않는다. 암을 되돌리려면 수술, 방사선 치료, 화학요법 등의 치료를 받아야 한다. 간 경변도 이와 동일한 원리가 적용된다. 간 경변은 알코올 중독으로 발생하며 일단 간에 질병이 시작되면 자율적으로 병이 진행된다. 중독은 위의 기준 (1)과 (2) 중 어느 쪽도 충족하지 않는다. 유념할 점은 모든 1차 뇌 질환이 정신분열증처럼 약물 치료만 실시되는 것은 아니라는 사실이다. 가장 극단적인 증상을 약물로 제어하고 나면 생활방식의 변화(사회화, 정신치료)가 중요한 역할을 한다. 증상이 한동안 안정되면 약물은 줄일 수 있으며 일부 환자는 스트레스를 제한하는 데 적응하여 아예 약물을 복용하지 않기도 한다. 중독에 관한 신경학적 정보: Alfred J. Robison and Eric J. Nestler, "Transcriptional and Epigenetic Mechanisms of Addiction," Nature Reviews Neuroscience 12 (2011): 623-637. See also Steven E. Hyman, "The Neurobiology of Addiction: Implications for Voluntary Control of Behaviour," in The Oxford Handbook of Neuroethics, ed. Judy Illes and B. J. Sahakian (Oxford: Oxford University Press, 2011), 203-218.

7. Kristina Fiore, "Doctor's Orders: Brain's Wiring Makes Change Hard," MedPage Today, January 30, 2010, http://www.medpagetoday.com/Psychiatry/Addictions/18207; Leshner, "Addiction Is a Brain Disease, and It Matters," 46. "신경화학적인 '스위치'를 올린다."는 표현도 자주 사용되는 은유법이다.: Jim Schnabel, "Flipping the Addiction Switch," Dana Foundation, August 26, 2008, http://www.dana.org/news/features/detail.aspx?id=13120. 상원 보건 · 교육 · 노동 · 연금 위원회의 소수당 고위의원인 마이크 엔지(Mike Enzi (R-WY))는 "스위치"에 비유하여 다음과 같이 설명했다. "과학은 알코올이나 어떤 약물에 대한 중독이 질병이라는 사실을 보여준다… 맨 처음 약물을 이용하기로 결정하는 것은 선택이지만, 반복된 사용으로 뇌의 중독 스위치가 켜지는 시점이 오는 것이다.": "Enzi Says HELP Committee Approves Bill to Recognize Addiction as a Disease," press release, Office of U.S. Senator Mike Enzi, June 27, 2007, http://help.senate.gov/old_site/Min_press/2007_06_27_d.pdf. Leshner is quoted at

"Fighting Addiction," February 4, 2001, http://www.prnewswire.com/news-releases/cover-fighting-addiction-71196322.html. See also "It may be no more a matter of personal choice to abstain from tobacco than to reverse metastasizing lung cells," in Jack E. Henningfield, Leslie M. Schuh, and Murray E.Jarvik, "Pathophysiology of Tobacco Dependence," in Neuropsychopharmacology—The Fourth Generation of Progress, ed. Floyd E. Bloom and David J. Kupfer et al. (New York: Raven Press, 1995), 1715-1729, at 1715.

8. Anna Rose Childress, "Prelude to Passion: Limbic Activation by 'Unseen' Drug and Sexual Cues," PLoS One 3 (2008): e1506. 공기 중에 흩어진 아주 옅은 약물 냄새처럼 거의 감지할 수 없는 감각 자극도 갈망을 불러일으킬 수 있다.

9. Rita Z. Goldstein and Nora D. Volkow, "Drug Addiction and Its Underlying Neurobiological Basis: Neuroimaging Evidence for the Involvement of the Frontal Cortex," American Journal of Psychiatry 159, no. 10 (2002): 1642-1652.

10. Edward Preble and John J. Casey, "Taking Care of Business: The Heroin User's Life on the Street," International Journal of the Addictions 4, no. 1 (1969): 1-24. See also Bill Hanson, Life with Heroin: Voices from the Inner City (Lexington, MA: Lexington Books, 1985); Charles E. Faupel and Carl B. Klockars, "Drugs-Crime Connections: Elaborations from the Life Histories of Hard-Core Heroin Addicts," Social Problems 34, no. 1 (1987): 54-68; and Michael Agar, Ripping and Running: Formal Ethnography of Urban Heroin Addicts (Napier, NZ: Seminar Press, 1973). 코카인 중독 관련 자료: Philippe Bourgois, In Search of Respect: Selling Crack in El Barrio (Cambridge: Cambridge University Press, 2002).

11. Guy Gugliotta, "Revolutionary Thinker: Trotsky's Great-Granddaughter Is Following Her Own Path to Greatness," Washington Post, August 21, 2003, C1; Gene M. Heyman, personal communication with authors, September 20, 2012.

12. "의사 결정, 양면성, 갈등은 중독자가 나타내는 행동과 경험의 핵심 요소이다.": writes Nick Heather. Heather, "A Conceptual Framework for

3

Explaining Addiction," Journal of Psychopharmacology 12 (1998): 3-7, at 3. See also Jon Elster, "Rational Choice History: A Case of Excessive Ambition," American Political Science Review 94, no. 3 (2000): 685-695.

13. William S. Burroughs, Naked Lunch: The Restored Text, ed. James Grauerholz and Barry Miles (New York: Grove/Atlantic, 2001): 199. 영국의 심리학자 로버트 웨스트(Robert West)는 이를 "전환형 경험"이라 부른다. 웨스트는 "사소해 보이는 사건"으로 시작되는 경우가 많지만, 드러나지 않은 긴장이 계속해서 점점 더 커지는 상황에서 나타난다."고 설명했다: Personal communication with authors, July 27, 2005. Christopher K. Lawford, Moments of Clarity: Voices from the Front Lines of Addiction and Recovery (New York: HarperCollins, 2009). 롤링스톤즈의 드럼 연주자 키스 리처드(Keith Richards)는(그는 20대 중반부터 30대 중반까지 헤로인을 복용했다) 감옥에서 마약을 사용하지 못하게 한다는 사실을 견디기 힘들어 했다. "모든 것이 혼란스러워져 이미 시커먼 구름이 드리워진 상태였다. 나는 세 가지 혐의를 받았다. 불법 거래, 소지, 수입. 이제 굉장히 힘든 시간을 보내게 될 것 같다. 마음의 준비를 해야겠다.": Keith Richards and James Fox, Life (New York: Little, Brown and Company, 2010), 408. The quotation from the recovered alcoholic is in Jim Atkinson, "Act of Faith," New York Times, January 26, 2009, http://proof.blogs.nytimes.com/2009/01/26/act-of-faith/. "중독에 대해 윤리적인 고민을 거부하니, 중독을 물리칠 가장 강력한 무기가 없어졌다.": Stanton Peele in "A Moral Vision of Addiction: How People's Values Determine Whether They Become and Remain Addicts," Journal of Drug Issues 17, no. 2 (1987): 187-215, at 215. 그는 이러한 무기를 "중독된 개인과 그가 속한 더 큰 사회 모두에게 존재하는 가치"라고 밝혔다.: Personal communication with authors, May 24, 2012.

14. Gene M. Heyman, Addiction: A Disorder of Choice (Cambridge, MA: Harvard University Press, 2009), 67-83. 헤이만은 약물 남용과 의존을 구분하기 위한 조사(국립 정신보건연구소의 지원으로 실시되는 국가 동시이환 조사, 국립 알코올 남용 및 알코올 중독 연구소가 지원하는 국가 알코올 및 관련 증상 역학 조사 등) 결과, 생애 어느 시점에 약물이나 알코올에 중독된(물질 의존적인) 사람의 77~86퍼센트는 조사 이전 해에 이러한 물질 관련 문제에서 벗어난 상태였다고 밝혔다. 생애 중 최소 한 번 중독 경험이 있는(그러나 조사 이전 해에는 중독 상태가 아니었던) 사

람의 기준을 충족하는 조사 참가자 수와 조사 시점에 중독 상태인 사람의 수를 비교하고, 헤이만은 10대, 20대에 중독된 적이 있는 사람의 60~80퍼센트는 30대가 되자 약물을 더 이상 사용하지 않는다는 결론을 내렸다. 또한 물질 문제에서 벗어난 상태가 이후 수십 년간 이어진 사람의 비율도 높았다. 마리화나 사용자의 경우 중독 재발률이 높은 것으로 나타났다(헤이만의 저서 81페이지 표 4.6 참고). 국립 알코올 및 관련 증상 역학 조사 결과에만 주목한 또 다른 연구에서는(헤이만과 동일하게 1차 조사인 2001~2002년 조사 결과 활용) 생애 주기 중 재발할 가능성이 니코틴은 83.7퍼센트, 알코올은 90.6퍼센트, 대마초는 97.2퍼센트, 코카인은 99.2퍼센트인 것으로 나타났다. 이러한 결과는 미국 성인을 대표하는 표본 중 이 네 가지 물질 중 한 두가지에 의존한 경험이 있는 사람의 대부분이 살면서 한 번은 다시 중독된다는 것을 나타낸다.: Catalina Lopez-Quintero et al., "Probability and Predictors of Remission from Life-time Nicotine, Alcohol, Cannabis or Cocaine Dependence: Results from the National Epidemiologic Survey on Alcohol and Related Conditions," Addiction 106 [2011]: 657-669.

15. See Wilson M. Compton et al., "Prevalence, Correlates, Disability, and Comorbidity of DSM-IV Drug Abuse and Dependence in the United States: Results from the National Epidemiologic Survey on Alcohol and Related Conditions," Archives of General Psychiatry 64 [2007]: 566-576 (12개월간의 약물 의존 상태가 지속된 경우 약물 이용 장애 및 특정한 기분 장애(양극성 장애 II는 제외), 일반화된 불안 증세, 반사회적 인격 장애와 관련이 있었다). NIDA의 추정 자료: National Institute on Drug Abuse, National Institutes of Health, U.S. Department of Health and Human Services, Principles of Drug Addiction Treatment: A Research-Based Guide, 2nd ed. (Rockville, MD: National Institute on Drug Abuse, National Institutes of Health, 1999, rev. 2009), 11.

16. Patricia Cohen and Jacob Cohen, "The Clinician's Illusion," Archives of General Psychiatry 14, no. 12 [1984]: 1178-1182. 베트남전 참전 군인에 관한 리 로빈스의 조사 결과가 보호 시설에서 관리되는 중독자들을 주요 대상으로 하는 중독 연구 분야에서 인정받지 못한 것은 결코 우연이 아니다. 로빈스는 1993년에 다음과 같이 밝혔다. "학계는… 헤로인이 이례적으로 해로운 약물이며 이용자는 신속히 중독되고 이 중독 상태는 치유가 거의 불가능하다는 믿음을 포기하지 않으려 했다.": Robins, "Vietnam

3

Veterans' Rapid Recovery from Heroin Addiction" 1047.17. 심리학자 토머스 바버(Thomas Babor)는 중독이 만성, 재발 가능한 뇌 질환이라는 개념이 등장하기 이전에 중독에 관한 일반적인 관점에 대해 이렇게 밝혔다. "[중독의] 정의에 관한 일차적인 문제는 누가 혹은 어느 집단이 이 정의의 과정을 관리할 것인지, 또한 의학, 법, 과학, 윤리적 측면 등 각자가 자신의 목적을 위해 정의를 어떻게 활용할 것인가, 로 정리할 수 있다.": Thomas F. Babor, "Social, Scientific, and Medical Issues in the Definition of Alcohol and Drug Dependence," in The Nature of Drug Dependence, ed. Griffith Edwards and Malcolm Lader (Oxford: Oxford University Press, 1990): 19-36, 33. 앨런 레쉬너(Alan I. Leshner)는 2009년 12월 6일 자와의 개인적인 대화에서 이렇게 밝혔다. "의회 구성원, NIMH 관계자들은 말보다 이미지가 정치적인 논의에 큰 영향을 주고 궁극적으로는 2008년 미국 최초로 마련된 정신건강 동등법으로 이어졌다는 사실을 인정한다.": Bruce R. Rosen and Robert L. Savoy, "fMRI at 20: Has It Changed the World?," NeuroImage 62, no. 5 (2012): 1316-1324.

18. "Oral History Interviews with Substance Abuse Researchers: C. Robert 'Bob' Schuster," Record 36, University of Michigan Substance Abuse Research Center, June 14, 2007, http://sitemaker.umich.edu/substance.abuse. history/oral_history_interviews. 슈스터는 인터뷰에서 다음과 같이 추가로 설명했다. "하지만 궁극적으로는, 이러한 과학뿐만이 아니라 모든 과학에서 환원적인 접근법만이 큰 성공을 거둘 수 있다고 생각합니다. 한 쪽의 통합 수준이 높아지면 새로운 현상이 나타나는데, 이 현상은 변수가 너무 많아서 이와 같은 크게 통합된 상태에서는 축소가 불가능합니다. 결국 세포에서 벌어지는 효소와 단백질의 처리 경로를 우리가 제아무리 잘 이해한다 해도 온전한, 통합된 유기체의 행동을 설명해야 하는 것이죠. 행동은 늘 옳습니다. 생물학자가 행동을 예측할 수 있는 근본적인 이유는 그 행동이 실제이기 때문입니다. 약물이 행동에 끼치는 영향은 실제입니다. 이것을 다양한 수준에서 이해해도 상관없고, 저 자신도 그러한 시각을 뭐든 좋아하고 흥미를 갖습니다. 하지만 최종 산물은 사람의 행동을 변화시키는 것이라는 사실을 잊지 말아야 합니다." 그는 좀 더 전문적인 용어가 중독 연구자들의 지위를 높이는 데 도움이 될 것이라며 말을 이었다. 우수한 연구자가 생물학적인 용어로 이야기할 수 있는 경우에만 "누구나 그 연

구자들이 행동 전문가라고 생각합니다."라는 설명이었다. 중독 연구의 지위가 낮은 상황은 국립과학원 약물연구소 보고서에서도 확인할 수 있다. "약물 중독과 관련한 오명으로 중독 연구와 치료 분야에서 경력을 쌓으려던 젊은 연구자들이 직격타를 맞고 있다… 이 오명으로 인해 실제로 연구를 진행하기 어려운 경우가 많고 환자가 겁을 먹게 하거나 공공 지원금, 후원을 얻기 힘들다. 중독 연구는 거의 눈에 띄지 않고 가치가 절하되는 경우가 많으며 수많은 과학자, 임상 의사들은 경력 개발을 위해 다른 분야를 택한다.": Committee to Identify Strategies to Raise the Profile of Substance Abuse and Alcoholism Research, Institute of Medicine, Dispelling the Myths About Addiction: Strategies to Increase Understanding and Strengthen Research (Washington, DC: National Academies Press, 1997), 140. "Oral History Interviews with Substance Abuse Researchers: Robert Balster," Record 3, University of Michigan Substance Abuse Research Center, June 2004, http://sitemaker.umich.edu/substance.abuse.history/oral_history_interviews.

19. NIDA 연구 예산 중 약 66퍼센트는 기초 임상 신경과학과 행동 연구, 약물 개발에 사용되고 나머지 예산은 약물과 행동 치료에 대한 임상 시험 및 역학, 예방 사업에 사용된다.: http://www.drugabuse.gov/about-nida/legislative-activities/budget-information/fiscal-year-2013-budget-information/budget-authority-by-activity-table. 우선순위에 관한 정보: "NIDA's Priorities in Tough Fiscal Times," Messages from the Director, NIDA online newsletter, February 2012, http://www.drugabuse.gov/about-nida/directors-page/messages-director/2012/02/nida〈#213〉s-funding-priorities-in-tough-fiscal-times-flavor of priorities. NIDA가 제공한 연구 예산 비율: "NIDA Funds More Than 85 Percent of the World's Research on Drug Abuse," at "Policy and Research," Office of National Drug Control Policy, the White House, http://www.whitehouse.gov/ondcp/policy-and-research. Jaffe's comments are in "Oral History Interviews with Substance Abuse Researchers: Jerry Jaffe."20. 예산 지원 관련 자료: Benjamin Goldstein and Francine Rosselli, "Etiological Paradigms of Depression: The Relationship Between Perceived Causes, Empowerment, Treatment Preferences, and Stigma," Journal of Mental

Health 12 (2003): 551-563; and Jo C. Phelan, R. Cruz-Rojas, and M. Reiff, "Genes and Stigma: The Connection Between Perceived Genetic Etiology and Attitudes and Beliefs About Mental Illness," Psychiatric Rehabilitation Skills 6 (2002): 159-185. 죄책감 감소에 관한 정보: Judy Illes et al., "In the Mind's Eye: Provider and Patient Attitudes on Functional Brain Imaging," Journal of Psychiatric Research 43 (2008): 107-114; and Emily Borgelt, Daniel Z. Buchman, and Judy Illes, "This is Why You've Been Suffering: Reflections of Providers on Neuroimaging in Mental Health Care," Journal of Bioethical Inquiry 8, no. 1 (2011): 15-25. 영상의 가치에 관한 자료: Daniel Z. Buchman et al., "Neurobiological Narratives: Experiences of Mood Disorder Through the Lens of Neuroimaging," Sociology of Health and Illness 35, no. 1 (2013): 66-81.

21. 미국 중독약물협회의 2001년 12월 15일자 성명: http://www.asam.org/advocacy/find-a-policy-statement/view-policy-statement/public-policy-statements/2011/12/15/the-definition-of-addiction.

22. Ernest Kurtz, Alcoholics Anonymous and the Disease Concept of Addiction, available as an e-book at http://ebookbrowse.com/ernie-kurtz-aa-the-disease-concept-of-alcoholism-pdf-d168865618.

23. 샐리 사텔이 수년간 메타돈 치료를 실시한 병원에서 정신과 전문의로 일하면서 개인적으로 경험한 일이다.

24. Thomas C. Schelling, "The Intimate Contest for Self-command," Public Interest 60 (1980): 94-118; Robert Fagles, trans., The Odyssey of Homer (New York: Penguin Books, 1997), 272-273; "Historical Perspectives: Opium, Morphine, and Heroine," Wired into Recovery, http://wiredintorecovery.org/articles/entry/8932/historical-perspectives-opium-morphine-and-heroin/;Southwest Associates, "How Interventions Work," http://www.southworthassociates.net/interventions/how-interventions-work.

25. Edward J. Khantzian and Mark J. Albanese, Understanding Addiction as Self Medication: Finding Hope Behind the Pain (Lanham, MD: Rowman and Littlefield, 2008); Caroline Knapp, Drinking: A Love Story (New York: Dial Press, 1997), 267. 냅(Knapp)은 몇 년간 취한 상태로 지내다가 마흔 두 살의 나이에 폐암으로 세상을 떠났다.

26. Jerry Stahl, Permanent Midnight (Los Angeles: Process, 2005), 6, 3.

27. Cracked Not Broken, DVD, directed by Paul Perrier (HBO, 2007).

28. Harold Kalant, "What Neurobiology Cannot Tell Us About Addiction," Addiction 105, no. 5 (2010): 780-789; Nick Heather, "A Conceptual Framework for Explaining Drug Addiction," Journal of Psychopharmacology 12, no. 1 (1998): 3-7. 과거에 헤로인 중독자였던 영국 배우 러셀 브랜드(Russell Brand)는 친구로 지내던 에이미 와인하우스의 죽음을 다음과 같이 회상했다. "무엇에든 중독이 되면 돈 주고 구입한 약간의 위안으로 하루하루를 수월하게 보내기 위해 삶의 고통을 마비시키는 것을 가장 우선시한다.": "Russell Brand Pens Touching Tribute to Amy Winehouse," US Weekly, July 24, 2011, http://www.usmagazine.com/entertainment/news/russell-brand-pens-touching-tribute-to-amy-winehouse-2011247. 피트 해밀(Pete Hamill)이 술 취해 살던 삶을 회상한 글도 비슷한 내용이다. "술 마시는 생활은 오래 지속된다. 주어지는 보상이 너무나 많기 때문이다. 부끄러운 사람은 자신감을 얻고, 불확실한 일은 분명해지고, 상처 받고 외로운 사람은 위안을 얻는다.": Hamill, A Drinking Life (New York: Back Bay Books, 1995), 1. 마크 루이스(Marc Lewis)는 이렇게 회상한다. "약에 취해 살다가 마침내 너무도 끔찍한 기분을 느낀 것이 다시 회복되는 데 어느 정도 영향을 주었다. 한때는 한껏 취하면 얻을 수 있었던 보상들도 모두 더 이상 얻을 수 없었다. 잠깐 동안 약에 절어 사는 일은 갖가지 괴로운 기분으로 이어져서, 맨 정신으로 지내면서 느껴야 했던 그 어떤 경험보다도 훨씬 더 안 좋은 경험이 되었다.": Walter Armstrong, "Interview with an Addicted Brain," The Fix, May 23, 2012, http://www.thefix.com/content/interview-Marc-Lewis-addicted-brain8090?page=all.

29. Powell v. Texas, 392 U.S. 14 (1968), http://bulk.resource.org/courts.gov/c/US/392/392.US.514.405.html.

30. Ibid.

31. Ibid.

32. Stephen T. Higgins, Kenneth Silverman, and Sarah H. Heil, eds. Contingency Management in Substance Abuse Treatment (New York: Guilford Press, 2008). 메타 분석을 통해, 실험 조건에서 (약물 전체를 통틀어) 보상의 성공률은 61퍼센트였고 일반적인 치료를 실시한 경우 성공률은 39퍼센트

3

로 나타났다.: Michael Prendergast et al., "Contingency Management for Treatment of Substance Use Disorders: A Meta-analysis," Addiction 101, no. 11 (2006): 1546-1560; and Kevin G. Volpp et al., "A Randomized, Controlled Trial of Financial Incentives for Smoking Cessation," New England Journal of Medicine 360 (2009): 699-709.

33. 물질과 관련된 자극에 대한 fMRI 반응성으로 재발 가능성을 예측할 수 있다는 근거가 몇 가지 있다. 코카인 중독자를 대상으로 한 연구에서는 피험자가 주관적으로 갈망이 느껴진다고 밝히지 않았으나 스스로 갈망 반응이 나타났다고 보고하기 전에 팔과 다리 부위가 크게 활성화되며, 이는 환자가 10주간 이어지는 치료 과정에서 재발 가능성이 있음을 추정할 수 있는 근거로 나타났다. 흥미로우면서도 임상학적 가치가 있는 결과로, 특히 재발 가능성을 돈이 덜 드는 방법으로는 예측할 수 없는 경우 더욱 효용성이 크다.: Thomas R. Kosten et al., "Cue-Induced Brain Activity Changes and Relapse in Cocaine-Dependent Patients," Neuropsychopharmacology 31 (2006): 644-650. 기능적 영상 연구는 생리학적 자극에 반응성이 크게 나타나고, 따라서 알코올과 관련된 자극에 맞닥뜨리면 재발할 위험이 높은 환자를 가려내는 데 도움이 된다: Andreas Heinz et al., "Brain Activation Elicited by Affectively Positive Stimuli Is Associated with aLower Risk of Relapse in Detoxified Alcoholic Subjects," Alcoholism: Clinical and Experimental Research 31, no. 7 (2007): 1138-1147; and Amy C. Janes et al., "Brain Reactivity to Smoking Cues Prior to Smoking Cessation Predicts Ability to Maintain Tobacco Abstinence," Biological Psychiatry 67 (2010): 722-729. See also Daniel Shapiro, cited in Sally Satel and Frederick Goodwin, "Is Addiction a Brain Disease?," Ethics and Public Policy, 1997, www.eppc.org/docLib/20030420_DrugAddictionBrainDisease.pdf.

34. Hedy Kober et al., "Prefrontostriatal Pathway Underlies Cognitive Regulation of Craving," Trends in Cognitive Neuroscience 15, no. 3 (2011): 132-139. See also Cecilia Westbrook et al., "Mindful Attention Reduces Neural and Self-Reported Cue-Induced Craving in Smokers," Social Cognition and Affective Neuroscience, 2011, http://scan.oxfordjournals.org/content/early/2011/11/22/scan.nsr076.full; Angela Hawken, "Behavioral Triage: A New Model for Identifying and Treating Substance-

Abusing Offenders," Journal of Drug Policy Analysis 3, no. 1 (February 2010), doi: 10.2202/1941-2851.1014.

35. Nora D. Volkow et al., "Cognitive Control of Drug Craving Inhibits Brain Reward Regions in Cocaine Abusers," Neuroimage 49 (2010): 2536-2543.

36. Robert L. DuPont et al., "Setting the Standard for Recovery: Physicians' Health Programs," Journal of Substance Abuse Treatment 36, no. 2 (2009): 159-171, 165. See also Robert L. DuPont et al., "How Are Addicted Physicians Treated? A National Survey of Physician Health Programs," Journal of Substance Abuse Treatment 37, no. 1 (2009): 1-7.

37. Maxine Stitzer and Nancy Petry, "Contingency Management for Treatment of Substance Abuse," Annual Review of Clinical Psychology 2 (2006): 411-434. 한 연구에서는 코카인에 의존적인 피험자는 의사결정이 필요한 도박 과제에서, 가상의 수익과 손실만 존재하는 상황에서 진짜 돈을 얻을 수 있는 기회가 주어졌을 때, 위험한 선택을 할 가능성이 낮은 것으로 나타났다(대조군과 같은 수준).: Nehal P. Vadhan et al., "Decision-making in Long-Term Cocaine Users: Effects of a Cash Monetary Contingency on Gambling Task Performance," Drug and Alcohol Dependence 102, no. 103 (2009): 95-101.

38. 1989년부터 플로리다 주에 약물 법원이 운영되기 시작하여 현재는 미국 전역에 수천 곳이 운영 중이다. 약물 법원은 비폭력적인 중독자에게 유죄를 인정하고 치료 프로그램을 시작할 수 있는 기회를 제공하고자 마련되었다. 폭력과 무관한 피의자는 약물 법원 판사의 면밀한 감시감독에 따라 죄를 인정하거나 항쟁하지 않겠다는 의사를 밝히고, 법원은 판사의 엄격한 관리를 받으며 최소 1년간 치료 프로그램을 완료하면 전과가 삭제되는 기회를 제공한다. 환자이자 피의자가 무작위로 실시되는 소변 검사에서 탈락하거나 프로그램 규칙(치료 참여 등)을 위반하면, 판사는 지역 봉사활동이나 감옥에 하루 머무는 등 신속하고 확실하지만 지나치게 엄격하지 않은 처벌을 내린다. 처벌 또한 공정하고 투명하게 실시된다. 즉 동일한 행동에 대해서는 누구나 같은 처벌을 받고, 위반 시 어떤 처벌을 받을지 정확하게 알고 있다. 약물 법원의 교정 실패 비율은 표준 치료가 실시된 치료의 실패 비율보다 현저히 낮다. 약물 이용 감소 등 치료 결과가 우수한 경우는 치료가 법원에서 실시하든 환자가 자유롭게 선택해 시작하든 상관없이 당사자가 치료에 얼마나 오랜 시간을 들였는지와 밀접

한 관련이 있는 것으로 입증되었으며 이를 고려하면 아주 중요한 결과라 할 수 있다. 또한 일반적인 보호 관찰 조건을 따르고 있는 보호 관찰자와 비교할 때 약물 법원 참가자의 재범률은 훨씬 낮다. 법원의 관리 수준, 지원금, 직원, 프로그램 규모, 위반 시 처벌이 주어지는 시점에는 법원마다 큰 차이가 있다. 약물 법원에 관한 설명은 다음 자료에서 확인할 수 있다.: Shannon M. Carey, Michael W. Finigan, and Kimberly Pukstas, Exploring the Key Components of Drug Courts: A Comparative Study of 18 Adult Drug Courts on Practices, Outcomes, and Costs (Portland, OR: NPC Research, 2008), electronic copy available at http://www.ncjrs.gov/pdffiles1/ nij/grants/223853.pdf; National Drug Court Research Center, "How Many Drug Courts AreThere?," updated December 31, 2011, http://www. ndcrc.org/node/348; and Celinda Franco, "Drug Courts: Background, Effectiveness, and Policy Issues for Congress," Congressional Research Service, October 12, 2010, http://www.fas.org/sgp/crs/misc/R41448. pdf. HOPE 프로젝트에 관한 정보: Angela Hawken and Mark Kleiman, "Managing Drug Involved Probationers with Swift and Certain Sanctions: Evaluating Hawaii's HOPE," December 2, 2009, http://www.nij.gov/ topics/corrections/community/drug-offenders/hawaii-hope.htm.

39. Angela Hawken, "Behavioral Triage." 추적 조사가 진행된 1년 동안 3~4회 이상 양성 판정을 받은 환자는 치료를 받았다: Angela Hawken, School of Public Policy at Pepperdine University, personal communication with authors, February 16, 2012. 선정된 사람은 HOPE이 의무적으로 실시되었다. 즉 참여를 선택할 수 없으며 보편적으로 실시되는 프로그램도 아니다. 다른 프로그램과 달리, 성공 가능성이 큰 사람보다는 프로그램에 참여하지 않으면 실패할 위험이 큰 사람을 참가자로 선정한다.

40. Angela Hawken and Mark Kleiman, "Managing Drug Involved Probationers with Swift and Certain Sanctions: Evaluating Hawaii's HOPE," December 2, 2009, http://www.nij.gov/topics/cor rections/community/drug-offenders/ hawaii-hope.htm. 메탐페타민의 영향에 관한 자료: Ari D. Kalechstein, Thomas F. Newton, and Michael Green, "Methamphetamine Dependence Is Associated with Neurocognitive Impairment in the Initial Phases of Abstinence," Journal of Neuropsychiatry and Clinical Neuroscience 15

N
CH

(2003): 215-220; Thomas E. Nordahl, Ruth Salo, and Martin Leamon, "Neuropsychological Effects of Chronic Methamphetamine Use on Neurotransmitters and Cognition: A Review," Journal of Neuropsychiatry and Clinical Neuroscience 15 (2003): 317-25; Patricia A. Woicik et al., "The Neuropsychology of Cocaine Addiction: Recent Cocaine Use Masks Impairment," Neuropsychopharmacology 34, no. 5 (2009): 1112-1122; and Mark S. Gold et al., "Methamphetamine- and Trauma-Induced Brain Injuries: Comparative Cellular and Molecular Neurobiological Substrates," Biological Psychiatry 66, no. 2 (2009): 118-127; Carl L. Hart et al., "Cognitive Functioning Impaired in Methamphetamine Users? A Critical Review," Neuropsychopharmacology 37 (2012): 586-608 (note that the paper by Hart et al. reports on recreational rather than chronic users of methamphetamine).

41. 예를 들어 사우스다코타 주는 반복적인 음주 운전자 수를 줄일 수 있는 방법을 모색했다. 알코올과 관련된 위반으로 체포되거나 유죄가 인정된 사람은 하루에 두 번씩 음주 측정기 검사 결과를 제출하거나 연속적으로 알코올을 측정하는 팔찌 형태의 장치를 착용해야 한다. 양성 판정이 나올 경우, 즉각적이고 확실하지만 무난한 수준의 처벌이 내려지며 현장에서 체포되면 하룻밤 철창 신세를 져야 한다. 2005년부터 2010년까지 프로그램 참가자는 370만 건 정도의 음주 측정기 검사 명령을 받았는데 합격률은 99퍼센트가 넘었다.: Beau Kilmer et al., "Efficacy of Frequent Monitoring with Swift, Certain, and Modest Sanctions for Violations: Insights from South Dakota's 24/7 Sobriety Project," American Journal of Public Health 103, no. 1 (2013): e37-e43. 일반적인 치료보다 보상을 제공하는 편이 더 효과적 일뿐만 아니라 보상 하나만으로도 보상과 치료를 동시에 실시하는 것 만큼의, 심지어 그 이상의 효과가 나타나는 경우가 있다. 보상은 납세자의 절약에도 큰 도움을 줄 수 있다: Adele Harrell, Shannon Cavanagh, and John Roma, Findings from the Evaluation of the D.C. Superior Court Drug Intervention Program (Washington, DC: Urban Institute, 1999), https://www.ncjrs. gov/pdffiles1/nij/grants/181894.pdf. 일반적인 생각과 달리, 중독자는 치료 프로그램에서 성공을 거두려고 삶을 변화시켜야겠다고 다짐할 필요가 없다. 충분히 오랜 기간 동안 치료를 지속하고, 보상으로 이렇게 치료를 이어갈 가능성이 증가하면, 대부분은 약물 없이 사는 삶의 장점을 제대로 파

악하면서 프로그램의 가치를 마침내 인정한다. 실제로 법적인 의무 사항에 따라 치료를 받아야 하는 중독자는 더 오랫동안 치료를 받고 끝까지 완료할 가능성이 높아서 자발적으로 참여하는 환자보다 성과가 더 우수하다: Sally L. Satel, Drug Treatment: The Case for Coercion (Washington, DC: AEI Press, 1999); Judge Steven Alm, personal communication with authors, June 30, 2009. 약물 법원의 수, 만일의 사태가 발생한 경우에 대비한 관리 형태, 비폭력적인 중독자가 형사 범죄로 전환되지 않도록 하는 프로그램은 소변 검사에서 양성 판정이 나와도 처벌하지 않으려는 직원들의 경향이 방해 요소로 작용하고 있다.: Linda L. Chezem, J. D., Adjunct Professor, Department of Medicine at Indiana University School of Medicine, personal communication with authors, February 10, 2009. NIDA의 HOPE 프로그램 검토 거부에 관한 정보: Mark Kleiman, "How NIDA Puts the Dope Back into Dopamine," The Reality-Based Community, July 19, 2012, www.samefacts.com/2012/07/drug-policy/how-nida-puts-the-dope-back-into-dopamine. 같은 논리, 즉 중독자의 뇌 변화가 보상에 무감각해지도록 만든다는 논리는 캘리포니아 주 제안 36호 반대자들이 내세운 파괴적인 논리로, 2001년 비폭력적인 약물 관련 위반자의 교도소 전환 프로그램(jail diversion program)을 두고 실시된 총선거에서 제시된 주장이다. 이 주장은 승리를 거두었지만, 몇 년 지나지 않아 프로그램 운영 직원들은 보통 수준의 처벌과 보상을 활용할 수 있게 해달라고 항의하기 시작했다. 이 두 가지를 활용하지 못하니 영향력을 행사할 수 없다는 이유에서였다.

42. "자극제 중독을 치료할 수 있는 약이 없다는 사실은 미국에서는 이 문제를 해결하지 못한다는 핵심적인 사실을 보여주며, 내가 근무하는 연구소에서는 항자극제 중독 약물 개발을 최우선으로 추진할 것임을 선언한다.": Alan I. Leshner, "Treatment: Effects on the Brain and Body," National Methamphetamine Drug Conference, May 29-30, 1997, https://www.ncjrs.gov/ondcppubs/publications/drugfact/methconf/plenary2.html. 레쉬너는 유사한 내용을 글로도 밝혔다. "우리의 궁극적인 목표는 뇌 영상 연구에서 얻은 지식을 약물 남용과 중독 문제를 더 구체적인 대상을 선정하여 보다 효과적으로 치료할 수 있는 방법을 개발하는 데 활용하는 것이다.": "Director's Column: NIDA's Brain Imaging Studies Serve as Powerful Tools to Improve Drug Abuse Treatment," NIDA Notes 11, no. 5 (1996), http://

N

CH

archives.drugabuse.gov/NIDA_Notes/NNVol11N5/DirRepVol11N5.html.
Interlandi, "What Addicts Need."

43. Melanie Greenberg, "Could Neuroscience Have Helped Amy Winehouse?,"
Psychology Today, July 24,2011, http://www.psychologytoday.com/
blog/the-mindful-self-express/201107/could-neuroscience-have-helped-
amy-winehouse. 과학 분야 작가 샤론 베글리(Sharon Begley)는 중독을 의
학적으로 치유할 수 있다는 내용에 언론이 지나치게 초점을 맞추는 문
제에 대해 다음과 같이 언급했다. "언론은 코카인 백신 개발에 눈곱만큼
만 진전이 있어도 대대적으로 보도한다. 자제력에 보상이 주어지면 메탐
페타민 중독을 벗어나게 할 수 있다는 내용이나 부부 상담가가 알코올 중
독을 치료할 수 있다는 내용, 혹은 인지-행동 치료가 코카인 중독 문제를
해결할 수 있다는 연구 내용도 마찬가지다.": Sharon Begley, "Forget the
Cocaine Vaccine," Newsweek, March 4,2010, http://www.thedailybeast.
com/newsweek/2010/03/04/forget-the-cocaine-vaccine.html. David
M. Eagleman, Mark A. Correro, and Jyotpal Sing, "Why Neuroscience
Matters for Rational Drug Policy," Minnesota Journal of Law, Science and
Technology 11, no. 1 [2010]: 7-26.

44. National Institute on Drug Abuse, Drugs, Brains and Behavior: The
Science of Addiction [Bethesda, MD: National Institutes of Health, 2007]: 1, http://
www.drugabuse.gov/sites/default/files/sciofaddiction.pdf. 그러나 실제
로는 치료 방법의 판도가 바뀔 수 있음을 증명한 뇌 기반 연구 결과는 아
직 한 건도 나온 것이 없다. 치료법으로 가장 많이 사용되는 약물 치료
는 1980년대 이전에 처음 등장했다. 메타돈에 관한 자료: David F. Musto,
The American Disease: Origins of Narcotics Control [Oxford: Oxford University
Press, 1999], 237-253. 당시 가장 널리 다루어진 것은 헤로인 중독으로, 항상
중독 문제가 중점이 되었다. 메타돈 치료의 선구자는 빈센트 돌과 마리 니
스완더 두 의사 부부로, 두 사람은 헤로인 중독을 당뇨병과 동일시하고 메
타돈을 이용한 지속적인 치료는 당뇨병 환자에게 인슐린을 사용하는 것
과 동일하다고 보았다. 메타돈 치료 대상자의 지속적인 약물 이용 관련 자
료: Edward J. Cone, "Oral Fluid Results Compared to Self-Report of Recent
Cocaine and Heroin Use by Methadone Maintenance Patients," Forensic
Science International 215 [2012]: 88-91. 코카인 면역 치료법에 관한 요약 정

3

보: Thomas Kosten, "Shooting Down Addiction," Scientist Daily, June 1, 2011, http://the-scientist.com/2011/06/01/shooting-down-addiction/. 코카인 백신은 인체가 코카인에 대한 항체를 생산하도록 자극하기 위한 목적으로 만들어졌다. 이 항체는 코카인 이용자의 몸에서 코카인 분자와 결합하여 복합체를 형성하는데, 크기가 너무 커서 뇌 맥관 구조를 관통하여 뇌 조직으로 침투할 수가 없다. 결국 백신을 접종 받은 중독자는 코카인을 사용해도 아무런 효과를 느낄 수 없어 약에 대한 흥미를 곧 잃는다. 약물 중독 문제 해결에 백신을 이용한다는 생각은 40여 년 전까지 거슬러 올라간다. 1970년대 초, 쥐와 원숭이를 대상으로 한 실험에서 그 뿌리를 찾을 수 있다.: Jerome Jaffe, personal communication with authors, January 15, 2011. 날트렉손(naltrexone)은 효과가 오래 지속될 수 있도록 매달 주사로 투여받을 수 있는 형태나 피부에 이식할 수 있는 고체 형태로 개발되었다. 메타돈도 아편제 성분 수용체를 점유하므로 해당 성분을 차단하는 효과가 있다. 부프레노르핀(buprenorphine)이라는 약물은 부분적인 아편제 성분 차단제로 작용한다: M. Srisurapanont and N. Jarusuraisin, "Opioid Antagonists for Alcohol Dependence," Cochrane Database of Systematic Reviews 25, no. 1 (2005): CD001867.

45. George F. Koob, G. Kenneth Lloyd, and Barbara J. Mason, "The Development of Pharmacotherapies for Drug Addiction: A Rosetta Stone Approach," Nature Reviews Drug Discovery 8, no. 6 (2009): 500-515. 날트렉손은 알코올 중독자의 인체에서 여러 가지 방식으로 작용한다. 첫째, 알코올에 대한 갈망을 감소시켜 마시고 싶다는 욕구 혹은 충동을 억제시킨다. 둘째, 환자가 금주 상태를 유지하도록 돕는다. 셋째, 재활 중인 환자가 술을 마신 경우, 엔돌핀이 매개하는 기분 좋은 반응을 억제시켜 술을 더 마시고 싶다는 생각을 교란시킨다.: Silvia Minozzi et al., "Oral Naltrexone Maintenance Treatment for Opiate Dependence," Cochrane Database of Systematic Reviews 16, no. 2 (2011): CD001333. 아캄프로세이트(Acamprosate)도 알코올에 대한 욕구를 감소시키는 약물이다. 그러나 작용 기전은 명확히 밝혀지지 않았다.: "Acamprosate: A New Medication for Alcohol Use Disorders," Substance Abuse Treatment Advisory 4, no. 1 (2005), http://kap.samhsa.gov/products/manuals/advisory/pdfs/Acamprosate-Advisory.pdf. 약물 개발의 가장 큰 문제점은 도파민이 풍

부하여 욕구를 매개하는 중간 변연계를 섹스, 음식 등 정상적인 보상 기전에 따른 자연스러운 보상의 즐거움에 영향을 주지 않으면서 약화시키는 것이다. 도파민 강화로 인한 흥미로운 부작용 정보: Leann M. Dodd et al., "Pathological Gambling Caused by Drugs Used to Treat Parkinson Disease," Archives of Neurology 62, no. 9 (2005): 1377-1381.

46. Alan Leshner's outlook, described in Peggy Orenstein, "Staying Clean," New York Times Magazine, February 10, 2002; Leshner, "Addiction Is a Brain Disease," 46 and 45; Nora Volkow, "It's Time for Addiction Science to Supersede Stigma," ScienceNews, October 24, 2008.

47. "국민, 정책 입안자가 중독은 의사 결정의 문제가 아니라, 질병의 과정이라는 점을 이해할 수 있도록 도와야 한다…" 전(前N) NIDA 관리인 글렌 핸슨(Glen Hanson)은 이렇게 설명했다.: Glen R. Hanson, "How Casual Drug Use Leads to Addiction: The 'Oops' Phenomenon," Atlanta Inquirer 41, no. 5 (2002): 4.

48. Susan Cheever, "Drunkenfreude," Proof, New York Times, December 15, 2008, http://proof.blogs.nytimes.com/2008/12/15/drunkenfreude/.

49. 2006년에 HBO, 〈USA 투데이〉, 갤럽이 실시한 여론 조사에서 가족이 있는 응답자 66퍼센트는 중독이 심리적인 질환이자 정신 질환이라고 답했다(8 퍼센트는 심리적 질병이라고만 답했다). 응답자의 24퍼센트는 질병이 아니라고 밝혔다. 같은 조사에서, 가족이 있는 응답자의 55퍼센트는 중독의 가장 큰 원인을 "의지 부족"으로 꼽았다(60 퍼센트는 약물 중독에서 이 부분이 가장 큰 요인이라고 답했다). 의지 부족은 전혀 원인으로 작용하지 않는다고 답한 응답자는 16퍼센트에 불과했다. 그러나 전혀 무관한 요인으로 무시할 수 있는 수준은 아니다. 응답자의 절반은 우울증이나 불안감이 중독에 가장 중요한 영향을 준다고 밝혔다.: "USA Today Poll," May 2006, http://www.hbo.com/addiction/understanding_addiction/17_usa_today_poll.html. The Substance Abuse Mental Health Services Administration(HHS) 2008년 캐러밴 연구(Caravan Study)에서는 18세부터 24세 응답자의 66퍼센트가 의지만 충분하면 약을 끊을 수 있다고 답했다. 그러나 전체 응답자에서 이와 같이 답한 비율은 38퍼센트였다.: "National Poll Reveals Public Attitudes on Substance Abuse, Treatment and the Prospects of Recovery," Substance Abuse and Mental Health Services Administration (SAMHSA), last

3

modified December 4, 2006, http://www.samhsa.gov/attitudes/. 2005
년 피터 D. 하트(Peter D. Hart)가 실시한 알코올 중독 연구에서는 63퍼센트
가 도덕성이 약한 것이 원인이라고 답했으며 37퍼센트는 질병이라고 답했
다. 그러나 응답자 대다수가 치료가 필요하다는 데 동의했다.: Alan Rivlin,
"Views on Alcoholism & Treatment," September 29, 2005, http://www.
facesandvoicesofrecovery.org/pdf/2005-09-29_rivlin_presentation.pdf.
2008년 헤이즐든(Hazelden) 센터가 실시한 '중독에 관한 일반 대중의 견해'
라는 여론조사에서는 중독이 질병이라고 생각하느냐는 질문에 48퍼센트
가 '동의한다'에, 34퍼센트가 '강력히 동의한다'고 답해 총 78퍼센트가 찬성
의 뜻을 밝혔다. 또 56퍼센트는 최초 위반 시 감옥에 가두어서는 안 된다
고 밝혔다.: www.hazelden.org/web/public/document/2008publicsurvey.
pdf. 2009년 오픈 소사이어티 연구소(Open Society Institute)의 여론 조사에
서는 응답자의 75퍼센트가 중독은 질병이라 생각한다고 밝혔다.: www.
facesandvoicesofrecovery.org/pdf/OSI_LakeResearch_2009.pdf. 2007년
로버트 우드 존슨 재단(Robert Wood Johnson Foundation)이 실시한 조사에서는
응답자의 47퍼센트가 중독을 "일종의 질환"이라 생각한다고 밝혔다. "나약
함"을 원인으로 본 응답자 비율은 백인이 아닌 응답자에서 더 높게 나타났
다. 나약함과 질병 모두가 원인이라고 밝힌 응답자는 전체의 약 13퍼센트
에 그쳤다. 응답자의 3분의 2는 전문가의 도움이나 '익명의 알코올 중독자
모임(AA)'와 같은 단체의 지원 없이는 회복이 불가능하다고 답했다.: "What
Does America Think About Addiction Prevention and Treatment?," RWJF
Research Highlight 24 (2007), https://folio.iupui.edu/.../559/Research%20
Highlight%2024[3].pdf. The Indiana University study is reported in Bernice
A. Pescosolido et al., "'A Disease Like Any Other'? A Decade of Change in
Public Reactions to Schizophrenia, Depression, and Alcohol Dependence,"
American Journal of Psychiatry 167, no. 11 (2010): 1321-1330.

50. Gau Schomerus et al., "Evolution of Public Attitudes About Mental Illness:
A Systematic Review and Meta-analysis," Acta Psychiatrica Scandinavica
125, no. 6 (2012): 440-452; Daniel C. K. Lam and Paul Salkovskis, "An
Experimental Investigation of the Impact of Biological and Psychological
Causal Explanations on Anxious and Depressed Patients' Perception
of a Person with Panic Disorder," Behaviour Research and Therapy 45

(2006): 405-411; John Read and Niki Harr?, "The Role of Biological and Genetic Causal Beliefs in the Stigmatisation of 'Mental Patients,'" Journal of Mental Health 10 (2001): 223-235; John Read and Alan Law, "The Relationship of Causal Beliefs and Contact with Users of Mental Health Services to Attitudes to the 'Mentally Ill,'" International Journal of Social Psychiatry 45 (1999): 216-229; Danny C. K. Lam and Paul M. Salkovskis, "An Experimental Investigation of the Impact of Biological and Psychological Causal Explanations on Anxious and Depressed Patients' Perception of a Person with Panic Disorder," Behavior Research and Therapy 45, no. 2 (2007): 405-411; Sheila Mehta and Amerigo Farina, "Is Being 'Sick' Really Better? Effect of the Disease View of Mental Disorder on Stigma," Journal of Social and Clinical Psychology 16, no. 4 (1997): 405-419; Ian Walker and John Read, "The Differential Effectiveness of Psychosocial and Biogenetic Causal Explanations in Reducing Negative Attitudes Toward 'Mental Illness,'" Psychiatry 65, no. 4 (2002): 313-325; Brett J. Deacon and Grayson L. Baird, "The Chemical Imbalance Explanation of Depression: Reducing Blame at What Cost?," Journal of Social and Clinical Psychology 28, no. 4 (2009): 415-435; Matthias C. Angermeyer and Herbert Matschinger, "Labeling—Stereotype—Discrimination: An Investigation of the Stigma Process," Social Psychiatry and Psychiatric Epidemiology 40 (2005): 391-395; and Nick Haslam, "Genetic Essentialism, Neuroessentialism, and Stigma: Commentary on DarNimrod and Heine (2011)," Psychological Bulletin 137 (2011): 819-824.

51. Leshner, "Addiction Is a Brain Disease," 47.

52. 진단 및 통계 편람(DSM)에 명시된 "물질 관련 장애"의 공식적인 기준에서는 의존성("중독"이라는 용어와 바꾸어 사용할 수 있다)에 대해 다음 아홉 가지 증상 중 세 가지를 충족하면 '의존성' 진단을 내릴 수 있다고 본다. (1) 의도한 기간 보다 더 오랜 기간 동안 다량의 물질을 이용한 경우, (2) 물질에 대한 욕구 가 지속되거나, 물질 이용을 줄이고 통제하려는 노력이 한 번 이상 실패한 경우, (3) 해당 물질을 획득하거나 소비하는 데, 혹은 물질의 영향에서 회 복되는 데 상당한 시간이 소요된 경우, (4) 의무적으로 수행해야 할 중대한 일이 있는 상황에서 취하거나 금단 증상이 나타나는 경우가 빈번한 경우,

(5) 물질 이용을 위해 사회적, 직업적, 오락 차원에서 중요한 활동을 포기한 적이 있는 경우, (6) 물질 이용과 관련한 문제가 재발해도 계속해서 이용한 경우, (7) 내성이 생긴 경우, (8) 금단 증상이 나타나는 경우, (9) 금단 증상을 없애려고 물질을 이용하는 경우: Diagnostic and Statistical Manual of Mental Disorders: DSM-IV-TR, 4th ed.; text revision (Washington, DC: American Psychiatric Publishing, 2000), 193.

4장

1. Angela Saini, "How India's Neurocops Used Brain Scans to Convict Murderers," Wired 6 (2009), http://www.wired.co.uk/wired-magazine/archive/2009/05/features/guilty.aspx?page=all. 인도에서는 본문에서 소개한 BEOS와 뇌 지문 감식법과 함께 거짓말 탐지기, '자백하게 만드는 약(truth serum)'을 이용한다. 뇌 지문 감식이 맨 처음 사용되다 BEOS가 파생되었다. 샤르마도 이 두 가지 검사를 모두 받았다. BEOS 기술자는 P300 외에도 더 많은 뇌 정보를 활용한다고 주장하지만, 구체적인 검사 방식은 공개하지 않는다.: Hank T. Greely, personal communication, November 29, 2012.

2. Saini, "How India's Neurocops Used Brain Scans"; 판사는 BEOS가 "유디트 살인에 그녀가 가담했다는 사실을 분명하게 보여준다."고 밝혔다: State of Maharashtra v. Aditi Baldev Sharma and Pravin Premswarup Khandelwal, Sessions Case No. 508/07 (2008): 61, http://lawandbiosciences.files.wordpress.com/2008/12/beosruling2.pdf; Hank T. Greely, personal communication November 29, 2012.

3. Rosenfeld is quoted and statistics on BEOS use are given in Saini, "How India's Neurocops Used Brain Scans to Convict Murderers." 인도 대법원은 2010년, 검사가 피의자의 동의 없이 실시되었다면 자기부죄로부터 스스로를 보호할 수 있는 권리를 침해한 것이라 판결했다. 그러면서도 법원은 피의자 동의가 있으면 검사를 계속할 수 있으며 다른 증거를 확증하는 데 사용할 수 있다고 밝혔다.: Dhananjay Mahapatra, "No Narcoanalytics Test Without Consent, Says SC," Times of India, May 5, 2010, http://articles.

timesofindia.indiatimes.com/2010-05-05/india/28319716_1_arushi-murder-case-nithari-killings-apex-court. "신경 경찰"에 관한 정보: Saini, "How India's Neurocops Used Brain Scans"; "사상 경찰"에 관한 정보: Helen Pearson, "Lure of Lie Detectors Spooks Ethicists," Nature 441 [2006]: 918-919; for "세뇌 작용"에 관한 자료: John Naish, "Can a Machine Read Your Mind?," Times [London], February 28, 2009. "무쿤단[Mukundan]은 자신이 개발한 뇌 영상 소프트웨어의 작용 원리를 공개하지 않을 것이다. 연구 결과나 연구 주제를 전문가 검토를 위해 공개하지 않기로 결정하면서 다른 사람들이 그의 성과를 검증할 수 없게 만들었다. 그러나 그는 이런 점을 개의치 않는다. 그는 자신의 발명품이 특허를 취득하기 전 통제 불능 상태가 되는 것 보다는 동료들이 헐뜯는 편이 낫다고 말했다.": Saini, "How India's Neurocops Used Brain Scans."

4. BEOS 분석에 대한 검토는 2007년 5월부터 시작됐다.: M. Raghava, "Stop Using Brain Mapping for Investigation and as Evidence," Hindu, September 6, 2008, http://www.hindu.com/2008/09/06/stories/2008090655050100.htm. 인도 국립 정신건강 신경과학 연구소의 검토 결과는 2008년에 발표됐다. 샤르마는 항소를 제기하여 2009년 4월, 형 집행이 정지되고 보석이 허가받아 항소심 절차를 대기 중이다. 이러한 결정은 샤르마가 비소를 소지한 것에 관한 의문에서 비롯되었다.: the decision of the High Court of Judicature at Bombay for Criminal Application No. 1294 of 2008, http://lawandbiosciences.files.wordpress.com/2009/04/iditis-bail-order1.pdf.

5. Saini, "How India's Neurocops Used Brain Scans." 샤르마가 비소가 들어 있는 프라사드를 소지하고 있었다는 증거가 납득할 만한 수준이 못되고 실제로 "그러한 증거를 일부러 심었을 가능성을 배제할 수 없다."고 판단되었다. 이에 샤르마는 풀려났다.: Emily Murphy, "Update on Indian BEOS Case: Accused Released on Bail," April 2, 2009, http://lawandbiosciences.wordpress.com/2009/04/02/update-on-indian-beos-case-accused-released-on-bail/ [with reprint of her bail release document].

6. Concise general overviews: Daniel D. Langleben and Jane C. Moriarty, "Using Brain Imaging for Lie Detection: Where Science, Law, and Policy Collide," Psychology, Public Policy, and Law [forthcoming]. 최신 기술과 유의점을 소개한 보고서: Brandon Keim, "Brain Scanner Can Tell What You'

re Looking At," Wired, March 5, 2008, http://www.wired.com/science/ discoveries/news/2008/03/mri_vision. 스티브 실버만(Steve Silberman)은 2006년 1월 〈와이어드(Wired)〉에 실린 기사에서, fMRI는 "보안 업계, 법조계, 그리고 우리의 근본적인 사생활에 변화를 일으킬 대세를 취하고 있다."고 주장했다. ("Don't Even Think About Lying," Wired, January 2006, http://www.wired.com/wired/archive/14.01/lying.html) 이와 같은 주장은 뇌 영상을 활용한 거짓말 탐지 기술이 DNA 증거만큼 확실하다는 인상을 주지만, 실제로는 전혀 그렇지 않다.: "Neuroscientist Uses Brain Scan to See Lies Form," National Public Radio, October 30, 2007, http://www.npr.org/templates/transcript/ transcript.php?storyId=15744871; and Newsweek's 2008 announcement that "mind reading has begun" in Sharon Begley,"Mind Reading Is Now Possible," Newsweek, January 12, 2008, http://www.newsweek.com/ id/91688/page/2. The No Lie MRI statement is at http://noliemri.com/ customers/Overview.htm.

7. P. R.Wolpe, K. R. Foster, and D. D. Langleben,"Emerging Neurotechnologies for Lie-Detection: Promises and Perils," American Journal of Bioethics 5 (2005): 39-49.

8. Charles V. Ford, Lies! Lies! Lies! The Psychology of Deceit (Washington, DC: American Psychiatric Publishing, 1999); Paul V. Trovillo, "A History of Lie Detection," American Journal of Police Science 29, no. 6 (1939): 848-881. 프로이트는 이렇게 말했다. "비밀을 지킬 수 있는 인간은 없다. 입술이 침묵하면 손가락이 재잘댈 것이고, 몸의 모든 구멍에서 비밀이 흘러나온다.": quoted in The Freud Reader, ed. Peter Gay (New York: W. W. Norton, 1995), 215. 거짓말을 잡아낼 수 있다는 확신에 관한 정보: Global Deception Research Team, "A World of Lies," Journal of Cross-Cultural Psychology 37, no. 1 (2006): 60-74. 거짓말 탐지가 불가능하다는 의견: Paul Ekman, Maureen O'Sullivan, and Mark G. Frank, "A Few Can Catch a Liar," Psychological Science 10, no. 3 (1999): 263-266; and Aldert Vrij et al., "Detecting Lies in Young Children, Adolescents, and Adults," Applied Cognitive Psychology 20, no. 9 (2006): 1225-1237.

9. 거짓말의 비율도 연구를 통해 밝혀졌다. 이를 확인하기 위해 연구진은 18~71세 피험자들을 대상으로 일주일간 한 모든 거짓말을 일기에 기록

하라고 요청했다.: Bella M. De Paulo, "The Many Faces of Lies," in The Social Psychology of Good and Evil, ed. A. G. Miller (New York: Guilford Press, 2004), 303-326, available on page 4 at http://smg.media.mit.edu/library/DePaulo.ManyFacesOfLies.pdf. 기만 행위를 표현한 영어 단어 관련 자료: Robin Marantz Henig, "Looking for the Lie," New York Times, February 5, 2006, www.nytimes.com/2006/02/05/magazine/05lying.html. 각 문화권의 거짓말 형태: Sean A. Spence et al., "A Cognitive Neurobiological Account of Deception: Evidence from Functioning Neuroimaging," Philosophical Transactions of the Royal Society of London B 359 (2004): 1755-1762, 1756.

10. Robert Trivers, The Folly of Fools: The Logic of Deceit and Self-Deception in Human Life (New York: Basic Books, 2011); Alison Gopnik, The Philosophical Baby: What Children's Minds Tell Us About Truth, Love, and the Meaning of Life (New York: Picador, 2010), 54-61. 인간을 제외한 영장류 중에도 상대방의 마음에 잘못된 믿음을 심어줄 수 있는 초기 형태의 능력을 소지한 동물이 일부 존재한다. 그러나 지금까지 밝혀진 바로는, 오직 사람만이 자신이 거짓말에 속았는지 알아내려고 골똘히 생각할 수 있다.: Robert W. Byrne, "Tracing the Evolutionary Path of Cognition: Tactical Deception in Primates," in The Social Brain: Evolution and Pathology, ed. M. Brüne, H. Ribbert, and W. Schiefenhövel (Hoboken, NJ: John Wiley, 2003). 반면 자폐증 환자는 마음 이론이 완전히 발달하지 않아 거짓말을 해도 설득력이 없으며 다른 사람의 거짓말도 거의 알아차리지 못한다.: Simon Baron-Cohen, "Out of Sight or Out of Mind: Another Look at Deception in Autism," Journal of Child Psychology and Psychiatry 33, no. 7 (1992): 1141-1155.11. David T. Lykken, A Tremor in the Blood: Use and Abuses of the Lie Detector (New York: Basic Books, 1998); Anne M. Bartol and Curt R. Bartol, Introduction to Forensic Psychology: Research and Application (Thousand Oaks, CA: Sage, 2012), 101.

12. 실험자의 질문에 대답을 하면 그 반응이 회전하는 원통에 장착된 종이 위에 날카로운 펜으로 기록된다. 1938년 질레트 사(社)는 마스턴을 고용하여 갓 면도를 마친 남성들이 질레트 면도기가 경쟁사 제품보다 낫다는 의견을 밝힐 때 과연 진실인지 입증하도록 했다. 마스턴은 조사 결과 사

4

실이었다고 밝혔지만, 이후 그가 데이터를 속인 것으로 드러났다. 질레트가 금빛 올가미를 마스턴에게 사용해봤다면 어땠을까?: Les Daniels, Wonder Woman: The Complete History (San Francisco: Chronicle Books, 2004), 16; Mark Constanzo and Daniel Krauss, Forensic and Legal Psychology: Psychological Science Applied to Law (New York: Worth, 2012), 55.

13. Ken Alder, The Lie Detectors: The History of an American Obsession (New York: Free Press, 2007), xi. 1980년대에는 5,000명에서 1만 명에 달하는 거짓말 탐지기 검사관이 매년 200만 명의 미국인을 대상으로 검사를 실시했다.(ibid., xiv). 앨더는 이렇게 설명했다. "거짓말 탐지기가 미국의 기계적 양심이 되었습니다."(ibid., xiv). "파출소, 사무실 건물, 정부 기관에서 정직성을 확인하다며 시작된 방식이 할리우드 영화와 메디슨가 광고에 대한 신뢰도를 파악하는 방식으로 활용되기 시작했죠."(ibid., xiii-xiv). Hearings on the Use of Polygraphs as "Lie Detectors" by the Federal Government Before the House Comm. on Government Operations, 88th Cong., 2d Sess. (1964); H.R. Rep. No. 198, 89th Cong., 1st Sess., 13 (1965). 다우베르트에 관한 전반적인 정보: Martin C. Calhoun, "Scientific Evidence in Court: Daubert or Frye, 15 Years Later,"Washington Legal Foundation, Legal Backgrounder, vol. 23, no. 37, August 22, 2008, http://www.wlf.org/upload/08-22-08calhoun.pdf. Frye v. United States, 293F. 1013, 1014 (D.C. Cir. 1923) (과학적 근거가 되려면 일반적으로 수용되고 관련 과학계가 인정하는 방식을 택해야 한다는 내용), http://law.jrank.org/pages/12871/Frye-v-United-States.html; Daubert v. Merrell-Dow Pharmaceuticals, 509 U.S. 579 (1993). 전문가 목격 내용의 수용 가능성을 판단하는 기준은 금호 타이어(Kumho Tire Co.)와 카마이클(Carmichael)의 재판에서 추가되었다.: 526 U.S. 137 (1999), and General Electric Co. v. Joiner, 522 U.S. 136 (1997).

14. Employee Polygraph Protection Act, 29 U.S.C. § 22, (1988), http://finduslaw.com/employee_polygraph_protection_epp_29_u_s_code_chapter_22#6; Joan Biskupic, "Justices Allow Bans of Polygraph," Washington Post, April 1, 1998. 거짓말 탐지기는 범죄 수사에도 사용된다. 결과를 법정에 활용할 수는 없지만, 성 범죄자의 보호관찰 절차에서는 일상적으로 사용된다.: http://www.polygraph.org/section/resources/frequently-asked-questions. 21세기 첫 해에만 약 160만 건의 검사가 실

시됐다고 미국 거짓말탐지 협회가 〈월스트리트 저널〉에 밝혔다. 그 이전 10년간 실시된 전체 검사 건수의 50퍼센트에 해당되는 수준이다.: Laurie P. Cohen, "The Polygraph Paradox," Wall Street Journal, March 22, 2008, http://online.wsj.com/article/SB120612863077155601.html (검사 대부분이 연방정부에서 실시됐다).

15. National Research Council, Division of Behavioral and Social Sciences and Education, The Polygraph and Lie Detection (Washington, DC: National Academies Press, 2003), esp. 3.

16. Allan S. Brett, Michael Phillips, and John F. Beary, "The Predictive Power of the Polygraph: Can the 'Lie Detector' Really Detect Liars?," Lancet 327, no. 8480 (1986): 544-547. 국가 연구위원회는 2003년 관련 근거 전체를 검토한 결과, 거짓말 탐지 검사의 정확성이 "우연히 나타난 결과보다는" 낫지만 "굉장히 높은 정확성을 요구하는 기대치에는 거의 못 미치는 수준"이라고 밝혔다.: Polygraph and Lie Detection, 212. 에임스(Ames)와 리(Lee)에 관한 자료: "The C.I.A. Security Blanket," New York Times, September 17, 1995; and Vernon Loeb and Walter Pincus, "FBI Misled Wen Ho Lee into Believing He Failed Polygraph," Washington Post, January 8, 2000.

17. 피험자의 눈 주변 체온 패턴도 안면의 혈류를 나타내므로 인지 여부를 파악하는 방법이 될 수 있다. 혹은 두피 아래 피질의 혈류를 적외선으로 측정하는 방법도 있다.: G. Ben-Shakar and E. Elaad, "The Validity of Psychophysiological Detection of Information with the Guilty Knowledge Test: A Meta-analytic Review," Journal of Applied Psychology 88, no. 1 (2003): 131-151.

18. L. A. Farwell and E. Donchin, "The Truth Will Out: Interrogative Polygraphy (Lie Detection) with Event-Related Potentials," Psychophysiology 28 (1991): 531-547; L. A. Farwell et al., "Optimal Digital Filters for Long Latency Components of the Event-Related Brain Potential," Psychophysiology 30 (1993): 306-315; L. A. Farwell, "Method for Electroencephalographic Information Detection," U.S. Patent, no. 5 (1995): 467, 777; Lawrence A. Farwell and Sharon S. Smith, "Using Brain MERMER Testing to Detect Knowledge Despite Efforts to Conceal," Journal of Forensic Sciences 46, no. 1 (2001): 135-143. MERMER는 자극이 주어진 뒤

0.3~0.8초 사이에 나타나는 P300 반응과 0.8초 이후 발생하는 추가 패턴을 함께 분석하여 보다 정확한 결과를 제공한다.: Farwell and Smith, "Using Brain MERMER Testing."

19. 파웰의 주장에 대한 비판 의견: J. Peter Rosenfeld, "'Brain Fingerprinting': A Critical Analysis," Scientific Review of Mental Health Practice 4, no. 1 (2005): 20-37. 반박 관련 자료: Lawrence A. Farwell, "Brain Fingerprinting: Corrections to Rosenfeld," Scientific Review of Mental Health Practice 8, no. 2 (2011): 56-68. 2001년 10월, 미국 연방 회계감사원이 발표한 뇌 지문 감식에 관한 보고서에서는 CIA와 FBI 모두 이 감식 기술은 "적용 및 활용에 한계가 있다."는 점을 인정했다. 양 기관은 파웰이 검사 원리에 관한 알고리즘 정보 제공을 독점 정보라는 이유로 거부한 점을 언급했다.: Becky McCall, "Brain Fingerprints Under Scrutiny," BBC News, February 17, 2004, http://news.bbc.co.uk/2/hi/science/nature/3495433.stm. 슬라우터의 처형에 관한 자료: Doug Russell, "Family's Nightmare Ends as Murderer Executed," McAlester News Democrat, March 16, 2005. 슬라우터가 신청한 증거 청문회를 오클라호마 항소 법원이 거부한다고 밝힌 결정: Slaughter v. State, No. PCD-2004-277 (OK Ct. Crim. App., Jan. 11, 2005), http://caselaw.findlaw.com/ok-court-of-criminal-appeals/1128130.html.

20. Lawrence A. Farwell, "Brain Fingerprinting: A Comprehensive Tutorial Review of Detection of Concealed Information with Event-related Brain Potentials," Cognitive Neurodynamics 6 (2012): 115-154, 115; Farwell, "Farwell Brain Fingerprinting: A New Paradigm in Criminal Investigations," self-published paper, Human Brain Research Laboratories, Inc., January 12, 1999, http://www.raven1.net/mcf/bf.htm; Farwell, "Brain Fingerprinting: Brief Summary of the Technology," Brain Fingerprinting Laboratories, 2000, http://www.forensicevidence.com/site/Behv_Evid/Farwell_sum6_00.html. 기억의 원리에 관한 자료: Daniel Schacter, The Seven Sins of Memory (Boston: Houghton Mifflin, 2001); and Edward C. Gooding, "Tunnel Vision: Its Causes and Treatment Strategies," Journal of Behavioral Optometry 14, no. 4 (2003): 95-99.

21. Ralf Mertens and John J. B. Allen, "The Role of Psychophysiology in Forensic Assessments: Deception Detection, ERPs, and Virtual Reality

Mock Crime Scenarios," Psychophysiology 45, no. 2 [2008]: 286-298. 앨런[Allen]은 가상의 범죄 시나리오를 이용한 실험을 진행하고, 파웰이 제시한 방법으로 "죄가 있는 사람"을 정확하게 가려내는 비율이 50퍼센트에 불과하다고 밝혔다.: John J. B. Allen, "Brain Fingerprinting: Is It Ready for Prime Time?" A Homeland Security Grant from the Office of the Vice President for Research at the University of Arizona per his CV at http://apsychoserver.psychofizz.psych.arizona.edu/JJBAReprints/John_JB_Allen_CV.pdf.

22. Kathleen O'Craven and Nancy Kanwisher, "Mental Imagery of Faces and Places Activates Corresponding Stimulus-Specific Brain Regions," Journal of Cognitive Neuroscience 12 [2000]: 1013-1023; Jesse Rissman, Henry T. Greely, and Anthony Wagner, "Detecting Individual Memories Through the Neural Decoding of Memory States and Past Experience," Proceedings of the National Academy of Sciences of the United States of America 107, no. 21 [2010]: 9849-9854. 두 가지 경우, 즉 실제로 목격한 경우와 자신이 목격했다고 생각하는 경우 모두 기억의 정확성은 59퍼센트 밖에 되지 않는다. 우연히 정확하게 말할 가능성보다 아주 조금 더 나은 수준이다.

23. 영국 정신과 전문의 선 스펜스[Sean Spence]는 이와 같은 목적으로 fMRI를 사용하자고 일찌기 주장한 인물들 중 한 명이다.: Spence et al., "Cognitive Neurobiological Account of Deception," 1755-1762. 어떤 연구 방법이 적용되었는지에 따라, 피험자가 진실을 말할 때 나타나는 뇌 활성에서 거짓을 이야기할 때의 활성을 제외하면 거짓말을 나타내는 신경학적인 특성을 파악할 수 있다. 또는 진실을 말할 때 뇌 상태와 거짓을 말할 때의 뇌 상태를 신경학적인 기본 상태와 비교하는 전략이 활용되기도 한다: Spence et al., "Behavioural and Functional Anatomical Correlates of Deception in Humans," NeuroReport 12 [2001]: 2849-2853, 30명의 피험자를 대상으로 하루 동안 어떤 활동을 했는지(예를 들어 자고 일어나 잠자리를 정돈했는지 등) 질문하면서 살펴본 결과, 진실을 말할 때보다 거짓말을 하는 데 (12퍼센트까지) 더 오랜 시간이 소요됐다.

24. F. Andrew Kozel et al., "Detecting Deception Using Functional Magnetic Imaging," Biological Psychiatry 58, no. 8 [2005]: 605-613. fMRI 거짓말 탐지기에 관한 참고 문헌 이십여 편: Henry T. Greely, "Neuroscience, Mind-

Reading and the Law," in A Primer on Criminal Law and Neuroscience: A Contribution of the Law and Neuroscience Project, ed. Stephen J. Morse and Adina L. Roskies (New York: Oxford University Press, forthcoming).

25. 더 상세히 설명하면, 연구진은 피험자가 일반적인 질문에 정직하게 답할 때보다 도둑질에 대해 진실을 이야기할 때 더 강하게 활성이 나타난 복셀의 수를 파악한다. 이 결과가 '진실'의 복셀이라고 본다. '거짓'의 복셀을 파악하기 위해서는 도둑질에 관한 질문에 거짓으로 답할 때 나타난 활성에서 일반적인 질문에 거짓으로 답할 때 더 강하게 활성화된 복셀을 제외시킨다. '거짓'의 복셀이 '진실'의 복셀 수를 넘어서면, 연구진은 피험자가 정직하지 못하다고 결론 내린다. 해당되는 뇌 영역 중 전방 대상피질, 안와 전두피질, 하전두 피질 세 곳은 거짓말을 할 때 나머지 네 곳에 비해 활성이 더 강하게 나타난다.

26. Anthony Wagner, "Can Neuroscience Identify Lies?," in A Judge's Guide to Neuroscience: A Concise Introduction (Santa Barbara: University of California, Santa Barbara, 2010), 22, http://www.sagecenter.ucsb.edu/sites/staging. sagecenter.ucsb.edu/files/file-and-multimedia/A_Judges_Guide_to_ Neuroscience%5Bsample%5D.pdf; G. T. Monteleone et al., "Detection of Deception Using Functional Magnetic Resonance Imaging: Well Above Chance, Though Well Below Perfection," Social Neuroscience 4, no. 6 (2009): 528-538.

27. Alexis Madrigal, "MRI Lie Detection to Get First Day in Court," Wired, March 16, 2009, http://www.wired.com/wiredscience/2009/03/noliemri/; Hank T. Greely, personal communication, November 29, 2011.

28. 미국 vs. 셈라우 재판에 관한 보다 포괄적인 요약 정보: Frances X. Shen and Owen D. Jones, "Brain Scans as Evidence: Truths, Proofs, Lies, and Lessons," Mercer Law Review 62 (2011): 861-883. 1993년 다우베르트 vs. 머렐 다우 제약의 재판에서 미국 대법원은 과학적인 전문가 증언 채택에 관한 몇 가지 지침을 마련하는 데 합의했다. 해당 지침 중 과학적 증언의 '유효성' 판단과 관련된 내용은 다음과 같다. (1) 경험적 검증: 이론이나 기법이 위조, 거부, 검증 가능한가 (2) 전문가 검토가 실시되어 그 결과가 발표되었나 (3) 실제 혹은 잠정적인 오류 발생 비율 (4) 운용 시 적용되는 기준과 관리 방안의 존재 여부와 유지 방안 (5) 관련 과학계에서 해

당 이론 및 기법이 전반적으로 수용되는 수준: Daubert v. Merrell Dow Pharmaceuticals, 509 U.S. 579 (1993).

29. Greg Miller, "Can Brain Scans Detect Lying?," May 14, 2010, http://news.sciencemag.org/scienceinsider/2010/05/can-brain-scans-detect-lying-exc.html; and Alexis Madrigal, "Eyewitness Account of 'Watershed' Brain Scan Legal Hearing," Wired, May 17, 2010, http://www.wired.com/wiredscience/2010/05/fmri-daubert/#more-21661.

30. Alexis Madrigal, "Brain Scan Evidence Rejected by Brooklyn Court," Wired, May 5, 2010, http://www.wired.com/wiredscience/2010/05/fmri-in-court-update/; Michael Laris, "Debate on Brain Scan as Lie Detectors Highlighted in Maryland Murder Trial," Washington Post, August 26, 2012.

31. Nancy Kanwisher, "The Use of fMRI in Lie Detection: What Has Been Shown and What Has Not," in Using Imaging to Identify Deceit: Scientific and Ethical Questions (Cambridge, MA: American Academy of Arts and Sciences, 2009), 7 13, 12. 스탠포드 대학교 법학과 교수인 행크 그릴리(Hank Greely)는 이 문제에 대처할 수 있는 재미있는 방안을 다음과 같이 제시했다. "대학생 몇 명을 무작위로 잡아다가 찔릴 만한 행동을 언급하며 잘못을 저질렀다고 지적하면서 학생들이 자신이 정말 수감될 거라 믿도록 만든다. 그 상황에서 학생들이 어떤 거짓말을 할 수 있는지 조사해보라." 그릴리 교수는 그러나 어느 연구위원회도 이런 실험은 허용하지 않을 거라고 덧붙였다. 이보다 훨씬 더 현실성 없는 시나리오지만 실제 범죄 용의자를 피험자로 삼아 조사해볼 수도 있다. 이 경우 확실한 법의학 증거를 알고 있는 제3자가 검사 전 무고한 사람과 그렇지 않은 사람을 이미 파악하고 있을 수 있다. 피험자는 자신의 운명이 fMRI 결과에 따라 결정된다는 사실을 믿도록 해야 한다.: Hank Greely, personal communication, May 12, 2010. 거짓말 탐지 검사의 정확성을 감소시키는 움직임에 관한 정보: Giorgio Ganis et al., "Lying in the Scanner: Covert Countermeasures Disrupt Deception Detection by Functional Magnetic Resonance Imaging," Neuroimage 55, no. 1 (2011): 312-319. 그러한 움직임은 측면 전두엽 피질과 내측 전두엽 피질에서 발생하는 신호, 즉 거짓 반응과 정직한 반응을 구분할 수 있는 신호에 영향을 준다. 그 결과 활성에 두드러지게 나타나는 차이가 크게 줄어들고 전체적인 검사 정확도도 상당 수준 저하된다.

32. Elizabeth A. Phelps, "Lying Outside the Laboratory: The Impact of Imagery and Emotion on the Neural Circuitry of Lie Detection," in Using Imaging to Identify Deceit, 14-22. See also Daniel L. Schacter and Scott D. Slotnick, "The Cognitive Neuroscience of Memory Distortion," Neuron 44 (2004): 149-160.

33. Joseph Henrich, Steven J. Heine, and Ara Norenzayan, "The Weirdest People in the World?," Behavioral and Brain Sciences 33, nos. 2-3 (2010): 61-83, 이 자료에서는 미국 전체 인구를 대표하는 심리학적 표본으로 간주되는 미국인들을 서로 대조하고, 미국 성인의 경우 사회적 행동, 윤리적인 근거, 협동, 공정성, IQ 검사 결과, 분석 능력이 다양하다는 사실을 집중 조명한다. 미국의 대학생들은 대학 교육을 받지 않은 미국인뿐만 아니라 자신이 속한 가정의 다른 세대와도 차이를 나타냈다. 거짓말 실험에 관한 정보: B. Verschuere et al., "The Ease of Lying," Consciousness and Cognition 20, no. 3 (2011): 908-911. 거짓말에 대해 생각할 때, 거짓말을 하는 동안 나타나는 뇌 활성에 관한 자료: Joshua D. Greene and Joseph M. Paxton, "Patterns of Neural Activity Associated with Honest and Dishonest Moral Decisions," Proceedings of the National Academy of Sciences 106, no. 30 (2009): 12506-12511.

34. Spence et al., "Cognitive Neurobiological Account of Deception"; Philosophical Transactions of The Royal Society of London B: Biological Sciences 359 (2004). Spence et al., "Behavioral and Functional Anatomical Correlates of Deception in Humans," Neuroreport12 (2001); 2349-2353. See also G. Ganis et al., "Visual Imagery in Cerebral Visual Dysfunction," Neorologic Clinics of North America 21 (2003): 631-646; and Henry T. Greely and Judy Illes, "Neuroscience-Based Lie Detection: The Urgent Need for Regulation," American Journal of Law and Medicine 33 (2007): 377-431. 거짓말을 하려면 뇌의 수많은 영역의 기능이 동원되어야 한다는 사실은 의심할 여지가 없지만, 이 부분은 역추론의 덫에 빠지기 쉽다. 즉 거짓말을 할 때 활성에 차이가 나타나는 뇌 영역은 거짓말과 분명 관련이 있는 부위라고 추정하게 된다.: Anthony Wagner, "Can Neuroscience Identify Lies?," 20.

35. Giorgio Ganis et al., "Neural Correlates of Different Types of Deception:

An fMRI Investigation," Cerebral Cortex 13 (2003): 830-836.

36. Ahmed A. Karim et al., "The Truth About Lying: Inhibition of the Anterior Prefrontal Cortex Improves Deceptive Behavior," Cerebral Cortex 20, no. 1 (2010): 205-213; Stephen M. Kosslyn, "Brain Bases ofDeception: Why We Probably Will Never Have a Perfect Lie Detector," Berkman Center for Internet and Society at Harvard University, January 11, 2010, http://cyber. law.harvard.edu/events/lawlab/2010/01/kossyln.

37. Margaret Talbot, "Duped: Can Brain Scans Uncover Lies?," New Yorker, July 2, 2007, http://www.newyorker.com/reporting/2007/07/02/ 070702fa_fact_talbot; Frederick Schauer, "Can Bad Science Be Good Evidence? Neuroscience, Lie Detection, and Beyond," Cornell Law Review 95 (2010): 1190-1220, 1194.

38. Giorgio Ganis and Julian Paul Keenan, "The Cognitive Neuroscience of Deception," Social Neuroscience 4, no. 6 (2009): 465-472. 죄책감, 불안과 같은 감정은 거짓말을 하는 당사자가 거짓말의 과정을 수행하는 속도와 효율성을 조절하는 역할을 할 수 있다. 그럼에도 불구하고 fMRI는 거짓말과 뇌의 상관관계를 파악할 수 있는 유용한 도구이며, 일부 연구진은 EEG나 경두개 자기자극술과 같은 다른 기술과 함께 fMRI를 활용하는 방안을 연구 중이다.: Bruce Luber et al., "Non-invasive Brain Stimulation in the Detection of Deception: Scientific Challenges and Ethical Consequences," Behavioral Sciences and the Law 27, no. 2 (2009): 191-208, http://www. scribd.com/doc/13112142/Noninvasive-brain-stimulation-in-the-detection-of-deception-Scientific-challenges-and-ethical-consequences.

39. 미국 국립 연구위원회(NRC)는 2009년, 다음 사항에 대한 의견을 일치하고 발표했다. "현재까지는 신경 생리학적인 기술 한 가지만 활용하여 거짓말을 감지할 수 있는 사실을 실증적으로 뒷받침해줄 수 있는 연구가 부족하며, 연구 품질도 불충분하다.": National Research Council's Committee on Military and Intelligence Methodology for Emergent Neurophysiological and Cognitive/Neural Science Research in the Next Two Decades, "Emerging Cognitive Neuroscience and Related Technologies," 4, http:// books.nap.edu/openbook.php?record_id=12177&page=4. NRC는 2008년 발표한 보고서에서 다음과 같은 결론을 내렸다. "'기능적 뇌 영상이 실용적

으로, 혹은 과학 수사의 목적으로 거짓말을 감지할 수 있는 시스템을 개발 하는데 단기적으로 도움을 줄 수 있다'는 의견은 위원회 내에서도 의견 차 가 크다.": National Research Council, "Opportunities in Neuroscience for Future Army Applications," NRC 200996, 4, http://www.nap.edu/catalog. php?record_id=12500. 세포스(Cephos)는 2004년 설립되었으나 고객 업무는 2008년부터 수행하기 시작했다.: www.cephoscorp.com/about-us/index. php. 코젤(Kozel) 박사는 세포스에 무보수 자문가로 근무 중이며 박사가 속 한 사우스캐롤라이나 의과대학은 세포스와 특허 계약을 체결했다.: http:// www.cephoscorp.com/about-us/index.php#scientific. 펜실베이니아 대 학교의 허가에 따라, 코젤 박사는 2003년 '노 라이 MRI'에 다니엘 랑글레벤 (Daniel Langleben)의 연구 성과를 토대로 한 자신의 연구 결과에 대해 특허를 출원하고 그 대가로 회사 주주가 되었다.: Lee Nelson, "The Inside Image," Advanced Imaging, September 2008, 8-11. Huizenga is quoted in Mark Harris, "MRI Lie Detectors," IEEE Spectrum, August 2010, http://spectrum. ieee.org/biomedical/imaging/mri-lie-detectors/0. 베리타스 사이언티픽 (Veritas Scientific)은 '노 라이 MRI'의 한 분과로 미군, 정부 기관, 법률 집행 기 관, 해외 정부가 노 라이 소프트웨어를 활용하도록 하는 일에 중점을 두고 있다.: http://noliemri.com/investors/Overview.htm; emphasis added.

40. Via e-mail from Mr. Nathan dated November 14, 2011. "Neuroscientist Uses Brain Scan to See Lies Form," National Public Radio, October 30, 2007, http://www.npr.org/templates/transcript/transcript.php?storyId= 15744871. Huizenga is quoted at http://www.cephoscorp.com/about-us/ index.php. 하비 네이선(Harvey Nathan)은 2010년 2월 26일 나눈 개인적인 대 화에서, 수많은 대학 연구자들에게 연락을 취해서 검사를 반복해서 실시하 면 보험회사가 보험금을 지불하도록 만들 수 있으니 fMRI 검사를 받게 해 달라고 요청했다고 밝혔다. "아무도 기꺼이 해 주겠다고 하지 않았죠. 상업 적인 검사를 진행할 준비가 안 됐다고 하더군요." 그는 이렇게 전했다.

41. David Washburn, "Can This Machine Prove If You're Lying?," Voice of San Diego, April 2, 2009, http://m.voiceofsandiego.org/mobile/science/ article_bcff9425-cae5-5da4-b036-3dbdc0e82d5e. html; Greg Miller, "fMRI Lie Detection Fails a Legal Test," Science 328 (2010): 1336-1337. 42. John Ruscio, "Exploring Controversies in the Art and Science of Polygraph

Testing," Skeptical Inquirer 29 (2005): 34-39; transcript of a conversation between President Richard M. Nixon, John D. Ehrlichman, and Egil Krogh Jr. on July 24, 1971, 5 (on file with the authors). 워터게이트 사건의 녹음 테이프에서, 닉슨 대통령은 전략 무기 제한 협정(SALT)에 관한 대화가 새어나가지 않을까 우려를 표현했다. 그는 공무원 수백 명이 피험자로 검사를 받게 하여 국제 조약에 관한 정보를 흘린 사람이 있는지 파악하고 이야기하면서, 불미스러운 일을 행하고 있는 사람이 거짓말 탐지 검사를 받게 되리라는 사실을 알리는 것으로도 정보 누설 행위를 그만두도록 설득하는 효과가 있을 것이라는 의견을 밝혔다. 가짜 거짓말 탐지기의 효과에 관한 연구: Saul Kassin, Steven Fein, and Hazel Rose Markus, Social Psychology, 7th ed. (Boston: Houghton Mifflin, 2007); and Theresa A. Gannon, Kenneth Keown, and D. L. Polaschek, "Increasing Honest Responding on Cognitive Distortions in Child Molesters: The Bogus Pipeline Revisited," Sexual Abuse: A Journal of Research and Treatment 19, no. 1 (2007): 5-22.

43. David McCabe, Alan D. Castel, and M. G. Rhodes, "The Influence of fMRI Lie Detection Evidence on Juror Decision Making," Behavioral Sciences and the Law 29 (2011): 566-577.

44. 수많은 법학자, 판사들이 거짓말 탐지기는 그 정확성이 어느 정도이든 상관없이 법정에서 허용해서는 안 된다고 생각한다. 증인의 신뢰성은 궁극적으로 배심원단이 결정해야 한다는 개념은 법조계에서 오랜 세월 지속적으로 유지되었다.: United States v. Scheffer, 523 U.S. 303 (1998), 312-313 (다수 의견) (거짓말 탐지기 증거가 신뢰도 평가라는 배심원단의 역할을 '약화시켰다'는 점에 주목한 내용). citations 43-44; United States v. Call, 129F.3d 1402, 1406 (10th Cir. 1997) (거짓말 탐지기 증거는 무엇보다도 "배심원단의 핵심적인 기능을 침해하고, 배심원단은 신뢰성을 스스로 판단할 수 있다는 점에서 도움이 될 부분이 없으므로" 규정 403조에 따라 거짓말 탐지 증거를 배제하여도 법정의 권한을 남용한 것이 아니라는 판결); Julie Seaman, "Black Boxes: FMRI Lie Detection and the Role of the Jury," University of Akron Law Review 42 (2009): 931-941. 2010년 뉴욕에서 발생한 고용 차별에 관한 사건에서, 임시직 취업 알선업체에 근무했던 한 젊은 여성은 상사의 성희롱 문제를 공식적으로 제기한 뒤부터 일거리가 주어지지 않았다고 주장했다. 회사 동료 한 사람은 상사가 이 여성에 대한 보복 행위에 대해 이야기하는 내용을 엿들었다고 밝혔다. 세포스는 이 동료를 대상으로

4

거짓말 탐지기 검사를 실시했고 거짓말이 아닌 것으로 확인되었으나 법원은 세포스의 스티븐 레이큰(Steven Laken)이 검사 결과를 진술하지 못하도록 했다. "신뢰도 문제에 있어 배심원단의 영역을 침해할 수 있는 것은 무엇이든 가장 비판적인 시각으로 보아야 한다." 담당 판사는 이와 같은 의견을 밝혔다: Wilson v. Corestaff Services, L.P., 28 Misc. 3d 428 (Supreme Court, Kings County, 2010), http://www.courts.state.ny.us/reporter/3dseries/2010/2010_20176.htm. See also Grace West, "Brooklyn Lawyer Seeks to Use Brain Scan as Lie Detector in Court," NBC New York, May 5, 2010, http://www.nbcnewyork.com/news/local-beat/Brain-scanning-92888084.html. 미국 자유 인권 협회는 근본적인 사생활 침해 문제가 될 수 있는 사안과 소위 "인지적 자유"로 불리는 부분을 지지하는 다른 감시 단체의 의견에 대해 우려를 표명했다.: ACLU Press Release, "ACLU Seeks Information About Government Use of Brain Scanners in Interrogations," June 28, 2006, http://www.aclu.org/technology-and-liberty/aclu-seeks-information-about-government-use-brain-scanners-interrogations. "판독 장치를 통해 이미 드러나기 시작한 뇌 기능의 근본적인 기전은 아직까지 그 이해 수준이 유아 단계에 머물러 있다. 우리는 정부가 이 잠재적으로 중요한 기술을 미국 국민이 그 가치를 제대로 확인할 수 있는 기회도 갖기 전부터 일방적으로, 극비에 사용해서는 안 된다고 생각한다." 자유 인권 협회 대변인의 의견 중 인용된 내용: Jay Stanley, "High-Tech 'Mind Readers' Are Latest Effort to Detect Lies," August 29, 2012, http://www.aclu.org/blog/technology-and-liberty/high-tech-mind-readers-are-latest-effort-detect-lies. "Mental privacy panic": Francis X. Shen, "Neuroscience, Mental Privacy, and the Law," 36 Harvard Journal of Law and Public Policy (forthcoming April 2013). 거짓말 탐지 기술 관련 규정에 관한 정보: Henry T. Greely, "Premarket Approval for Lie Detections: An Idea Whose Time May Be Coming," American Journal of Bioethics 5 (2005): 50-52. Jonathan Moreno, Mind Wars: Brain Science and the Military in the 21st Century (New York: Bellevue Literary Press, 2012), 186, 이 책에서는 신경 안보에 관한 정부 자문위원회가 구성되어야 하며 과학적, 윤리적, 법적 전문 지식을 갖춘 사람들이 위원으로 선정되어야 한다고 주장한다. 또한 이 자문위원회는 2004년 발족한 '국가 생물안보 과학 자문위원회'와 동일한 형태가 될 수 있다고 밝혔다. 생

물안보 과학 자문위원회는 국립 보건연구소 산하 기관이나 생물학 분야 연구의 오용 문제를 최소화할 수 있는 방안을 내각 전체에 조언한다.

45. S. E. Stollerand P. R. Wolpe, "Emerging Neurotechnologies for Lie Detection and the Fifth Amendment," American Journal of Law and Medicine 33 (2007): 3359-3375; Amanda C. Pustilnik, "Neurotechnologies at the Intersection of Criminal Procedure and Constitutional Law," in The Constitution and the Future of Criminal Law, ed. Song Richardson and John Parry (Cambridge: Cambridge University Press, forthcoming); Michael S. Pardo, "Disentangling the Fourth Amendment and the Self-Incrimination Clause," Iowa Law Review 90, no. 5 (2005): 1857-1903. 46. Nita Farahany, "Incriminating Thoughts," Stanford Law Review 64 (2012): 351-408. 패러웨이(Farahany)는 자기부죄 특권에 해당되는 증거를 구분할 수 있는 대안으로 증거의 형태보다는 증거의 기능에 중점을 두어야 한다고 제안했다. 이에 따라 증거의 규명, 자동 제출, 발언 증거로 구성된 증거 분류 대안을 제시하고 급부상 중인 신경과학으로 보다 손쉽게 조절할 수 있는 분류라고 설명했다.

47. Nita A. Farahany, "Searching Secrets," University of Pennsylvania Law Review 160 (2012): 1239-1308 (discussing Fourth Amendment implications of emerging neurotechnologies); Robin G. Boire, "Searching the Brain: The Fourth Amendment Implications of Brain-Based Deception Detection Devices," American Journal of Bioethics 5, no. 2 (2005): 62-63.

5장

1. See Roper v. Simmons, 543 U.S. 551 (2005), http://www.law.cornell.edu/supct/html/03-633.ZO.html.

2. 아트킨스 vs. 버지니아 주(Atkins vs. Virginia) 재판에서 제임스 W. 엘리스(Mr. James W. Ellis)가 구두로 밝힌 의견: 536 U.S. 304 (2002); see transcript at http://www.oyez.org/cases/2000-2009/2001/2001_00_8452/.

3. 2002년 5월, 미국 대법원은 6:3으로 아트킨스의 손을 들어 주었다. 담당 재

판관은 "합리적 사고, 판단 능력과 충동 조절 능력이 없으며 [정신 지체로] 가
장 심각한 성인 범죄에서 특징적으로 나타나는, 도덕적으로 비판받을 만
한 수준의 행동을 했다고 볼 수 없다."고 판결했다.: Atkins, 536 U.S. 304,
http://www.law.cornell.edu/supct/html/00-8452.ZO.html. 시몬스 담
당 변호인의 주장 내용: http://www.internationaljusticeproject.org/pdfs/
SimmonsAtkinsbrief-final.pdf. 2003년 8월 26일, 미주리주 대법원은 사형
선고를 무효화하고 미성년자 사형은 미국 수정헌법 제 8조에 명시된 "변
화하는 양식 기준(volving standards of decency)"에 어긋난다고 밝혔다. 뇌 과
학 분야는 이 결과에 별로 영향을 주지 않은 것으로 보인다. "본 법정에서
양 측은 인간의 마음에 관한 최신 연구와 과학계 문헌을 다수 인용했으나,
본 법정은 그렇게 벗어난 범위까지 고려할 필요가 없다.": http://caselaw.
findlaw.com/mo-supreme-court/1273234.html.

4. 구두로 제시된 의견의 필사본: http://www.oyez.org/cases/2000-2009/
2004/2004_03_633. 400명이 넘는 의료보건 분야 전문가들이 "의료보건 전
문가의 미국 미성년자 사형제 폐지 촉구서"에 서명하여 지지의 뜻을 밝혔
다. 촉구서에는 다음과 같은 내용이 담겨 있다. "미성년자가 성인과 같은
수준으로 생각하고 행동하리라는 기대는 부당하고 근거도 없다.": http://
www.hrea.org/lists/psychology-humanrights-l/markup/msg00364.html.
Carolyn Y. Johnson, "Brain Science v. the Death Penalty," Boston Globe,
October 12, 2004, http://www.boston.com/news/globe/health_science/
articles/2004/10/12/brain_science_v_death_penalty/.

5. "Brief of the American Medical Association, American Psychiatric
Association, American Society for Adolescent Psychiatry, American
Academy of Child and Adolescent Psychiatry, American Academy of
Psychiatry and the Law, National Association of Social Workers, Missouri
Chapter of the National Association of Social Workers, and National
Mental Health Association as Amici Curiae in Support of Respondent,"
2005, http://www.ama-assn.org/resources/doc/legal-issues/roper-v-
simmons.pdf.

6. Ibid.; the amici cited, among others, Elizabeth R. Sowell et al., "Mapping
Continued Brain Growth and Gray Matter Density Reduction in Dorsal
Frontal Cortex: Inverse Relationships During Post-adolescent Brain

Maturation," Journal of Neuroscience 21, no. 22 [2001]: 8819-8829; and Laurence Steinberg and Elizabeth S. Scott, "Less Guilty by Reason of Adolescence: Developmental Immaturity, Diminished Responsibility, and the Juvenile Death Penalty," American Psychologist 58, no. 12 [2003]: 1009-1018.

7. 법정에 제출된 의견서 내용에 따르면, 신경의 수초 형성과 '가지치기 (pruning)' 과정은 사춘기 때가 되면 완료되는 것으로 한때 알려졌으나, 지난 20년간 기술이 발달하면서 20대 중반까지 두 과정이 계속 진행되는 것으로 밝혀졌다. 이 의견서가 작성된 이후에도 더 복잡한 사실이 알려졌다. 예를 들어 일부 연구에서는 위험한 행동을 하는 10대 청소년은 같은 연령대 아이들에 비해 수초가 더 많이 형성되고 전전두엽 피질에서 뇌 다른 부위로 이어지는 신경 경로가 더 성숙하게 발달되어 있다고 밝혔다.: Gregory S. Berns, Sara Moore, and C. Monica Capra, "Adolescent Engagement in Dangerous Behaviors Is Associated with Increased White Matter Maturity of Frontal Cortex," PLoS One 4, no. 8 [2009]: e6773, doi:10.1371/journal.pone.0006773. 청소년 보상 체계에 관한 정보: Adriana Galvan et al., "Earlier Development of the Accumbens Relative to Orbitofrontal Cortex Might Underlie Risk-Taking Behavior in Adolescents," Journal of Neuroscience 26, no. 25 [2006]: 6885-6892; and Matthew J. Fuxjager et al., "Winning Territorial Disputes Selectively Enhances Androgen Sensitivity in Neural Pathways Related to Motivation and Social Aggression," Proceedings of the National Academy of Sciences 107 [2010]: 12393, 12396. 법정 의견서 요약: http://www.abanet.org/crimjust/juvjus/simmons/ama.pdf (see p. 22 of website for more information).

8. Jeffrey Rosen, "The Brain on the Stand," New York Times Magazine, March 11, 2007, http://www.nytimes.com/2007/03/11/magazine/11Neurolaw.t.html?pagewanted=1&_r=1&ref=science. 로퍼 vs. 시몬스(Roper v. Simmons) 사건의 판결 내용: www.supremecourt.gov/opinions/04pdf/03-633.pdf.

9. "신경법"이라는 용어가 처음 사용된 1900년대에는 지금과 다른 의미였다. 개인 상해 사건을 담당한 변호사 한 사람이 외상성 뇌 손상 사건에서 뇌 전문가의 진술이 갈수록 중요해지고 있음을 표현하기 위해 이 용어를 만들었다.: S. J. Taylor, "Neurolaw: Towards a New Medical Jurisprudence,"

5

Brain Injury 9, no. 7 (1995): 745-751; and Owen D. Jones and Francis X. Shen, "Law and Neuroscience in the United States," in International Neurolaw, ed. Tade Spranger (Berlin: Springer-Verlag, 2012), 349-380. 2011 년, 사업 규모는 485만 달러로 늘어났다.: Amy Wolf, "Landmark Law and Neuroscience Network Expands at Vanderbilt," Research News at Vanderbilt, August 24, 2011, http://news.vanderbilt.edu/2011/08/grant-will-expand-law-neuroscience-network/; 본 사업은 2007년 오웬 존스 (Owen Jones)의 주도로 진행됐다.: "Neuroscientists need to understand law, and lawyers need to understand neuroscience," in http://www.macfound.org/press/press-releases/new-10-million-macarthur-project-integrates-law-and-neuroscience/. 부시 대통령이 참석한 생물윤리위원회에서 가진 스티븐 모스(Stephen Morse)의 연설 내용: http://bioethics.georgetown.edu/pcbe/transcripts/sep04/session1.html. 모스와 마사 파라(Martha Farah) 는 2011년 2월 28일부터 3월 1일까지 워싱턴에서 열린 오바마 대통령의 생물윤리위원회 행사에서도 연설을 했다.: http://www.tvworldwide.com/events/bioethics/110228/globe_show/default_go_archive.cfm?gsid=1552&type=flv&test=0&live=0; for Stephen Morse's remarks, see http://www.tvworldwide.com/events/bioethics/110228/globe_show/default_go_archive.cfm?gsid=1546&type=flv&test=0&live=0. 이 문제에 관한 왕립학회의 입장: Brain Waves Module 4: Neuroscience and the Law (London: Royal Society, 2011), http://royalsociety.org/uploadedFiles/Royal_Society_Content/policy/projects/brain-waves/Brain-Waves-4.pdf. See http://www.lawneuro.org/bibliography.php 미네소타 대학교 법학과의 프란시스 X. 쉔(Francis X. Shen) 교수는 관련 참고 문헌을 계속해서 업데이트하고 있다.: http://lawneuro.typepad.com/the-law-and-neuroscience-blog/neurolaw/ (The MacArthur Foundation Research Network on Law and Neuroscience); http://blogs.law.stanford.edu/lawandbiosciences/ (The Center for Law and Biosciences, Stanford Law School); and http://kolber.typepad.com/ (Adam Kolber, professor, Brooklyn Law School). 관련 학위과정이나 강의가 개설된 법학대학: University of Maryland, Tulane, Stanford, the University of Pennsylvania, the University of Akron, the University of Arizona, Harvard, the University of California at Berkeley, and Brooklyn Law School. The Baylor College of

Medicine has an Initiative on Neuroscience and Law.

10. "사형 선고에 대한 변호에서 일종의 유기적인 뇌 방어가 꼭 필요한 요소가 되었다.": Daniel Martell, head ofForensic Neuroscience Consultants, Inc., in Rosen, "Brain on the Stand." "수많은 판사들이 fMRI를 포함한 뇌 과학 증거가 사형 선고 기준이 되고 있다는 말을 비공식적으로 밝혔다.": Walter Sinnott-Armstrong et al., "Brain Images as Legal Evidence," Episteme 5, no. 3 (2008): 359-373, 369, http://muse.jhu.edu/journals/epi/summary/v005/5.3.sinnott-armstrong.html. For appeals of convictions, see Lathram v. Johnson, 2011 WL 676962 (E.D. Va. 2011); People v. Jones, 620 N.Y.S.2d 656 (App. Div. 1994), aff'd,85 N.Y.2d 998 (1995); and Shamael Haque and Melvin Guyer, "Neuroimaging Studies in Diminished Capacity Defense," Journal of the American Academy of Psychiatry and the Law 38, no. 4 (2010): 605-607, http://www.jaapl.org/cgi/content/full/38/4/605. Faigman is quoted in Lizzie Buchen, "Science in Court: Arrested Development," Nature 484 (2012): 304-306, at 306.

11. Federal Insanity Defense Reform Act, 18 U.S.C. § 17 (1984).

12. Stephen J. Morse, "Brain Overclaim Syndrome and Criminal Responsibility: A Diagnostic Note," Ohio State Journal of Criminal Law 3 (2006): 397-412, at 399. Morse, "Inevitable Mens Rea," Harvard Journal of Law and Public Policy 27, no. 1 (2003): 51-64.

13. "듀건 사건은 세계 최초로 fMRI를 증거로 채택한 사건이다.": Virginia Hughes, "Science in Court: Head Case," Nature 464 (2010): 340-342, http://www.nature.com/news/2010/100317/full/464340a.html. 사이코패스의 도덕적 장애: Richard E. Redding, "The Brain-Disordered Defendant: Neuroscience and Legal Insanity inthe Twenty-First Century," American University Law Review 56 (2006): 51-126. See also Maaike Cima, Franca Tonnaer, and Marc D. Hauser,"Psychopaths Know Right from Wrong but Don't Care," Social Cognitive and Affective Neuroscience 5 (2010): 59-67; and Andrea L. Glenn, "Moral Decision Making and Psychopathy," Judgment and Decision Making, vol. 5, no. 7 (2010): 497-505.

14. Robert D. Hare, "Psychopathy, Affect and Behaviour," in Psychopathy: Theory, Research and Implications for Society, ed. D. J. Cooke, Adelle E.

Forth, and Robert D. Hare (Dordrecht: Kluwer, 1998), 105-139.

15. Robert D. Hare et al., "Psychopathy and the Predictive Validity of the PCL-R: An International Perspective," Behavioral Sciences and the Law 18, no. 5 (2000): 623-645 (38.5는 평균치이다). 관련이 있는 뇌 영역에는 편도 체, 안와 전두피질, 섬엽, 대상피질, 복내측 시상하핵 전전두엽 피질 등 이 포함된다.: Adrian Raine and Yaling Yang, "Neural Foundations to Moral Reasoning and Antisocial Behavior," Social Cognitive and Affective Neuroscience 1, no. 3 (2006): 203-213; Andrea L. Glenn and Adrian Raine, "The Neurobiology of Psychopathy," Psychiatric Clinics of North America 31, no. 3 (2008): 463-475; R. J. R. Blair, "The Amygdala and Ventromedial Prefrontal Cortex: Functional Contributions and Dysfunction in Psychopathy," Philosophical Transactions of the Royal Society of London B: Biological Sciences 363, no. 1503 (2008): 2557-2565.

16. Kent A. Kiehl and Joshua W. Buckholtz, "Inside the Mind of a Psychopath," Scientific American Mind, September/October 2010, 22-29; Carla L. Harenski et al., "Aberrant Neural Processing of Moral Violations in Criminal Psychopaths," Journal of Abnormal Psychology 119, no. 4 (2010): 863-874.

17. Hughes, "Science in Court," 342.

18. Nicole Rafter, "The Murderous Dutch Fiddler: Criminology, History and the Problem of Phrenology," Theoretical Criminology 9, no. 1 (2005): 65-96, 86, http://www.sagepub.com/tibbetts/study/articles/SectionIII/Rafter.pdf. Stacey A. Tovino, "Imaging Body Structure and Mapping Brain Function: A Historical Approach," American Journal of Law and Medicine 33 (2007), 193-228; John Van Wyhe, "The Authority of Human Nature: The Schädellehre of Franz Joseph Gall," British Journal for the History of Science 35, no. 124, pt. 1 (2002): 17-42, 본 자료에서는 골(Gall)이 두개골 측 정법과 형질 부위를 지정하는 자신의 이론을 발달시키고 완벽하게 다듬기 위해 수감자와 범죄자를 대상으로 실시한 연구에 대해 논의한다.

19. Cesare Lombroso, Criminal Man, summarized by Gina Lombroso-Ferrero (New York: Knickerbocker Press, 1911), 6, http://www.gutenberg.org/files/29895/29895-h/29895-h.htm. 이 이탈리아인 의사는 19세기 중반 골

상학이 악평을 받아 추락한 후에도 계속해서 골상학을 고집하며 수감자의 신체적 특성을 연구했다. 롬브로소는 수감자들의 두개골은 이마가 경사지고 광대뼈가 튀어나와 있으며 안와의 크기가 크다고 설명하며 이러한 특징은 원시 동물과 유사하다고 밝혔다. 또한 수감자들이 가진 잔인한 본능은 문명화된 남성과 여성이라면 보유하고 있는 선천적 자기 통제력으로 길들여지지 않았다고 보았다. 롬브로소의 연구는 그리스의 골상학에 영향을 주었다. 이 골상학에서는 얼굴의 형태가 내면의 자아와 관련이 있다고 보고 뇌는 직접적인 연관은 없다고 보면서도 얼굴과 함께 중요한 요소로 보았다.: Nicole H. Rafter, The Criminal Brain: Understanding Biological Theories of Crime (New York: New York University Press, 2008). The quotation is from Lombroso, Criminal Man, 6, as cited in Stephen Jay Gould, Ontogeny and Phylogeny (Cambridge, MA: Belknap Press of Harvard University Press, 1977), 122. 롬브로소 이론에 관한 의견: Helen Zimmern, "Reformatory Prisons and Lombroso's Theories," Popular Science Monthly 43 (1893): 598-609.

20. Vernon Mark, William Sweet, and Frank Ervin, "The Role of Brain Disease in Riots and Urban Violence," Journal of the American Medical Association 201, no. 11 (1967): 895; Vernon H. Mark and Frank R. Ervin, Violence and the Brain (New York: Harper and Row, 1970). 33페이지를 보면, 필자들은 이렇게 추정한다. "팔다리가 병리학적으로 과잉활성을 보였거나 팔다리와 관련된 신피질(전두엽)에 비정상적인 신호가 잡혔을 것이다." 대중의 우려에 관한 정보: Leroy Aarons, "Brain Surgery Is Tested on 3 California Convicts," Washington Post, February 25, 1972; and Lori Andrews, "Psychosurgery: The New Russian Roulette," New York Magazine, March 7, 1977, 38-40. "개인성의 파괴"라는 표현은 1977년 3월 21일 〈뉴욕 매거진〉 편집장에게 보내온 한 서신에 사용된 말이다.: New York Magazine, 7. 의회 청문회 내용: Bertram S. Brown from Report and Recommendations: Psychosurgery: The National Commission for the Protection of Human Subjects of Biomedical and Behavioral Research (Washington, DC: Department of Health and Welfare, 1977), 10, http://videocast.nih.gov/pdf/ohrp_psychosurgery.pdf. 위원회는 정신외과적인 모든 절차를 시행하지 못하도록 금지하는 것은 오용 사례를 막기 위한 적절한 대응책이 아니라고 결론지었다.

21. 검사 측 증인인 의학박사 조너선 브로디(Jonathan Brodie, MD)는 fMRI 데

이터로는 사이코패스 행동인지 여부를 판단할 수 없으며, 26년 전 행동이라면 더더욱 불가능하다고 주장했다.: Barbara Bradley Hagerty, "Inside a Psychopath's Brain: The Sentencing Debate," National Public Radio, June 30, 2010, http://www.npr.org/templates/story/story.php?storyId=128116806. 키엘(Kiehl)이 헤어 사이코패스 진단법 검사에서 점수가 매우 높은 사람을 대상으로 뇌 영상을 촬영하지는 않았지만, 이들은 활성 패턴이 유사하게 나타나지 않았다. 이 점은 중요한 비교 자료라 할 수 있다.: "Can Genes and Brain Abnormalities Create Killers?," National Public Radio, July 6, 2010, http://www.npr.org/templates/story/story.php?storyId=128339306; and Mehmet K. Mahmut, Judi Homewood, and Richard Stevenson, "The Characteristics of Non-criminals with High Psychopathy Traits: Are They Similar to Criminal Psychopaths?," Journal of Research in Personality 42, no. 3 [2008]: 679-692. 이 연구들에서는 범죄를 저지르지 않은 사이코패스는 범죄를 저지른 사이코패스와 신경정신학적 특성은 동일한 것으로 나타났으나, 감정이나 재정적인 파괴성 등 반사회적인 성향을 덜 발달한 것으로 확인됐다. 이는 아마도 부모와의 충분한 애착 관계가 형성되어 생물학적인 바탕이 통제된 결과로 추정된다.

22. Joseph H. Baskin, Judith G. Edersheim, and Bruce H. Price, "Is a Picture Worth a Thousand Words? Neuroimaging in the Courtroom," American Journal of Law and Medicine 33 [2007]: 239-269; Teneille Brown and Emily Murphy, "Through a Scanner Darkly: Functional Neuroimaging as Evidence of a Criminal Defendant's Past Mental States," Stanford Law Review 62, no. 4 [2010]: 1119-1208.

23. Zoe Morris et al., "Incidental Findings on Brain Magnetic Resonance Imaging: Systematic Review and Meta-Analysis," British Medical Journal 339 [2009], http://www.bmj.com/highwire/filestream/386096/field_highwire_article_pdf/0/bmj.b3016. 엑손의 손상 여부가 구조적으로는 파악되지 않을 가능성이 있지만, 행동 변화를 유도할 수 있다.: Susumu Mori and Jiangyang Zhang, "Principles of Diffusion Tensor Imaging and Its Applications to Basic Neuroscience Research," Neuron 51, no. 5 [2005]: 527-539.

24. People v. Weinstein, 591 N.Y.S.2d 715 [Sup. Ct. 1992], at http://www.

leagle.com/xmlResult.aspx?xmldoc=1992190156Misc2d34_1186.
xml&docbase=CSLWAR2-1986-2006.

25. People v. Weinstein, 591 N.Y.S.2d 715 (Sup. Ct. 1992), at 717-718, 722-723.
이 사건에서는 "PET와 같은 병리학적 증거가 범죄 행동과 연관이 있다는
근거가 없음에도 불구하고" PET 검사 결과를 증거로 인정했다. 그러나 지
주막 낭종이나 "뇌 전두엽의 대사상 문제가 폭력을 유도했는지" 여부에 대
해서는 증언하지 못하게 했다.

26. J. Rojas-Burke, "PET Scans Advance as Tool in Insanity Defense," Journal
of Nuclear Medicine 34, no. 1 (1993): 13N-26N, 13N, 16N (quoting Dr. Jonathan
Brodie). 덧붙여, 전문가들은 이 낭포로 인해 그의 도덕적 감각이 사라졌으
며, 이것이 다른 방식으로도 영향을 주었을 가능성이 매우 높다고 결론 내
렸다. 예를 들어 머리 앞쪽 왼쪽 부분에 두통이 나타나거나 쉽게 좌절하는
문제, 충동성, 공격성, 문제 해결력 등에 영향을 주었다고 보았다.

27. Brian W. Haas and Turhan Canli, "Emotional Memory Function,
Personality Structure and Psychopathology: A Neural System Approach to
the Identification of Vulnerability Markers," Brain Research Reviews58, no.
1 (2008): 71-84.

28. Jeffrey M. Burnsand and Russell H. Swerdlow, "Right Orbitofrontal Tumor
with Pedophilia Symptom and Constructional Apraxia Sign," Archives of
Neurology 60, no. 3 (2003): 437-440. 이 환자는 어린이 성추행으로 유죄를
선고 받고 성범죄자 교정 프로그램에 참여하라는 처벌을 받았다. 프로그램
이 진행된 기관에서도, 그는 수감될 수 있다는 사실을 알면서도 기관 직원
들에게 성관계를 요구했다. 얼마 지나지 않아 그는 두통을 호소하고 다른
신경학적 증상을 보였으며 결국 종양이 발견됐다.

29. Charles Montaldo, "The Call to Police: The Andrea Yates Case," About.
com, http://crime.about.com/od/female_offenders/a/call_yates.
htm. Yates is quoted in Timothy Roche, "Andrea Yates: More to the
Story," Time, March 18, 2002. http://www.time.com/time/nation/
article/0,8599,218445-1,00.html; and "A Dark State of Mind," Newsweek,
March 3, 2002, http://www.thedailybeast.com/newsweek/2002/03/03/
a-dark-state-of-mind.html.

30. 2002년, 예이츠는 자녀 다섯 명 중 세 명을 살해한 사실에 대해 유죄를 선

고발았다. 엄밀히 말하자면, 예이츠는 아이들을 의도적으로 살해했으나 살해한 이유는, 우리가 보는 기준에서는 법적 정신이상으로 보일 만큼 심각한 문제가 있었다. 더 엄격하게 이야기하면, 예이츠는 법적으로 잘못된 행동임을 알면서도 그 행동을 의도할 수 있는 능력이 있었다. 즉 '범의'가 있었다고 볼 수 있다. 그러나 극심한 산후 정신병으로 자신의 행동에 대한 도덕적 의미를 올바르게 이해하지 못했다. 예이츠 재심에 관한 정보: "Yates Retrial May Signal Opinion Shift," USA Today, July 72, 2006, http://www.usatoday.com/news/nation/2006-07-27-yates-verdict_x.htm. 범죄를 저지르고 재심을 받기까지 그 기간에 발생한 정신적 질환이 어떤 영향을 주는가에 관한 의견: "Insanity Plea Successful in Andrea Yates Retrial," Psychiatric News 41, no. 16 [2006]: 2-3.

31. Martha J. Farah and Seth J. Gillihan, "The Puzzle of Neuroimaging and Psychiatric Diagnosis: Technology and Nosology in an Evolving Discipline," American Journal of Bioethics Neuroscience 3, no. 4 [2012]: 1-11.

32. 〈브레인 웨이브 4[Brain Waves Module 4.]〉 그림 1[p. 4]에 인용된 니타 파라하니의 자료를 보면, 2005년부터 2009년까지 신경학적, 혹은 행동학적으로 관련된 유전학 증거가 제시된 범죄 건수가 101건에서 205건으로 두 배 가까이 증가했다. 그림 3[p. 19]은 사법계에서 신경과학적, 유전학적 증거에 대한 사법계 의견이 제시된 미국 내 사건을 토대로 한 자료이다. 총 843건의 의견[대다수, 최다 득표, 의견 일치, 거부] 중 722건의 개별 사건에 대해 2004년부터 2009년까지 분석한 결과, 이와 같은 증거는 일급 살인 사건에서 가장 많이 사용된 것으로 나타났다[449건]. 그 다음이 살인[91건], 강간[54건], "기타"[222건], 강도[174건] 순이었다. 가장 적게 사용된 유형은 중죄 살인[36건], 아동 학대[33건], 차량 탈취[15건] 등이었다. 스티븐 모스는 2012년 8월 27일 필자들과의 개인적인 대화에서 다음과 같이 설명했다. "입증된 것은 아니지만, 신경과학에 관한 주장이 점차 빈번해지고 있다고 믿는 사람들이 있습니다. 신경과학적인 증거를 법정에서 활용하려는 노력이 분명 확대되고 있습니다.": Greg Miller, Science Podcast, September 15, 2011, with Owen Jones and Martha Farah, at minute 3:07, http://news.sciencemag.org/sciencenow/2011/09/live-chat-brain-science-and-the.html. 헬렌 S. 메이버그[Helen S. Mayberg]는 에모리대 신경학자로 수많은 재판에서 증언을 했다.

2008년 5월 29일 캘리포니아 산타바바라에서 열린 맥아더 법률·신경과학 재단 연례회의에 참석한 메이버그는 법정에서 뇌 영상 연구 결과를 활용하는 사례가 급증하고 있다고 밝혔다.: cited in Brown and Murphy, "Through a Scanner Darkly." 최근 법정에서의 뇌 영상 기술 활용에 관한 정보: Purvak Patel et al., "The Role of Imaging in United States Courtrooms," Neuroimaging Clinics of North America 17, no. 4 (2007): 557-567. 연방 정부의 경우 수용 기준이 까다롭지만 사형 선고가 걸린 사건은 대부분 기준이 낮은 편이다. 다우베르트 원칙은 미국 연방법원의 법적 절차에서 전문가 증인의 증거 채택 여부를 결정하는 증거 규정으로 적용된다. 다우베르트 v. 메릴 다우 제약(Daubert v. Merrill Dow Pharmaceuticals) 재판에서(509 U.S. 579 (1993)), 법원은 연방 재판관에게 "과학적 증언이나 증거로 제출된 자료는 모두 관련성뿐만 아니라 신뢰성이 확인되어야" 하며, 이를 확인하기 위해 다음 사항을 고려하도록 했다. (1) 해당 기술이 위조, 거부, 검증 가능한지 실증적으로 확인되었나? (2) 전문가 검토가 실시되어 그 결과가 발표되었나? (3) 실제 혹은 잠정적인 오류 발생 비율은 어느 정도인가? (4) 관련 과학계에서 전반적으로 수용되는 기술인가? 연방 증거 규정 403조에서는 신뢰도와 더불어 판사가 재판에 제시된 과학적 증거가 불리한 영향을 줄 가능성은 없는지 고려하도록 한다.: http://www.law.cornell.edu/rules/fre/rule_403.

33. Rosen, "Brain on the Stand."

34. Ken Strutin, "Neurolaw: A New Interdisciplinary Research," New York Law Journal, January15,2009,http://www.law.com/jsp/lawtechnologynews/PubArticleLTN.jsp?id=1202427455426&Neurolaw_A_New_Interdisciplinary_Research&slreturn=20130026161430. 일부 법과대학에서는 뇌 영상 자료가 지나치게 "불리한 영향을 준다."고 판단하고 배제하거나 최소한 일시 사용 중단 조치가 필요하다고 주장한다.: Jane Campbell Moriarty, "Flickering Admissibility: Neuroimaging Evidence in the U.S. Courts," Behavioral Sciences and the Law 26, no. 1 (2008): 29-48, esp. 48; Brown and Murphy, "Through a Scanner Darkly," 1188-1202. 자유로운 견해: Adam Teitcher, "Weaving Functional Brain Imaging into the Tapestry of Evidence: A Case for Functional Neuroimaging in Federal Criminal Courts," Fordham Law Review 80, no. 1 (2011): 356-401.

5

35. Madeleine Keehner, Lisa Mayberry, and Martin H. Fischer, "Different Clues from Different Views: The Role of Image Format in Public Perception of Neuroimaging Results," Psychonomic Bulletin and Review18, no. 2 (2011): 422-428.

36. David P. McCabe and Alan D. Castel, "Seeing Is Believing: The Effect of Brain Images on Judgments of Scientific Reasoning," Cognition 107 (2008): 343-352. 맥케이브와 카스텔의 연구 설계가 완벽하지 않다고 지적한 비판 의견도 있다. 이들이 피험자들에게 제시한 뇌 영상은 두 가지 조건에서 동일한 뇌 영역이 활성화되는 패턴을 보였으며, 따라서 막대그래프로 표현한 해당 영역의 총 활성도보다 더 많은 정보가 포함된 것으로 보인다. 이러한 비판 의견이 맥케이브와 카스텔이 제시한 이론의 핵심을 흔든다고 생각되지는 않으며, 막대그래프로 제시되지 않은 추가적인 뇌 영상 정보는 피험자가 평가해야 할 가짜 설명과 논리적으로 무관하다. 인과관계가 아닌 상관관계만 나타내고 있기 때문이다. 그러나 화려한 뇌 영상으로 뇌 활성과 정신적 능력의 인과관계를 추론하는 행위 또한 논리적으로 부적절하다. 따라서 맥케이브와 카스텔의 연구 결과로 그림으로 표현된 지나친, 혹은 가짜 신경학적 정보로도 연구 참가자가 잘못된 추론을 하게끔 유도할 수 있음을 알 수 있다. 두 사람은 뇌 영상에 대한 피험자의 반응을 그보다 덜 복잡하고 색깔도 다양하지 않지만 과학적인 자료 냄새를 물씬 풍기는 온갖 숫자와 약어가 가득한 뇌 분석도를 제시했을 때 나타나는 반응과 비교하여 비판 의견에서 제시된 우려에 대처하고자 했다. 두 사진의 가장 핵심적인 차이는 뇌 분석도는 일반적인 뇌의 모양과 전혀 비슷하지 않다는 점이다. 그런데도 피험자들은 이 자료를 보고도 잘못된 설명을 제시했으며, 뇌 영상과 함께 제시하면 자료에 대한 신뢰도가 한층 더 강화되는 것으로 나타났다.: Martha J. Farah and Cayce J. Hook, "The Seductive Allure of 'Seductive Allure,'" Perspectives in Biological Science, in press but available at http://www.sas.upenn.edu/~mfarah/pdfs/The%20 seductive%20allure%20of%20_seductive%20allure_%20revised.pdf. 파라와 훅은 "뇌 영상이 과도한 영향력을 행사하고 있다는 주장에 대한 실증적 근거는 거의 확인할 수 없었다."고 전했다 두 사람의 연구 자료는 현재 발표를 위해 준비 중이다.: personal communication with authors, December 5, 2012. 데이비드 그루버(David Gruber)와 제이콥 딕커슨(Jacob Dickerson)

은 맥케이브와 카스텔이 실시한 것과 동일한 연구 방식을 적용하였으나 뇌 영상의 설득력을 확인할 수 없었다.: "Persuasive Images in Popular Science: Testing Judgments of Scientific Reasoning and Credibility," Public Understanding of Science, in press 2013. For "brain scans show": Deena Skolnick Weisberg et al., "The Seductive Allure of Neuroscientific Explanations," Journal of Cognitive Neuroscience 20, no. 3 [2008]: 470-477. "뇌 포르노"에 관한 정보: Christopher F. Chabris and Daniel J. Simon, The Invisible Gorilla: How Our Intuitions Deceive Us [New York: Crown, 2010], 139.37. 편견과 증거 규칙에 관한 정보: Brown and Murphy, "Through a Scanner Darkly."

38. N. J. Schweitzer et al., "Neuroimages as Evidence in a Mens Rea Defense: No Impact," Psychology, Public Policy, and Law 17, no. 3 [2011]: 357-393.

39. Michael Saks, personal communication to the authors, November 23, 2011. 임상학적인 정신분석 검사로 사이코패스 진단이 내려진 경우, 64.4퍼센트가 사형에 처해야 한다고 밝혔다. 유전학적 검사로 동일한 진단이 내려진 경우는 53.4퍼센트가, 뇌 영상은 제시하지 않고 신경학적 검사만 수행한 경우에는 62.7퍼센트가 같은 의견을 제시했다. 신경학적 검사 결과와 뇌 영상을 함께 제시하면 46.9퍼센트가 사형에 찬성했다. 전문가 증언을 전혀 듣지 않은 대조군도 사형에 동의한 비율이 61.5퍼센트로 나타났다.

40. B. H. Bornstein, "The Impact of Different Types of Expert Scientific Testimony on Mock Jurors' Liability Verdicts," Psychology, Crime, and Law 10 [2004]: 429-446; David L. Braeu and Brian Brook, "'Mock' Mock Juries: A Field Experiment on the Ecological Validity of Jury Simulation," Law and Psychology Review 31 [2007]: 77-92; Robert M. Bray and Norbert L. Kerr, "Methodological Considerations in the Study of the Psychology of the Court," in The Psychology of the Courtroom, ed. Norbert L. Kerr and RobertM. Bray [New York: Academic Press, 1982]: 287-323; Richard L. Wiener, Dan A. Krauss, and Joel D. Lieberman, "Mock Jury Research: Where Do We Go From Here?," Behavioral Sciences and the Law 29, no. 3 [2011]: 467-479.

41. Sinnott-Armstrong et al., "Brain Images as Legal Evidence."

42. J. Kulynych, "Psychiatric Neuroimaging Evidence: A High-Tech Crystal

Ball?," Stanford Law Review 49 (1997): 1249-1270; "An Overview of the Impact of Neuroscience Evidence in Criminal Law," Staff Working Paper for the President's Council on Bioethics (discussed at the council meeting in September 2004), http://bioethics.georgetown.edu/pcbe/background/neuroscience_evidence.html;Anemona Hartocollis, "In Support of Sex Attacker's Insanity Plea, a Look at His Brain," New York Times, May 11, 2007; State v. Anderson, 79 S.W.3d 420 (Mo. 2002); People v. Kraft, 23 Cal.4th 978(2000). 뇌에 관한 설명은 심리학적인 설명보다 피의자 행동이 "쉽게 바뀔 수 있다는 인식"을 약화시키는 것으로 보인다.: Daniel Kahneman and Dale T.Miller,"Norm Theory: Comparing Reality to Its Alternatives," Psychological Review 93 (1986): 136-153.

43. John Monterosso, Edward B. Royzman, and Barry Schwartz, "Explaining Away Responsibility: Effects of Scientific Explanation on Perceived Culpability," Ethics and Behavior 15, no. 2 (2005): 139-158. See also Eddy Nahmias, D. Justin Coates, and Trevor Kvaran, "Free Will, Moral Responsibility, and Mechanism: Experiments in Folk Intuitions," Midwest Studies in Philosophy 31 (2007): 214-242; and N. J. Schweitzer and Michael J. Saks, "Neuroimage Evidence and the Insanity Defense," Behavioral Sciences and the Law 29, no. 4 (2011): 592-607. 제시카 걸리(Jessica Gurley)와 데이비드 마커스(David Marcus)는 피험자들에게 폭력 범죄에 관한 글을 읽고 피의자가 정신의상을 이유로 무죄로 결정되어야 할지 판단하라고 요청했다. 뇌 영상이 함께 제시된 경우, 정신의학적 증언만 제시된 경우보다 피의자의 정신 이상을 수용하는 비율이 더 높게 나타났다. 그러나 피의자의 전두엽이 손상되었다는 구두 설명이 제시되자(뇌 영상 대신), 수용 비율이 훨씬 더 높게 나타났다. 뇌 영상과 뇌 손상에 대한 구두 설명을 모두 제시한 경우 정신 이상을 이유로 무죄라고 평결을 내린 사람의 비율이 47퍼센트로 나타난 반면 뇌 영상이나 뇌 손상 증언 중 한 가지만 접한 사람 중 같은 결정을 내린 비율은 31.6퍼센트에 그쳤다. 사건 피의자가 사이코패스로 진단 받은 경우에도 전반적으로 동일한 결과가 나타났다.: Jessica R. Gurley and David K. Marcus, "The Effects of Neuroimaging and Brain Injury on Insanity Defenses," Behavioral Sciences and the Law 26, no. 1 (2008): 85-97. Wendy Heath's study is reported in WendyP. Heath et

al., "Yes, I Did It, but Don't Blame Me: Perceptions of Excuse Defenses," Journal of Psychiatry and Law 31 (2003): 187-226. See also Dena Gromet et al., Mind, Brain, and Character: How Neuroscience Affects People's Views of Wrongdoers (unpublished manuscript, 2012). 판사의 판결 내용: Lisa G. Aspinwall, Teneille R. Brown, and James Tabery, "The Double-Edged Sword: Does Biomechanism IncreaserDecrease Judges' Sentencing of Psychopaths?" Science 337, no. 6096 (2012): 846-849.

44. 시몬스 사건의 찬반 논쟁이 벌어지던 중, 판사 스티븐 브레이어(Stephen Breyer)는 차분한 상태의 10대 청소년 뇌의 생물학적 특성을 증거로 채택했다. "이 과학적 증거는 부모라면 누구나 이미 알고 있는 사실을 확증한다고 생각했다." 브레이어 판사의 설명이다. "그 이상의 무언가가 있다면, 그게 무엇인지 알고 싶다.": Roper v. Simmons, Oral Arguments, October 13, 2004, 40, http://www.supremecourt.gov/oral_arguments/argument.../03-633.pdf. 시몬스 사건의 판결을 계기로, 당시 상원의원이던 에드워드 케네디(Edward Kennedy)는 2007년 청소년 재판에서 뇌 과학이 끼치는 영향에 관한 공청회를 개최했다.: Hearing on Adolescent Brain Development and Juvenile Justice Before the Subcommittee on Healthy Families and Communities of the Senate Committee on Education and Labor and the Subcommittee on Crime, Terrorism, and Homeland Security of the Senate Committee on the Judiciary, 110th Cong. (July 12, 2007). 미국 변호사협회 산하의 어린이권리소송위원회 소속 위원 한 사람은 시몬스 사건의 판결에 대해 다음과 같은 의견을 밝혔다. "시몬스는 청소년 뇌의 구조와 기능에 대한 근본적인 사실과 관련하여 청소년은 성인에 비해 자신의 행동에 대해 덜 비난 받아야 한다는 법적인 깨달음에 문을 열었다.": Hillary Harrison Gulden, "Roper v. Simmons and Its Application to the Daily Representation of Juveniles," Children's Rights Litigation Committee of the ABA Section on Litigation 7, no. 4 (2005): 3, http://apps.americanbar.org/litigation/committees/childrights/content/newsletters/childrens_fall2005.pdf. 그러나 법학자인 O. 카터 스티드(O. Carter Snead)는 처벌을 줄이려고 신경과학을 강조하는 법조계, 과학계 전문가가 영향을 준 판결이라고 밝혔다.: O. Carter Snead, "Neuroimaging and the 'Complexity' of Capital Punishment," New York University Law Review 82, no. 5 (2007): 1265-

5

1339, see specifically 1302-1308;What Are the Implications of Adolescent Brain Development for Juvenile Justice?, Coalition for Juvenile Justice, 2006, at http://www.issuelab.org/click/download2/applying_research_to_practice_what_are_the_implication s_of_adolescent_brain_development_for_juvenile_justice/resource_138.pdf. Simmie Baer, teleconference at the American Bar Association Center for Continuing Legal Education, "Roper v. Simmons: How WillThis Case Change Practice in the Courtroom?" (June 22, 2005), cited in Jay D. Aronson, "Neuroscience and Juvenile Justice," Akron Law Review 42 (2009): 917-930, at 922. 인권을 위한 의사회 대표인 레오나드 루벤스타인(Leonard Rubenstein)은 이렇게 밝혔다. "청소년을 성인으로 취급하면 청소년 재판의 기본 정신에 반하게 되고 아동 발달에 관한 과학적, 의학적 지식 대부분을 반박하게 된다.": "Medical Group and Juvenile Justice Advocates Call for an End to the Incarceration of Adolescents in the Adult Criminal System," March 21, 2007, http://physiciansforhumanrights.org/press/press-releases/news-2007-03-21.html.

45. Graham v. Florida, 560 U.S.____, 130 S. Ct. 2011, "Brief for Petitioner" at http://www.americanbar.org/content/dam/aba/publishing/preview/publiced_preview_briefs_pdfs_07_08_08_7412_Petitioner.authcheckdam.pdf, see 38-43; 클라우디아 드레이퍼스(Claudia Dreifus)는 발달 심리학자 로렌스 스타인버그(Laurence Steinberg)의 말을 인용하여, "발달 심리학자들은 10대가 다르다고 말한다."고 밝혔다.: New York Times, November 3, 2009, http://www.nytimes.com/2009/12/01/science/01conv.html, 스타인버그는 미국 심리학회가 시몬스 재판에서 제출한 변론 취지서를 작성한 사람이다. 그 내용은 다음과 같다. "대부분의 사람은 발달 과정에서 변화한다는 사실을 모두가 알고 있으며 과학은 충분히 성숙할 수 있는 기회를 주어야 한다고 말한다." 법원은 개인별 선고 공판 절차가 진행되는 경우에 한하여 가석방 없는 종신형 선고를 허용했다.: footnote 5 in Miller v. Alabama, 567 U.S. ____ (2012), 9, http://www.supremecourt.gov/opinions/11pdf/10-9646g2i8.pdf; and Adam Liptak and Ethan Bronner, "Court Bars Mandatory Life Terms for Juveniles," New York Times, June 25, 2012, http://www.nytimes.com/2012/06/26/us/justices-bar-mandatory-life-sentences-for-juveniles.html. 캘리포니아 주 법률에 관한 정보: "Bill to

Give Young Lifers a Second Chance Sent to Governor," August 20, 2012, http://sd08.senate.ca.gov/news/2012-08-20-bill-give-young-lifers-second-chance-sent-governor. 다른 주에서도 청소년 대상 형량을 줄이고 성인 재판이 아닌 소년 재판을 통해 재활 중심 판결이 내려지도록 하는 방안을 고려 중이다. 이렇게 될 경우 뇌 과학은 로비와 정책적 논란의 요소가 되어 훨씬 더 크게 주목받을 것임에 분명하다. Francis X. Shen, "Neurolegislation and Juvenile Justice" (in press).46. 시몬스 사건의 다수 의견에서, 판사 앤서니 케네디(Anthony Kennedy)는 다음과 같이 밝혔다. "모든 부모가 알고 과학계, 사회학계 연구에서 확인되었듯이, '청소년은 성인에 비해 미성숙하고 책임감이 덜 발달했다.'": Opinion transcript at http://www.law.cornell.edu/supct/html/03-633.ZO.html ("543 U.S. 551"). 주목할 만한 사실은 십대들의 무모한 행동은 자기 스스로가 강한 존재로 생각하는 것과 무관하다는 점이다. 연구를 통해 10대들은 세상이 위험한 장소일 수 있음을 잘 알고 있다는 확인되었다. 다만 10대들은 위해 요소의 위험성보다 안전의 이점이 갖는 가치를 경시하는 경우가 많다.: Valerie F. Reyna and Frank Farley, "Risk and Rationality in Adolescent Decision Making: Implications forTheory, Practice, and Public Policy," Psychological Science in the Public Interest 7 (2006): 1-44. 또한 10대들은 또래 친구들 사이에서 자신의 위치에 대해 굉장히 민감하게 생각한다.: Jay N. Giedd, "The Teen Brain: Primed toLearn and Primed to Take Risks," Dana Foundation (February 26, 2009), http://www.dana.org/news/cerebrum/detail.aspx?id=19620. 죽음의 최후에 관한 인식 관련 정보: "Discussing Death with Children," MedLine Plus (most recently updated on May 2, 2011), http://www.nlm.nih.gov/medlineplus/ency/article/001909.htm; and Eva L. Essa and Colleen I. Murray, "Young Children's Understanding and Experience with Death," Young Children 49, no. 4 (1994): 74-81, http://webshare.northseattle.edu/fam180/topics/death/ResearchReview.htm. 전문가들은 16세 정도인 시기에 논리적인 추론을 담당하는 뇌 영역이 대부분 완성된다고 본다. 그러나 자기 통제에 관여하는 뇌 회로는 20대 중반까지 계속해서 발달한다.: Laurence Steinberg, "Risk Taking in Adolescence: What Changes, and Why?," Annals of the New York Academy of Sciences 1021(2004): 51-58, 54.

47. Philip Graham, The End of Adolescence (Oxford: Oxford University Press, 2004);

5

Robert Epstein, "The Myth of the Teen Brain," Scientific American Mind, April 2007, 57-63; Gene Weingarten, "Snowbound," Washington Post Magazine, April 26, 2005; B. J. Casey et al., "The Storm and Stress of Adolescence: Insights from Human Development and Mouse Genetics," Developmental Psychobiology 52, no. 3 (2010): 225-253. 심리학자인 로버트 앱스타인(Robert Epstein)도 지적했듯이, 10대 청소년을 미국에서처럼 어린아이로 취급하는 문화가 아이들을 불안하게 만들고 결국 뇌의 상태도 불안하게 만드는 요인일 수 있다.: Robert Epstein, The Case Against Adolescence: Rediscovering the Adult in Every Teen (Fresno, CA: Quill Driver Books, 2007). 심리학자 제롬 카간(Jerome Kagan)은 이런 의견을 밝혔다. "적절한 환경이 갖추어지면 15세에는 전두엽이 완전히 발달하지 않아도 충동을 제어할 수 있다. [그렇지 않다면] 콜롬바인 사건과 같은 사고가 매주 발생할 것이다." (1999년 콜로라도주 리틀턴의 콜롬바인에서 십대 소년 두 명이 고등학교에서 수많은 사람을 살해한 사건을 가리켜 한 말이다.): quoted in Bruce Bower, "Teen Brains on Trial: The Science of Neural Development Tangles with the Juvenile Death Penalty," Science News 165, no. 19 (2004): 299-301, at 301.

48. Katherine H. Federle and Paul Skendalis, "Thinking Like a Child: Legal Implications of Recent Developments in Brain Research for Juvenile Offenders," in Law, Mind, and Brain, ed. Michael Freeman and Oliver R. Goodenough (Surrey, UK: Ashgate, 2009), esp. 214; "네브라스카 주 스코츠블러프 지역 상원의원인 존 함스(John Harms)는 18세 정도 되는 젊은이가 계약 체결하고 임대받는 일이 우려된다고 언급했다. 연구 결과를 보면 이들의 뇌가 완전히 발달하지 않았다고 말하고 있으니 말이다.": "Senators Advance Bill That Would Add Rights for Some Youth," Unicameral Update: The Nebraska Legislature's Weekly Publication 33, no. 4 (January 25-29, 2010), 10, http://nlc1.nlc.state.ne.us/epubs/L3000/N001-2010.pdf. 낙태 관련 정보: Frederico C. de Miranda, "Parental Notification/Consent for Treatment of the Adolescent," American College of Pediatricians, Position Statement, May 17, 2010, http://www.acpeds.org/Parental-Notification/Consent-for-Treatment-of-the-Adolescent.html. See also Laurence Steinberg, "Are Adolescents Less Mature Than Adults? Minors' Access to Abortion, the Juvenile Death Penalty, andthe Alleged APA 'Flip-Flop,'"

American Psychologist 64 no. 7 (2009): 583-594; and William Saletan, "Rough Justice; Scalia Exposes a Flip Flop on the Competence of Minors," Slate, March 2, 2005, http://www.slate.com/id/2114219. 폭력적인 비디오 게임에 관한 정보: "Brief of Amicus Curiae: Common Sense Media in Support of Petitioners," sec. 1, July 19, 2010, http://www.americanbar. org/content/dam/aba/publishing/preview/publiced_preview_ briefs_pdfs_09_10_08_1448_PetitionerAmCuCommonSenseMedia. authcheckdam.pdf; and Jeneba Ghatt, "Supreme Court Overreaches on Video Game Ruling," Washington Post, June 30, 2011.

49. Francis X. Shen, "Law and Neuroscience: Possibilities for Prosecutors," CDAA Prosecutors Brief 33, no. 4 (2011): 17-23; O. Carter Snead, "Neuroimaging and Capital Punishment," New Atlantis 19 (2008): 35-63; Hughes, "Science in Court" (mentions the double-edge phenomenon in article about the Dugan case); and Brent Garland and Mark S. Frankel, "Considering Convergence: A Policy Dialogue About Behavioral Genetics, Neuroscience, and Law," Law and Contemporary Problems 69 (Winter/Spring 2006): 101-113. The point has also been made by others, including Nita A. Farahany and James E. Coleman Jr., "Genetics and Responsibility: To Know the Criminal from the Crime," Law and Contemporary Problems 69 (Winter/Spring 2006): 115-164; and Abram S. Barth, "A Double-Edged Sword: The Role of Neuroimaging in Federal Capital Sentencing," American Journal of Law and Medicine 33 (2007): 501-522. 피의자의 위험성에 관한 정보: Thomas Nadelhoffer and Walter Sinnott-Armstrong, "Neurolaw and Neuroprediction: Potential Promises and Perils," Philosophy Compass 7, no. 9 (2012): 631-642; and Erica Beecher-Monas and Edgar Garcia-Rill, "Danger at the Edge of Chaos: Predicting Violent Behavior in a Post-Daubert World," Cardozo Law Review 24 (2003): 1845-1897. 비처 모나스(Beecher-Monas)와 가르시아-릴(Garcia-Rill)은 피의자가 범죄를 후회하지 않거나 정신 질환, 지적 능력, 물질 남용 문제가 있는 경우 향후 피의자가 위험한 인물이 될 수 있는 가능성에 더 무게를 둔다고 밝혔다. 유전학적인 변론도 처벌을 약화시키기보다는 가중시킬 수 있다.: Farahany and Coleman, "Genetics and Responsibility." 2011년, 맨하탄의 연방 항소 법원은 아동 포

르노 사건에 내려진 징역 6년 6개월 형을 뒤집었는데 구형을 담당한 판사가 아직 발견되지 않은 유전자로 인해 피의자가 아동 포르노를 다시 찾게 되리라 판단한 데 대해 부적절하다고 밝혔다. 항소 법원은 올버니 지역 연방 지방법원 판사 게리 L. 샤프(Gary L. Sharpe)는 구형 직전 피의자에게 다음과 같이 언급했다. "피의자 당신이 갖고 태어난 유전자입니다. 당신이 없앨 수 없어요.": Benjamin Weiser, "Court Rejects Judge's Assertion of a Child Pornography Gene," New York Times, January 28, 2011.

50. Steven K. Erickson, "The Limits of Neurolaw," Houston Journal of Health Law and Policy 11 (2012): 303-320, http://www.law.uh.edu/hjhlp/Issues/Vol_112/Steven%20Erickson.pdf. 파라하니(Farahany)는 다음 사항에 주목했다. "이와 같은 사건[성적 폭력이 행해지는 약탈 범죄]에서 많은 경우 범죄 피의자가 아닌 정부 당국이 치료 감호로 충분할지, 계속해서 지켜봐야 할지 여부를 판단하기 위한 피의자의 향후 위험성을 파악하려고 신경학적 증거를 제시한다." Nita A. Farahany, "Daily Digest," Center for Law and the Biosciences, Stanford Law School, March 16, 2011, http://blogs.law.stanford.edu/lawandbiosciences/2011/03/16/the-daily-digest-31611/. See also Fredrick E. Vars, "Rethinking the Indefinite Detention of Sex Offenders," Connecticut Law Review 44, no. 1 (2011): 161-195, http://uconn.lawreviewnetwork.com/files/2012/01/Vars.pdf. Adam Lamparello, "Why Wait Until the Crime Happens? Providing for the Involuntary Commitment of Dangerous Individuals Without Requiring a Showing of Mental Illness," Seton Hall Law Review 41, no. 3 (2011): 875-908.

51. 알코올이나 약물의 영향을 받고 있을 때 운전 등의 행동을 하지 않는 것은 책임감을 보여주는 것으로, 그러한 행위가 상당히 위험하다는 생각에서 비롯된다. 이러한 사실은 1956년 큰 화제가 된 에밀 데시나(Emil Decina) 사건에서 밝혀졌다. 에밀 데시나라는 남성은 뉴욕에 거주하던 간질 환자로 발작이 일어나 자동차가 통제 불능 상태가 되어 자녀 네 명이 목숨을 잃었다. 그는 운전을 하다가 발작이 올 수 있다는 경고를 듣고도 계속 운전을 하기로 결정했다. 법원은 그와 같은 위험 가능성을 무시한 자발적인 결정이 사고의 궁극적인 원인이므로 무모한 살해 행위와 같다고 판단했다.: People v. Decina, 2 N.Y.2d 133 (1956). Resnick is quoted in Brian Doherty, "You Can't See Why on an fMRI: What Science Can, and Can'

N

CH/

t, Tell Us About the Insanity Defense," Reason, July 2007, http://reason.
com/archives/2007/06/19/you-cant-see-why-on-an-fmri.

52. P. S. Applebaum, "Through a Glass Darkly: Functional Neuroimaging
Evidence Enters the Courtroom," Psychiatric Services 60, no. 1 (2009): 21-23,
23; L. R. Tancredi and J. D. Brodie, "The Brain and Behavior: Limitations
of the Legal Use of Functional Magnetic Resonance Imaging," American
Journal of Law and Medicine 33 (2007): 271. 법원은 정신건강 전문가와 신
경학자가 일반적인 검사, 면담, 관찰과 피의자와 잘 알고 지내는 사람의 의
견, 범죄 현상에 있었던 사람의 진술에서 얻는 증거에 여전히 의존하고 있
다. C. M. Filley, "Toward an Understanding of Violence: Neurobehavioral
Aspects of Unwarranted Physical Aggression; Aspen Neurobehavioral
Conference Consensus Statement," Neuropsychiatry, Neuropsychology,
and Behavioral Neurology 14, no. 1 (2001): 1-14. 아스펜 신경행동학 협의
회는 2000년 신경학, 정신분석학, 법학, 심리학 분야 전문가들이 서명한 공
동 성명서를 발표하고 뇌 기능 장애와 폭력성이 직접적으로 관련 있다고
보는 견해에 대해 경고했다. "폭력은 사회적 상황 속에서 발생하며 정서적
스트레스, 빈곤, 혼잡함, 알코올, 약물, 아동 학대, 가족 붕괴 등과 같은 문
제와 함께 발생할 수 있다."(3).

53. 인지적 기능에 상당한 수준의 명확한 문제가 발생한 경우가 아니라면,
의도를 가지지 못하는 상태일 가능성은 굉장히 낮다.: Laura Stephens
Khoshbin and Shahram Khoshbin, "Imaging the Mind, Minding the Image:
An Historical Introduction to Brain Imaging and the Law," American
Journal of Law and Medicine 33 (2007): 171-192.

54. Ken Levy, "Dangerous Psychopaths: Criminally Responsible but Not
Morally Responsible, Subject to Criminal Punishment and to Preventive
Detention," San Diego Law Review 48 (2011): 1299.

55. 논란의 전체 내용을 요약한 정보: Michael S. Gazzaniga and Megan S.
Steven, "Free Will in the 21st Century: A Discussion of Neuroscience and
the Law," in Neuroscience and the Law, ed. Brent Garland (New York: Dana
Press, 2004), 52.

56. Anthony R. Cashmore, "The Lucretian Swerve: The Biological Basis of
Human Behavior and the Criminal Justice System," Proceedings of the

National Academy of Sciences 107, no. 10 (2010): 4499-4504, 4503.

6장

1. Hal Higdon, Leopold and Loeb: The Crime of the Century (Urbana: University of Illinois Press, 1999); Simon Baatz, For the Thrill of It: Leopold, Loeb, and the Murder That Shocked Chicago (New York: Harper, 2008); John Theodore, Evil Summer: Babe Leopold, Dickie Loeb, and the Kidnap-Murder of Bobby Franks (Carbondale: Southern Illinois University Press, 2007). See also "Confession: Statement of Richard Albert Loeb," State Attorney General of Cook County, May 31, 1924, http://homicide.northwestern.edu/docs_fk/homicide/5866/LoebStatement.pdf for an in-depth description of the crime.

2. 시카고에서 발행되는 여섯 종의 일간지가 사람들로 꽉 찬 법정 상황을 앞다투어 자극적인 문구로 보도했다. 재판 내용은 라디오로도 중계됐다.: "1924: Leopold and Loeb" in "Homicide in Chicago 1870-1930," at http://homicide.northwestern.edu/crimes/leopold/ for more newscoverage.

3. 클래런스 대로우의 최종 변론: The State of Illinois v. Nathan Leopold & Richard Loeb, delivered in Chicago, Illinois, on August 22, 1924, http://law2.umkc.edu/faculty/projects/trials/leoploeb/darrowclosing.html.

4. Clarence Darrow, Crime: Its Cause and Treatment (New York: Thomas Y. Cromwell, 1922), 36.

5. 존 R. 카벌리(John R. Caverly) 판사의 판결과 선고: The State of Illinois v. Nathan Leopold & Richard Loeb, delivered in Chicago, Illinois, in 1924, http://law2.umkc.edu/faculty/projects/ftrials/leoploeb/leo_dec.htm.

6. Clarence Darrow, Crime: Its Cause and Treatment (New York: Thomas Y. Cromwell, 1922), 274; full text at http://www.gutenberg.org/files/12027/12027-8.txt.

7. 용어 사전과 전체적인 요약 내용: Adina L. Roskies, "Neuroscientific Challenges to Free Will and Responsibility," Trends in Cognitive Sciences 10, no. 9 (2006): 419-423. 자유 의지에 관한 정보: Derek Pereboom, "Living

Without Free Will: The Case for Hard Incompatibilism,"in The Oxford Handbook of Free Will, ed. Robert Kane (Oxford: Oxford University Press, 2002), 477-488.

8. Robert Wright, The Moral Animal?Why We Are the Way We Are: The New Science of Evolutionary Psychology (New York: Vintage, 1994), 338-341. 라이트는 인간의 유전학적 특성과 진화의 배경을 더 많이 알수록 억제, 저지, 재활과 같은 실용적인 처벌 정책을 추진하고 징벌은 폐지할 것이라 생각했다.: David Eagleman, Incognito: The Secret Lives of the Brain (New York: Vintage, 2011), chap. 6; and Sam Harris, Free Will (New York: Free Press, 2012), 53-59, and Joshua Greene and Jonathan Cohen, "For the Law, Neuroscience Changes Everything and Nothing," Philosophical Transactions of the Royal Society of London B: Biological Sciences 359 (2004): 1775-1785, "new neuroscience" at 1775, "Tout comprendre" at 1783. 신경과학이 자유 의지에 관한 논쟁을 해결해주리라 생각하는 학자들도 있다.: V. S. Ramachandran, The Tell-Tale Brain:A Neuroscientist's Quest for What Makes Us Human (New York: W. W. Norton, 2011). 라마찬드란(Ramachandran)은 신경학이 자유 의지와 같은 의문을 해결해준다고 밝혔다.: Oliver R. Goodenough and Kristin Prehn, "ANeuroscientific Approach to Normative Judgment in Law and Justice," Philosophical Transactions of the Royal Society of London B: Biological Sciences 359 (2004): 1709-1726, 이 자료에서는 신경과학이 도덕, 정의, 규범적인 판단을 어떻게 변화시킬 수 있는지 설명한다. Greene is quoted ("all behavior is mechanical") in Rowan Hooper, "Are We Puppets of Free Agents," Wired, Dec. 13, 2004. 워드 E. 존스(Ward E. Jones)는 "프랑스 격언인 'c'est tout pardonner' (모든 것을 알면 무엇이나 용서할 수 있다)는 기원이 불분명하다."고 밝혔다. 이 말이 맨 처음 등장한 것은 러시아 소설인 톨스토이의 《전쟁과 평화》에서였다.: Ward E. Jones, "Explanation and Condemnation," in Judging and Understanding: Essays on Free Will, Narrative, Meaning and the Ethical Limits of Condemnation, ed. Pedro Alexis Tabensky (Hampshire, UK: Ashgate Publishing, 2006), 43-44.

9. Richard Dawkins, "Let's All Stop Beating Basil's Car," January 1, 2006, http://edge.org/q2006/q06_9.html; Robert M. Sapolsky, "The Frontal

Cortex and the Criminal Justice System," Philosophical Transactions of the Royal Society of London B: Biological Sciences 359 (2004): 1787-1796, at 1794. Darrow, closing argument in The State of Illinois v. Nathan Leopold & Richard Loeb.

10. Mark A. R. Kleiman, When Brute Force Fails: How to Have Less Crime and Less Punishment (Princeton, NJ: Princeton University Press, 2009), 88. 클레이만은 처벌이 몇 가지 방식으로 범죄를 감소시킨다고 밝혔다. 그중 한 가지는 "규범의 강화: 위반 가능성이 있는 사람의 마음에서 몇 가지 위반 사항의 미승인 수준과 훌륭한 의견이라고 스스로 판단한 부분에 대한 수준이 바뀐다. 예를 들어 술 마시고 운전하기, 배우자를 괴롭히는 행위 등은 이제 더 이상 농담 소재가 되지 않으며 누구나 불명예스러운 일로 여기는 행동을 떠벌리는 일도 채 한 세대도 지나지 않아 사라졌다. 법을 더 적극적으로 집행하고 엄한 처벌을 내리면서 엄마들이 술 마시고 운전하지 못하게 하고 여권 신장 운동이 펼쳐지게 하는 등 사회적 태도의 변화에 어느 정도 영향을 주었다."

11. David Eagleman, "The Brain on Trial," Atlantic Monthly, June/July 2011, http://www.theatlantic.com/magazine/archive/2011/07/the-brain-on-trial/308520/. 실용적인 처벌에 관한 내용: Richard Holton, "Introduction to Philosophy: Free Will" (class handout, University of Edinburgh, 2003), http://web.mit.edu/holton/www/edin/introfw/introfwhome.html. 홀튼(Holton)은 다음과 같이 밝혔다. "반사회적인 행동을 처벌하려 하는 대신, 그러한 행동을 다시 하지 않도록 할 수 있는 자극에 노출되도록 하는 방안을 검토해야 한다. 간단히 말하면, 우리는 그러한 사람을 치료 대상으로 보아야 한다."

12. H. L. Mencken, Treatise on Right and Wrong (New York: Knopf, 1934), 88; Isaiah Berlin, "'From Hope and Fear Set Free,'" in The Proper Study of Mankind: An Anthology of Essays (New York: Farrar, Straus, and Giroux, 1998), 107.

13. 자유 의지와 결정론의 문제점을 정리한 훌륭한 자료: John Martin Fischer et al., Four Views on Free Will (Malden, MA: Blackwell Publishing, 2007); 자유 의지에 관한 추가 정보: Robert Kane, The Oxford Handbook on Free Will (Oxford: Oxford University Press, 2005); and Daniel Dennett, Elbow Room: Varieties of Free Will Worth Having (Cambridge, MA: MIT Press, 1984). 마이클 가

징가(Michael Gazzaniga)는 인지 신경과학자의 "98~99퍼센트"는 정신적 현상을 설명하는 데 환원적 물질주의가 필요하다는 점에 공감할 것이라 추정했다.: Jeffrey Rosen, "The Brain on the Stand," New York Times Magazine, March 11, 2007. 반면, 데이비드 찰머스(David Chalmers)가 2009년 11월에 "자유 의지: 양립 가능론, 자유 의지론인가, 아니면 자유 의지는 없는 걸까?"라는 제목으로 실시한 조사에서 철학자들의 견해는 한 가지로 종합할 수 없는 것으로 나타났다. 조사 결과: http://philpapers.org/surveys/Survey. 이 조사에서는 931명의 분석 철학가를 대상자로 선정했다. 이들 가운데 59퍼센트는 양립 가능론을 수용하거나 생각이 그 쪽으로 기우는 것으로 나타났다. 13.7퍼센트는 자유 의지론을 수용하거나 관심을 가졌으며, 기타 의견은 14.9퍼센트였다. Jerry Coyne is quoted in "You Don't Have Free Will," The Chronicle Review, March 18, 2012, http://chronicle.com/article/Jerry-A-Coyne/131165/. 코인(Coyne)은 결정론도 입증할 수 없다고 밝혔다. 한 가지만 선택할 수 있지만, 다른 선택을 내릴 수 없었다는 사실을 입증하는 건 불가능해 보인다는 설명이었다.: cited in Harris, Free Will, 76n17.

14. "사유의 공백(Causal vacuum)"이라는 표현은 철학자인 패트리샤 처칠랜드(Patricia Churchland)가 만든 용어이다. Patricia Churchland, "The Big Questions: Do We Have Free Will?," New Scientist, November 2006, http://philosophyfaculty.ucsd.edu/faculty/pschurchland/papers/newscientist06dowehavefreewill.pdf. 사상가 중에 몇몇은 비결정론(자유 의지론)을 반박하기 위해 양자 물리학을 활용했다. 인간은 어쨌든 전자로 이루어졌고 전자는 뉴턴 물리학을 따르지 않는다. 전자는 동시에 다양한 상태로 존재할 수 있는 구름 속에 존재한다. 그러나 무작위로 일어나는 아원자의 상태 변화(양자의 불확정성)가 뇌 기능과 인간의 행동에 영향을 주는지 여부에 대해서는 논란이 되고 있다. 그렇다고 보는 견해가 있는가 하면, 그렇지 않다고 주장하는 사람도 있다.: Roskies, "Neuroscientific Challenges to Free Will and Responsibility."

15. Nancey Murphy and Warren Brown, Did My Neurons Make Me Do It? Philosophical and Neurobiological Perspectives on Free Will (Oxford: Oxford University Press, 2009); see especially chapter 5.

16. "Hume on Free Will," Stanford Encyclopedia of Philosophy, "1. Two Kinds of 'Liberty': The Basics ofthe Classical Interpretations," December

14, 2007, http://plato.stanford.edu/entries/hume-freewill/. Janet Radcliffe Richards, Human Nature After Darwin: A Philosophical Introduction (London: Routledge, 2000), 148. 철학자 해리 프랑크푸르트(Harry Frankfurt)도 다른 행동을 하기 위한 자유는 도덕적 책임을 요하는 자유가 아니라고 밝혔다.: Harry Frankfurt, The Importance of What We Care About (Cambridge: Cambridge University Press, 1998), viii. 주목할 점은, "다른 행동을 할 수 있는"이라는 개념, 대안적 가능성의 원칙으로도 불리는 이 개념은 그 의미와 이해 가능성을 두고 철학자들 사이에서 논란이 되고 있다는 사실이다. 독자들이 읽기 쉬운 형태로 정리한 자료: "Could Have Done Otherwise," The Information Philosopher, http://www.informationphilosopher.com/freedom/otherwise.html. See also Ronald Bailey, "Pulling Our Own Strings," Reason, May 2003, 24-31; 철학자 대니얼 데닛(Daniel Dennett)은 이렇게 설명했다. "반응성이 있는 뇌와 없는 뇌의 차이는, 뇌가 정보에 반응할 수 있는 능력, 사유에 반응할 수 있는 능력과 반영할 수 있는 능력의 차이와 같다."

17. Roy F. Baumeister, William A. Crescioni, and Jessica L. Alquist, "Free Will as Advanced Action Control for Human Social Life and Culture," Neuroethics 4, no. 1 (2011): 1-11; Eddy Nahmias, "Why 'Willusionism' Leads to 'Bad Results': Comments on Baumeister, Crescioni, and Alquist," Neuroethics 4, no. 1 (2011): 17-24; Shaun Nichols, "Experimental Philosophy and the Problem of Free Will," Science 331 (2011): 1401-1403 ("양립 가능론자들의 관점은 정서적 행동이 촉발되는 경우에 더 적합한 것으로 보인다." [1403]); Eddy Nahmias et al., "Is Incompatibilism Intuitive?," Philosophy and Phenomenological Research 73 (2006): 28-53; Shaun Nichols and Joshua Knobe, "Moral Responsibility and Determinism: The Cognitive Science of Folk Intuitions," Nous 43 (2007): 663-685; Adina Roskies and Shaun Nichols, "Distance, Anger, Freedom: An Account of the Role of Abstraction in Compatibilist and Incompatibilist Intuitions," Philosophical Psychology 24, no. 6 (2011): 803-823; Tamler Sommers, "Experimental Philosophy and Free Will," Philosophy Compass 5, no. 2 (2010): 199-212; and "Critiques of xphi," Experimental Philosophy (blog), http://pantheon.yale.edu/~jk762/xphipage/Experimental%20Philosophy-Critiques.html. 보(Vohs)와 스쿨러

(Schooler)는 피험자들에게 세 종류의 책 구절 중 하나를 읽도록 했다. 첫 번째는 결정론을 믿도록 권하는 내용("궁극적으로 인간은 생물학적인 컴퓨터다. 진화를 통해 설계되어 유전학으로 구성되었으며 환경이 만든 프로그램대로 살아간다") 두 번째는 자유 의지를 주장하는 내용이었다("유전적, 환경적 요소가 때로 나의 행동에 영향을 주기도 하지만, 그러한 영향을 뛰어넘을 수 있다"). 그리고 세 번째는 중성적인 내용으로 농업에 관한 글이었다. 자유 의지에 반대하는 글을 읽은 피험자들은 다른 글을 읽은 피험자에 비해 문제 해결 과제가 주어지자 부정 행위를 하는 경향이 더 높게 나타났다.: Kathleen D. Vohs and Jonathan W. Schooler, "The Value of Believing in Free Will: Encouraging a Belief in Determinism Increases Cheating," Psychological Science 19 [2008]: 49-54. 또 다른 유형의 실험에서는 결정론을 믿도록 유도한 피험자들은 다른 사람을 도우려는 경향이 더 낮게 나타났으며 일을 하다가 더 많이 빈둥대는 것으로 나타났다. 한 가지 눈에 띄는 예로, 이들은 매운 음식을 잘 못 먹는 사람이 있다는 사실을 알고도 음식에 핫소스를 첨가하려는 경향이 두드러지게 나타났다.: Tyler F. Stillman et al., "Personal Philosophy and Personal Achievement: Belief in Free Will Predicts Better Job Performance," Social Psychological and Personality Science 1, no. 1 [2010]: 43-50. 핫소스 관련 연구 결과: Roy F. Baumeister, E. J. Masicampo, and C. N. DeWall, "Prosocial Benefits of Feeling Free: Disbelief in Free Will Increases Aggression and Reduces Helpfulness," Personality and Social Psychology Bulletin 35, no. 2 [2009]: 260-268. 결정론의 관점에서 세상을 바라보면 나쁜 행동을 하게 되는 결과가 나타날 뿐만 아니라, 처벌이 필요하다는 견해를 갖지 않는 경우가 더 많은 것으로 나타났다. 심리학자 아짐 샤리프(Azim Shariff)와 그 연구진은 피험자들을 자유 의지에 반대하는 생각을 갖도록 유도하면, 가상의 살인자에 대해 처벌이 필요하다고 밝히는 경우가 줄어들고 대인관계에서 용서하는 경우가 더 많아지는 것으로 나타났다. 이는 결정론적 환경에서는 행위 주체가 자기 자신과 다른 사람 모두에 대해 책임을 덜 부여한다는 개념과 일치하는 결과이다.: Azim Shariff et al., "Diminished Belief in Free Will Increases Forgiveness and Reduces Retributive Punishment," Psychological Sciences, in preparation. 강력한 감정을 불러일으키기 위한 범죄(빌이라는 사람이 한 여성을 스토킹한 뒤 강간했다)와 그보다 훨씬 덜 자극적인 범죄(마크라는 사람이 내야 할 세금을 속여서 냈다)를 제시하자, 피험자의 3분의 2

는 빌이 자신의 행동을 모두 책임져야 한다고 답한 반면 마크가 행동에 전적으로 책임져야 한다고 답한 피험자는 23퍼센트에 불과했다. 노브(Knobe)와 니콜스(Nichols)는 국제 연구진과 협력하여 실시한 연구에서, 미국, 홍콩, 인도, 콜롬비아를 포함한 여러 나라에서 이와 같은 결과가 동일하게 도출되었다고 밝혔다.: H. Sarkissian et al., "Is Belief in Free Will a Cultural Universal?" Mind and Language 25, no. 2 (2010): 346-358. 철학자들과 심리학자들 사이에서는 과장되게 꾸며진 시나리오를 피험자들에게 제시할 경우, 피험자들은 결정론적 사고에 대해 행위자의 의식적인 정신 상태가 행동과 직결된다고 이해하는지, 아니면 의식적인 정신 상태를 완전히 건너뛴다고 이해하는지를 두고 논란이 벌어지고 있다. 피험자가 어떻게 해석하느냐에 따라 이들이 나타내는 반응도 달라질 가능성이 높다. 이런 중대한 방법상의 문제와는 별개로 서둘러 해결해야 할 문제는, 사람들은 특정한 환경에서(즉 상황, 문화, 성격, 감정, 주변 환경 등) 책임감에 대해 서로 다른 직관을 가지게 된다는 점이다. 따라서 세상에서 어떤 경험을 하느냐에 따라 도덕적 감각은 더욱 깊어지고 변형된다는 사실을 반드시 기억해야 한다.: A. Feltz and E. T. Cokely, "Do Judgments About Freedom and Responsibility Depend on Who You Are? Personality Differences in Intuitions About Compatibilism and Incompatibilism," Consciousness and Cognition 18, no. 1 (March 2009): 342-350; and David A. Pizarro and Erik G. Helzer, "Freedom of the Will and Stubborn Moralism," in Free Will and Consciousness: How Might They Work?, ed. Roy F. Baumeister, Alfred R. Mele, and Kathleen D. Vohs (Oxford: Oxford University Press, 2010), 101-120 (이 자료에서는 행위 주체가 괜찮은 행동을 했을 때보다 나쁜 행동을 했을 때, 행위의 동기를 행위 주체의 탓으로 돌리는 경향이 나타나도록 인지적 편향이 작용한다는 사실을 보여준다.)

18. 결정론과 환상설(illusionism)은 일치하는 부분도 있지만 관점은 전혀 다르다. 둘 다 사람이 자신의 행동을 선택한다는 개념을 거부하며 "자유 의지"라는 개념을 부인한다. 그러나 환상설을 주장하는 사람은 결정론자인 반면, 결정론자가 모두 환상설을 수용하지는 않는다. 다시 말해 결정론자라고 해서 의식적인 상태가 우리가 먼저 행동한 뒤 그 행동을 정당화하기 위해서만 동원된다는 생각에 모두 공감하지는 않는다.

19. Benjamin Libet et al., "Time of Conscious Intention to Act in Relation to Onset of Cerebral Activity (Readiness-Potential): The Unconscious Initiation

세뇌 - 무모한 신경과학의 매력적인 유혹

N

CH.

of a Freely Voluntary Act," Brain 106 (1983): 623-642; John-Dylan Haynes, "Decoding and Predicting Intentions," Annals of the New York Academy of Sciences 1224, no. 1 (2011): 9-21. 하인스(Haynes)는 리벳(Libet)의 실험과 비슷하지만 fMRI를 활용한 실험에서, 피험자가 오른손이나 왼손 중 한 손으로 버튼을 7초간 누르라고 할 때 어느 쪽 손을 사용할지 피험자가 결정하고 그 결정을 인지하기 전에 어떤 손을 사용할지 맞출 가능성은 60퍼센트였다고 밝혔다.

20. Sukhvinder S. Obhi and Patrick Haggard, "Free Will and Free Won't," American Scientist, July-August 2004, 358-365, http://www.american scientist.org/template/AssetDetail/assetid/34008/page/5.

21. Benjamin Libet, Mind Time: The Temporal Factor in Consciousness (Cambridge, MA: Harvard University Press, 2004), 137-138. See generally Daniel M. Wegner, The Illusion of Conscious Will (Cambridge, MA: MIT Press, 2002); and John Tierney, "Is Free Will Free?," New York Times, June 19, 2006, http://tierneylab.blogs.nytimes.com/2009/06/19/is-free-will-free/.

22. Emily Pronin et al., "Everyday Magical Powers: The Role of Apparent Mental Causation in the Overestimation of Personal Influence," Journal of Personal and Social Psychology 91, no. 2 (2006): 218-231.

23. Wegner, The Illusion of Conscious Will; 웨그너(Wegner)는 그 밖에도 최면으로 유도된 행동, 점괘판 게임, 무의식적으로 쓴 글, 비몽사몽인 상태에서의 영적 교신 등 개개인의 행동이 스스로 유도한 것이기 보다는 그냥 일어나는 것으로 보이지만 사실은 행위 주체가 유도한 행동에 대해서도 연구했다. 이러한 상황은 의식에 대한 느낌이 항상 행동의 실제 사유와 연관되는 것은 아님을 보여준다.: Michael S. Gazzaniga, Who's in Charge?: Free Will and the Science of the Brain (New York: Harper Collins, 2011), 82-89. 가징가(Gazzaniga)는 간질 환자 중 좌뇌와 우뇌를 잇는 신경 섬유를 절단하는 수술로 치료를 받은 소위 "뇌가 쪼개진" 환자들에서 나타나는 작화(이야기 지어내기)에 대해 자세히 설명한다. 이 결과를 토대로 가징가는 좌뇌가 우리의 행동, 반응 및 인지적, 정서적, 환경적 자극을 해석할 수 있게 해준다는 사실을 알 수 있다고 밝혔다. 그는 "이 해석의 주체"가 우리의 행동, 감정, 생각, 꿈에 대해 끊임없이 이야기를 만든다고 설명한다. 이러한 기능은 이야기의 통일성을 유지하고 우리가 일관성, 이성적인 동기가 무엇인지 인지하도록

한다. 뇌졸중 환자나 기타 신경학적 질환이 있는 사람들이나 최면에 걸린
사람들에서도 작화 현상이 관찰된다.

24. Timothy Wilson, Strangers to Ourselves: Discovering the Adaptive Unconscious (Cambridge, MA: Harvard University Press, 2004).

25. Roy F. Baumeister, E. J. Masicampo, and Kathleen D. Vohs, "Do Conscious Thoughts Cause Behavior?," Annual Review of Psychology 62 (2011): 331-361.

26. 철학자 힐러리 복(Hilary Bok)은 "무엇보다도 결정론은 무언가를 결정할 필요성을 덜어주지만 전혀 위안이 되지 않는다."고 언급했다.: "Want to Understand Free Will? Don't Look to Neuroscience," The Chronicle Review, March 18, 2012, http://chronicle.com/article/Hilary-Bok/131168/.

27. 로이 F. 바우마이스터(Roy F. Baumeister)는 다음과 같이 지적한다. "의식적인 사고가 그다지 중요하지 않다고 주장하는 수많은 연구자들이 실제 연구에서는 피험자들에게 의식적으로 생각해야 한다고 엄격히 지시한다는 점이 참 모순이다. 이런 지시로 신빙성이 없다고 생각하는 경쟁자의 논리에 크게 의존하는 셈이다.": Personal communication with authors, June 6, 2012. 행위의 결과를 행위 주체가 제어할 수 있다는 생각의 실용적 이점도 고려해야 한다. 수많은 연구를 통해 스스로를 크게 옹호하는 사람일수록 그렇지 않은 사람에 비해 금연, 체중 감량에 성공할 가능성이 훨씬 더 높은 것으로 나타났다.: Albert Bandura, Self-efficacy: The Exercise of Control (New York: Freeman, 1997).

28. Will Durant, The Story of Philosophy (New York: Pocket Books, 1991), 76.

29. Shaun Nichols, "The Folk Psychology of Free Will: Fits and Starts," Mind and Language 19 (2004): 473-502.

30. Nichols and Knobe, "Moral Responsibility and Determinism"; Hagop Sarkissian et al., "Is Belief in Free Will a Cultural Universal?," Mind and Language 25, no. 3 (2010): 346-358. 연구진은 중국, 인도, 콜롬비아의 피험자들은 인간의 의사결정 행위가 사람이 선택한 것이 아니라는 개념을 받아들이지 않았다고 밝혔다.: Nadia Chernyak et al., "A Comparison of Nepalese and American Children's Concepts of Free Will," Proceedings of the 33rd Annual Meeting of the Cognitive Sci-ence Society, ed. Laura Carlson, Christoph Hoelscher, and Thomas F. Shipley (Austin, TX: Cognitive

Science Society, 2011), 144-149.

31. "정의를 위반하는 것은 상처가 된다. 행동의 동기가 자연스레 받아들여지지 않게 되므로, 분명 심각하게 상처를 받는 사람이 발생한다. 그러므로 이 경우 분개하고 처벌하려는 것은 자연스럽게 생긴 분한 감정이라 할 수 있다.: Adam Smith, The Theory of Moral Sentiments, chap. 1, sec. II, pt. II (London: A. Millar, 1790), Library of Economics and Liberty (online), http://www.econlib.org/library/Smith/smMS2.html. See also Paul H. Robinson and Robert Kurzban, "Concordance and Conflict in Intuitions of Justice," Minnesota Law Review 91, no. 6 (2007): 1829-1907; David A. Pizarro and E. K. Helzer, "Stubborn Moralism and Freedom of theWill," in Free Will and Consciousness: How They Might Work, ed. Roy F. Baumeister, Alfred R. Mele, and Kathleen D. Vohs (Oxford: Oxford University Press, 2011), 101-120. 사회성이 있는 일부 동물들에서도 공정성에 대한 인식이 기본적인 형태로 나타난다.: Megan van Wolkenton, Sarah F. Brosnan, and Frans B. M. de Waal, "Inequity Responses of Monkeys Modified by Effort," Proceedings of the National Academy of Sciences 104, no. 47 (2007): 18854-18859. 연구진은 흰목꼬리감기 원숭이(capuchin monkeys)를 대상으로 한 실험에서, 같은 행동을 하고 다른 원숭이가 더 좋은 보상을 받으면(자신은 그저 그런 오이 하나를 받고 상대방은 잘 익은 포도 한 송이를 받았을 때) 불쾌감을 나타내는 것으로 보인다고 밝혔다. 오이를 받은 원숭이는 실험자를 향해 오이를 던져버렸다.: Friederike Range et al., "The Absence of Reward Induces Inequity Aversion in Dogs," Proceedings of the National Academy of Sciences 106, no. 1 (2009): 340-345; and Leda Cosmides and John Tooby, "Neurocognitive Adaptations Designed for Social Exchange," in Handbook of Evolutionary Psychology, ed. David M. Buss (Hoboken, NJ: John Wiley and Sons, 2005), 584-627; 사기꾼을 찾아 처벌하는 것에 관한 내용: Elsa Ermer, Leda Cosmides, and John Tooby, "Cheater-Detection Mechanisms," in Encyclopedia of Social Psychology, ed. Roy F. Baumeister and Kathleen D. Vohs (Thousand Oaks, CA: Sage, 2007), 138-140 (자신감, 부끄러움과 같은 도덕적인 감정은 인간의 협동하는 행동과 함께 진화한 것으로 추정한다. 무리지어 살던 조상들은 이와 같은 정서가 있을 때 생존에 더 유리했기 때문이다[139]); Alan P. Fiske, Structures of Social Life (New York: Free Press, 1991); Shalom H. Schwartz and Wolfgang

es
6

Bilsky, "Toward a Theory of the Universal Content and Structure of Values: Extensions and Cross-Cultural Replications," Journal of Personality and Social Psychology 58 (1990): 878-891; Richard A. Shweder et al., "The 'Big Three' of Morality (Autonomy, Community, and Divinity) and the 'Big Three' Explanations of Suffering," in Morality and Health, ed. Allan M. Brandt and Paul Rozin (London: Routledge, 1997), 119-169; and Morris B. Hoffman and Timothy H. Goldsmith, "The Biological Roots of Punishment," Ohio State Journal of Criminal Law 1 (2004): 627-641. Samuel Bowles and Herbert Gintis, A Cooperative Species: Human Reciprocity and Its Evolution (Princeton, NJ: Princeton University Press, 2012); Alan Fiske, "Four Elementary Forms of Sociality: Framework for a Unified Theory of Social Relations," Psychological Review 99, no. 4 (1992): 689-732; and Donald E. Brown, Human Universals (New York: McGraw-Hill Humanities, 1991).

32. Jonathan Haidt and Craig Joseph, "Intuitive Ethics: How Innately Prepared Intuitions Generate Culturally Variable Virtues," Daedalus: On Human Nature 133, no. 4 (2004): 55-66. John Mikhail, "Universal Moral Grammar: Theory, Evidence, and the Future," Trends in Cognitive Sciences 11, no. 4 (2007): 143-152.The quotation is from Haidt and Joseph, "Intuitive Ethics," 55. 그러나 도덕적 행동의 모든 측면이 전 문화권에서 똑같이 강조된다는 의미는 아니다.: Joseph Henrich et al., "Markets, Religion, Community Size, and the Evolution of Fairness and Punishment," Science 327 (2010): 1480-1484. 이 자료에서는 15가지 부류의 다양한 집단을 조사한 결과, 낯선 사람에게 친절하게 행동하는 성향과 부당한 일을 처벌하려는 성향은 시장경제가 발달한 대규모 사회에서 가장 두드러지게 나타났다고 밝혔다. 원활한 거래가 이루어지기 위해서는 이와 같은 규범이 필수적이기 때문으로 추정된다. "이러한 결과는 현대의 친사회성이 내재적 심리학의 산물일 뿐만 아니라 인간의 역사에서 생긴 규범과 제도를 반영한다는 사실을 보여준다.": (1480).33. DanielKahneman, Jack L. Knetsch, and Richard H. Thaler, "Fairness and the Assumptions of Economics," Journal of Business 59, no. 4 (1986): S285-S300.

34. 더 어린 아이들도 상냥한 사람에게 친근감을 나타낸다. 생후 8개월 된 아기도 못살게 구는 '못된' 인형보다는 친절하게 행동하는 '착한' 인형을 선

호한다(즉 손을 뻗어 잡으려고 한다): Paul Bloom, "Moral Nativism and Moral Psychology," in The Social Psychology of Morality: Exploring the Causes of Good and Evil, ed. Mario Mikulincer and Phillip R. Shaver (Washington, DC: American Psychological Association, 2012), 71-89; also Stephanie Sloane, Renee Baillargeon, and David Premack, "Do Infants Have a Sense of Fairness?," Psychological Science 23, no. 2 (2012): 196-204; and Judith Smetana et al., "Developmental Changes and Individual Differences in Young Children's Moral Judgments," Child Development 83, no. 2 (2012): 683-696.

35. Philip E. Tetlock, William T. Self, and Ramadhar Singh, "The Punitiveness Paradox?When Is External Pressure Exculpatory and When a Signal Just to Spread Blame?," Journal of Experimental and Social Psychology 46, no. 2 (2010): 388-395.

36. Cited in Jonathan Haidt and John Sabini, "What Exactly Makes Revenge Sweet?" (unpublished manuscript, University of Virginia, 2004).

37. Kevin Carlsmith and John M. Darley, "Psychological Aspects of Retributive Justice," Advances in Experimental Social Psychology 40 (2008): 199, 207.

38. 질책의 실용적 가치에 관한 정보: Harris, Free Will, 56. See also Sarah Mathew and Robert Boyd, "Punishment Sustains Large-Scale Cooperation in Pre-state Warfare," Proceedings of the National Academy of Sciences 108, no. 28 (2011): 11375-11380; Benedikt Herrmann, Christian Thöni, and Simon Gächter, "Antisocial Punishment Across Societies," Science 319 (2008): 1362-1367; Robert Boyd, Herbert Gintis, and Samuel Bowles, "Coordinated Punishment of Defectors Sustains Cooperation and Can Proliferate When Rare," Science 328 (2010): 617-620.

39. 사회적 통제와 미래 범죄의 감소는 징벌 차원의 처벌에서 나온 반가운 부산물이지만, 요점과는 맞지 않다.

40. 처벌의 표현적 기능에 관한 상세한 설명: Jean Hampton, "The Moral Education Theory of Punishment," Philosophy and Public Affairs 13, no. 3 (1984): 208, 215-217, 227; and Joel Feinberg, "The Expressive Function of Punishment," in Doing and Deserving (Princeton, NJ: Princeton University Press, 1970), 95-101. 19세기 프랑스 사회학자 에밀 뒤르켐(Emile Durkheim)은 사회의 법 집행으로 사회적 연대가 강화된다고 주장했다.: Emile Durkheim,

6

The Division of Labor in Society (New York: Free Press, 1997), 34-41. '카스트 렉스'에 관한 이야기: James Q. Wilson, "The Future of Blame," National Affairs, Winter 2010, 105-114. 과학으로 개성을 잃고 로봇처럼 되어 버린 사례가 있다. 1971년 앤서니 버제스(Anthony Burgess)의 반(反)이상향적 동명 소설을 바탕으로 제작된 영화 '시계태엽 오렌지(Clockwork Orange)'에서는 난폭한 폭력배이자 강간범이 혐오 요법을 받는다. 즉 폭력이 난무하는 영화를 보면서 구역질이 나게 하는 약을 제공받는 방식이 사용된다. 향후 폭력 행위를 막는 것이 이 용법의 주된 목표이다. 2주도 지나지 않아 폭력이나 섹스에 대해 생각하는 것만으로도 그는 구역질을 느낀다. 내무부 장관은 그가 "치유되었다"고 발표하지만, 교도소의 목사는 동의하지 않으며 이렇게 말한다. "선택이 없는 도덕은 없습니다." 관찰자의 입장에서, 만약 누군가가 이런 절차를 다음과 같이 받아들인다면 어떨까? "아, 성폭행을 저지르고 그냥 도망가도 되겠구나, 걸려도 감옥에서 몇 주만 지내다가 약을 먹으면 되니까" 법의 억제 기능으로 얻는 보호 효과(징벌 반대론자들이 지지하는 효과)를 생각할 때 이와 같은 끔찍한 결과도 고려해야 한다. 이런 문제만으로도 강간범에게 좀 더 강력한 처벌을 내릴 수 있는 정당한 근거가 된다. 범법자와 법을 준수하는 시민의 동등성을 회복하기 위한 수단으로서의 징벌에 관한 정보: John Finnis, "Retribution: Punishment's Formative Aim," American Journal of Jurisprudence 44 (1999): 91-103. 켄워시 빌츠(Kenworthey Bilz)는 이렇게 밝혔다. "예를 들어, 연구를 통해 희생자와 사건의 제 3자는 공통적으로 억제, 무력화, 갱생과 같은 제도적 동기보다는 징벌하고픈 욕구에서 동기 부여를 받는다는 사실이 확인되었다.": Kenworthey Bilz, "The Puzzle of Delegated Revenge," Boston University Law Review 87 (2007): 1088. 후기 심리학 교수인 케빈 M. 칼스미스(Kevin M. Carl-smith)는 연구를 통해 다음과 같은 결과를 확인했다. "사람들은 범죄자에게 구형할 때 실용적 관점보다는 응징의 관점에서 바라본다.": Kevin M. Carlsmith, "The Roles of Retribution and Utility in Determining Punishment," Journal of Experimental Social Psychology 42 (2006): 446. See also Kevin M. Carl-smith, John M. Darley, and Paul H. Robinson, "Why Do We Punish? Deterrence and Just Deserts as Motives for Punishment," Journal of Personality and Social Psychology 83 (2002): 284-299. 칼스미스(Carlsmith), 달리(Darley), 로빈슨(Robinson)은 사람들이 범법자에게 벌을 줄 때 억제 이론("위법 행위를 한 사람에 대한 처벌은 앞으로의 위반 행위를 방지하기에 충분한 수준이어야 한다.")보다는 "응분의 대가" 이론("처벌 주체는 "발생한 행위에 적합한 처벌"인지 고려해야 한다는 이론)을 선호한다는 주장에 지지의 뜻을 밝혔다.: Kevin M. Carlsmith, John M. Darley, and Paul H. Robinson, "Incapacitation and Just Deserts as Motives for Punishment," Law and Human Behavior 24, no. 6 (2000): 659, 676. 제어드 다이아몬드(Jared Diamond)는 〈뉴요커〉에 실린 장인어른에 관한 글을 발표했다. 장인어른의 어머니, 여동생, 여자 조카 모두 유대인 대학살(홀로코스트)로 죽임을 당했다. 살아남은 장인어른은 살해 당시 가담한 폭력배 한 명을 죽일 수 있는 기회를 잡았지만, 그냥 경찰에 넘기기로 결심했다. 그런데 그 살인자에게 겨우 징역 1년이 구형됐다. 이후 다이아몬드의 장인어른은 남은 생애를 가족을 죽인 살인자가 의도치 않게 자유로이 돌아다니게 만들었다는 후회와 죄책감에 시달리며 살아야 했다.: Jared Diamond, "Annals of Anthropology: Vengeance Is Ours," New Yorker, April 21, 2008, 74-89, http://www.unl.edu/rhames/courses/war/diamond-vengeance.pdf. Samuel R. Gross and Phoebe C. Ellsworth, "Hardening of the Attitudes: Americans' Views on the Death Penalty," Journal of Social Issues 50, no. 2 (1994): 27-29, 이 자료에서는 미국인이 사형 선고의 합당한 이유로 가장 많이 언급하는 것이 징벌이라는 조사 결과가 나와 있다. Peter French, The Virtues of Vengeance (Lawrence: University Press of Kansas, 2001); Jeffrie G. Murphy, "Two Cheers for Vindictiveness," Punishment and Society 2, no. 2 (2000): 131-143; and generally, William Ian Miller, Eye for an Eye (Cambridge, UK: Cambridge University Press, 2006).

41. Clarence Darrow, The Story of My Life (New York: Da Capo, 1996), "hanged" at 238, "abusive" letters at 233. Suzan Clarke, "Casey Anthony Verdict: Anthony Family Gets Death Threats in Wake of Acquittal, Asks for Privacy," ABC News, July 5, 2011, http://abcnews.go.com/US/casey-anthony-verdict-anthony-family-death-threats-wake/story?id=14004306#.UJhDjHglZFI; Benjamin Weiser, "Judge Explains 150-Year Sentence for Madoff," New York Times, June 29, 2011, http://www.nytimes.com/2011/06/29/nyregion/judge-denny-chin-recounts-his-thoughts-in-bernard-madoff-sentencing.html?hp#.

42. Donald Black, The Behavior of the Law, Special Edition (Bingley, UK: Emerald

Group Publishing, 2010). 미국 사회, 그리고 다른 사회도 마찬가지겠지만, 범법자에 대한 처벌 수준이 희생자의 사회적 지위에 따라 격차를 보인다는 사실은 큰 문제이다. "위범자가 희생자보다 교육 수준이 높으면, 처벌 수위가 낮아진다.": (66). Paul H. Robinson and John Darley, "The Utility of Desert," Northwestern University Law Review 91, no. 2 (1997): 458-497, 이 자료에서는 다음과 같은 결론을 내렸다. "억제, 무력화, 갱생으로 구성된 전통적인 실용주의적 이론은… 많은 경우 그 영향력이 미미하다. 사회 규칙을 정해진 대로 잘 따르도록 하는 진정한 힘은 서로 뒤얽힌 사회와 개인의 도덕적 통제에서 비롯되지 않는다… 특히 형법은 도덕 규범의 존속에 반드시 필요한, 사회적으로 일치된 의견을 만들고 유지되도록 하는 핵심 역할을 한다.": (458). Jean Hampton, "An Expressive Theory of Retribution," in Retributivism and Its Critics, ed. Wesley Cragg (Stuttgart, Ger.: Franz Steiner Verlag, 1992), 5 ("범죄는 범법자보다 희생자의 위신을 떨어뜨렸다. 처벌은 이러한 비하의 의미가 '사라지도록' 한다.") 제니퍼 켄워시 빌츠(Jennifer Kenworthey Bilz)는 여러 건의 실험을 통해, 희생자를 피해자로 만드는 행위는 피해자가 자신의 눈과 귀로 상황을 파악하는 능력을 저하시키며, 만약 가해자가 응징을 받지 않는 경우 이것이 더욱 나쁜 영향을 준다고 밝혔다.: Jennifer Kenworthey Bilz, "The Effect of Crime and Punishment on Social Standing" (Ph.D. diss., Princeton University, 2006), 72-73. 안타깝게도 빌츠의 연구에 참가한 피험자는 스무 명의 대학원생으로 제한적이었다.: Kenworthey Bilz and John M. Darley, "What's Wrong with Harmless Theories of Punishment?," Chicago-Kent Law Review 79 (2004): 1215-1252. 범법자가 처벌을 받지 않는 경우, 이들의 사회적 지위는 기준치보다 아주 약간 상승한다. 빌츠는 범법자에게 내려진 처벌이 희생자에게 어떤 의미인지는 범법자보다 제 3자가 더 많이 생각하지만, 그 이유는 알 수 없다고 전했다.: Bilz, "Effect of Crime and Punishment on Social Standing," 42, fig. 2.

43. Melvin J. Lerner, The Belief in a Just World: A Fundamental Delusion (New York: Plenum Press, 1980).

44. Melvin J. Lerner and Dale T. Miller, "Just World Research and the Attribution Process: Looking Back and Ahead," Psychological Bulletin 85, no. 5 (1978): 1030-1051, 1032; see 1050-1051 관찰, 해석 내용이 확인된 다른 연구 결과: A. Lincoln and George Levinger, "Observers' Evaluations

of the Victim and the Attacker in an Aggressive Incident," Journal of Personality and Social Psychology 22, no. 2 (1972): 202-210. 이 연구에서는 피험자들에게 어떤 무고한 사람이 경찰의 공격을 받았다는 내용의 보고서를 제시했다. 희생자가 경찰에 대한 고소장을 제출한 경우보다 제출하지 못한 경우 피험자들은 희생자를 더 부정적으로 평가했다.: Robert M. McFatter, "Sentencing Strategies and Justice: Effects of Punishment Philosophy on Sentencing Decisions," Journal of Personality and Social Psychology 36, no. 12 (1978): 1490-1500, 가해자에게 가장 처벌을 약하게 내린 피험자들은 더 엄격한 처벌을 내린 피험자보다 희생자의 탓으로 돌리는 경우가 더 많았다.

45. Tom R. Tyler, Why People Obey the Law (Princeton, NJ: Princeton University Press, 2006), 19-69. Cathleen Decker, "Faith in Justice System Drops," Los Angeles Times, October 8, 1995, S2; see also Cathleen Decker and Sheryl Stolberg, "Half of Americans Disagree with Verdict," Los Angeles Times, October 4, 1995, A1 (로스앤젤리스 거주자뿐만 아니라, 미국 전역을 대상으로 한 여론조사에서도 형사 사법제도에 대한 신뢰도가 비슷한 수준으로 낮았다는 보도 내용-); and Alexander Peters, "Poll Shows CourtsRate Low in Public Opinion," Recorder, December 11, 1992, 1. 합법적인 행동은 공식적인 법률상 제재가 주어진 경우보다 사회적인 비난에 대한 공포가 주어졌을 때 더욱 강력하게 유지된다.: Harold G. Grasmick and Robert Bursick, "Conscience, Significant Others, and Rational Choice: Extending the Deterrence Model," Law and Society Review 24 (1990): 837-861, esp. 854. 사람들은 법률 당국이 합법적이라고 판단하면, 처벌에 대한 두려움이나 보상 기대 때문이 아니라 시민의 의무로서 공식 결정과 규칙을 준수해야겠다고 생각한다.: Tom Tyler, "Psychological Perspectives on Legitimacy and Legitimation," Annual Review of Psychology 57 (2006): 375-400. 증인의 행동에 관한 자료: Kevin M. Carlsmith and John M. Darley, "Psychological Aspects of Retributivist Justice," Advances in Experimental Social Psychology 40 (2008): 193-263. 법학자 제니스 네들러(Janice Nadler)는 열여덟 살인 데이비드 캐시(David Cash)의 실제 사건을 제시하고 피험자의 반응을 조사했다. 1997년, 캐시는 친구 한 명과 함께 네바다 주의 카지노 한 곳을 방문했다. 이곳에서 캐시는 친구가 카지노 화장실에서 일곱 살짜리 여자 아이를 꼼짝 못하게

한 뒤 쓰다듬고 있는 장면을 목격하고, 친구가 이 아이를 강간한 뒤 살해하기 직전에 밖으로 나왔다. 친구는 나중에 캐시와 만나 자신이 무슨 짓을 했는지 이야기했다. 그리고 두 사람은 이틀간 그 곳에서 도박에 몰두했다. 나들러는 피험자들에게 두 가지 시나리오를 제시했다. "정당한 결과" 시나리오에서는 캐시가 살인 공범으로 기소되어 감옥에서 1년을 복역한 내용이 담겨 있었다. "부당한 결과"(캐시 사건의 실제 결말) 시나리오에서는 캐시가 처벌을 면한다. "정당한 결과" 시나리오를 받은 피험자들은 이후 제시된 강도 사건에서 판사의 지시를 잘 따르는 경향을 보인 반면 부당한 결과(캐시가 처벌 받지 않은)를 접한 피험자들은 지시를 따르지 않는 경향을 보였다.: Janice Nadler, "Flouting the Law," Texas Law Review 83 (2005): 1339-1441, 1423-1424 (연구 설명). 배심원 무효 판결에 관한 자료: James M. Keneally, "Jury Nullification, Race, and The Wire," New York Law School Law Review 55 (2010-2011): 941-960, http://www.nyls.edu/user_files/1/3/4/17/49/1156/Law%20Review%2055.4_01Keneally.pdf.

46. Susan Herman, Parallel Justice for Victims of Crime (self-published, 2010), http://www.paralleljustice.org/thebook/. 허먼은 정의에 대한 희생자의 직관이 충족되면, 정의로운 세상이라는 믿음이 강화된다고 밝혔다: Lawrence W. Sherman and Heather Strang, "Repair or Revenge: Victims and Restorative Justice," Utah Law Review 15, no. 1 (2003):1-42; and Melvin J. Lerner and Leo Montada, eds., Responses to Victimizations and Belief in a Just World (New York: Plenum Press, 1998). 러너(Lerner)와 몬타다(Montada)는 연구 내용을 검토한 결과 정의로운 세상이라는 믿음은 희생자가 자신에게 벌어진 범죄는 잘못된 일이고 도덕적인 위반 행위라는 사실을 법적으로 인정받을 필요가 있다는 점에서 희생자에게 중요한 의미를 갖는다고 밝혔다. 서문에서는 다음과 같이 설명했다. "최신 연구를 통해 정의로운 세상이라는 믿음은 희생자가 자신이 겪은 고난과 문제를 극복할 수 있게 하는 기능을 한다는 사실을 알 수 있다. 몇몇 연구에서는 이러한 믿음이 희생자로 하여금 자신이 처한 상황을 부정적인 관점에서 괴로워하며 바라보지 않도록 하는 데 도움이 되는 것으로 나타났다. 특히 부당한 희생자가 될까봐 두려워하는 경우 더욱 도움이 된다. 따라서 정의로운 세상이라는 믿음은 희생자에게 의지할 수 있는 수단이 된다." (viii). 전 세계 법조계에서 전쟁 이후 재판과 진실화해위원회(TRCs)를 통한 광범위한 논쟁이 벌어졌지만,

이러한 절차가 희생자의 정신을 정화하는 데 있어서 얼마나 효과가 있었는지 양적으로 확인할 수 있는 자료는 찾아보기 힘들다.: Michal BenJosef Hirsch, Megan MacKenzie, and Mohamed Sesay, "Measuring the Impacts of Truth and Reconciliation Commissions: Placing the Global 'Success' of TRCs in Local Perspective," Cooperation and Conflict 47, no. 3 (2012): 386-403; and Neil J. Kritz, "Coming to Terms with Atrocities: A Review of Accountability Mechanisms for Mass Violations of Human Rights," Law and Contemporary Problems 59, no. 4 (1996): 127-128. 크리츠(Kritz)는 진실화회위원회에 대해 다음과 같이 밝혔다. "자국 내에서나 국제적으로 합법적이고 공정이라 인정받는 국가 기관이 과거 저지른 과오를 인정한 의미 있는 시도이다. 위원회와 같은 조직의 활동이 기소 절차를 대신할 수는 없으며, 정당한 법적 절차에 따라 사건 연루자를 직접 조사할 수 있는 경우도 매우 드물다. 하지만 다음과 같은 관점에서 그러한 법적 절차와 동일한 여러 목적을 달성한다고 볼 수 있다. (1) 과거 위반 행위에 대한 공식 조사를 의무적으로 실시하도록 하는 권한을 가진다. (2) 진실이 공식 기록으로 남도록 함으로써, 피해자의 괴로운 마음과 고통을 국민들에게 널리 알리고 정신을 정화할 수 있는 기회를 제공한다. (3) 희생자와 그 관련 인물들이 자신이 겪은 일을 이야기할 수 있는 자리를 마련하고, 그 이야기가 공식적으로 기록될 수 있도록 함으로써 각자가 겪은 상실감을 사회가 인정해 주는 기회가 된다. (4) 일부 경우 희생자 보상이나 가해자 처벌이 이루어지는 공식적인 근간이 된다." 파얌 아카반(Payam Akhavan)은 전(前) 유고슬라비아를 위한 국제형사재판소에 관한 논의에서 다음과 같이 밝혔다. "진실을 이야기할 기회는 희생자들이 자신의 이야기, 직접 겪은 이야기든 자신과 같은 다른 이가 겪은 이야기가 공식적으로 인정된 자리를 통해 국제 사회로 전해지는 상황을 듣고 볼 수 있게 해 준다… 올브라이트(Albright) 대사는 안보위원회에서, '국제형사재판소의 설립으로 영향을 받게 될 수백만 명의 사람은 바로 전 유고슬라비아에서 행해진 비인도주의적인 끔찍한 전쟁 범죄의 희생자들입니다. 이 희생자들에게 우리는 이번 조치로 여러분이 겪은 고통과 희생, 정의를 향한 희망이 잊혀 지지 않았다고 선언합니다.'라고 말했다. 이와 같은 관점에서, 과거를 기억하고 인정하는 일은 외부 관찰자이 과소평가하는 경우가 빈번한 희생자들에게 매우 가치 있고 중요한 일임에 틀림없다." Payam Akhavan, "Justice in the Hague, Peace in the Former

Yugoslavia? A Commentary on the United Nations War Crimes Tribunal," Human Rights Quarterly 20, no. 4 (1998): 766-767.

47. Roskies, "Neuroscientific Challenges to Free Will and Responsibility," 이 자료에는 자유 의지를 법적, 윤리적 책임감과 분리하는 문제에 관한 논의가 상세히 담겨 있다.: Dennett, Elbow Room. Morse's comment is from Stephen J. Morse, "The Non-problem of Free Will in Forensic Psychiatry and Psychology," Behavioral Sciences and the Law 25 (2007): 203-220.

48. 최종 변론: The State of Illinois v. Nathan Leopold and Richard Loeb, delivered by Clarence Darrow, Chicago, Illinois, August 22, 1924, at http://law2.umkc.edu/faculty/projects/ftrials/leoploeb/darrowclosing.html.

49. 대로우는 최종 변론에서 로브를 언급하며 이렇게 말했다. "제 평생 누군가가 비난을 덜 받도록 하는 일만큼 누군가에게 책임을 지우는 일에 이토록 관심을 가져본 적이 없습니다… 이 불쌍한 소년에게 [사형] 선고를 내린다면 극도로 잔인한 일이 될 것입니다." Ibid. "법은 엄중하지만, 자신이 통제할 수 있는 범위를 벗어난 영향력으로 발생한 것이 분명한 행동에 대해서는 관대하다." 그린(Greene)과 코헨(Cohen)은 정신적으로 심하게 문제가 있는 범법자들을 언급하며 이렇게 설명했다. "언젠가는 죄 지은 모든 범죄자를 이런 식으로 다룰지 모른다. 즉, 인도적으로 말이다.": Greene and Cohen, "For the Law, Neuroscience Changes Everything and Nothing," 1783. 샘 해리스(Sam Harris)는 다음과 같이 언급했다. "[인간의 행동을]이해하는 방식이 변하는 양상은 인간의 공통적인 인간성에 대해 더 깊이, 더 일관되게, 더 동정하는 시선으로 바뀌고 있음을 보여준다." (Free Will, 55). Luis E. Chiesa, "Punishing Without Free Will," Utah Law Review, no. 4 (2011): 1403-1460, 이 자료에서는 효율성과 인간성이라는 명목을 내세워 누군가를 비난하는 행위에 반대하는 견해가 제시된다. Nick Trakaskis, "Whither Morality in a Hard Determinist World?," Sorites 14 (2007): 14-40, http://www.sorites.org/Issue_19/trakakis.htm, 이 자료에서는 결정론이 분노와 복수심을 줄이고 이타심과 연민을 더 많이 키워야 한다고 주장한다.: Kelly Burns and Antoine Bechara, "Decision Making and Free Will: A Neuroscience Perspective," Behavioral Sciences and the Law 25, no. 2 (2007): 263-280, write of neuroscience as undermining the legal conception of freedom of the will and thus introducing a more humane and effective criminal justice

system.

50. 존경 받는 영국 철학자 피터 F. 스트로슨(Peter F. Strawson)은 우리가 누군가에게 책임을 묻는 경우 태도를 표현하며, 이 태도에는 분노, 분개, 상처 받은 기분, 화, 고마움, 서로에 대한 사랑, 용서 등 대인관계에 직접 참여하면서 생긴 다양한 태도가 포함된다고 주장한다.: P. F. Strawson, ed., Freedom and Resentment and Other Essays (New York: Routledge, 2008), 5.

51. 스트로슨은 일상적인 관행이 우리의 반응 태도, 즉 사람들을 연구 대상자가 아닌 한 사회의 참가자로 보는 태도와 관련이 있다고 주장한다. 이와 같은 태도에는 분개, 분노, 고마움, 상호 간의 사랑, 용서, 의무 등이 포함된다. 이러한 태도와 관행은 너무나 기본적이고 근본이 되는 사항이라 자유 의지에 대한 어떠한 이론이나 형이상학적으로 심도 있는 진실일지라도 바꿀 수는 없다.(Freedom and Resentment, 1-28). Tamler Sommers, Relative Justice: Cultural Diversity, Free Will, and Moral Responsibility (Princeton, NJ: Princeton University Press, 2012), 173-202.

끝맺는 말

1. Neuroskeptic, "fMRI Reveals True Nature of Hatred," Neuroskeptic (blog), October 30, 2008, http://neuroskeptic.blogspot.com/2008/10/fmri-reveals-true-nature-of-hatred.html.

2. Jeffrey Rosen, "The Brain on the Stand," New York Times Magazine, March 11, 2007.

3. Apoorva Mandavilli, "Actions Speak Louder Than Images?Scientists Warn Against Using Brain Scans for Legal Decisions," Nature 444 (2006): 664-665, 665.

4. 작가인 윌리엄 새파이어(William Safire)는 약 10년 전에 신경윤리학이라는 용어를 언급하면서, "인간의 뇌를 치료하고, 완벽하게 만들고, 달갑지 않게 침입하여 우려스러운 조작을 하는 행위에 대해 옳고 그름과 장단점을 연구하는 것"이라고 정의했다.: William Safire, "Our New Promethean Gift," remarks at the conference "Neuroethics: Mapping the Field," San

Francisco, CA, May 13, 2002, the Dana Foundation, accessed September 4, 2012, http://www.dana.org/news/cerebrum/detail.aspx?id=2872.

5. Sam Harris, The Moral Landscape: How Science Can Determine Human Values (New York: Free Press, 2010), 2.

6. Tom Wolfe, "Sorry, but Your Soul Just Died," in Hooking Up (New York: Picador, 2000), 90.

7. David Dobbs, "Naomi Wolf's 'Vagina' and the Perils of Neuro Self-Help, or How Dupe-amine Drove Me into a Dark Dungeon," Wired Science Blogs, September 10, 2012, http://www.wired.com/wiredscience/2012/09/naom-wolfs-vagina-the-perils-of-neuroself-help/.

국립중앙도서관 출판예정도서목록(CIP)

세뇌 : 무모한 신경과학의 매력적인 유혹 / 지은이: 샐리 사텔, 스콧 O. 릴렌펠드 ; 옮긴이: 제효영. — 용인 : 생각과
사람들, 2014

   p. ; cm

원표제: Brainwashed : the seductive appeal of mindless neuroscience
원저자명: Sally Satel, Scott O. Lilienfeld
영어 원작을 한국어로 번역
ISBN 978-89-98739-22-5 03400 : ₩15000

신경 과학[神經科學]
뇌과학[腦科學]

511.1813-KDC5
612.8233-DDC21   CIP2014019667

세뇌
무모한 신경과학의 매력적인 유혹

2014년 7월 20일 초판 1쇄

지은이 샐리 사텔, 스콧 O. 릴렌펠드
옮긴이 제효영
펴낸이 오준석
교정 교열 박기원
표지 디자인 변영지
내지 디자인 및 편집 서은아
기획 자문 변형규
펴낸 곳 도서출판 생각과 사람들 경기도 용인시 신봉2로 72길
　　　　　전화 031)272-8015　**팩스** 031)601-8015　**이메일** inforead@naver.com
ISBN 978-89-98739-22-5 03400